高等学校“十三五”规划教材

GONGCHENG HUAXUE JICHU

工程化学基础

耿旺昌　主编

西北工业大学基础化学教研组　编

西北工业大学出版社

【内容提要】 本书根据高等院校工科专业学生对化学学习的需求及特点编写而成，全书从物质结构出发，阐明了组成物质的原子及分子结构及其作用力，结合热力学、动力学、溶液以及电化学等基本化学原理，探讨了当今迅速发展的材料、能源、环境和信息等工程领域中的一些化学应用问题。本书内容精而不简，突出可读性、工程性；注重内容可靠、规范性的同时体现先进性、创新性，同时融入案例教学、化学史教育以及讨论式教学等教学方法。

本书可作为高等院校各工科专业的化学基础课教学用书，也可供相关工程技术人员参考使用。

图书在版编目(CIP)数据

工程化学基础/耿旺昌主编．—西安：西北工业大学出版社，2017.9(2023.8 重印)
ISBN 978-7-5612-5650-3

Ⅰ．①工…　Ⅱ．①耿…　Ⅲ．①工程化学—高等学校—教材　Ⅳ．①TQ02

中国版本图书馆 CIP 数据核字(2017)第 227483 号

策划编辑：杨　军
责任编辑：张珊珊

出版发行：西北工业大学出版社
通信地址：西安市友谊西路 127 号　　邮编：710072
电　　话：(029)88493844，88491757
网　　址：www.nwpup.com
印 刷 者：兴平市博闻印务有限公司
开　　本：787 mm×1 092 mm　　1/16
印　　张：17
字　　数：415 千字
版　　次：2017 年 9 月第 1 版　　2023 年 8 月第 4 次印刷
定　　价：59.00 元

前　言

工程化学基础是针对非化学化工类工科专业本科生开设的基础课程，属于通识通修课程中的分层次通修课程。本课程的开设在工程材料学科和化学学科之间起着桥梁纽带作用。课程主要从对物质认识的基本规律出发，紧密联系当前迅速发展的材料、信息、能源、环境及国防等工程实例，深入浅出地介绍物质的组成及结构、化学的基本原理及其在现代高科技中的应用等。课程目的是向学生传授工程化学基础知识，健全学生的知识结构体系，训练学生掌握专业工程实际应用中涉及的基础化学知识和实验操作的技能。通过学习本课程，学生能够应用化学的理论、思维去审视当今社会关注的如环境污染、能源及资源危机、工程材料的选择等热点问题。

本书具有以下特点。①突出工程应用，弱化理论推导。设置的例题、习题等尽量与工程实践相结合，避免复杂的理论推导，强调工程应用中的化学思维。②融入化学史教育。我国化学家傅鹰曾说："化学给人以知识，化学史给人以智慧。"通过学习化学史了解知识背后的化学思维过程，了解化学概念变迁的来龙去脉，进而学习化学家的辩证思维方法，这比学到化学知识本身更为重要。通过化学史的教育将知识与智慧(方法)结合起来，对于提高现代教育质量有着非常重要的意义。因此，本书将化学史的教育穿插于各个章节之中，努力做到将智慧与知识融为一体。③融入探究式、研究型教学理念。编写中采用"以工程应用为案例、以问题为导向、引导学生以讨论促学习"的探讨性模式，目的在于培养学生综合应用所学知识自主分析问题、解决问题的能力。

本书共分八章(带 * 部分为选修内容)，由耿旺昌提出编写大纲及要求，西北工业大学基础化学教研组教师分工协作，共同完成。耿旺昌编写了第一章部分内容(1.1，1.2，1.4)、第七章、第八章部分内容(8.1，8.2)；颜静、闫毅编写了第二章及第三章阅读材料；岳红编写了第三章；王景霞编写了第四章；张新丽编写了第五章；尹德忠编写了第六章；钦传光编写了第一章部分内容(1.3 节及阅读材料)；尹常杰编写了第八章部分内容(8.3，8.4)、科学家故事以及附录。全书由耿旺昌任主编负责统稿，欧植泽、马晓燕负责审阅。

西北工业大学基础化学教研组其他成员对本书的编写提出了很多建设性的意见及建议，在此表示衷心的感谢！另外，在本书的编写过程中，参考了许多文献资料、国内外同类教材的部分内容，在此对原作者表示衷心的感谢！

在本书出版过程中，得到了西北工业大学出版社，西北工业大学教务处、理学院及其化学系有关领导的大力支持，在此谨致谢意！

由于水平有限，加之时间较为仓促，书中疏漏、欠妥之处在所难免，恳请读者多提宝贵意见，以便不断改进完善。

编　者

2017 年 7 月

目 录

第一章 绪论

教学要点	学习要求
化学的研究对象及其发展简史	掌握化学学科研究的对象； 了解化学的发展简史
现代化学与高新技术	了解化学在现代科技工程中的应用
工程化学基础课程介绍及教学目标	了解工程化学基础课程的定位、教学内容、教学目标以及教学要求等

案例导入

亲爱的同学们，经过中学阶段初等化学的学习，大家已经掌握了一些基本的化学概念，如化合价、化学键、化学反应、元素周期等，也初步了解了热能、电能与化学能之间的关系，了解了化学知识在资源开发与环境保护等领域的应用等知识。认识到化学是从原子、分子层次上研究物质的组成、结构及性质变化规律并创造新物质的一门科学。然而，化学是“无处不在的”，是随着现代科学技术的发展而“与时俱进的”；化学是“大众化的”，同时也是“神秘而魔幻的”。要用化学知识去揭开日常生活、工程实践或现代高科技领域中的一些神秘面纱，就需要进一步提升我们的化学素养，培养用化学视角去分析、解决实际问题的能力。高科技的发展在空前地提高了人们生活质量的同时，也使人类面临着日益严峻的能源短缺、环境恶化、粮食安全等全球性挑战。如何发展新型能源（如可见光光催化裂解水制氢的技术）？如何有效处理汽车尾气？如何处理废水中的重金属离子或有机染料？如何捕捉温室气体 CO_2 并将其转化成新型能源？燃料电池汽车中电池工作原理是什么？相关的材料如何选择？如何从分子、原子的层次去设计并合成新型功能材料？带着对这些问题的思索，就让我们一起来开启探索化学知识的这段奇妙旅程吧！

1.1 化学的研究对象及其发展简史

1.1.1 化学的研究对象

化学是什么？著名化学史家缪尔（P. Muir）说：“化学有时是手艺，有时是哲学，有时是秘术，有时是科学。”化学到底是什么？好像没有确定的定义。这是因为，从哲学角度来讲，任何事物都是不断地发展变化的。化学也一样,由于人们在不同的历史发展时期对化学认识程度的不同因而使得化学的定义以及化学的研究对象也处于动态发展的过程中。公元前2世纪以前,人类从事的与化学相关的活动主要是制陶、冶铜、酿酒、炼铁等。这个时期,人们还没有化学的概念,只是从实际需求出发,利用长期实践积累的经验获得新的生活或生产用品。该时期的化学可以定义为一种手艺,化学研究的对象主要是对天然矿物或动植物进行实用性的转变或加工。公元前2世纪到公元15世纪期间,在封建统治阶级追求"长生不老"及"点石成金"的背景下,产生了炼丹术和炼金术。炼丹者或炼金者试图通过神秘的理论或神奇的物质而取得成功,因而使得该时期的化学研究对象具有一定的神秘性。因此,该时期的化学可以定义为一种秘术。而该时期的化学研究对象则是炼丹者或炼金者都没有意识到的"探索物质的化学转变过程"。直至17世纪中叶,英国科学家波义耳在其著作《怀疑的化学家》(*The Sceptical Chymist*,1661年)提出不应该再把化学看作是医学或炼金术的附庸、化学值得为其自身而进行研究之后,才标志着近代化学的产生,标志着化学成为一门科学。该时期化学研究对象为"以求发现物质之组成及将化合物分裂为元素"。之后三百多年,化学发展进入全盛时期,到今天化学研究对象演变为我们熟知的"从分子、原子水平研究物质的组成、结构及性质变化规律并创造新物质的过程"。

1.1.2 化学的发展简史

化学史,是指对化学科学的形成、发展以及演变规律的一种描述和说明。化学史包含两点内涵:其一是对研究者发展化学知识事实的一种客观描述,其二是对发展知识背后支配因素(包含化学家的思想、毅力等)的分析与说明。

唐太宗说:"以史为镜,可以知兴替。"我国化学家傅鹰曾说:"化学给人以知识,化学史给人以智慧。"通过学习化学史了解知识背后的化学思维过程,了解化学概念变迁的来龙去脉,进而学习化学家的辩证思维方法,这比学到化学知识本身更为重要。化学史的教育是现代化学教育的客观需求,通过化学史的教育将知识与智慧(方法)结合起来,对于提高现代教育质量有着非常重要的意义。因此,在本书中,我们将化学史的教育穿插于各个章节之中,努力做到将智慧与知识融为一体。

化学史大致可以分为古代、近代、现代三个时期。

从化学的萌芽期到17世纪中期是古代化学时期。约100万年前的元谋人及50万年前的北京人,已经学会了用火来取暖并烤熟食物,进而开启了人类最早的化学实践活动。从约公元前7000年到公元前2世纪,人类在用火的基础上相继学会了制陶、冶炼、染色、酿造等手工艺。这些具有实用性、经验性、零散性等特点的化工实践活动虽然没有形成系统的化学知识,但是却为后来化学科学的诞生奠定了坚实的实践基础。因而,该时期被称为古代化学时期中的萌芽期。从公元前2世纪到公元15世纪,人类开展了以"物质转换"为目的的炼金、炼丹等化工实践活动。虽然实践证明"点石成金""长生不老"是不太现实的,但在这个阶段长期的实践中,人们积累了大量的化学知识并创造了蒸发、蒸馏、升华、煅烧等一系列化工操作方法。进入16世纪后,以瑞士医药化学家帕拉赛尔斯(P. A. Paracelsus,1493—1541)为代表的人物推动了化学活动由具有神秘色彩的炼金、炼丹活动向更注重实际的医药化学的转变,进而使化学的发展逐步走上科学之路,该时期被称为古代化学时期中的医药期。

从17世纪中期到19世纪90年代中期,化学进入近代时期。1661年,英国化学家波义耳

(Robert Boyle,1627 — 1691)提出了科学的元素概念,并发表了《怀疑的化学家》一书。该书的出版标志着化学学科的诞生,也标志着近代化学的开始。1777 年,法国化学家拉瓦锡(Antoine-Laurent de Lavoisier,1743 — 1794)用定量化学实验阐述了燃烧的氧化学说,于1778 年发表《化学基础论》,并对化学元素进行了初步的分类。1803 年,英国化学家道尔顿(John Dalton,1766 — 1844)在古希腊朴素原子论及牛顿微粒说的基础上提出了科学的原子论,认为原子是化学变化中不可再分的最小单位。1811 年,意大利物理家阿伏伽德罗(Amedeo Avogadro,1776 — 1856)提出一种分子假说,认为"同体积的气体,在相同的温度和压力时,含有相同数目的分子",这一假说称为阿伏伽德罗定律。而后,德国化学家李比希(Justus von Liebig,1803 — 1873)和维勒(Friedrich Wöhler,1800 — 1882)发展了有机结构理论。俄国化学家门捷列夫(Дми′трий Ива′нович Менделе′ев,1834 — 1907)发现元素周期律,并编制出元素周期表。这些化学理论的发展促进了化学科学的系统化,并推动了无机化学、有机化学、分析化学和物理化学等四大基础学科的相继建立,进而进入近代化学体系的全盛发展期。

19 世纪末至今,化学进入现代发展期。这个时期的化学研究内容越来越深入,同时也越来越广泛,与其他学科的交叉越来越多,因而形成了很多与化学相关的交叉学科,如药物化学、生物化学、环境化学、电子信息化学、国防化学等。该时期化学科学的特点是由描述到推理、由定性到定量、由宏观到微观、由静态到动态,并向分子设计和分子工程领域发展的过程。

1.2 现代化学与高新技术

近 20 年以来,世界范围内掀起了一场以高新技术为中心的技术革命。这些高新技术分布在国防、能源、材料、电子信息、环境等领域,并对一个国家的政治、经济、军事等有着举足轻重的影响。化学科学,与这些高新技术有着千丝万缕的关系,两者交相辉映。接下来我们将从以下几方面简要介绍化学科学在高新技术中的应用。

1. 航空航天技术

航空航天技术的两大关键领域是材料及燃料推进剂,而这两个领域的发展离不开化学科学。

(1)目前,广泛用于航空航天机身、航空发动机、火箭和导弹及航天器的材料按化学成分不同可分为金属及其合金材料、无机非金属材料及树脂基复合材料。其中,复合材料用量的多少是代表航空航天技术开发水平的一个重要标志。如 2013 年 6 月 14 日首飞的空客新型超宽体 A-350 XWB 客机复合材料用量达到 52%,超过了波音 B-787 飞机中复合材料的用量(50%),标志着航空航天复合材料的发展进入一个新的里程碑。在未来二三十年里,空天用复合材料的发展主流是碳纤维增强树脂基复合材料(CFRP,Carbon Fiber Reinforced Polymer/Plastic)。目前用于 CFRP 的碳纤维(直径 6～8 μm)主要有聚丙烯腈基碳纤维和沥青基碳纤维两大类。与传统的金属基材料相比,CFRP 的优点是质轻、高强、耐腐蚀、抗震、抗疲劳、耐久等。如采用 CFRP 材料的飞机机舱内湿度可以恒定在 10%～15%,而金属机身由于腐蚀问题,其湿度只能保持在 5%～10%之间。较高的湿度增加了乘员的舒适度。CFRP 中的树脂基体目前主要有三大类,即环氧树脂基体、双马来酰亚胺树脂基体及聚酰亚胺树脂基体,这三类树脂基体对应的使用温度依次升高。由于 CFRP 的使用领域的特殊性,因此对其使用寿命和更新周期都有严格的要求。第一代采用碳纤维的部分飞机即将达到25～30年的服务期，越来越多的飞机将报废，产生大量CFRP废弃物。而CFRP多采用热固性聚合物（环氧树脂、酚醛树脂等）作为基体树脂，其固化成型后形成三维交联网状结构，无法再次模塑或加工，难以处理。因而开发低成本、绿色化废弃碳纤维复合材料回收及再利用技术刻不容缓。化学回收法是目前最适合的处理CFRP废弃物的方法，主要包括热解法和溶剂分解法。热解是利用高温将复合材料中的树脂分解成有机小分子从而回收碳纤维的方法，依据反应气氛、反应器和加热方式的不同分为热裂解、流化床、真空裂解及微波裂解等方法。溶剂法是指利用溶剂和热的共同作用使聚合物中的交联键断裂，分解成低相对分子质量的聚合物或有机小分子溶解在溶剂中，从而将树脂基体和增强体分离。根据反应条件和所用试剂不同，溶剂法可以分为硝酸分解法、氢化分解法、超/亚临界流体分解法、常压溶剂分解法和熔融盐法。

(2)航空航天所用的推进剂分为液体和固体两种。常规的液体火箭推进剂有硝基氧化剂如四氧化二氮（N_2O_4）和红烟硝酸（HNO－27S），以及肼类燃料如偏二甲肼（UDMH）、甲基肼（MMH）和无水肼（HZ）等。然而液体推进剂具有以下几个缺点：①导弹（火箭）发射前的准备时间长，少则1小时，多则两三个小时，易遭受打击；②推进剂一般都是有毒或强腐蚀性的液体，一旦发射出故障，后果严重；③不耐储存，一旦加注燃料，发射将很难停止。固体推进剂可以克服上述缺点。固体推进剂是一种具有特定性能的含能复合材料，是火箭和导弹发动机的动力源。固体推进剂的性能直接影响导弹武器的作战效能和生存能力。20世纪六七十年代，应用的主要固体推进剂为端羧基聚丁二烯（CTPB）、端羟基聚丁二烯（HTPB）、交联双基（XLDB）和复合双基（CDB）推进剂。20世纪80年代，双基和复合固体推进剂进一步结合产生了硝酸酯增塑的聚醚（NEPE）高能推进剂。近十年来，主要以叠氮类推进剂、含高能量密度材料（HEDM）推进剂为主。

2. 能源与环境

能源危机和全球变暖是人类21世纪面临的两大严峻问题，这两个问题都源于不可再生化石燃料的持续消耗以及随之释放的CO_2温室气体。因此，如何实现清洁能源的开发制备或对CO_2温室气体进行捕捉并转化成有效能源是21世纪的一大科学热点。当前捕捉CO_2的方法主要有吸收法、吸附法及膜分离法。其中以有机胺类化合物为主要吸收剂的化学吸收法是目前研究较多且比较经济、有效的方法。CO_2温室气体被吸附以后，如何将其作为一种碳资源转化为可有效利用的化工原料也是近年来科技工作者关心的热点问题之一。例如以TiO_2，SiO_2，ZrO_2，Al_2O_3等氧化物为载体，以Co，Ni，Ru，Rh等金属作为催化剂，通过CO_2的催化加氢反应，可以将其转化为烃类或醇类等有机原料。采用电催化还原CO_2使其成为可利用的化学染料也是当今较为活跃的研究领域。另外，太阳能的利用及储存对于解决未来能源危机及环境问题也起着至关重要的作用。太阳能的利用当前主要表现在光伏材料、太阳能电池以及利用太阳光催化裂解水制氢等。最近，研究者还利用化学反应成功实现了太阳能的储存，他们研制了一种透明的聚合物薄膜材料，该材料能在白天存储太阳能，并在需要时放热，可用于窗户玻璃或衣服等多种不同的表面。

3. 柔性电子技术

柔性电子（Flexible Electronics），是指将基于有机/无机材料的电子器件制作在可折叠、可延展基板上的新兴电子技术。在信息、能源、医疗、国防等领域具有广泛的应用前景，如柔性电子显示器、有机发光二极管、薄膜太阳能电池板等。柔性电子器件概念的提出可追溯到对有机电子学的研究。普林斯顿大学微电子学家 Forrest 教授 2004 年在 *Nature* 杂志上发表论文综述了有机电子学的研究现状与发展方向，提出了笔状柔性可卷曲显示器的概念性设计及其制造方法。近十几年来，国内外众多科研机构都先后建立了柔性电子技术专门研究机构，对柔性电子材料、器件与工艺技术进行了大量研究。西方发达国家纷纷制定了针对柔性电子的重大研究计划，重点用于支持柔性显示器、聚合物电子材料的设计、制备及其器件化批量生产等方面的研究。近期，我国研究者从变色龙的变色原理获得灵感，研制了有望用于彩色电子纸的光子墨水材料。通过调节组成光子晶体颗粒单元的间距，材料可反射不同波长的光线，进而显示出不同的颜色。

1.3　化学的作用、地位及发展趋势

1.3.1　化学的作用及地位

未来化学在人类生活质量和安全方面将以新的思路、观念和方式继续发挥核心科学的作用。应该说，20 世纪的化学科学在保证人类衣食住行需求、提高人类生活水平和健康状态等方面起了重大作用，21 世纪人类所面临的粮食、人口、环境、资源和能源等问题更加严重，虽然这些难题的解决要依赖各个学科，但无论如何总是要依靠研究物质基础的化学学科。

(1)化学仍然是解决食品问题的主要学科之一。

化学将在设计、合成功能分子和结构材料以及从分子层次阐明和控制生物过程(如光合作用、动植物生长)的机理等方面，为研究开发高效安全肥料、饲料和肥料/饲料添加剂、农药、农用材料(如生物可降解的农用薄膜)、生物肥料、生物农药等打下基础。利用化学和生物的方法增加动植物食品的防病有效成分，提供安全的有防病作用的食物和食物添加剂，改进食品储存加工方法，以减少不安全因素等，都是化学研究的重要内容。

(2)化学在能源和资源的合理开发和高效安全利用中起关键作用。

在能源和资源方面，未来化学要研究高效洁净的转化技术和控制低品位燃料的化学反应；新能源如太阳能以及高效洁净的化学电源与燃料电池等都将成为 21 世纪的重要能源，这些研究大多都需要从化学基本问题作起，否则，很难取得突破。矿产资源是不可再生的，化学要研究重要矿产资源(如稀土)的分离和深加工技术以及利用。

(3)化学继续推动材料科学的发展。

各种结构材料和功能材料与粮食一样永远是人类赖以生存和发展的物质基础。化学是新材料的“源泉”，任何功能材料都是以功能分子为基础的，发现具有某种功能的新型结构会引起材料科学的重大突破(如富勒烯)。未来化学不仅要设计和合成分子，而且要把这些分子组装、构筑成具有特定功能的材料。从超导体、半导体到催化剂、药物控释载体、纳米材料等都需要从分子和分子以上层次研究材料的结构。20 世纪，化学模拟酶的活性中心的研究已取得进展，未来将会在可用于生产、生活和医疗的模拟酶的研究方面有所突破，而突破是基于构筑既有活性中心又有保证活性中心功能的高级结构的化合物。21 世纪，电子信息技术将向更快、更小、功能更强的方向发展，目前大家正在致力于量子计算机、生物计算机、分子器件、生物芯片等新技术，标志着“分子电子学”和“分子信息技术”的到来，这就要求化学家做出更大的努力，设计、合成所需要的各种物质和材料。

(4)化学是提高人类生存质量和生存安全的有效保障。

在满足生存需要之后，不断提高生存质量和生存安全是人类进步的重要标志。化学可从三个方面对保证生存质量的提高做出贡献：①通过研究各种物质和能的生物效应(正面的和负面的)的化学基础，特别是搞清两面性的本质，找出最佳利用方案；②研究开发对环境无害的化学品和生活用品，研究对环境无害的生产方式，这两方面是绿色化学的主要内容；③研究大环境和小环境(如室内环境)中不利因素的产生、转化及与人体的相互作用，提出优化环境建立洁净生活空间的途径。

健康是生存质量的重要标志。维持健康状态靠预防和治疗两方面，以预防为主。预防疾病是 21 世纪医学的中心任务。化学可以从分子水平了解病理过程，提出预警生物标志物的检测方法，建议预防途径。

1.3.2 化学的发展趋势

21 世纪学科发展的特点是各学科纵横交叉解决实际问题。对于化学学科，其自身的继续发展和与相关学科融合发展相结合，化学学科内部的传统分支的继续发展和作为整体发展相结合，研究科学基本问题和解决实际问题相结合。

(1)寻求结构多样性的研究与功能研究相结合。

面对日益增长的各种功能分子和材料的需要，合成化学在研究内容、目标和思路上要有大的改变。未来合成化学要能够根据需要(功能)去设计、合成新结构。合成化学要不仅研究传统的分子合成化学，也应研究高级结构(分子以上层次)，特别是高级有序结构的构筑学(Tectonics)。组合化学是基于与传统的合成思路相反的反向思维，加上固相合成技术，并受生物学大规模平行操作启发而产生的，它在新药物、新农药、新催化剂的研究等领域已初步显示出强大的生命力，这方面的研究将是一个新的生长点。此外，发现和寻找新的合成方法是一个永恒课题。

(2)复杂化学体系的研究。

目前，数学、物理、生物学以至金融、社会学都在研究复杂性问题。复杂性具有多组分、多反应和多物种的特征；结构复杂性的特征主要是多层次的有序高级结构；而过程复杂性主要是复杂系统参与化学反应时所表现的过程，它由时空有序的受控的一系列事件构成；状态变化的复杂性又是过程复杂性的表现。这些特点在生物和无生物系统中广泛存在，在工农业生产和医疗、环境等领域中也是无处不在的，所以研究复杂系统的化学过程具有普遍意义。未来化学要在研究分子层次的结构的基础上，阐明分子以上层次结构和结构变化的化学基础，以及结构、性质与功能的关系。物理学从纳米材料的研究结果得到启发提出了介观尺度概念，并发现当物体分割到纳米尺寸时微粒的性质有突变，进一步提出了量子尺寸效应。多少年来化学家认为性质就是由原子结构、分子结构所决定的，事实上很多现象早已说明化学性质也有尺度效应，在化学性质和尺度之间也有一个飞跃，所以未来还要注意复杂系统的多尺度问题。此外，复杂系统中的化学过程是研究复杂系统的核心问题，因为人类所面对的生物、环境、山川、湖泊等都在变化中，未来化学还需研究宽时间范围的化学行为，建立跟踪分析方法，发展过程理论。

(3)新实验方法的建立和方法学研究。

未来化学研究要首先发展先进的研究思路、研究方法以及相关技术，以便从各个层次研究分子的结构和性质的变化。分析仪器的微型化(如生物芯片技术)和智能化是应该注意的方向。此外，要注意建立时间、空间的动态、原位、实时跟踪监测技术，建立方法和仪器去研究微小尺寸复杂体系中的化学过程（如扫描显微技术）。

展望未来，21世纪的化学仍将是一门中心的、实用的和创造性的科学，它将帮助我们解决人类所面临的一系列重大问题，与此同时，化学将得到进一步发展。我们有理由相信21世纪的化学将更加繁荣兴旺，化学将迎来它的黄金时代。

1.4　工程化学基础课程介绍及教学目标

（1）工程化学基础课程内涵：工程化学，即工程技术中涉及的化学，强调应用化学的思想及原理解决材料、能源、环境、信息、生命等工程技术中的一些实际问题。是架在工程技术学科与化学学科之间的桥梁。与普通化学相比，工程化学的教学弱化化学原理的系统性与规律性，重在强调其与工程实践的结合。

（2）工程化学基础课程教学理念及目标：该课程的主要定位是面向非化学化工类工科学生，向其传授工程化学基础知识，健全学生的知识结构体系，训练学生掌握专业工程实际应用中涉及的基础化学知识和实验操作的技能。通过学习本课程，学生能够运用化学的理论、思维去审视当今社会关注的如环境污染、能源及资源危机、工程材料的选择等热点问题。通过灵活的教学方法让学生参与到教学过程当中，突出学生主体地位。以能力培养为目标，激发学生的创新思维，提升学生自我发现问题、分析问题、解决问题的能力，实现“厚基础、宽口径、重实践、求创新”的人才培养目标。

（3）工程化学基础课程主要教学内容：该课程以物质结构、化学原理、科技应用为主线，依次介绍物质的组成及聚集态，原子及分子结构，反应热力学及动力学，溶液及离子平衡，电化学原理及材料保护等基础内容。密切联系现代科技工程技术实践问题以及国内外最新科研成果，将能源、材料、电子信息、环境及生物医药、安全生产等工程领域中化学知识的应用作为教学的落脚点。同时，作为化学史教育的一部分，在教材内容中引入了相关的科学家故事，一方面使学生了解知识背后的化学思维过程，了解化学概念变迁的来龙去脉；另一方面使学生学习化学家的辩证思维方法，以培养学生辩证分析解决问题的能力。

扩展阅读

从诺贝尔化学奖看辉煌的现代化学成就

20世纪以来，人类对物质需求的日益增加以及科学技术的迅猛发展，极大地推动了化学学科自身的发展。化学不仅形成了完整的理论体系，而且在理论的指导下，化学实践为人类创造了丰富的物质。从19世纪的经典化学到20世纪的现代化学的飞跃，从本质上说是从19世纪的道尔顿原子论、门捷列夫元素周期表等在原子的层次上认识和研究化学，进步到20世纪在分子的层次上认识和研究化学。如对组成分子的化学键的本质、分子的强相互作用和弱相互作用、分子催化、分子的结构与功能关系的认识，以至1 900多万种化合物的发现与合成；对生物分子的结构与功能关系的研究促进了生命科学的发展。另外，化学过程工业以及与化学相关的国计民生的各个领域，如粮食、能源、材料、医药、交通、国防以及人类的衣食住行用等，在这100多年中发生的变化是有目共睹的。下面我们从历届诺贝尔化学奖获得者（见表1-1）

的重大贡献中总结了过去100多年间化学学科的重大突破性成果。

1. 放射性和铀裂变的重大发现

20世纪在能源利用方面一个重大突破是核能的释放和可控利用。仅此领域就产生了6项诺贝尔奖。首先是居里夫妇从19世纪末到20世纪初先后发现了放射性比铀强400倍的钋,以及放射性比铀强200多万倍的镭,这项艰巨的化学研究打开了20世纪原子物理学的大门,居里夫妇为此而获得了1903年诺贝尔物理学奖。1906年居里不幸遇车祸身亡,居里夫人继续专心于镭的研究与应用,测定了镭的原子量,建立了镭的放射性标准,同时制备了20克镭存放于巴黎国际度量衡中心作为标准,并积极提倡把镭用于医疗,使放射治疗得到了广泛应用,造福人类。为表彰居里夫人在发现钋和镭、开拓放射化学新领域以及发展放射性元素的应用方面的贡献,1911年她被授予了诺贝尔化学奖。20世纪初,卢瑟福从事关于元素衰变和放射性物质的研究,提出了原子的有核结构模型和放射性元素的衰变理论,研究了人工核反应,因此而获得了1908年的诺贝尔化学奖。居里夫人的女儿和女婿约里奥-居里夫妇用钋的α射线轰击硼、铝、镁时发现产生了带有放射性的原子核,这是第一次用人工方法创造出放射性元素,为此约里奥-居里夫妇荣获了1935年的诺贝尔化学奖。在约里奥-居里夫妇的基础上,费米用曼中子轰击各种元素获得了60种新的放射性元素,并发现中子轰击原子核后,就被原子核捕获得到一个新原子核,且不稳定,核中的一个中子将放出一次β衰变,生成原子序数增加1的元素。这一原理和方法的发现,使人工放射性元素的研究迅速成为当时的热点。物理学介入化学,用物理方法在元素周期表上增加新元素成为可能。费米的这一成就使他获得了1938年的诺贝尔物理学奖。1939年哈恩发现了核裂变现象,震撼了当时的科学界,成为原子能利用的基础,为此,哈恩获得了1944年诺贝尔化学奖。

1939年费里施在裂变现象中观察到伴随着碎片有巨大的能量,同时约里奥-居里夫妇和费米都测定了铀裂变时还放出中子,这使链式反应成为可能。至此释放原子能的前期基础研究已经完成。从放射性的发现开始,然后发现了人工放射性,再后又发现了铀裂变伴随能量和中子的释放,以至核裂变的可控链式反应。于是,1942年费米领导下成功的建造了第一座原子反应堆,1945年美国在日本投下了原子弹。核裂变和原子能的利用是20世纪初至中叶化学和物理界具有里程碑意义的重大突破。

2. 化学键和现代量子化学理论

在分子结构和化学键理论方面,莱纳斯·鲍林(L. Pauling, 1901—1994)的贡献最大。他长期从事X射线晶体结构研究,寻求分子内部的结构信息,把量子力学应用于分子结构,把原子价理论扩展到金属和金属间化合物,提出了电负性概念和计算方法,创立了价键学说和杂化轨道理论。1954年他由于在化学键本质研究和用化学键理论阐明物质结构方面的重大贡献而荣获了诺贝尔化学奖。此后,R. S. Mulliken运用量子力学方法,创立了原子轨道线性组合分子轨道的理论,阐明了分子的共价键本质和电子结构,1966年荣获诺贝尔化学奖。另外,1952年福井谦一提出了前线轨道理论,用于研究分子动态化学反应。1965年R.B. Woodward,和R.Hoffman提出了分子轨道对称守恒原理,用于解释和预测一系列反应的难易程度和产物的立体构型。这些理论被认为是认识化学反应发展史上的一个里程碑,为此,福井谦一和R. Hoffman共获1981年诺贝尔化学奖。1998年A. W. Kohn因发展了电子密度泛函理论,以及波普因发展了量子化学计算方法而共获了诺贝尔化学奖。

化学键和量子化学理论的发展足足花了半个世纪的时间,让化学家由浅入深,认识分子的本质及其相互作用的基本原理，从而让人们进入分子的理性设计的高层次领域，创造新的功能分子，如药物设计、新材料设计等，这也是20世纪化学的一个重大突破。

3. 合成化学的发展

创造新物质是化学家的首要任务。100年来合成化学发展迅速，许多新技术被用于无机和有机化合物的合成，例如，超低温合成、高温合成、高压合成、电解合成、光合成、声合成、微波合成、等离子体合成、固相合成、仿生合成等等；发现和创造的新反应、新合成方法数不胜数。现在，几乎所有的已知天然化合物以及化学家感兴趣的具有特定功能的非天然化合物都能够通过化学合成的方法来获得。在人类已拥有的1 900多万种化合物中，绝大多数是化学家合成的，几乎又创造出了一个新的自然界。合成化学为满足人类对物质的需求做出了极为重要的贡献。纵观20世纪，合成化学领域共获得10项诺贝尔化学奖。

1912年格利雅因发明格氏试剂，开创了有机金属在各种官能团反应中的新领域而获得诺贝尔化学奖。1928年狄尔斯和阿尔德因发现双烯合成反应而获得1950年诺贝尔化学奖。1953年齐格勒和纳塔发现了有机金属催化烯烃定向聚合，实现了乙烯的常压聚合而荣获1963年诺贝尔化学奖。人工合成生物分子一直是有机合成化学的研究重点。从最早的甾体（A. Windaus，1928年诺贝尔化学奖）、抗坏血酸（W.N.Haworth，1937年诺贝尔化学奖）、生物碱（R.Robinson，1947年诺贝尔化学奖）到多肽（V.du.Vigneand，1955年诺贝尔化学奖）逐渐深入。到1965年有机合成大师Woodward由于其有机合成的独创思维和高超技艺，先后合成了奎宁、胆固醇、可的松、叶绿素和利血平等一系列复杂有机化合物而荣获诺贝尔化学奖。获奖后他又提出了分子轨道对称守恒原理，并合成了维生素B12等，其分子结构如图1-1所示。

此外，G. Wilkinson和O. Fischer合成了过渡金属二茂夹心式化合物，确定了这种特殊结构，对金属有机化学和配位化学的发展起了重大推动作用，荣获1973年诺贝尔化学奖。1979年J. C. Brown和F. Wittig因分别发展了有机硼和Wittig反应而共获诺贝尔化学奖。1984年R. B. Merrifield因发明了固相多肽合成法对有机合成方法学和生命化学起了巨大推动作用而获得诺贝尔化学奖。1990年F. J. Corey在大量天然产物的全合成工作中总结并提出了“逆合成分析法”，极大地促进了有机合成化学的发展，因此而获得诺贝尔化学奖。

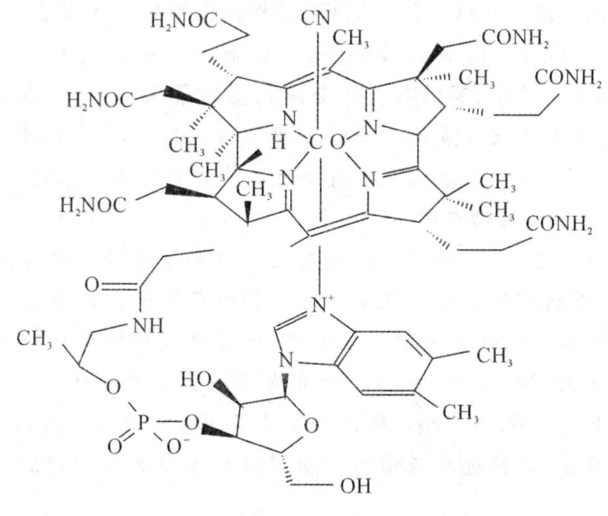

图1-1　维生素B12分子结构

现代合成化学是经历了近百年的努力研究、探索和积累才发展到今天可以合成像海葵毒素这样复杂的分子(分子式为 $C_{129}H_{223}N_3O_{54}$，相对分子质量为 2 689 道尔顿，有 64 个不对称碳和 7 个骨架内双键，异构体数目多达 271 个)，其分子结构如图 1-2 所示。

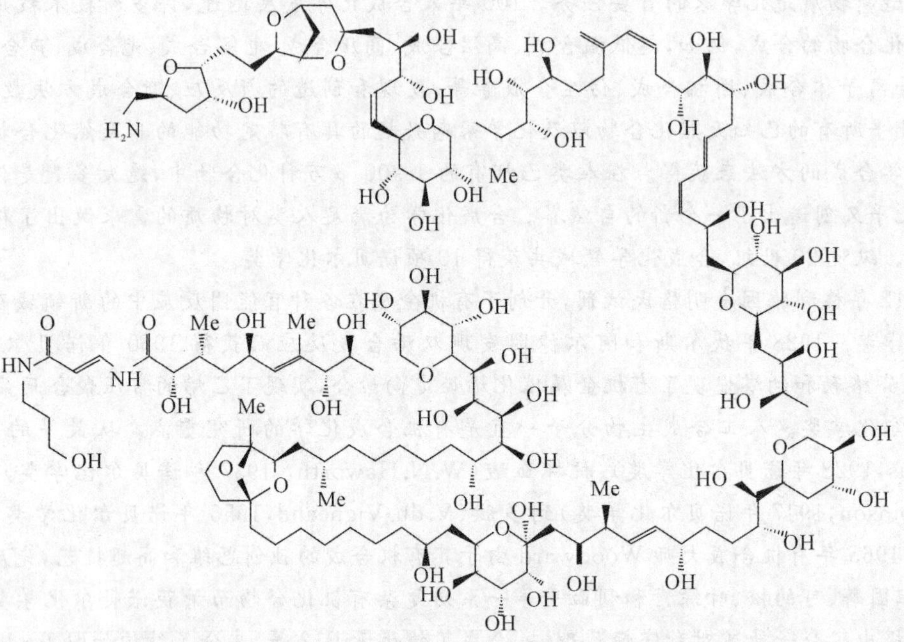

图 1-2　海葵毒素分子结构

4. 高分子科学和材料

20 世纪人类文明的标志之一是合成材料的出现。合成橡胶、合成塑料和合成纤维这三大合成高分子材料化学中具有突破性的成就，也是化学工业的骄傲。在此领域曾有 3 项诺贝尔化学奖。1920 年 H.Staudinger 提出了高分子这个概念，创立了高分子链型学说，以后又建立了高分子黏度与相对分子量之间的定量关系，为此而获得了 1953 年的诺贝尔化学奖。1953 年 K. Ziegler 成功地在常温下用 $(C_2H_5)_3AlTiCl_4$ 作催化剂将乙烯聚合成聚乙烯，从而发现了配位聚合反应。1955 年 G. Natta 将 K. Ziegler 催化剂改进为 $\alpha-TiCl_3$ 和烷基铝体系，实现了丙烯的定向聚合，得到了高产率、高结晶度的全同构型的聚丙烯，使合成方法-聚合物结构-性能三者联系起来，成为高分子化学发展史中一项里程碑。为此，K. Ziegler 和 G. Natta 共获了 1963 年诺贝尔化学奖。1974 年 Flory 因在高分子性质方面的成就也获得了诺贝尔化学奖。

5. 化学动力学与分子反应动态学

研究化学反应是如何进行的，揭示化学反应的历程和研究物质的结构与其反应能力之间的关系，是控制化学反应过程的需要。在这一领域相继产生过 3 次诺贝尔化学奖。1956 年 N. Semenov 和 B. N. Hinchelwood 在化学反应机理、反应速度和链式反应方面的开创性研究获得了诺贝尔化学奖。另外，M. Eigen 提出了研究发生在千分之一秒内的快速化学反应的方法和技术，G. Porter 和 R. G. W. Norrish 提出和发展了闪光光解法技术用于研究发生在十亿分之一秒内的快速化学反应，对快速反应动力学研究做出了重大贡献，他们三人共获了 1967 年诺贝尔化学奖。

分子反应动态学，亦称态-态化学，从微观层次出发，深入到原子、分子的结构和内部运动、分子间相互作用和碰撞过程来研究化学反应的速率和机理。李远哲和 Herschbach 首先发明了获得各种态信息的交叉分子束技术，并利用该技术 F＋H2 的反应动力学，对化学反应的基本原理做出了重要贡献，被称为分子反应动力学发展中的里程碑，为此李远哲、Herschbach 和 Polany 共获了 1986 年诺贝尔化学奖。1999 年 Zewail 因利用飞秒光谱技术研究过渡态的成就获诺贝尔化学奖。

6. 对现代生命科学和生物技术的重大贡献

研究生命现象和生命过程、揭示生命的起源和本质是当代自然科学的重大研究课题。20 世纪生命化学的崛起给古老的生物学注入了新的活力，人们在分子水平上向生命的奥秘打开了一个又一个通道。蛋白质、核酸、糖等生物大分子和激素、神经递质、细胞因子等生物小分子是构成生命的基本物质。从 20 世纪初开始生物小分子(如糖、血红素、叶绿素、维生素等)的化学结构与合成研究就多次获得诺贝尔化学奖，这是化学向生命科学进军的第一步。1955 年 Vigneand 因首次合成多肽激素催产素和加压素而荣获了诺贝尔化学奖。1958 年 F. Sanger 因对蛋白质特别是牛胰岛素分子结构测定的贡献而获得诺贝尔化学奖。1953 年 J. D. Watson 和 H. C. Crick 提出了 DNA 分子双螺旋结构模型，这项重大成果对于生命科学具有划时代的贡献，它为分子生物学和生物工程的发展奠定了基础，为整个生命科学带来了一场深刻的革命。Watson 和 Crick 因此而荣获了 1962 年诺贝尔医学奖。1960 年 J. C. Kendrew 和 M. F. Perutz 利用 X-射线衍射成功地测定了鲸肌红蛋白和马血红蛋白的空间结构，揭示了蛋白质分子的肽链螺旋区和非螺旋区之间还存在三维空间的不同排布方式，阐明了二硫键在形成这种三维排布方式中所起的作用，为此，他们二人共获了 1962 年诺贝尔化学奖。1965 年我国化学家人工合成结晶牛胰岛素获得成功，标志着人类在揭示生命奥秘的历程中迈进了一大步。此外，1980 年 P. Berg，F. Sanger 和 W. Gilbert 因在 DNA 分裂和重组、DNA 测序以及现代基因工程学方面的杰出贡献而共获诺贝尔化学奖。1982 年 A.Klug 因发明"象重组"技术和揭示病毒和细胞内遗传物质的结构而获得诺贝尔化学奖。1984 年 R. B. Merrifield 因发明多肽固相合成技术而荣获诺贝尔化学奖。1989 年 T. Cech 和 S. Altman 因发现核酶(Ribozyme)而获得诺贝尔化学奖。1993 年 M. Smith 因发明寡核苷酸定点诱变法以及 K. B. Mullis 因发明多聚酶链式反应技术对基因工程的贡献而共获诺贝尔化学奖。1997 年 J. Skou 因发现了维持细胞中 Na 离子和 K 离子浓度平衡的酶及有关机理、P. Boyer 和 J. Walker 因揭示能量分子 ATP 的形成过程而共获诺贝尔化学奖(见表 1-1)。

20 世纪化学与生命科学相结合产生了一系列在分子层次上研究生命问题的新学科，如生物化学、分子生物学、化学生物学、生物有机化学、生物无机化学、生物分析化学等。在研究生命现象的领域里，化学不仅提供了技术和方法，而且还提供了理论。

表 1-1　历届诺贝尔化学奖获奖简况

获奖年份	获奖者	国籍	获奖成就
1901	J. H. van't Hoff 雅克比·范特霍夫	荷兰	溶剂中化学动力学定律和渗透压定律
1902	H. E. Fischer 赫尔曼·埃米尔·费歇尔	德国	糖类和嘌呤衍生物的合成

续表

获奖年份	获奖者	国籍	获奖成就
1903	S. A. Arrhenius 斯万特·奥古斯特·阿仑尼乌斯	瑞典	电离理论
1904	W. Ramsay 威廉·拉姆塞爵士	英国	惰性气体的发现及其在元素周期表中位置的确定
1905	A. V. Vaeyer 阿道夫·拜耳	德国	有机染料以及氢化芳香族化合物的研究
1906	H. Moissan 莫瓦桑	法国	单质氟的制备,高温反射电炉的发明
1907	E. Buchner 爱德华·毕希纳	德国	发酵的生物化学研究
1908	E. Rutherford 欧内斯特·卢瑟福爵士	新西兰	元素蜕变和放射性物质的化学研究
1909	W. Ostwald 威廉·奥斯特瓦尔德	德国	催化、化学平衡以及反应动力学研究
1910	O. Wallach 奥托·瓦拉赫	德国	脂环族化合物的开创性研究
1911	M. Curie 玛丽·居里	法国	放射性元素钋和镭的发现
1912	V. Grignard 格利雅	法国	格氏试剂的发现
	P. Sabatier 保罗·萨巴蒂埃	法国	有机化合物的催化加氢
1913	A. Werner 阿尔弗雷德·维尔纳	瑞士	分子内原子成键的研究
1914	Th. Richards 西奥多·理查兹	美国	精密测定了大量元素的原子量
1915	R. Willstatter 理查德·威尔施泰	德国	叶绿素和植物色素的研究
1916	未发奖		
1917	未发奖		
1918	F.Haber 弗里茨·哈伯	德国	单质合成氨的研究
1919	未发奖		
1920	W. Nernst 沃尔特·能斯特	德国	热力学研究

续表

获奖年份	获奖者	国籍	获奖成就
1921	F. Soddy 弗雷德里克·索迪	英国	放射性物质以及同位素的研究
1922	F. W. Aston 弗朗西斯·阿斯顿	英国	质谱仪的发明,许多非放射性同位素及原子量的整数规则的发现
1923	F. Pregl 弗里茨·普雷格尔	奥地利	有机微量分析方法的创立
1924	未发奖		
1925	R. Zsigmondy 理查德·席格蒙迪	奥地利	胶体化学研究
1926	T. Svedberg 斯维德伯格	瑞典	发明超速离心机并用于高分散胶体物质研究
1927	H. Wieland 海因里希·维兰德	德国	胆酸的发现及其结构的测定
1928	A. Windaus 阿道夫·温道斯	德国	甾醇结构测定,维生素 D_3 的合成
1929	A. Harden 亚瑟·哈登 H. von Euler-Chelpin 汉斯·奥伊勒-克尔平	英国 瑞典	糖的发酵以及酶在发酵中作用的研究
1930	H. Fischer 汉斯·费歇尔	德国	血红素、叶绿素的结构研究,高铁血红素的合成
1931	C. Bosch 卡尔·博施 F. Bergius 弗里德希·柏吉斯	德国 德国	化学高压法
1932	I. Langmuir 兰格缪尔	美国	表面化学研究
1933	未发奖	美国	发现了重氢(氘)
1934	H. C. Urey 哈罗德·尤里	美国	发现了重氢(氘)
1935	F. Joliot-Curie 弗列德里克·约里奥-居里 I. Joliot-Curie 伊伦·约里奥-居里	法国 法国	新人工放射性元素的合成
1936	P. Debye 彼得·约瑟夫·威廉·德拜	荷兰	提出了极性分子理论,确定了分子偶极矩的测定方法

续表

获奖年份	获奖者	国籍	获奖成就
1937	W. N. Haworth 沃尔·霍沃思	英国	糖类环状结构的发现,维生素 A,C 和 B_{12},胡萝卜素及核黄素的合成
	P. Karrer 保罗·卡勒	瑞士	
1938	R. Kuhn 查理德·库恩	奥地利	维生素和类胡萝卜素研究
1939	A.F. J. Butenandt 阿道夫·布特南特	德国	性激素研究
	L. Ruzicka 利奥波德·雷吉卡	瑞士	聚亚甲基多碳原子大环和多萜烯研究
1940	未发奖		
1941	未发奖		
1942	未发奖		
1943	G. Heresy 格奥尔格·赫维西	匈牙利	利用同位素示踪研究化学反应
1944	O. Hahn 奥托·哈恩	德国	重核裂变的发现
1945	A. J. Virtamen 阿图里·维尔塔南	芬兰	发明了饲料贮存保鲜方法,对农业化学和营养化学做出贡献
1946	J. B. Sumner 詹姆士·萨姆纳	美国	发现酶的类结晶法
	J. H. Northrop 约翰·那斯罗蒲	美国	分离得到纯的酶和病毒蛋白
	W. M. Stanley 温德尔·斯坦利	美国	
1947	R. Robinson 罗伯特·鲁宾逊爵	英国	生物碱等生物活性植物成分研究
1948	A. W. K. Tiselius 阿纳·蒂塞利乌斯	瑞典	电泳和吸附分析的研究,血清蛋白的发现
1949	W. F. Giaugue 威廉·吉奥克	美国	化学热力学特别是超低温下物质性质的研究
1950	O. Diels 奥托·狄尔斯	德国	发现了双烯合成反应,即 Diels-Alder 反应
	K. Alder 库尔特·阿尔德	德国	

续表

获奖年份	获奖者	国籍	获奖成就
1951	M. Mcmillan 埃德温・马蒂松・麦克米伦 Seaborg 格伦・西奥多・西博格	美国 美国	超铀元素的发现
1952	A. J. P. Martin 阿切尔・约翰・波特・马丁 R. L. M. Synge 查理德・劳伦斯・米林顿・辛格	英国 英国	分配色谱分析法
1953	H. Staudinger 赫尔曼・施陶丁格	德国	高分子化学方面的杰出贡献
1954	L. C. Pauling 莱纳斯・卡尔・鲍林	美国	化学键本质和复杂物质结构的研究
1955	V. du. Vigneand 文森特・杜・维格诺德	美国	生物化学中重要含硫化合物的研究,多肽激素的合成
1956	B. N. Hinshelwood 西里尔・诺曼・欣谢尔伍德爵士 N. Semyonov 尼科莱・尼古拉耶维奇・谢苗诺夫	英国 苏联	化学反应机理和链式反应的研究
1957	A. Todd 亚历山大・罗伯塔斯・托德男爵	英国	核苷酸及核苷酸辅酶的研究
1958	F. Sanger 弗雷德里克・桑格	英国	蛋白质结构特别是胰岛素结构的测定
1959	J. Heyrovsky 加罗斯拉夫・海罗夫斯基	捷克	极谱分析法的发明
1960	W. F. Libby 威拉德・利比	美国	^{14}C 测定地质年代方法的发明
1961	M. Calvin 梅尔温・卡尔文	美国	光合作用研究
1962	M. F. Perutz 马克斯・佩鲁茨 J. C. Kendrew 约翰・肯德鲁	英国 英国	蛋白质结构研究
1963	K. Ziegler 卡尔・齐格勒 G. Natta 居里奥・纳塔	德国 意大利	Ziegler-Natta 催化剂的发明,定向有规高聚物的合成

续表

获奖年份	获奖者	国籍	获奖成就
1964	C. C. Hodgkin 多罗西・克劳富特・霍奇金	英国	重要生物大分子的结构测定
1965	R. B. Woodward 罗伯特・伯恩斯・伍德沃德	美国	天然有机化合物的合成
1966	R. S. Mulliken 罗伯特・马利肯	美国	分子轨道理论
1967	M. Eigen 曼弗雷德・艾根 R. G. W. Norrish 罗纳德・乔治・雷福德・诺里 G. Porter 乔治・波特	德国 英国 英国	用弛豫法、闪光光解法研究快速化学反应
1968	L. Onsager 拉斯・奥萨格	美国	不可逆过程热力学研究
1969	D. H. R. Barton 德里克・巴顿 O. Hassel 奥德・哈塞尔	英国 挪威	发展了构象分析概念及其在化学中的应用
1970	L. F. Leloir 路易斯・费德里克・勒卢瓦尔	阿根廷	从糖的生物合成中发现了糖核苷酸的作用
1971	G. Herzberg 格哈得・赫尔茨伯格	加拿大	分子光谱学和自由基电子结构
1972	C.B. Anfinsen 克里斯蒂安・柏默尔・安芬森 S. Moore 斯坦福・穆尔 W. H. Stein 威廉・霍华德・斯坦因	美国 美国 美国	核糖核酸酶分子结构和催化反应活性中心的研究
1973	G. Wilkinson 杰弗里・威尔金森 E. Fischer 厄恩斯特・奥托・费歇尔	英国 德国	二茂铁结构研究,发展了金属有机化学和配合物化学
1974	P. J. Flory 保罗・约翰・弗洛里	美国	高分子物理化学理论和实验研究

续表

获奖年份	获奖者	国籍	获奖成就
1975	H. W. Cornforth 约翰·沃尔卡普·科恩福斯 V. Prelog 福拉基米尔·普莱洛格	澳大利亚 瑞士	酶催化反应的立体化学研究 有机分子和反应的立体化学研究
1976	W. N. Lipscomb, Jr. 威廉·利普斯科姆	美国	有机硼化合物的结构研究,发展了分子结构学说和有机硼化学
1977	I. Prigogine 伊利亚·普里高津	比利时	研究非平衡的不可逆过程热力学
1978	P. Mitchell 彼得·米切尔	英国	用化学渗透理论研究生物能的转换
1979	J. C. Brown 赫伯特·布朗 F. Wittig 乔治·维蒂希	英国 德国	发展了有机硼和有机磷试剂及其在有机合成中的应用
1980	P. Berg 保罗·伯格 W. Gilbert 沃特·吉尔伯特 F. Sanger 弗雷德里克·桑格	美国 美国 英国	DNA 分裂和重组研究,DNA 测序,开创了现代基因工程学
1981	Kenich Fukui 福井谦一 R. Hoffmann 罗德·霍夫曼	日本 美国	提出前线轨道理论 提出分子轨道对称守恒原理
1982	A. Klug 亚伦·克拉格	英国	发明了“象重组”技术,利用 X 射线衍射法测定了染色体的结构
1983	H. Taube 亨利·陶布	美国	金属配位化合物电子转移反应机理研究
1984	R. B. Merrifield 罗伯特·布鲁斯·梅里菲尔德	美国	固相多肽合成方法的发明
1985	I. A. Hauptman 赫伯特·豪普特曼 J. Karle 杰罗姆·卡尔勒	美国 美国	发明了 X 射线衍射确定晶体结构的直接计算方法

续表

获奖年份	获奖者	国籍	获奖成就
1986	李远哲 D. R. Herschbach 达德利·赫施巴赫 K. Polanyi 约翰·波拉尼	美国 美国 加拿大	发展了交叉分子束技术、红外线化学发光方法,对微观反应动力学研究作出重要贡献
1987	C. J. Pedersen 查尔斯·佩特森 E. J. Cram 唐纳德·克拉姆 J-M. Lehn 让-马里·莱恩	美国 美国 法国	研究和使用对结构高选择性分子
1988	I. Deisenhoger 约翰·戴森霍尔 H. Michel 哈特姆特·米歇尔 R. Huber 罗伯特·胡贝尔	德国 德国 德国	生物体中光能和电子转移研究,光合成反应中心研究
1989	T. Cech 托马斯·切赫 S. Altman 西德尼·奥特曼	美国 美国	Ribozyme 的发现
1990	F. J. Corey 伊莱亚斯·科里	美国	有机合成特别是发展了逆合成分析法
1991	R. R. Ernst 查理德·恩斯特	瑞士	二维核磁共振
1992	R. A. Marcus 罗道夫·阿瑟·马库斯	美国	电子转移反应理论
1993	M. Smith 迈克尔·史密斯 J. B. Mullis 凯利·穆利斯	加拿大 美国	多聚酶链式反应(PCR)技术 寡聚核苷酸定点诱变技术
1994	G. A. Olah 乔治·欧拉	美国	碳正离子化学

续表

获奖年份	获奖者	国籍	获奖成就
1995	K. Molina 马里奥·莫利纳 S. Rowland 弗兰克·罗兰 P. Crutzen 保罗·克鲁岑	墨西哥 美国 荷兰	研究大气环境化学,在臭氧的形成和分解研究方面做出重要贡献
1996	R. F. Curl 罗伯特·苛尔 R. E. Smalley 查理德·斯莫利 H. W. Kroto 哈罗德·沃特尔·克罗托	美国 美国 英国	发现 C_{60}
1997	J. Skou 延斯·克里斯 ·斯科 P. Boyer 保罗·博耶 J. Walker 约翰·沃克尔	丹麦 美国 英国	发现了维持细胞中钠离子和钾离子浓度平衡的酶,并阐明其作用机理 发现了能量分子三磷酸腺苷的形成过程
1998	A. W. Kohn 沃特·科恩 A. Pople 约翰·波普	美国 英国	发展了电子密度泛函理论 发展了量子化学计算方法
1999	A. H. Zewail 艾哈迈德·泽维尔	美国	飞秒技术研究超快化学反应过程和过渡态
2000	A. J. Heeger 艾伦·黑格 A. G. MacDiarmid 艾伦·麦克迪尔米德 Hideki Shirakawa 白川英树	美国 美国 日本	导电聚合物的研究
2001	William S. Knowles 威廉·诺尔斯 RyojiNoyoi 野依良治 K. Barrysharpless 巴里·夏普莱斯	美国 日本 美国	手性催化还原反应 手性催化氧化反应

续表

获奖年份	获奖者	国籍	获奖成就
2002	K. Wuthrich 库尔特·维特里希 J. B. Fenn 约翰·贝内特·芬恩 K. Tanaka 田中耕一	瑞士 美国 日本	生物分子的鉴定和结构分析方法的研究
2003	Peter Agre 彼得·阿格雷 Roderick Mackinnon 罗德里克·麦金农	美国 美国	细胞膜中的水通道的发现以及对离子通道的研究
2004	Aaron Clechanover 阿龙·切哈诺沃 AvramHershko 阿夫拉姆·赫什科 Irwin Rose 欧文·罗斯	以色列 以色列 美国	泛素调解的蛋白质降解
2005	R. H. Grubbs 罗伯特·格拉布 R. R. Schrock 查理德·施罗克 Y. Chauvin 伊夫·肖万	美国 美国 法国	烯烃复分解反应的研究
2006	R. D. Kornberg 罗杰·科恩伯格	美国	真核转录的分子基础的研究
2007	Gerhard Ertl 格哈德·埃特尔	德国	固体表面化学过程研究
2008	Osamu Shimomura 下村修 Martin Chalfie 马丁·沙尔菲 钱永健	日本 美国 美籍华裔	发现并发展了绿色荧光蛋白(GFP)
2009	Venkatraman Ramakrishnan 万卡特拉曼·拉玛克里斯南 Thomas A. Steitz 托马斯·斯泰茨 Ada E. Yonath 约纳什	英国 美国 以色列	核糖体结构和功能研究

续表

获奖年份	获奖者	国籍	获奖成就
2010	Richard F. Heck 查理德·赫克 Ei-ichiNegishi 根岸英一 Akira Suzuki 铃木章	美国 日本 日本	新的连接碳原子的方法
2011	Daniel Shechtman 丹尼尔·舍特曼	以色列	准晶体的发现
2012	Robert J. Lefkowitz 罗伯特·莱夫科维茨 Brian K. Kobika 布莱恩·克比尔卡因	美国 美国	G蛋白偶联受体研究
2013	Martin Karplus 马丁·卡普拉斯 Michael Levitt 迈克尔·莱维特 Arieh Warshel 阿里耶·瓦谢勒	美国 美国 美国	开发多尺度复杂化学系统模型
2014	Eric Betzig 埃里克·贝齐格 William E. Moerner 威廉·莫纳 Stefan W. Hell 斯特凡·黑尔	美国 美国 德国	发展超分辨率荧光显微镜
2015	Tomas Lindahl 托马斯·林道尔 Paul Modrich 保罗·莫德里奇 AzizSancar 阿奇兹·桑卡	瑞典 美国 美国	对于DNA修复机理研究
2016	Jean-Pierre Sauvage 让-皮埃尔·索瓦日 J. Fraser Stoddart 弗雷泽·斯托达特 Bernard L. Feringa 伯纳德·费林加	法国 美国 荷兰	分子机器设计与合成

本章小结

本章作为绪论，主要向学生介绍了不同时期化学的主要研究对象，以及化学知识的发展史。同时，简要介绍了化学知识在现代科技工程中的应用、化学在国民经济生活中的作用及地位以及其未来发展趋势等。在此基础上，介绍了该门课程的内涵，教学目标以及主要教学内容。

习题与思考题

1. 结合中学学过的化学知识，思考一下你身边、生活中或者你了解的工程技术中哪些地方用到了化学知识？你能用化学知识给予解释吗？

2. 你对工程化学基础课程的理解是什么？你觉得应该怎么学习这门课程？

3. 你的专业是什么？试着了解一下你的专业与化学的关联？

4. 你对工程化学基础课程的教学方法及教学手段有什么建议？

第二章　物质的化学组成和聚集状态

教学要点	学习要求
理想气体	掌握理想气体状态方程，掌握道尔顿分压定律
液体、溶液	了解液体基本属性，掌握溶液浓度表示方法
固体	了解晶体的类型，掌握各类晶体的基本性质
其他物态	认识液晶态，超临界态，等离子态

案例导入

中学阶段的化学课程学习告诉我们，自然界中的物质都是由原子、分子、离子等粒子构成的。但是日常生活中我们所接触到的并不是孤立的粒子，而是由大量粒子以不同的聚集状态所呈现的丰富多彩的物质，例如自由流动的空气、香喷扑鼻的咖啡、晶莹剔透的水晶，等等。

我们最为熟悉的一个典型例子就是水。从化学组成上讲，水是由两个氢原子和一个氧原子构成的水分子组成的，而在自然界中水则呈现出多种状态，例如，雨、露、雾、云等是液态，水蒸气是气态，霜、雪、冰、窗花等是固态。一定外界条件下，同一种物质的聚集状态又是可以相互转化的。

自然界中水的不同聚集状态都是水在遇热或遇冷时吸收或放出热量的过程中，发生物态变化产生的热现象。例如，当空气中的水蒸气上升到高空时遇冷可液化成小水珠，降下即为雨；也可直接凝华成小冰晶，降成雨或雪。一般情况下，水蒸气在低空不会液化或凝华，但是在夜晚可能遇冷降温从而液化成小水珠，停留在空气中就形成了雾，附着在植物茎叶上就形成了露；在冬天更低的温度下也可能直接凝华成小冰晶，这就形成了霜。

通过对物质聚集状态的深入研究，人们还发现除气、液、固以外，物质还可能呈现其他状态，如液晶显示屏的开发和利用，水在超临界状态下因其更强的溶解能力而用于萃取，等离子体在传感、成像、喷涂等方面的广泛应用等。通过本章学习，我们将了解到更多关于物质的化学组成与其聚集状态的关系，以及物质的聚集状态对其物理、化学性质和应用的影响。

2.1　物质的化学组成

通过前期的学习，我们已经了解到，从微观角度上讲，化学意义上的物质是由具有体积和质量的粒子组成的，包括原子、分子和离子三种结构；从宏观上讲，化学物质根据其构成元素的不同可以分为由单一物质构成的纯净物和由两种或两种以上纯净物组成的混合物两大类型。其中纯净物又包括由同一元素构成的单质和不同元素构成的化合物。

进一步对物质的化学组成进行分类，又可以将单质分为金属单质、非金属单质和稀有气体单质等。化合物则包括无机化合物(酸、碱、盐和氧化物)和有机化合物(有机小分子化合物、有机高分子聚合物、配合物和生命大分子等)。这些物质的化学组成与其结构、化学性质和应用的关系将在后面章节中具体介绍。

本章将着重介绍各种化学物质在一定条件下的宏观聚集状态，以及所表现出的不同性质、功能和用途。简单说，自然界中物质的三大聚集状态为气态、液态和固态。气态物质分子间距大，分子运动速度快，体系处于高度无序状态；液态物质分子间距较近，分子间作用力也较强，分子的转动和平动均较活跃，表现为显著的流动性；而固态物质的原子或分子相距较近，分子难以平动或转动，因而不具有明显的流动性。此外，在特殊条件下，某些物质还存在着其他聚集状态，例如液晶态、超临界态和等离子态等。当外界条件发生变化时，物质的状态之间可以相互转化。

2.2 气　体

2.2.1　气体简介

气体是流体的一种，它没有固定的形状，可任意扩散，具有可压缩性。温度、压强、体积、物质的量和质量通常用来描述气体的状态。根据其化学组成，可将气体分为：①由单一元素组成的气体分子，如氧气、氮气等；②由化合物组成的气体分子，如二氧化碳、一氧化氮等；③由两种或多种气体构成的气体混合物，最典型的例子为空气。为了了解气体的物理状态和性质，通常将气体分为理想气体和实际气体，本节内容将重点介绍理想气体的性质。

2.2.2　理想气体

(一)理想气体的基本性质

理想气体实际不存在，它是一种假想的气体，是人们在研究真实气体性质时提出的物理模型。其必须满足以下几个条件：

(1)气体分子本身的体积等于零；

(2)气体分子之间的相互作用力等于零，即分子之间可以发生弹性碰撞，两分子碰撞后不能发生化学反应；

(3)气体分子不被容器壁吸附。

(二)理想气体状态方程

理想气体遵循下列方程：

$$pV = nRT \tag{2-1}$$

该方程称为理想气体状态方程。式中，p 为气体的压力，单位是 Pa (帕)或 kPa (千帕)；V 为气体的体积，单位是 m^3(立方米)；n 为气体的物质的量，单位是 mol(摩尔)；R 为摩尔气体常量，等于 8.314 $J \cdot mol^{-1} \cdot K^{-1}$；$T$ 为气体的温度，单位是 K(开尔文)。

从理想气体状态方程式可以看出，当 n,T 一定时，压力和体积的乘积等于常数（$pV=k$）；同样，当体积和温度一定时，压力正比于物质的量（$p\propto n$）。也就是说，在理想气体状态方程式中有四个变量（p,V,n 和 T），如果确定了其中三个变量，就可以计算出另一个变量。

例 2-1　在标准状况下空气的密度为 1.29 kg·m^{-3}，试计算该空气的摩尔质量。

解：理想气体状态方程

$$pV=nRT \tag{1}$$

$$n=m/M \tag{2}$$

$$\rho=m/V \tag{3}$$

式中：p ——气体的压力；

V ——气体的体积；

n ——气体的物质的量；

R ——摩尔气体常量；

m ——气体的质量；

M ——气体的摩尔质量

(1)(2)(3)三式联立得

$$M=\rho\frac{RT}{p} \tag{4}$$

标准状况下

$$p=101\ 325\ \text{Pa}=101\ 325\ \text{N}\cdot\text{m}^{-2}=101\ 325\ \text{kg}\cdot\text{m}^{-1}\cdot\text{s}^{-2}$$

$$T=273.15\ \text{K}$$

则

$$M=\rho\frac{RT}{p}=1.29\ \text{kg}\cdot\text{m}^{-3}\times\frac{8.314\ \text{J}\cdot\text{mol}^{-1}\cdot\text{K}^{-1}\times 273.15\ \text{K}}{101\ 325\ \text{kg}\cdot\text{s}^{-2}\cdot\text{m}^{-1}}$$

$$=0.029\ 8\ \text{kg}\cdot\text{mol}^{-1}=29.8\ \text{g}\cdot\text{mol}^{-1}$$

值得注意的是，实际气体的分子占据体积，分子间相互作用力也不可忽略，因此，理想气体状态方程多数情况下并不适应实际气体；但对于温度较高、压力较低的实际气体，可以近似为理想气体，用式(2-1)算得的结果与实际测量值相差不大。例如，在 400℃时，1 mol 水蒸气占据 22.4 L 时的实际压力为 248 kPa，式(2-1)算得 249 kPa，两者十分接近。

(三)道尔顿分压定律

描述的是理想气体的特性。这一经验定律是在 1801 年由约翰·道尔顿所观察得到的：某一气体在气体混合物中产生的分压等于在相同温度下它单独占有整个容器时所产生的压力；而气体混合物的总压强等于其中各气体分压之和，即

$$p=p_1+p_2+p_3+\cdots+p_n \tag{2-2}$$

道尔顿分压定律只适用于理想气体混合物，实际气体并不严格遵从道尔顿分压定律。

例 2-2　在 25℃时将 20 m^3 压力为 50 kPa 的氧气和 30 m^3 压力为 200 kPa 的氮气混合，混合后的体积为 110 m^3，求混合后的总压力。

解：混合后氧气的分压为

$$p_{O_2}=20\ \text{m}^3\times 50\ \text{kPa}/110\ \text{m}^3=9.09\ \text{kPa}$$

混合后氮气的分压为

$$p_{N_2}=30\ \text{m}^3\times 200\ \text{kPa}/110\ \text{m}^3=54.55\ \text{kPa}$$

混合后的总压为

$$p_{总}=9.09\ \text{kPa}+54.55\ \text{kPa}=63.64\ \text{kPa}$$

2.2.3 气体的储运

在实际工程应用中，通常将气体压缩在钢瓶中储运。气体钢瓶和钢瓶上标注用不同字体颜色以区分不同的气体，表 2-1 列举了一些常用的气体储运规定。

表 2-1 常用气瓶标注规定

<table>
<tr><th rowspan="2">气体</th><th rowspan="2">钢瓶颜色</th><th colspan="2">对气体类型的标注</th><th colspan="2">对气体压力的标注</th></tr>
<tr><th>字样</th><th>字体颜色</th><th>压力</th><th>颜色</th></tr>
<tr><td rowspan="2">氧气</td><td rowspan="2">天蓝</td><td rowspan="2">氧</td><td rowspan="2">黑色</td><td>20 MPa</td><td>白色环一道</td></tr>
<tr><td>30 MPa</td><td>白色环二道</td></tr>
<tr><td rowspan="2">氢气</td><td rowspan="2">浅绿</td><td rowspan="2">氢</td><td rowspan="2">大红</td><td>20 MPa</td><td>淡黄色环一道</td></tr>
<tr><td>30 MPa</td><td>淡黄色环二道</td></tr>
<tr><td>氨气</td><td>淡黄</td><td>液氨</td><td>黑色</td><td>—</td><td></td></tr>
<tr><td rowspan="2">氮气</td><td rowspan="2">黑色</td><td rowspan="2">氮</td><td rowspan="2">淡黄</td><td>20 MPa</td><td>白色环一道</td></tr>
<tr><td>30 MPa</td><td>白色环二道</td></tr>
<tr><td rowspan="2">压缩空气</td><td rowspan="2">黑色</td><td rowspan="2">空气</td><td rowspan="2">白色</td><td>20 MPa</td><td>白色环一道</td></tr>
<tr><td>30 MPa</td><td>白色环二道</td></tr>
<tr><td>氯气</td><td>深绿</td><td>液氯</td><td>白色</td><td>—</td><td></td></tr>
<tr><td>溶解乙炔</td><td>白色</td><td>乙炔不可近火</td><td>大红</td><td>—</td><td></td></tr>
<tr><td>液化二氧化碳</td><td>铝白</td><td>液化二氧化碳</td><td>黑色</td><td>20 MPa</td><td>黑色环一道</td></tr>
<tr><td>液化石油气</td><td>银灰</td><td>液化石油气</td><td>大红</td><td>—</td><td></td></tr>
</table>

利用钢瓶储存、运输和使用气体时应严格遵循相关安全管理规定，操作不当容易引发安全问题。例如，气瓶应置于专用仓库储存，并设有显著的警示标志如“危险”“严禁烟火”等字样；运输存储有可燃气体的气瓶时不仅严禁烟火，还应将灭火器材一同运输，以防起火、避免因此造成火灾等严重损失。使用高压气瓶时应经常检查压力表读数，密切关注有无泄漏现象等。

钢瓶用于气体储运，主要面向医院、学校、科研院所等民用机构；为了贮存超高压气体介质、为航天器推进系统、流体管理系统和试验系统等提供高压气体，合金和复合材料的气瓶则是航空航天动力系统用压力容器之一。目前，钛合金气瓶已逐渐取代传统的铝合金气瓶，以其寿命长、可靠性高、工作压力高等优点在航天领域得到了广泛应用。为了适应飞速发展的航天事业，对以金属壳体为内衬、辅以碳纤维复合材料缠绕表面的双层结构的超高压气瓶的研制成为该领域的研究重点，这种气瓶具有诸多优点，如更轻的质量、更高的容器特性系数以及更灵活的设计性等。

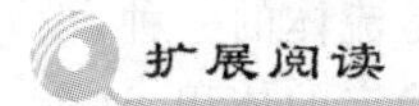

PM2.5 与大气污染

人类的发展离不开能源。目前的主要能量来源依然是化石燃料的燃烧。大量化石燃料的燃烧导致了严重的环境污染，细颗粒物(PM2.5)就是其中最主要的一种大气污染物。

细颗粒物(PM2.5)是指环境空气中空气动力学当量直径小于等于 2.5 微米的颗粒物。它能较长时间悬浮于空气中，其在空气中含量浓度越高，就代表空气污染越严重。由于其尺寸较小，比表面积大，活性强等特征，PM2.5 在大气中的停留时间较长，严重影响空气质量和能见度，对人体健康和大气环境质量的影响更大，表 2-2 给出的是我国空气质量标准中关于 PM2.5 的规定。

表 2-2　PM2.5 检测网空气质量新标准

空气质量等级	24 小时 PM2.5 平均值标准值/($\mu g \cdot m^{-3}$)
优	0～35
良	35～75
轻度污染	75～115
中度污染	115～150
重度污染	150～250
严重污染	大于 250

PM2.5 的化学成分主要包括有机碳、元素碳、硝酸盐、硫酸盐、铵盐和钠盐等。PM2.5 的来源主要由自然源和人为源两种。自然源主要是土壤扬尘(含有氧化物矿物和其他成分)海盐、植物花粉、孢子、细菌等以及自然灾害中产生的火山灰等。人为源主要是化石燃料的燃烧，包括煤的燃烧产生的烟尘以及各类机动车辆排放的尾气。就危害程度而言，后者的危害更大更持久。比如二手烟是就是室内颗粒物最主要的来源。颗粒物的来源是不完全燃烧、因此只要是靠燃烧的烟草产品，都会产生具有严重危害的颗粒物。同样，焚香和燃烧蚊香也会产生 PM2.5。

目前而言，对于 PM2.5，只能以预防为主，还没有切实可行的根治方法。主要的预防方法有过滤法和吸收法。过滤法最常用的工具就是口罩。吸收法是指通过植物叶片等来实现 PM2.5 的吸收。

现在很多城市都采用喷雾车雾化喷水作为降低 PM2.5 的一种手段，请结合 PM2.5 的化学成分谈谈喷雾车除霾的可行性。

2.3　液　体

2.3.1　液体的基本属性

液体是自然界物质存在状态之一，由分子组成，分子之间存在相互吸引的作用力并同时存在分子间隙。因此,液体的性质介于固体和气体之间。液体与气体相同,都是流体的一种,没有确定的形状,其外形取决于容器的形状。但是与气体不同的是,液体有着确定的体积,这个体积随外界压力的变化非常小,即不具有显著的可压缩和膨胀性,在这方面更类似于固体。

(一)液体的密度

单位体积液体所包含的质量称为液体的密度,用 ρ 表示。对于均质液体,其密度表示为

$$\rho = m/V \tag{2-3}$$

式中,m 为液体的质量,V 为体积。因此,密度的单位通常为 $kg \cdot m^{-3}$。

随温度升高或降低时,液体分子热运动的剧烈程度和相互作用力发生变化,表现为液体密度和体积随温度而变化。标准大气压下,液态水的密度和体积随温度的变化见表 2-3。

表 2-3　液态水在标准大气压下的密度和体积

温度/℃	密度/$g \cdot cm^{-3}$	1 g 的体积/cm^3
0	0.999 8	1.000 2
4	1.000 0	1.000 0
10	0.999 7	1.000 3
20	0.998 2	1.001 8
50	0.988 0	1.012 1
75	0.974 9	1.025 7
100	0.958 4	1.043 4

(二)液体的表面张力

作用于液体表面,使液体表面缩小的力,称为液体表面张力。目前对它产生的原因有两种认识。一种是基于保持能量最低而维持物态稳定的原则。通常认为与周围分子有相互作用的液体分子处于较低的能态,而独立的液体分子则处于较高的能态。相对于液体内部的分子,处于气、液界面的液体分子具有更少的相邻分子,因而具有更高的能量。为了保持能量最低,液体需要通过缩小表面积达到具有最少高能态分子的目的。另一种认识则认为液体分子间的内聚力是主因。如图 2-1 所示,每个液体分子都受到来自周围相邻分子的各个方向的拉力,结果使得液体内部分子的净受力为零。而液体跟气体接触的表面上的液体分子受力不平衡而表现为受到向内的拉力,从而使得液体表面保持最小的表面积。

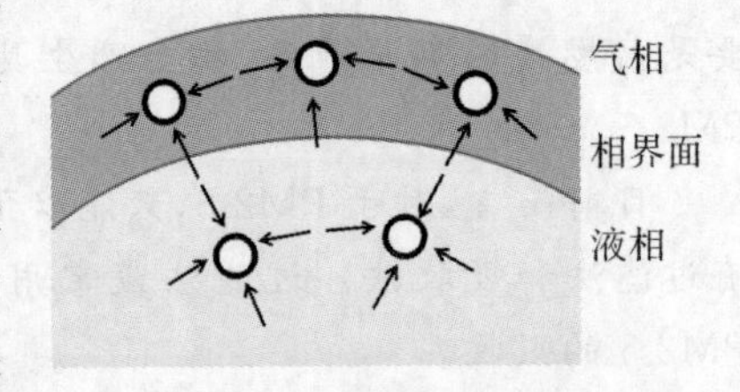

图 2-1　液体分子受力示意图

正是由于液体表面张力的存在,生活中呈现了丰富多彩的景象,如清晨树叶上的露珠、下雨时呈椭球体的雨珠、玻璃板表面的汞珠等。液体表面张力的原理也被应用于现代科技的发展中,例如表面张力贮箱是一类为航天器的液体推进系统贮存和供应推进剂的压力容器,它是依靠微重力环境下液体的表面张力原理对推进剂进行管理,在规定的流量和加速条件下为发动机或推力器提供无夹杂的推进剂。目前表面张力贮箱已在航天飞机、通信卫星和空间站等

空间微重力环境下工作的航天飞行器中具有广泛应用。

2.3.2　溶液

溶液是由两种或两种以上的物质构成的均一、稳定的混合物。其中，被分散的物质称为溶质，分散介质称为溶剂。溶剂通常是该混合物的主要部分，可以是气体、液体或固体，溶液具有与溶剂相同的物理状态。按组成溶液的溶质和溶剂的状态对溶液进行分类见表 2－4。

表 2－4　溶液的类型及典型示例

溶液类型	溶质状态	溶剂状态	典型示例
液态溶液	气体	液体	水中含溶解氧，血液中含氧气和二氧化碳等
	液体	液体	酒精（乙醇溶于水）
	固体	液体	糖水（蔗糖溶于水），食盐水（氯化钠溶于水），体液中含多种电解质如钾盐和钠盐等
气态溶液	气体	气体	气体混合物，如空气
固态溶液	气体	固体	氢气溶解于金属钯中进行储存
	液体	固体	汞合金（汞溶于锌），食盐或蔗糖的潮解
	固体	固体	黄铜（锌溶于铜），钢，含增塑剂的聚合物

溶液浓度是用来定性描述溶液中各组分的相对含量的物理量，表示方法有很多种，这里仅介绍几种常用方法。

(1)质量分数(w)：某溶质的质量占溶液总质量的分数。例如，25％的葡萄糖注射液就是指 100 g 注射液中含葡萄糖 25 g。

(2)摩尔分数(x)：溶液中某溶质的物质的量与溶液的总物质的量之比。乙醇-水体系中，乙醇摩尔分数为 0.21，即 0.21 mol 乙醇/1 mol(水＋乙醇)。

(3)体积分数(φ)：在相同温度和压强下，溶液中某溶质单独占有的体积与溶液总体积之比。例如，医疗上常用的 75％酒精是指常温常压下，75 mL 乙醇溶于水，配置成 100 mL 溶液。

(4)质量-体积浓度(ρ)：1 L 溶液中某溶质的质量，单位是 $kg \cdot m^{-3}$($1\ kg \cdot m^{-3} = 1\ g \cdot dm^{-3}$)。

(5)物质的量浓度(c)：1 L 溶液中某溶质的物质的量，单位是 $mol \cdot L^{-1}$($= mol \cdot dm^{-3}$)。

(6)质量摩尔浓度(m_B)：1 kg 溶剂中某溶质的物质的量，单位是 $mol \cdot kg^{-1}$。

2.4　固　体

2.4.1　固体简介

固体是一种常见的物质存在形态。不同于气体和液体，固体物质具有比较固定的形状，质地也较为坚硬。一般将固体分为晶体和非晶体两大类。

晶体是物质内部质点(原子、离子、分子等)在三维空间成周期性排布的固体。一般来讲，晶体外观多为规则形状的几何体。相对而言,非晶体物质内部的质点在三维空间不具有周期性排布,虽然近程有序,但长程无序,其外观多为不规则形状。

2.4.2 晶体的特征

晶体材料有着其固有的特征,可以用来辨别晶体和非晶体。

(1)由于其长程有序性,晶体有着规则的几何外形。例如,金刚石(钻石)晶体形态多呈八面体、菱形十二面体、四面体及它们的聚形。非晶体(如玻璃、橡胶等)则没有一定的几何外形,因此又称无定形。

(2)晶体有固定的熔点。比如最常见的冰。加热冰的过程中,0℃以下没有融化现象,温度到达0℃时开始融化,继续加热,体系温度保持不变,直至其全部融化后温度才继续升高。而由于非晶体分子、原子的排列不规则,吸收热量后不需要破坏其空间点阵,只用来提高平均动能,所以当从外界吸收热量时,便由硬变软,最后变成液体,因而没有固定的熔点。例如加热松香的过程中,其在50～70℃软化,70℃以上才基本成为液体。

(3)晶体具有各向异性。由于晶体中质点的周期性排布,晶体在不同方向上表现出不同的物理化学性质(硬度、热膨胀系数、导热性、折射率等)。例如石墨,沿着其片层结构方向可以剥离,甚至形成单层的石墨烯。同时其沿着片层结构方向的电导率是垂直方向电导率的一万多倍。非晶体中由于质点的无序排布,因此不具有各向异性。

2.4.3 晶体的类型

同一种物质可以具有不同的晶型。例如石墨和金刚石的组成元素都是碳,但其晶型却截然不同,物理化学性质也各不相同,这种现象称为同质异晶。在一定条件下,同质异晶之间是可以发生相互转变的。例如高压条件下石墨晶体可以转变为金刚石,这也是人工金刚石制备的原理。

晶体材料又可以分为单晶和多晶。单晶内部的质点是按照某种规律整齐排布的,而多晶是由多个单晶聚集而成的。由于其规则的排布,培养单晶及其结构解析是一种重要的物质结构表征手段,在无机材料和蛋白质化学中有着重要的应用。实际操作中,在晶体生长过程中,由于温度、压力、介质组分浓度等变化常常引起质点排列的某种不规则性或不完善性,从而形成晶体缺陷。晶体缺陷的存在对晶体的性质会产生明显的影响。

按照质点的物质类型及不同质点间的相互作用力不同,可以将晶体分为离子晶体、原子晶体(又称共价晶体)、分子晶体和金属晶体等类型。表2-5列出了各类晶体的基本性质。

表2-5 各类晶体的基本性质

晶体类型	离子晶体	原子晶体	分子晶体		金属晶体
质点	正负离子	原子	极性分子	非极性分子	原子、正离子
作用力	离子键	共价键	分子间力、氢键	分子间力	金属键
熔、沸点	高	很高	低	很低	—

续表

晶体类型	离子晶体	原子晶体	分子晶体		金属晶体
硬度	硬	很硬	软	很软	—
机械性能	脆	—	弱	很弱	可延展
导电性能	熔融、溶液导电	非导体	固态、液态不导电 水溶液导电	非导体	良导体
溶解性	易溶于极性溶剂	不溶	易溶于极性溶剂	易溶于非极性溶剂	不溶
例子	NaCl	金刚石	HCl	CO_2	Au

除上述四大类型之外，还有混合型晶体(含有两种以上的晶格类型)，例如石墨、云母、黑磷等。

(一)离子晶体

离子晶体是由阴、阳离子通过离子键结合而形成的晶体。所谓离子键就是阴、阳离子间强烈的静电作用。离子键无饱和性、无方向性。大多数盐、强碱、活泼金属氧化物属于离子晶体，最典型的代表就是氯化钠。离子晶体的稳定性可以通过其晶格能来体现。离子晶体的晶格能(U)是指热力学标准状态下，拆开单位物质的量的离子晶体使其变为气态组分离子所需吸收的能量。

$$MX(s) \rightarrow M^{+}(g) + X^{-}(g) \quad U_{NaCl} = 786\ kJ \cdot mol^{-1}$$

显然，晶格能越大，阴阳离子之间的离子键就越强，离子晶体的熔点也就越高，其硬度就越大，离子晶体也就越稳定。由于离子晶体靠阴阳离子相互吸引结合，离子间以离子键相互结合，离子之间按照严格的规则排列，因此具有很漂亮的晶胞。图 2 - 2 给出了几种离子晶体的晶胞结构。

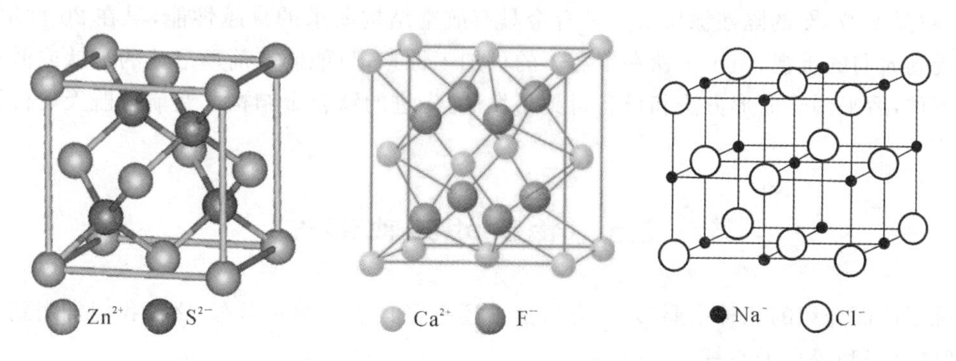

图 2 - 2　ZnS，CaF_2 和 NaCl 的晶胞

(二)原子晶体

原子晶体是几类晶体中硬度最大，熔点较高的一类晶体。晶体中原子与原子通过共价键连接，构成一个空间的三维网络结构。金刚石是一种典型的原子晶体，碳原子通过 sp^3 杂化轨道与其他碳原子相连，在空间形成稳定性很强的正四面体结构，因此，金刚石是目前已知的天然物质中最硬的。

(三)分子晶体

分子晶体由极性或非极性分子组成,分子间通过氢键、范德华力等弱相互作用连接。由于分子间力较弱,分子晶体一般具有较低的熔点、沸点和较小的硬度。许多分子晶体在常温下呈气态或液态。例如O_2,CO_2是气体,乙醇、冰醋酸是液体;碘片、萘等分子晶体则具有较大的挥发性,可以不经过熔化而直接升华。

同类型分子的晶体,其熔、沸点随相对分子质量的增加而升高,例如卤素单质的熔、沸点次序:$F_2 > Cl_2 > Br_2 > I_2$。有机物的同系物随碳原子数的增加,熔沸点升高。但HF,H_2O,NH_3,CH_3CH_2OH等分子间同时存在范德华力和氢键相互作用,其熔、沸点较高。

(四)金属晶体

金属晶体是金属原子和离子通过金属键形成的三维有序结构。金属键是一种特殊的共价键,又称金属的改性共价键,由荷兰科学家洛伦茨按自由电子的理论在1916年提出。

洛伦茨认为,金属晶体中质点的原子和离子共用晶体中的自由电子,自由电子可以在整个晶体中运动,因此可以形象地将金属键理解为"金属原子失去价电子后形成骨架,然后浸泡在电子的海洋中"。正是由于金属晶体中这些离域的自由电子的存在,金属键没有方向性和饱和性。自由电子可以在整个晶体中自由运动,因此金属有着良好的导热性和导电性。金属原子之间还可以相互滑动同时保持金属键不断裂,因此金属还具有延展性。

2.4.4 固体的应用举例

金属材料是一类非常重要的固体材料,在国防和军工方面有着重要应用。比如最重要的飞行器制造与化学晶体学有着非常紧密的联系。飞行器的发展一方面要求设计结构上的改进,另一方面要求新材料的不断涌现。目前先进航空发动机的推重比达到12~15,涡轮前燃气温度将达到1 800~2 100℃,这就需要研究发展更新一代的高温材料,例如耐816℃的TiAl金属基复合材料,耐1 200~1 400℃的Nb-Si合金,耐1 538℃的陶瓷材料,耐1 800℃的Ir基合金,耐温1 371℃的隔热涂层等。钛合金具有航空结构要求的卓越性能,早在20世纪50年代就受到人们的重视,但由于钛在常温下的可加工性差,只能制造简单形状的纯钛或低强度钛合金零件,后来因热成形方法和设备得到了发展,先进的钛合金结构才在航空航天飞行器上扩大应用。

2.5 物质的其他形态

除了前面介绍的几种主要形式,大自然中还有着其他的物质形态,比如我们常用到的液晶态、超临界态和等离子态等。

2.5.1 液晶

液晶,是一种在一定温度范围内呈现既不同于固态、液态,又不同于气态的特殊物质形态,它既具有各向异性的晶体所特有的双折射性,又具有液体的流动性。一般可分热致液晶和溶致液晶两类。

1850年,普鲁士医生鲁道夫·菲尔绍等人发现神经纤维的萃取物中含有一种不寻常的物质。1877 年，德国物理学家奥托·雷曼运用偏光显微镜首次观察到了液晶化的现象，但他对此现象的成因并不了解。

1883 年 3 月 14 日，奥地利布拉格德国大学的植物生理学家弗里德里希·莱尼泽用偏光显微镜研究胆固醇衍生物时，观察到胆固醇苯甲酸酯（见图 2-3）在热熔时的异常表现。他发现该物质在 145.5℃时熔化，产生了带有光彩的混浊物，温度升到 178.5℃后，光彩消失，液体透明。此澄清液体稍微冷却，混浊又复出现，瞬间呈现蓝色。

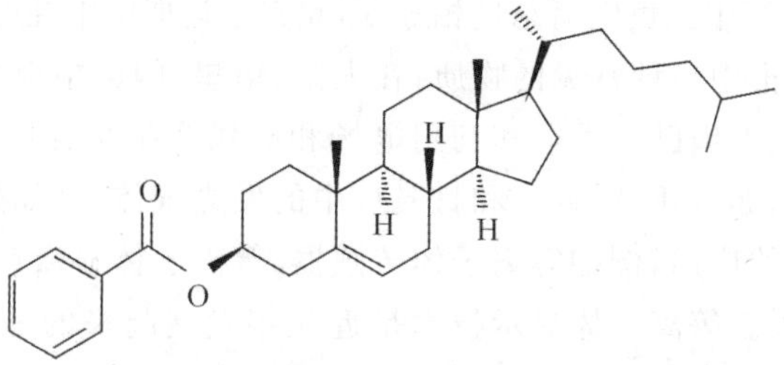

图 2-3　胆固醇苯甲酸酯分子结构

莱尼泽反复确定他的发现后，向德国物理学家奥托·雷曼（Otto Lehmann）请教。当时雷曼设计制作了一台具有加热功能的显微镜去探讨液晶降温结晶之过程，后来更加上了偏光镜，成为深入研究液晶的重要工具。通过研究，雷曼认为偏振光性质为该物质特有属性。正是由于二人在液晶发现和研究上的贡献，莱尼泽和雷曼被誉为液晶之父。

事实上液晶的产生是由于某种有序结构的形成所致。正是如此，液晶有着特殊的光电效应，其干涉、散射、旋光等现象均受电场调控。基于此，人们开发出了液晶显示器。简单来说，有电场时，液晶分子排列有序，光线可以通过；撤去电场时，液晶分子排列混乱，光线不能通过。但是由于液晶的取向性，液晶显示存在着视角问题，这也是目前限制液晶显示技术发展的瓶颈。

2.5.2　超临界态

超临界态是物质的一种特殊存在形态。在超临界态物质的压力和温度同时超过它的临界压力（p_c）和临界温度（T_c），换句话讲，超临界态物质的对比压力（p/p_c）和对比温度（T/T_c）同时大于 1。

超临界状态是一种特殊的流体。在临界点附近，它有很大的可压缩性，适当增加压力，可使它的密度接近一般液体的密度，因而有很好的溶解其他物质的性能，例如超临界水可以溶解正烷烃。另外，超临界态的黏度只有一般液体的 1/12～1/4，但它的扩散系数却比一般液体大 7～24 倍，近似于气体。

超临界态的一个最主要应用就是超临界萃取。超临界流体萃取的基本原理是：当气体处于超临界状态时，具有和液体相近的密度，黏度虽高于气体但明显低于液体，扩散系数为液体的 10～100 倍，因此对物料有较好的渗透性和较强的溶解能力，能够将物料中某些成分提取出来。同时，超临界流体的密度和介电常数随着密闭体系压力的增加而增加，极性增大，利用程序升压可将不同极性的成分进行分步提取。提取完成后，改变体系温度或压力，使超临界流体变成普通气体逸散，物料中已提取的成分就可以完全或基本上完全析出，达到提取和分离的目的。

2.5.3 等离子态

等离子体是由部分电子被剥夺后的原子及原子团被电离后产生的正负离子组成的离子化气体状物质。当气体分子被加热到足够高的温度时,外层电子摆脱原子核的束缚成为自由电子,就像下课后的学生跑到操场上随意玩要一样。电子离开原子核,这个过程就叫做“电离”。这时,物质就变成了由带正电的原子核和带负电的电子组成的、一团均匀的“浆糊”,因此人们又称它为离子浆,这些离子浆中正负电荷总量相等,因此它是近似电中性的,所以就叫等离子体。

等离子体其实是宇宙中一种常见的物质,在太阳、恒星、闪电中都存在等离子体,它占了整个宇宙的99%。21世纪人们已经掌握和利用电场和磁场产生来控制等离子体。最常见的等离子体是高温电离气体,如电弧、霓虹灯和日光灯中的发光气体,又如闪电、极光等。

等离子体有着广泛的应用,例如等离子体传感器、等离子体显微镜、等离子体冶炼、等离子体焊接、等离子体喷涂等。等离子体显示技术是近几年发展起来的一种新的显示技术。在两张超薄的玻璃板之间注入混合气体,并施加电压利用荧光粉发光成像。薄玻璃板之间充填混合气体,施加电压使之产生离子气体,然后使等离子气体放电,与基板中的荧光体发生反应,产生彩色影像。等离子彩电又称“壁挂式电视”,不受磁力和磁场影响,具有机身纤薄、质量轻、屏幕大、色彩鲜艳、画面清晰、亮度高、失真度小、节省空间等优点。与液晶显示较窄的视角(120°左右)相比,等离子体显示的视角可达160°。

2.6 物态变化

通过以上学习,我们已经了解到自然界中存在的各种各样的物质,绝大多数都是以固、液、气三种聚集态存在着。为了描述物质的不同聚集态,而用“相”来表示物质的固、液、气三种形态的“相貌”。从广义上来说,所谓相,指的是物质系统中具有相同物理性质的均匀物质部分,不同相之间存在分界面,可以通过机械方法分离开来。在一定的压强和温度下,物质的存在状态可以发生相应的变化,这种物质聚集状态的变化也可以称为相变,通常纯物质的相变过程如图2-4所示。

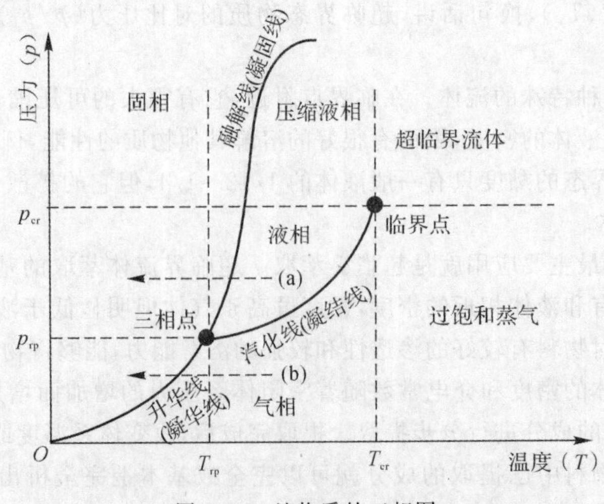

图2-4 纯物质的三相图

2.6.1　纯物质的三相图

在了解物态变化过程之前，我们先来介绍几个与相变过程相关的基本概念。

(1)单相区(phase)：固相，液相和气相，即物质存在的三大基本状态。

(2)汽化线(凝结线)：气液共存的状态，表示液体的沸点随压力的变化。

(3)融解线(凝固线)：液固共存的状态，表示液体的凝固点随压力的变化。

(4)升华线(凝华线)：气固共存的状态，表示气体凝华或固体升华过程随压力的变化。

(5)临界点(critical point)：汽化线的终点。任何纯物质都有一个唯一、确定的临界点，即临界参数(临界温度 T_c，临界压力 p_c，临界体积 V_c)是唯一、确定的，是实际气体性质的重要参数。

(6)三相点(triple point)：三条相平衡线的交点，是气、液、固三态共存的状态。在一定的温度和压力下，气、液、固三相共存且处于平衡的状态。对应的温度和压力分别称为三相点温度(T_{rp})和三相点压力(p_{rp})。与临界点相似，每种物质都有确定的三相点温度和三相点压力，也是实际气体性质的重要参数之一。例如，水的三相点的精确值由我国已故化学家黄子卿教授在1938年测定，为(0.009 8℃，0.610 kPa)。

从三相图中可以判断出任意温度和压力下可能有哪个相存在，可以看出固、液、气三相中任意两项平衡共存和相互转化的条件，以及三相平衡共存的条件。例如，虚线(a)沿箭头所示方向，在压力恒定的条件下，持续降温，跨过气液共存、液固共存，从液体变为固体；虚线(b)表示气体等压冷却，最后变为固体的过程。物质都有各自的相图，认识相图有助于观察和了解物质状态的变化规律。

2.6.2　液体的汽化

物质从液态变为气态的过程称为汽化，汽化是我们生活最常见的一种相变。例如，水加热时产生蒸汽。

汽化有蒸发和沸腾两种形式。

蒸发是发生在液体表面的汽化过程，任何温度下都可以发生；与液相处于动态平衡的气体称为饱和蒸气，其压力为饱和蒸气压。需要说明的是：① 蒸气压不随容器体积而变，亦与液体的物质的量无关；② 蒸气压随温度的升高而增大，温度一定时，液体的蒸气压是定值；③ 冷凝是蒸发的逆过程，蒸发吸热，冷凝放热。

例 2－3　已知在25℃时，苯的蒸气压 $p=12.3$ kPa。现有0.120 mol的苯，在25℃时，试计算：

(1)当这些苯全部气化，并保持容器压力等于蒸气压时，应占多少体积(认为是理想气体)？

(2)若苯蒸气的体积为10.9 L时，苯的蒸气压力是多少？

(3)若苯蒸气的体积变为40.0 L时，苯的蒸气压力是多少？

解：(1)当苯刚好全部气化时，其体积可根据理想气体状态方程 $pV=nRT$ 计算，即

$$V=\frac{nRT}{p}=\frac{0.120\ \text{mol}\times 8.314\ \text{kPa}\cdot\text{L}\cdot\text{mol}^{-1}\cdot\text{K}^{-1}\times 298\ \text{K}}{12.3\ \text{kPa}}=24.17\ \text{L}$$

(2)当苯蒸气的体积为10.9 L时，苯还没有完全气化，是气液共存状态，苯蒸气的压力即为其饱和蒸气压，为12.3 kPa。

(3)当苯蒸气的体积为 40.0 L 时，苯已经完全气化，变为不饱和蒸气了，其压力可根据理想气体状态方程 $pV=nRT$ 计算，即

$$p=\frac{nRT}{V}=\frac{0.120\ \text{mol}\times 8.314\ \text{kPa}\cdot\text{L}\cdot\text{mol}^{-1}\cdot\text{K}^{-1}\times 298\ \text{K}}{40\ \text{L}}=7.43\ \text{kPa}$$

沸腾是在整个液体内部发生的汽化过程，只有在温度达到沸点以上才能发生。将液体加热到超过正常沸点一定温度才开始沸腾，之后温度又降至正常沸点的现象叫过热现象。过热现象容易造成事故，尤其在处理易燃液体时(如乙醚、丙酮、酒精等)，随气泡喷溅出的液体与加热的火焰相遇会引发火灾。在化学实验中，对这类液体进行加热时，通常采用搅拌或加入沸石的方法进行预防。

2.6.3 气体的液化

气体液化是气体转化为液态的物理过程。许多气体在正常压力下，只需冷却就可进入液态。例如，101 kPa 下，温度低于 100℃时水蒸气即可液化。有些气体在加压条件下亦可液化，如氯气在室温加压可能液化。而有些气体如二氧化碳等则必须在降到一定温度时，压缩体积才可以液化。

对气体进行液化，通常是为了某种科学、工业或商业的目的，包括分析气体的基本性质(分子间力)、储存或运输气体(液化石油气)和商业化应用其特殊性质。例如液氧被用于供给有呼吸问题的病人；液氮可以用于医疗的低温手术和保存珍贵样品如干细胞等；液态二氧化碳作为一种制冷剂，可以用于食品储藏和人工降雨；在国防工业中，液氨被用于制造火箭、导弹的推进剂。

2.6.4 其他物态变化

物质三相之间的变化，除了气液相变之外，还有固液相变(即融解和凝固)和气固相变(即升华和凝华)。固态物质在某一温度下吸热熔化，变为液态的过程为融解；液态物质在降温、减压条件下放出热量，变为固态的过程为凝固。在三相点的压强以下升高温度，物质由固态不经液态而直接转变为气态的过程为升华；相反的过程称为凝华。这类相变的例子在自然界中也很常见到，如水凝固成冰，冰雪的融化，樟脑的升华，大气中的水蒸气凝华成霜或雪等。

这类相变总伴有显著的能量变化，目前已成为储能材料研究的热点。例如，温度低于 0℃时，水由液态变为固态(结冰)；温度升高时水由固态变为液态(融解)。在结冰过程中吸入并储存了大量的冷能量，而在融解过程中吸收大量的热能量。这是相变材料中一个最典型的例子。目前已经发展出多种相变材料用于储能或调温，主要包括水合盐和蜡质相变材料两大类，在军事、航天、建筑、服装、制冷设备及通信和电力系统等都已有广泛应用。

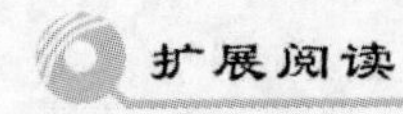

氢气的同素异形体——金属氢

在元素周期表中，氢元素处于第一位，并且是碱金属列头。然而不同于锂、钠、钾等碱金属元素，氢元素构成的单质氢在常态下并不是金属，而是气态的氢气。

维尔纳·海森堡(Werner Heisenberg)创立了量子力学，并首次发现了氢的同素异形体，

他因此于1932年被授予诺贝尔物理学奖。在此基础上,理论物理学家尤金·保罗·维格纳(Eugene P. Wigner)和Hillard Bell Huntington在1935年提出了氢的物态转化假设,即氢气在超高压下会转化为液态或固态,并预测在25万个大气压下氢原子将失去对电子的束缚能力而呈现出金属性质,这种具有金属性质的氢被称为金属氢。

这一假设提出后,对于金属氢的研究与预测引发了广泛关注。根据理论预测,金属氢具有众多优异的物理化学性质,将在军事和民用等多领域显示极高的应用潜力。

军事方面,金属氢的爆炸威力相当于同质量TNT炸药的25～35倍,是目前已知的威力最强大的化学爆炸物,被列为第四代核武器之一。

据估算,如果将金属氢作为燃料,其产生的推力相当于同质量目前所用液态火箭燃料的5倍。由于可以储存大量能量,金属氢有望用于取代传统燃料,成为新型高效的火箭推进剂。

1968年康奈尔大学的Neil Ashcroft预测固态金属氢可能是超导体。据此可以预见,金属氢超导材料将在超导计算机、超导储能系统、超导粒子束武器、超导电磁推进系统等军事领域具有广泛的应用前景。

此外,金属氢在民用方面也将具有重大的应用价值。例如,金属氢的体积只是普通液态氢的1/7,如果用它构成燃料电池,将可以更便捷和清洁地用于汽车,或将由此产生新一代电动汽车,改变目前汽车带来的大气污染和噪声污染等问题。

作为一种亚稳态物质,金属氢可以有效提高核聚变效率;由于它的燃烧产物只有水,金属氢还将是一种清洁的能源,如果将它替代普通固态或气态燃料,用于发电,有望最终解决能源问题。

因此,金属氢的问世将如同蒸汽机诞生一样,引起整个科学技术领域划时代的革命性影响。为此,自金属氢的理论假设提出以后,八十多年来,人们一直在研制金属氢方面付出巨大努力。1989年卡内基研究所霍古阿.马奥博士等人在−196℃的极低温和250万个大气压下首次成功制取了一种黑色的超微粒子化固态氢;2011年米哈伊尔·叶列梅特和伊凡·特罗宣称制出了金属氢,但未得到承认;2017年1月,哈佛大学物理学家艾莎克·席尔维拉(Issac Silvera)在《科学》杂志撰文宣称其团队制造出了地球上唯一一块金属氢。这块金属氢是在略高于绝对零度、488万个大气压(比地球中心的压力还要高的超高压)下,用金刚石对顶砧进行压缩制造出来的。这块金属氢样本被保存在两块微小的金刚石之间。但遗憾的是,当他们在其后尝试用低功率激光器测量压力时,金属氢样本消失了。当然,也有科学家对金属氢的成功研制表示质疑。因此,对金属氢问世的真相还有待更多科学研究来检验。

科学家故事

奥马尔·亚吉与金属有机骨架材料(MOFs)

奥马尔·亚吉(Omar. Yaghi)1965年生于约旦首都安曼。美籍约旦裔化学家,现任加州伯克利大学James and Neeltje Tretter化学客座教授。他和他的研究团队设计并制备了金属有机骨架(MOFs),沸石咪唑酯骨架结构材料(ZIFs),共价有机骨架(COFs)等一系列具有高比表面积、低晶体密度的化合物。由于这类材料丰富的拓扑和有序的骨架结构,其可以用于气体分离、催化剂载

体，广泛地应用于清洁能源(氢气，甲烷)储存、二氧化碳吸附和储存、高效催化反应等。因此，MOFs研究也成为近年来无机材料领域的一大热点，亚吉教授也成为当今世界论文被引用最多的科学家之一。

丹尼尔·舍特曼与准晶的发现

丹尼尔·舍特曼(Daniel Shechtman，1941—)，出生于特拉维夫，以色列化学家，以色列材料科学家，在以色列理工学院取得机械工程学士后，又接连取得材料科学硕士与博士学位，任以色列理工学院菲利普托比亚斯材料科学教授、美国能源部埃姆斯实验室(AmesLaboratory)助理、艾奥瓦州立大学材料科学教授。舍特曼是以色列科学技术研究所的一名知名教授。1984年，舍特曼在美国霍普金斯大学工作时发现了存在5重对称轴的“准晶体”。这种新的结构因为缺少空间周期性而不是晶体，但又不像非晶体，准晶展现了完美的长程有序，这个事实给晶体学界带来了巨大的冲击，它对长程有序与周期性等价的基本概念提出了挑战。很多科学家拒不承认存在5重对称轴的“准晶体”。就连大物理学家泡利也公开反对。舍特曼受到很多人嘲笑、排挤。不过舍特曼等人并不气馁。几年后，随着铝，铜，铁，镓，锇，稀土等合金的准晶体的不断发现，以及泡利的去世，越来越多人开始支持准晶体理论。以至于国际化学界都修改了关于晶体的定义。化学家们看待固体的方式也由此有了大改变。因于其准晶体的发现从根本上改变了化学家们看待固体物质的方式，舍特曼被授予2011年度诺贝尔化学奖。

准晶是一种介于晶体和非晶体之间的固体。准晶具有完全有序的结构，然而又不具有晶体所应有的平移对称性，因而可以具有晶体所不允许的宏观对称性。准晶是具有准周期平移格子构造的固体，其中的原子常呈定向有序排列，但不作周期性平移重复，其对称要素包含与晶体空间格子不相容的对称(如5重对称轴)。

本章小结

本章主要介绍了物质的化学组成和几种常见聚集形态，需要掌握的知识点有理想气体状态方程、道尔顿分压定律、溶液浓度的表示方法、晶体的分类和基本性质、三态变化和三相图。

习题与思考题

1. 自然界是否存在理想气体？绝对的理想气体能否被液化？

2. 将21 g氮气和32 g氢气在一容器中混合，设气体的总压力为$p_{总}$，试求氮气和氢气的分压。

3. 试用多种方法表达以下几种实验室常用试剂的浓度：浓氨水，浓硫酸，浓盐酸。

4. 晶体与非晶体最本质的区别是什么？试列举一些你所知道的常见物质的晶体类型。

5. 请结合三相图讲述水的聚集状态有哪些，并从物态转化的角度阐述其相变过程。

第三章　物质结构基础

教学要点	学习要求
原子结构基础及近代理论	了解原子模型的发展； 掌握玻尔理论的三大假设
多电子原子中电子的运动特性及核外电子排布规律	理解电子的波粒二象性； 掌握四个量子数的取值规则及物理意义； 掌握原子核外电子排布
元素周期表及原子基本性质	熟悉元素周期律； 理解原子性质的周期性
价键理论及杂化轨道理论	理解共价键形成的本质； 掌握价键理论； 理解杂化轨道理论； 会判断分子空间构型
分子极化及分子间作用力	理解分子极性、偶极矩、分子极化、极化率等概念； 掌握分子间作用力、氢键

案例导入

碳材料通常包括金刚石、石墨、无定形碳、富勒烯、碳纳米管、碳纤维、石墨烯等。尽管组成这些材料的化学成分都是碳元素，但是他们之间的性质却是各有不同。如金刚石是目前已知的最硬材料，具有绝缘性，而且由于它晶莹剔透的性质使其成为人们所喜爱的钻石。然而，同样由碳元素组成的石墨却非常柔软，常被用作润滑材料，而且石墨具有良好的导电及导热性能。碳纳米管，由于其优异的电学性质而使其用于构筑晶体管、存储器件、逻辑器件及光电子器件。在不久的将来，全碳计算机有可能成为现实。碳纤维，由于其具有高强度、高模量、低密度、耐腐蚀、易加工等优点而被广泛应用于国防军工及民用领域。为什么同一元素构成的不同碳材料表现出如此多样的性质？这就需要我们从微观领域去学习物质的原子结构以及形成材料时原子分子之间不同的相互作用力。

3.1　原子结构基础及其近代理论

原子，最早的概念由古希腊唯物主义哲学家德谟克利特(希腊文：Δημόκριτος，约公元前460—公元前370)提出。他认为万物的本原是原子和虚空，原子是不可再分的物质微粒，虚空是原子运动的场所。1803年英国化学家道尔顿(John Dalton,1766 — 1844)在其原子学说中提出物质是由原子组成的,原子不能被创造,也不能被毁灭,在化学变化中不可再分割。1897年英国物理学家汤姆逊(Thomson Joseph John,1856 — 1940)在做阴极射线实验时发现了电子,进而打破了传统的原子不可分割的观点,并在此基础上提出了原子的葡萄干布丁模型。1911年英籍新西兰物理学家卢瑟福(Ernest Rutherford, 1871 — 1937)在 α 粒子背散射实验的基础上提出了行星式原子模式,正确解答了原子的组成问题。之后进一步的研究发现,原子核还可分为质子和中子等基本微粒,质子、中子、电子三种粒子的基本性质见表3-1。近现代高能物理学研究表明,中子、质子等还可以继续分为夸克等更小的基本粒子,然而化学关心的是原子核外电子的运动状态,即核外电子的分布规律和能量。电子比原子小得多,如何揭示其运动规律呢? 大量实验数据表明,原子光谱与电子在核外的运动状态有着密切的联系,因而原子光谱可以反映原子中电子的运动状态,从而为揭示原子结构的奥秘打开了通道。

表3-1　组成原子的三种基本粒子的性质

名称	符号	质量 m/kg	电量 Q/C	相对于电子的质量	相对于电子的电荷
质子	P	1.673×10^{-27}	1.602×10^{-19}	1 836	+1
中子	N	1.675×10^{-27}	0	1 839	0
电子	e	9.109×10^{-31}	1.602×10^{-19}	1	−1

3.1.1　氢原子光谱

近代的原子结构理论,是由研究氢原子光谱的实验工作开始的。

(一)连续光谱与线状光谱

光谱一般可分为连续光谱和不连续光谱两大类。通常,灼热的物体,如熔融金属、太阳等,所产生的光谱包含波长连续的光谱线,称为连续光谱。从试验中发现,原子在受高温火焰、电弧或其他一些方法激发时,会发射出特定波长的光谱线,称为原子发射光谱(Atomic Emission Spectra, AES)。若用分光镜观察原子发射光谱,可发现一条条不连续的明亮的光谱线条,即原子光谱是不连续光谱,也叫线状光谱。

不同元素的原子光谱,它们的谱线特征,不仅波长不同,而且复杂程度也不相同,故有人把原子光谱比喻成"原子的名片"。利用谱线的波长可进行定性分析,以确定样品中的元素组成。同时,在一定的条件下,谱线的强度与样品中该元素的含量成正比,故根据谱线的强度可进行定量分析,以确定各组成元素的含量。原子光谱是现代光谱分析的重要组成部分。

(二)氢原子光谱

在所有元素的原子光谱中,氢原子光谱(hydrogen atomic spectrum)最为简单。当高纯的低压氢气在高压下放电时,氢分子离解成氢原子,并激发而放出玫瑰红色的可见光、紫外光和红外光。利用分光系统,这些光线可以被分成一系列按照波长次序排列的不连续的线状光谱线。它在可见光范围内,得到五条颜色各异的光谱线,对应的是五条特征波长的光辐射,如图3-1所示。

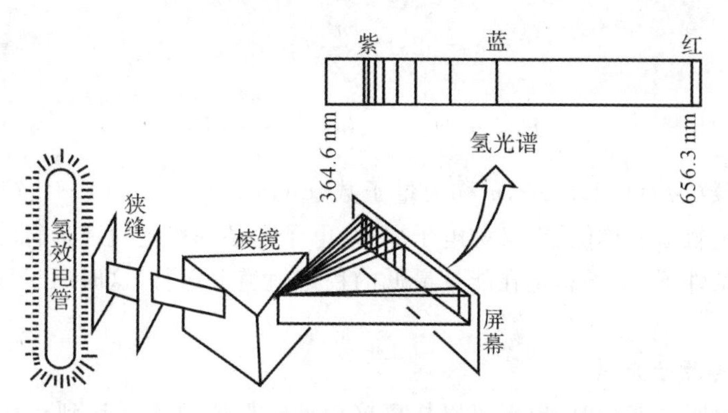

图 3－1　氢原子在可见光范围内的光谱图

1913 年里德伯(J. R. Rydberg)对氢光谱中的谱线频率进行了仔细的研究后，发现其结果可用下式进行概括：

$$\nu=\frac{c}{\lambda}=R(\frac{1}{n_1^2}-\frac{1}{n_2^2}) \tag{3-1}$$

式中，ν 是频率；c 是光速(2.998×10^8 m·s^{-1})；λ 是光的波长；R 是一个实验常数，称为里德伯常数，数值等于 3.289×10^{15} Hz；n_1 和 n_2 都是正整数，且 $n_2>n_1$。

为什么原子光谱都是不连续的线状光谱？为什么不同的元素有不同的线状光谱？光谱与原子中的电子运动有什么关系？通过一系列的研究，玻尔提出了如下理论。

3.1.2　玻尔理论(Bohr theory)

根据卢瑟福的原子行星式模型，按照经典电磁学理论，电子绕核做圆周运动，要发射连续的电磁波，得到的原子光谱应该是连续的，而且随着电磁波的发射，电子的能量将逐渐减小，电子运动轨道半径逐渐缩小，最终将坠落到原子核中，从而导致原子的毁灭。但实际情况恰好相反，原子没有毁灭，原子光谱也不是连续的。1913 年，丹麦物理学家玻尔(Niles Bohr)在卢瑟福原子行星式模型的基础上，结合普朗克(M. Planck)的量子论和爱因斯坦(A. Einstein)的光子学说，提出了玻尔理论，从理论上解释了原子的稳定性和原子光谱的不连续性。

(一)能量的量子化与光量子学说

原子不能连续地吸收或放出能量，而只能是一份份地按一个基本量或按此基本量的整倍数吸收或放出能量，这种情况称为能量的量子化。这些一份份不连续的辐射能量的最小单位称为“光量子”。光量子的能量 E 和其辐射频率 ν 成正比，即

$$E=h\nu$$

式中，h 为普朗克常数，等于 $6.625\,6\times10^{-34}$ J·s。

(二)玻尔理论要点

玻尔关于氢原子结构的两个基本假设如下。

1. 定态轨道假设

在原子中的电子不能沿着任意的轨道绕核运行，而只能在一些特定的轨道上运行，这些特定轨道的半径 r 和能量 E 必须符合量子化条件，即

$$r = 52.9 \times \frac{n^2}{Z}\ (\text{pm}) \tag{3-2}$$

$$E = -21.8 \times 10^{-19} \times \frac{Z^2}{n^2}\ (\text{J}) \tag{3-3}$$

式中，Z 为原子序数；$n=1,2,3,\cdots,n$ 称为量子数(quantum number)。凡符合量子化条件的轨道通常称为稳定轨道或称能层(又称电子层)。电子在某一稳定轨道运行时没有能量的放出或吸收。在通常条件下，电子总是在能量最低的稳定轨道上运行，这时原子所处的状态称为基态(ground state)。

2. 电子跃迁与原子光谱

当原子从外界吸收能量时，电子可以从离核较近的低能轨道跃迁到离核较远的高能轨道上去，这时原子所处的状态称为"激发态"(excited state)。处于激发态的电子不稳定，当跃迁回低能轨道时，会有能量放出。能量若以光的形式辐射出来，其辐射的频率 ν 和电子在跃迁前后的两个轨道的能量之间有如下关系：

$$\nu = \frac{E_2 - E_1}{h} = \frac{21.8 \times 10^{-19}}{h}\left(\frac{Z^2}{n_1^2} - \frac{Z^2}{n_2^2}\right) = 3.289 \times 10^{15} \times \left(\frac{1}{n_1^2} - \frac{1}{n_2^2}\right) \tag{3-4}$$

这和里德伯从光谱实验得出的公式完全一致。每一种跃迁过程对应一条特征的发射谱线。这样，玻尔理论就很好地解释了当时由实验得到的氢原子线状光谱的规律性。图 3-2 反映了电子跃迁和谱线间的关系。

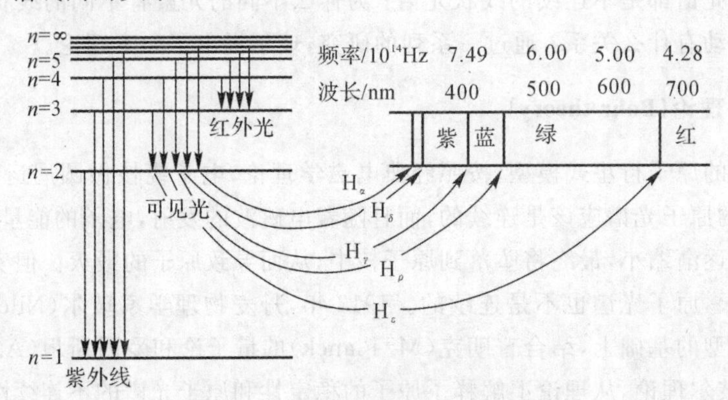

图 3-2 电子跃迁和谱线间的关系

(三)对玻尔理论的评价

玻尔理论的成就是出色的，它在原子行星模型的基础上，加进量子化条件，从而提出定态能级概念，成功地解释了氢原子光谱和一些单电子离子(也称为类氢离子，如 He^+，Li^{2+}，Be^{3+} 等)的光谱，指出原子结构量子化的特征，是继卢瑟福原子"行星式模型"之后，人类认识原子世界的又一次飞跃，是原子结构理论中的重要里程碑。但是，由于当时对微观粒子的真实行为缺乏认识，玻尔理论虽然引入了量子化条件，却没有完全摆脱经典力学的束缚，把原子描绘成太阳系，把电子绕核运动看成如行星围绕太阳在一定轨道上运动那样，具有确定的路径(轨迹)，没有考虑电子运动的特殊性和电子间的相互作用，等等，因而，不能说明原子的其他性质，如氢原子光谱的精细结构、除氢原子以外的多电子原子光谱的复杂性及原子的成键情况等。欲较好地解决这些问题，必须对微观粒子的基本属性作进一步的了解。

3.2　多电子原子结构和元素周期律

3.2.1　原子中电子的运动特性

我们知道，光的干涉、衍射等现象说明光具有波动性，光的反射、光电效应说明光具有粒子性，因此，光量子具有波粒二象性。原子中的电子作为一种微粒，其体积和质量都非常小，运动速度又非常快，是否也像光量子那样具有波粒二象性呢？1924年法国物理学家德布罗意(de. Broglie)在光的波粒二象性的启发下大胆提出设想，即电子及一切微观粒子都具有波粒二象性。

原子结构的近代理论就是在认识微观粒子的波粒二象性这一基本特征的基础上建立和发展起来的。

(一)电子的波粒二象性

德布罗意提出假设：不仅是电子，质子、中子、原子等微观粒子都同光量子一样，具有波粒二象性，并把微观粒子的波长 λ 与它的质量 m、运动速度 v 联系起来，得到德布罗意关系式：

$$\lambda=\frac{h}{P}=\frac{h}{mv} \tag{3-5}$$

德布罗意关系式将微观粒子的粒子性(动量 P 是波动性的特征)和波动性(λ 是波动性的特征)联系起来。对实物微粒来说，在粒子性中渗透着波动性，这一波动性能否被观察到，与这一微粒的运动速度、质量和微粒直径有关。表3-2列出了几种粒子的德布罗意波长。微观粒子的德布罗意波长大于粒子直径，波动性显著，如表3-2中的电子；宏观粒子的德布罗意波长极短，以至于根本无法测量(电磁波中 γ 射线波长最短，也在 10^{-2} pm量级)，表现为粒子性，此时可用经典力学来处理。

表3-2　若干实物粒子的德布罗意波长

粒子	m/kg	v/(m·s^{-1})	λ/m	粒子直径/m
电子	9.1×10^{-31}	1×10^{6}	7.3×10^{-10}	2.8×10^{-15}
氢原子	1.6×10^{-27}	1×10^{6}	4.0×10^{-13}	7.4×10^{-11}
铯原子	2.1×10^{-25}	1×10^{6}	3.2×10^{-15}	5.3×10^{-10}
枪弹	1×10^{-2}	1×10^{3}	6.6×10^{-35}	1×10^{-2}
卫星	8 000	7 900	1.0×10^{-41}	9

德布罗意波在理论上是成立的，可是在当时还没有办法用仪器将它测出。但既然是波，它总要显示出作为波的某些现象。1927年，美国科学家戴维逊(C. J. Davisson)等人用实验证实了电子束确能发生干涉和衍射。如图3-3所示，当电子束通过晶体(由于晶体的原子层间距与电子波长相当，所以，可用晶体作为光栅进行衍射实验)投射到照相底板上时，会在底板上出现如同光的衍射一样的明暗相间的环纹，称为电子衍射图。根据电子衍射实验得到的电子波波长与按德布罗意关系式计算出的波长完全一致，德布罗意假设终于被实验所证实，电子显示

了微粒的特性以及波的特性。

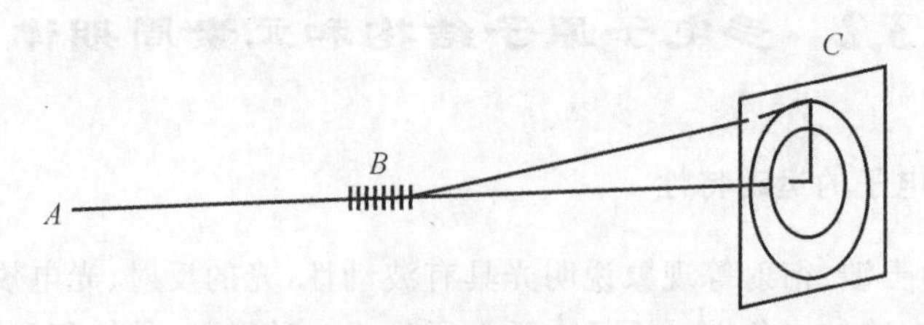

图 3-3　电子衍射实验示意图

A—电子发生器；B—晶体粉末；C—照相底片

(二)测不准原理与概率波

由于电子具有波粒二象性，因此，电子在核外空间各区域都可能出现(波动性的特征)，故不能用经典力学来描述其运动状态。1927 年，德国物理学家海森堡(W. Heisenberg)提出，微观粒子的位置与动量之间具有测不准关系式：

$$\Delta x \cdot \Delta p \geqslant \frac{h}{4\pi} \tag{3-6}$$

式中，Δx 为粒子的位置不确定量；Δp 为粒子的动量不确定量；h 为普朗克常数。

依据测不准原理，宏观物体位置不确定量微乎其微，测不准原理对宏观物体的影响可忽略不计，可以认为有确定的坐标和动量，即有固定的运动轨迹；而微小质量的电子，产生了比原子直径(约 10^{-10} m)大得多的位置不确定量，无法预测下一时刻会在空间的哪个位置出现(波动性的特征)，故没有固定的运动轨迹，不能用经典力学来描述其运动状态。

那么，如何描述微观粒子的运动所遵循的基本规律呢？微观粒子的波到底是一种什么波？比较科学的方法是"统计"的方法，对大量考察对象或同一考察对象的大量行为作总的处理的方法，从中得到统计规律。人们发现，若某电子一次一次地到达底片，开始时，只能在底片上发现一个一个的点，显示出粒子性，但每次到达什么地方是不能准确预测的；经过足够长的时间(大量电子先后到达底片)，便得到明暗相间的衍射图(见图 3-3)，显示出波动性。可见波动性是和大量微粒行为的统计规律联系在一起的。衍射强度大的地方，电子出现的机会多(概率大)，衍射强度小的地方，电子出现的机会少(概率小)。衍射强度的大小，即表示波的强度的大小，反映粒子在空间某点出现的机会(概率)的大小。

因此，微观粒子不遵守牛顿力学定律，没有固定的运动轨道，只有空间概率分布的规律。但是，如何描述原子核外电子的运动规律呢？

(三)电子在核外运动状态的描述

由于氢原子核外只有一个电子，结构最为简单，因此，量子力学是从研究氢原子结构入手，进而研究原子核外电子的运动规律。

1926 年奥地利物理学家薛定谔(E. Schrödinger)在波粒二象性的认识基础上，提出了一个用来描述微观粒子运动规律的方程式，也就是著名的薛定谔方程。其一般形式为

$$\frac{\partial^2 \psi}{\partial x^2}+\frac{\partial^2 \psi}{\partial y^2}+\frac{\partial^2 \psi}{\partial z^2}+\frac{8\pi^2 m}{h^2}(E-V)\psi=0 \tag{3-7}$$

式中，ψ 为电子的波函数；m 为电子的质量；E 为电子的总能量；V 为电子的势能(对氢原子来说，电子的势能为$-e^2/r$)；e 为电子的电荷；r 为电子与核之间的距离。

薛定谔方程是描述微观粒子运动规律的基本方程,正像经典力学(牛顿力学)方程是描述宏观物体的运动状态变化规律的基本方程一样。如何求解薛定谔方程不是本课程的任务,下面仅介绍有关波函数及与其有关的重要概念。

1. 波函数 (wave function)

(1)波函数的来历。

波函数 (ψ) 是薛定谔方程的解,这个解不是一个或几个具体的数值,而是一个含有空间直角坐标(x,y,z) 或球坐标(r,θ,φ) 的函数式,在空间具有一定的图形,由3个量子数 n,l,m 所规定,一般写成 $\psi_{n,l,m}(r,\theta,\varphi)$。

对于最简单的氢原子和类氢原子的薛定谔方程在一定条件下可精确求解,得到描述氢原子核外电子运动状态的波函数(其他原子的方程可近似求解,得到波函数和能级)。氢原子的波函数可以分解为径向和角度两部分的乘积,通式为

$$\psi_{n,l,m}(r,\theta,\varphi)=R_{\mathrm{n,l}}(r)\cdot Y_{\mathrm{l,m}}(\theta,\varphi)$$

式中,$R_{n,l}(r)$ 为波函数的径向部分(Redial part),它只随距离 r 而变化;$Y_{l,m}(\theta,\varphi)$ 为波函数的角度部分(Angular part),它随角度(θ,φ) 而变化。表3-3给出了几个不同(n,l,m) 组合时氢原子波函数的径向部分和角度部分。

表3-3　几个不同(n,l,m)组合时氢原子的波函数

量子数			波函数径向部分 $R_{n,l}(r)$	波函数角度部分 $Y_{l,m}(\theta,\varphi)$
n	l	m		
1	0	0	$2\sqrt{\frac{1}{{a_0}^3}}e^{-r/a_0}$	$\sqrt{\frac{1}{4\pi}}$
2	0	0	$\sqrt{\frac{1}{8{a_0}^3}}\left(2-\frac{r}{a_0}\right)e^{-r/2a_0}$	$\sqrt{\frac{1}{4\pi}}$
2	1	1	$\frac{1}{2\sqrt{6}}\left(\frac{1}{a_0}\right)^{3/2}\left(\frac{r}{a_0}\right)e^{-r/2a_0}$	$\left(\frac{3}{4\pi}\right)^{1/2}\sin\theta\cos\varphi$
2	1	0		$\left(\frac{3}{4\pi}\right)^{1/2}\cos\theta$
2	1	−1		$\left(\frac{3}{4\pi}\right)^{1/2}\sin\theta\sin\varphi$

(2)波函数与概率密度。

波函数 ψ 本身仅仅是个数学函数式,没有任何一个可以观察的物理量与其相联系,但波函数平方($|\psi|^2$)可以反映电子在空间某位置上单位体积内出现的概率大小,即概率密度。这又如何来理解呢?

例如:氢原子基态的波函数 $\psi_{1,0,0}$ 的平方形式为

$$|\psi|^2=\frac{1}{\pi{a_0}^3}\mathrm{e}^{-2r/a_0} \qquad (3-8)$$

式(3-8)表明,氢原子的核外电子处于基态时,在核外出现的概率密度是电子离核的距离 r 的函数,与角度无关。r 越小,即电子离核越近,出现的概率密度越大;反之,r 越大,电子离

核越远，则概率密度越小。有时以黑点的疏密表示概率密度分布，称为电子云图。基态氢原子的电子云图呈球形(见图 3-4(a))，等密度面图如图 3-4(b)所示。

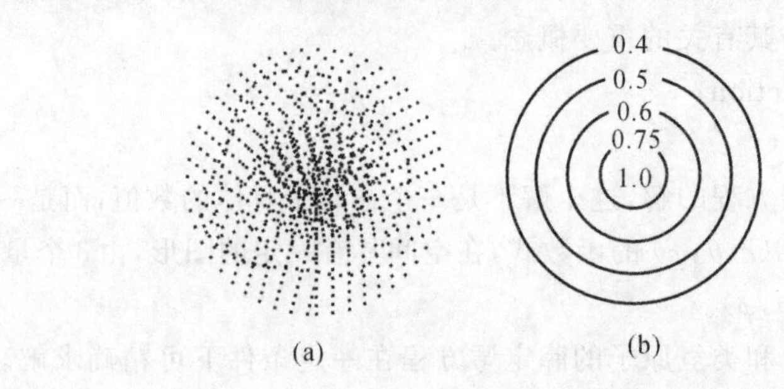

图 3-4　基态氢原子的电子云图和等密度面图

2. 量子数

在数学上解薛定谔方程时，可同时得到许多个函数式 $\psi_1, \psi_2, \psi_3, \cdots$，但由于受 $|\psi|^2$ 物理意义的限制，其中只有某些 ψ^2 能用于描述核外电子运动状态，这些波函数才是合理的。合理解是由 n, l, m 这 3 个参数的取值是否合理所决定的。组合合理的 n, l, m 可共同描述出电子在核外运动的一种状态，通常，我们把这种参数称为量子数。下面分别讨论这些量子数的名称、符号、意义和可选取的数值。

(1)主量子数 n。

$n=1,2,3,\cdots,\infty$，允许取正整数。n 值与电子层符号相对应，相当于电子层数，又称为能层，确定电子离核的远近(平均距离)，是确定原子轨道能量的主要量子数，故 n 称为主量子数(principal quantum number)。单电子原子的轨道能量完全由 n 决定，随着 n 值的增大其能量升高。

(2)角量子数 l。

从原子光谱和量子力学计算得知，角量子数(azimuthal quantum number)决定电子角动量的大小，决定了波函数在空间的角度分布情况，与电子云形状密切相关，并反映电子在近核区概率的大小。l 取值受 n 限制，$l=0,1,2,\cdots,(n-1)$，最大只能等于$(n-1)$，共 n 个。由于具有相同角量子数的原子轨道角度都分图形相同或相似，所以，把具有相同角量子数的各原子轨道归并称之为亚层，代表一个能级。同一电子层中同一亚层各轨道的能级相同。l 值与亚层符号相对应，其关系见表 3-4。

表 3-4　l 值与亚层的对应关系

l	0	1	2	3	…
电子亚层	s	p	d	f	…
ψ 的形状	球形	双球形	花瓣形	更复杂的…	…

例如：$n=1$ 时，$l=0$，亚层符号为 1 s；$n=4$ 时，l 可取 0,1,2 和 3，亚层符号分别为 4s,4p,4d 和 4f。

(3)磁量子数 m。

原子光谱在磁场中发生分裂，据此得知不同取向的电子在磁场作用下能级分裂，磁量子数

m(magnetic quantum number)由此而来,是决定原子轨道在空间伸展方向的量子数。m 的取值受 l 限制,它可从 $-l$ 到 $+l$,即 $m=0,\pm1,\pm2,\cdots,\pm l$,共可取 $2l+1$ 个数值。m 有多少个值,就表示在这个亚层中有多少个原子轨道(或有几个伸展方向)。例如:

ns($l=0$) ($m=0$)能级(亚层)上只有 1 条轨道;

np($l=1$)($m=-1,0,+1$)能级上就有 3 条轨道;

nd($l=2$) ($m=-2,-1,0,+1,+2$)能级上就有 5 条轨道;

nf($l=3$) ($m=-3,-2,-1,0,+1,+2,+3$)能级上就有 7 条轨道。

磁量子数不影响原子轨道的能量。n 和 l 相同,m 不同的轨道具有相同的能量,称为简并轨道(degenrate orbital)或等价轨道(equivalent orbital)。m 不同,一般不会改变轨道及电子云的形状。但在外磁场存在的条件下,高精度的光谱实验能够将它们区分出来。

从以上 3 个量子数的意义可知,原子中的 n 选定后,可以有 n 个 l 值;在 l 也选定后,还可以有 $2l+1$ 个 m 值,对应 $2l+1$ 条不同伸展方向的简并轨道。当 n,l,m 三个量子数的各自数值一定时,波函数的函数式也就随之而确定,可确定核外电子的一种运动状态。我们把原子的每一个能用于描述核外电子运动状态的波函数叫作原子轨道(atomic orbital),或原子轨道函数,简称原子轨函,一般用符号 $\psi_{n,l,m}$ 表示。因此,原子轨函或原子轨道就成了描述原子中电子运动状态的波函数的同义词。这种关系可简单表示为

$$\text{薛定谔方程}\rightarrow\text{波函数}\ \psi\rightarrow\text{原子轨道}\rightarrow\text{填充电子}$$

n,l,m 三个量子数确定原子轨道的关系列于表 3-5 中。

(4)电子自旋状态的描述自旋量子数(spin magnetic quantum number) m_s。

与用于确定轨道的 3 个量子数不同,它不是在解薛定谔方程时引入的,而是为了说明光谱的精细结构时提出来的。电子在运动的同时,还绕本身轴线做自旋运动。用自旋量子数 m_s 来描述这一运动。理论与实验均证明,m_s 只能取两个值,即 $+1/2$ 或 $-1/2$,并在轨道图上简单地表示成↑或↓。因此,每条轨道上可以有两个不同自旋方向的电子。常将这样的两个电子称为配对电子或成对电子。

表 3-5　3 个量子数与轨道图

主量子数 n (能层)	角量子数 l (能级)	磁量子数 m	轨道图	轨道总数 n^2	电子容量 $2n^2$
1 (K)	0 (1s)	0	□	1	2
2 (L)	0 (2s)	0	□	4	8
	1 (2p)	$-1,0,+1$	□□□		
3 (M)	0 (3s)	0	□	9	18
	1 (3p)	$-1,0,+1$	□□□		
	2 (3d)	$-2,-1,0,+1,+2$	□□□□□		

续表

主量子数 n（能层）	角量子数 l（能级）	磁量子数 m	轨道图	轨道总数 n^2	电子容量 $2n^2$
4 (N)	0 (4s)	0		16	32
	1 (4p)	$-1,0,+1$			
	2 (4d)	$-2,-1,0,+1,+2$			
	3 (4f)	$-3,-2,-1,0,+1,+2,+3$			

不同 m_s 的取值，在有外磁场存在的条件下、非常高精度的光谱实验中，能够区分出来。例如：将一束 Ag 原子流通过窄缝、再经过磁场，结果原子束在磁场中分裂，如图 3-5 所示。因为 Ag 最外层有一个成单电子，有两种自旋方向，磁矩正好相反。这些 Ag 原子在经过磁场时，有一部分向左偏转，另一部分向右偏转。

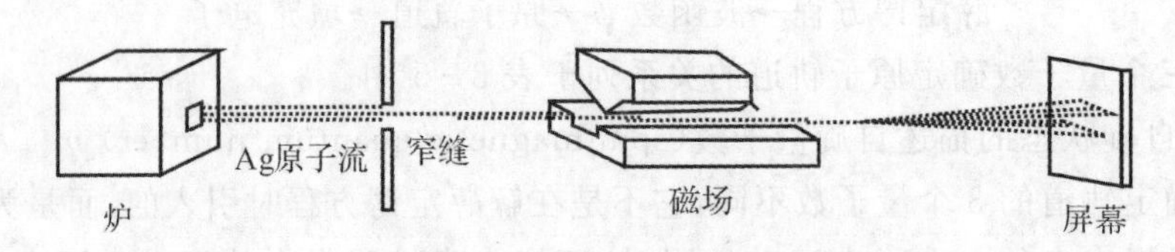

图 3-5 证明电子有不同自旋运动的实验示意图

由于电子在轨道上存在自旋状态的差别，故描述原子中电子的运动状态时用符号 ψ_{n,l,m,m_s} 表示，即需要 4 个量子数 n，l，m 和 m_s 描述原子中电子的运动状态。

3. 轨道图形和电子云分布

(1)轨道图形。

不同的原子轨道具有不同的径向分布或角度分布。s，p，d 轨道的角度分布图如图 3-6 所示。s 轨道波函数的角度部分是一个球面，整个球面均为正值；p 轨道的角度分布是两个相切的球面，故称为“双球形”，又称“哑铃形”，球面一个为正，一个为负，这是波函数的角度部分中的三角函数在不同的象限有正、负值的缘故。符号 p_x，p_y，p_z 分别表示这几个轨道是沿 x，y，z 轴方向伸展的；d 轨道的角度分布则是花瓣形的，花瓣也有正、负号之分。

原子轨道角度分布只与量子数 l 和 m 有关，而与主量子数 n 无关。例如，$2p_y$，$3p_y$，$4p_y$ 的角度分布图都是完全相似的。对于 s 轨道和 d 轨道也是这样，所以，图 3-6 中轨道符号前面的主量子数没有标出。

须要强调指出，任何波函数的图形只反映出波函数与自变量之间的关系，原子轨道角度分布图并不是电子运动的具体轨道，它只反映出波函数在空间不同方位上的变化情况，即用空间图形表示函数式的结果。同时还必须强调，这里所说的原子轨道与经典力学和玻尔理论中所说的“轨道”有着本质上的区别，经典力学和玻尔理论中所说的“轨道”是指具有某种速度、可以确定运动物体任意时刻所处位置的轨道，量子力学中的轨道不是某种确定的轨迹，而是原子中一个电子可能的运动状态，包含电子所具有的能量、离核的平均距离、概率密度分布等。因此，有的学者将波函数 ψ 叫作原子轨函，以免它们在概念上混淆。

(2)电子云的角度分布图。

电子云即 $|\psi|^2$ 的角度分布图形与原子轨道的角度分布图相似(见图 3-7)。区别有两点：①原子轨道角度分布图有正、负号之分，电子云 $|\psi|^2$ 角度分布图全部是正值，这是由于数值取平方的缘故；②电子云角度分布图比原子轨道角度分布图要"瘦小"一些，这是由于原子轨道的角度部分的数值小于 1，取平方后其值更小。

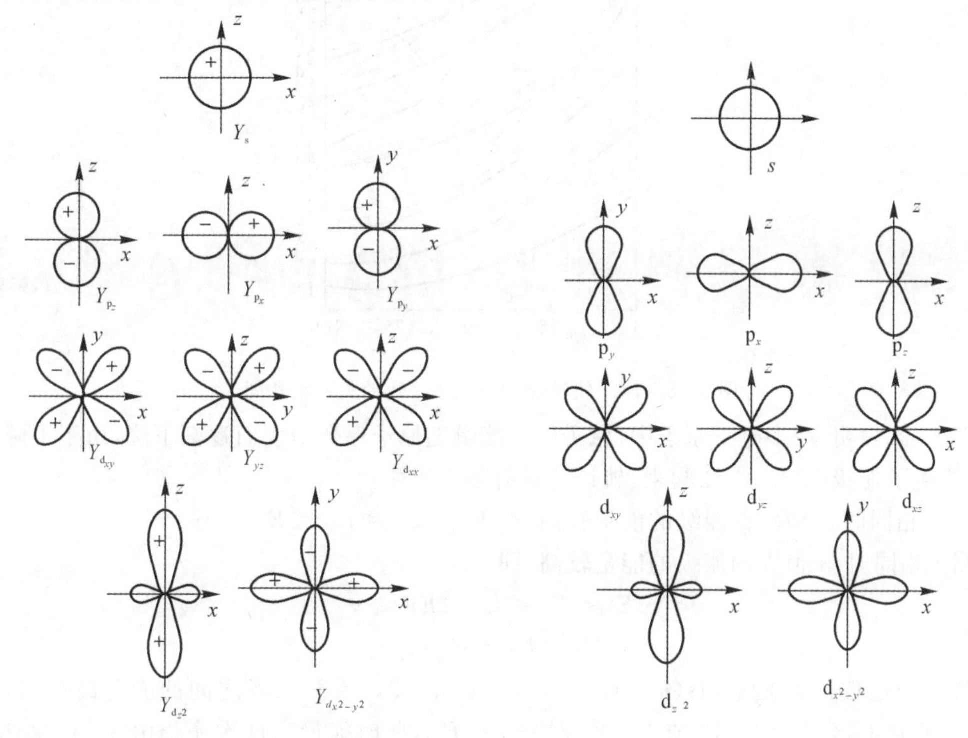

图 3-6　原子轨道角度分布平面示意图　　　　图 3-7　$|\psi|^2$ 角度分布图

电子云角度分布不是反映电子运动的边界或范围，而是反映电子在以原子核为中心的空间各个方位上电子出现概率的相对大小。在分布图中，从原点到图形边缘的截距越大，说明电子在这一方位上电子出现概率越大，如：p_y 电子云角度分布图中，沿 y 轴正方向和负方向的截距最大，说明电子在 y 轴正方向和负方向的出现概率最大。

4. 轨道的能级

每一个波函数除了代表核外电子的一种概率分布规律外，同时相应地有一确定的能量。对于单电子的氢原子和类氢离子($_2He^+$，$_3Li^{2+}$，$_4Be^{3+}$)，轨道能量只与主量子数 n 有关，与角量子数 l 无关，即 $E_{1s}<E_{2s}=E_{2p}<E_{3s}=E_{3p}=E_{3d}<E_{4s}=\cdots<\cdots$，而且其能量 E 可精确表示为

$$E=-13.6\frac{Z^2}{n^2}\quad(\text{eV})\tag{3-9}$$

在多电子原子中，原子轨道之间的相互排斥作用，使得主量子数相同的各轨道能级产生分裂，轨道能量除了与主量子数 n 有关外，还与角量子数 l 有关，其关系比较复杂。轨道能量的

高低主要是根据光谱实验结果得到的。

科顿(F. A. Cotton)多电子原子的轨道能量与原子序数关系如图 3-8 所示。

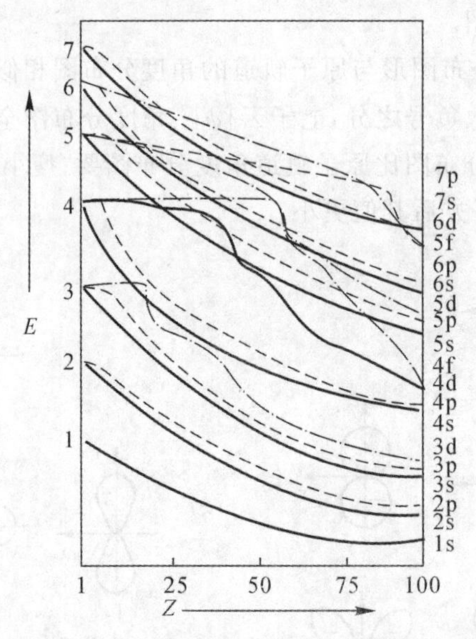

图 3-8　原子轨道能级与原子序数的关系示意图

图 3-8 表明,在多电子原子中,原子轨道能量随原子序数增大而逐渐下降,由于下降幅度不同,产生了能级交错。总结起来,轨道能量有如下规律:

当 n 相同时,l 值大的能级的能量较高,即 $E_{ns}<E_{np}<E_{nd}<E_{nf}<\cdots$

当 l 相同时,n 值大的能级的能量较高,即

$$E_{1s}<E_{2s}<E_{3s}<E_{4s}<\cdots$$

$$E_{2p}<E_{3p}<E_{4p}<\cdots$$

若 n 和 l 都不同,例如,4s($n=4,l=0$)和 3d($n=3,l=2$)二者之间的能量高低如何呢?由图 3-8 看出,当 $Z=1\sim14$ 或 $Z>21$ 时,$E_{3d}<E_{4s}$,此时能量高低次序仍由 n 的大小决定。但是,当 $Z=15\sim20$ 时,$E_{3d}>E_{4s}$,称此现象为能级交错。由图 3-8 不难看出,能级交错的出现,是由于核的电荷数增加,电子受其引力增加,使能级的能量以不同幅度降低所致。

*5. 屏蔽效应与钻穿效应

多电子原子轨道能量的一般规律可用屏蔽效应与钻穿效应说明。

屏蔽效应(screening effect):在多电子原子中,某电子除受核吸引外,还受其他电子的排斥。这种排斥作用减弱了核对该电子的吸引,因此,其他电子的存在,犹如“罩子”一样屏蔽了一部分原子核的正电荷,减少了原子核施加于某个电子上的作用力,这种作用称为屏蔽效应。也就是说,屏蔽效应抵消了一部分核的正电荷,屏蔽效应的强弱用屏蔽常数 σ 来表示。

钻穿效应(penetration effect):从量子力学观点看,电子可以在原子核外任意位置出现,只不过出现概率有差别而已,最外层电子也可能出现在离核很近的地方。外层电子可钻入内层电子附近而靠近原子核,结果降低了其他电子对它的屏蔽作用,起到了增加与核的相互作用,降低电子能量的作用。这种由于电子钻穿而引起能量发生变化的现象,称为钻穿效应。电子钻穿越深,电子能量越低。如 4s 电子在 3d 电子的外层,但由于 4s 电子钻穿能力强于 3d 电子,导致 4s 电子能量低于 3d 电子;又如 6s 电子具有很强的钻穿能力,使其能量不仅低于 5d,

还低于4f电子。

例3-1　试讨论某一多电子原子在第3能层上的以下各问题：

(1)能级数是多少？请用符号表示各能级。

(2)各能级上的轨道数是多少？该能层上的轨道总数是多少？

(3)哪些是简并轨道？请用轨道图表示。

(4)最多能容纳多少电子？请用轨道图表示。

(5)请用波函数表示最低能级上的电子。

解：第3能层，即主量子数$n=3$。

(1)能级数是由角量子数l确定的。当$n=3$时，l可以取3个值，即$l=0,1,2$，故第3能层上有3个能级，分别为3s，3p，3d。

(2)轨道数是由磁量子数m确定的。当$n=3$及$l=0$时(3s)，$m=0$，即只有1条轨道；当$n=3$及$l=1$时(3p)，$m=-1,0,+1$，即可有3条轨道；当$n=3$及$l=2$时(3d)，$m=-2,-1,0,+1,+2$，即有5条轨道。

故第3能层上共有9条轨道，即1条3s，3条3p，5条3d轨道。

(3)简并轨道是能量相同的轨道。n和l值相同的轨道，具有相同的能量。故3p能级上的3条轨道和3d能级上的5条轨道，分别互为简并轨道。轨道图为

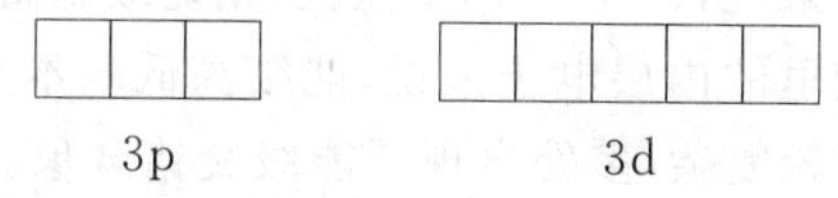

(4)每条轨道上最多能容纳自旋相反的两个电子，故第3能层上最多能容纳18个电子，其轨道图为

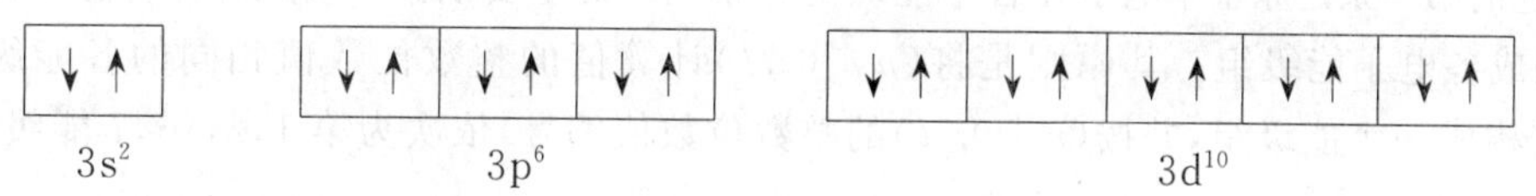

(5)第3能层上最低能级为3s，其上最多有2个电子，波函数分别为$\psi_{3,0,0,1/2}$和$\psi_{3,0,0,-1/2}$。

3.2.2　核外电子的分布规律

3个量子数(n,l,m)合理组合便可形成一系列的原子轨道。那么，在一个多电子原子中，核外电子是怎样分布在这些原子轨道上的呢？它们首先占据哪一条或哪几条原子轨道呢？在原子轨道上电子又取何种自旋方向呢？所有这些问题，统称为核外电子的分布。

(一)基态原子的电子排布规则

原子核外电子的分布是由实验确定的，不是由人们的意愿臆造的。但是能否根据某些规律推测出符合实际的某元素原子的电子分布呢？根据量子力学理论和光谱实验结果，人们归纳出电子分布的三条基本原理。合理地运用这些原理，便可推测出大多数常见原子的核外电子分布。

1. 保里不相容原理

保里认为自旋方向相同的电子间有相互回避的倾向，因此，在同一个原子中，不允许有4个量子数完全相同的两个电子同时出现。

在某原子中若有2个电子处在同一原子轨道中(它们的n,l,m相同)，则它们的m_s一定

不同，即自旋方向必定相反。根据这个原理，可列出电子层中电子的最大容量为 $2n^2$ 个，其简单表达见表 3-6。

表 3-6　电子层中电子的最大容量

电子层	K	L	M	N
所含亚层	$1s^2$	$2s^2 2p^6$	$3s^2 3p^6 3d^{10}$	$4s^2 4p^6 4d^{10} 4f^{14}$
$2n^2$	2	8	18	32

保里原理只解决了每个轨道以及各亚层和电子层可容纳电子的数目问题，但对于不同的轨道中，电子分布的先后顺序又是怎样呢？

2. 能量最低原理

电子的分布，在不违背保里不相容原理的条件下，服从能量最低原理。即电子将尽可能优先占据能级较低的轨道，然后依次填充较高能级，使体系的能量处于最低状态。

我国科学家徐光宪教授根据光谱数据归纳出能级高低的一般规律为

(1)对于原子的外层电子来说，$(n+0.7l)$值愈大，则能级愈高；

(2)对于离子的外层电子来说，$(n+0.4l)$值愈大，则能级愈高；

(3)对于原子或离子的较里的内层电子来说，能级高低基本上决定于 n 值，其次决定于 l 值，如图 3-8 所示，能量变化较复杂，多处出现了能级交错现象。这便要由实验来确定，通常是不能简单推测的。

上述的第一条是原子中电子在各个能级上分布顺序的主要依据。按此计算各能级$(n+0.7l)$值，可编成各电子能级组。其原则是将$(n+0.7l)$计算值的整数位数值相同的各能级编成一组，共同构成一个能级组，并按$(n+0.7l)$的整数位数值编号，依次为第 1，2，…，7 能级组，见表 3-7。

表 3-7　电子能级组

能级组	亚层轨道	$n+0.7l$	所含轨道数目	电子容量
1	1s	1.0	1	2
2	2s　2p	2.0　2.7	1　3	8
3	3s　3p	3.0　3.7	1　3	8
4	4s　3d　4p	4.0　4.4　4.7	1　5　3	18
5	5s　4d　5p	5.0　5.4　5.7	1　5　3	18
6	6s　4f　5d　6p	6.0　6.1　6.4　6.7	1　7　5　3	32
7	7s　5f　6d(7p)	7.0　7.1　7.4(7.7)	1　7　5(3)	未完全周期

从徐光宪教授的规则，我们得出了多电子原子轨道的近似能级顺序，即核外电子的填充顺序：

1s；2s，2p；3s，3p；4s，3d，4p；5s，4d，5p；6s，4f，5d，6p；7s，5f，……

依据这个顺序，可写出基态原子的电子填充式。例如，钾与钛的电子分布式为

$_{19}K$　　$1s^2;2s^2,2p^6;3s^2,3p^6;4s^1$

$_{22}Ti$　　$1s^2;2s^2,2p^6;3s^2,3p^6;4s^2,3d^2$

应当指出：

(1)重排。根据上述能级顺序写出的基态原子的电子分布，对于 20 号以前元素的排布式较为规整，但对于原子序数较大元素的原子，排布式有交错，故对许多元素按近似能级顺序写出的电子分布式，须局部地重排，即把其中电子层相同的各亚层排列在一起。例如 59 号元素：

填充顺序　$1s^2;2s^2 2p^6;3s^2 3p^6;4s^2 3d^{10} 4p^6;5s^2 4d^{10} 5p^6;6s^2 4f^3$

重排式　$1s^2 2s^2 2p^6 3s^2 3p^6 3d^{10} 4s^2 4p^6 4d^{10} 4f^3 5s^2 5p^6 6s^2$

重排式便于计算电子层数及各层电子数，判断元素所处周期，计算有效核电荷数(见 3.2.3(二))等。

(2)原子实表示法。对于原子序数较大的元素，为了简化排布式，可以运用“原子实”代替部分内层电子构型，即用[稀有气体元素符号]表示原子内和稀有气体具有相同排布的电子构型。例如：

钾　$_{19}K$　$1s^2\ 2s^2\ 2p^6\ 3s^2\ 3p^6\ 4s^1$　　$[Ar]4s^1$

钛　$_{22}Ti$　$1s^2\ 2s^2\ 2p^6\ 3s^2\ 3p^6\ 4s^2\ 3d^2$　　$[Ar]3d^2 4s^2$

镨　$_{59}Pr$　$1s^2\ 2s^2\ 2p^6\ 3s^2\ 3p^6\ 4s^2\ 3d^{10}\ 4p^6\ 5s^2\ 4d^{10}\ 5p^6\ 6s^2\ 4f^3$　　$[Xe]4f^3 6s^2$

(3)失电子顺序。近似能级顺序只反映电子的“填充”顺序。当原子解离时，失去电子的顺序不能用此顺序说明，而要依据重排后的分布式从外往里失去电子。例如：$_{25}Mn$ 的电子分布是$[Ar]3d^5 4s^2$，而 Mn^{2+} 的电子分布是$[Ar]3d^5$，不是$[Ar]\ 3d^3 4s^2$。原子参加化学反应成键时，总是先利用 ns 电子，而后才动用$(n-1)$d 电子。这是因为，离子中能级高低按$(n+0.4l)$计算，离子中能量 3d<4s 的缘故。

能量最低原理解决了电子在不同能级中的排布顺序问题，但是，还没有解决在同一能级上的等价轨道中的排布问题。

3. 洪特规则

电子在等价轨道上分布时，总是尽可能先分占不同轨道，且自旋平行。

量子力学从理论上已证明电子成单地填充到等价轨道上有利于原子的能量降低。例如：C 原子，其外层电子分布式是 $2s^2 2p^2$，2p 上的两个电子如何分布在 3 个 2p 轨道上呢？洪特规则告诉我们：它们必定是分占在 2 个 2p 轨道上，而且自旋平行。轨道图为 |↓|↓| |，又如：$_{25}Mn$，价电子分布式为 $3d^5 4s^2$，3d 轨道的 5 个电子的分布应为 |↓|↓|↓|↓|↓|。研究表明，对于能级相等或接近相等的轨道，电子自旋平行比自旋反平行(配对)更有利于体系能量的降低，所以，洪特规则也可以认为是最低能量原理的补充。

根据光谱学分析测得，等价轨道上处于全充满、半充满或全空的状态时，原子比较稳定，即具有下列电子层结构的原子是比较稳定的。

全充满：p^6，d^{10}，f^{14}

半充满：p^3，d^5，f^7

全空：p^0，d^0，f^0

这种状态称为**洪特规则的特例**。例如：

$_{24}Cr$ 的电子分布式是[Ar]$3d^5 4s^1$，而不是[Ar]$3d^4 4s^2$，这是因为 $3d^5$ 是 d 轨道的半充满分布。$_{29}Cu$ 的电子分布式是[Ar]$3d^{10} 4s^1$，而不是[Ar]$3d^9 4s^2$，这是因为 $3d^{10}$ 是 d 轨道的全充满分布，原子的能量低。

保里不相容原理、能量最低原理和洪特规则是各元素原子所遵循的最基本的电子分布规则，可依据此规则得到 36 号以前所有元素的核外电子分布及元素周期律。对于周期表中的许多“反常”分布的原子，尤其是原子序数较大的原子，单用上述规律还难以说明，对此本课程暂不介绍更多的内容，也不做更高的要求，如果有需要，可以进一步地学习。

(二)基态原子中的电子层结构

原子中电子的分布可根据光谱数据来确定，如表 3-8 中所列。由表中数字可以看出，核外电子的分层排布是有一定规律的。

(1)基态原子的第一层最多 2 个电子，第二层最多 8 个电子，第三层最多 18 个电子，第四层最多 32 个电子；

(2)基态原子的最外能层 n 上最多只有 8 个电子，次外能层($n-1$)上最多只有 18 个电子；

(3)由 Cr，Mo，Cu，Ag 和 Au 等基态原子中电子的分布可以看出，能级处于半充满或全充满状态比较稳定。

表 3-8 基态原子的电子层结构

周期	原子序数	元素符号	电子层																	
			K	L		M			N				O				P			Q
			1s	2s	2p	3s	3p	3d	4s	4p	4d	4f	5s	5p	5d	5f	6s	6p	6d	7s
1	1	H	1																	
	2	He	2																	
2	3	Li	2	1																
	4	Be	2	2																
	5	B	2	2	1															
	6	C	2	2	2															
	7	N	2	2	3															
	8	O	2	2	4															
	9	F	2	2	5															
	10	Ne	2	2	6															
3	11	Na	2	2	6	1														
	12	Mg	2	2	6	2														
	13	Al	2	2	6	2	1													
	14	Si	2	2	6	2	2													
	15	P	2	2	6	2	3													
	16	S	2	2	6	2	4													
	17	Cl	2	2	6	2	5													
	18	Ar	2	2	6	2	6													

续表

周期	原子序数	元素符号	电子层																	
			K	L		M			N				O				P			Q
			1s	2s	2p	3s	3p	3d	4s	4p	4d	4f	5s	5p	5d	5f	6s	6p	6d	7s
4	19	K	2	2	6	2	6		1											
	20	Ca	2	2	6	2	6		2											
	21	Sc	2	2	6	2	6	1	2											
	22	Ti	2	2	6	2	6	2	2											
	23	V	2	2	6	2	6	3	2											
	24	Cr	2	2	6	2	6	5	1											
	25	Mn	2	2	6	2	6	5	2											
	26	Fe	2	2	6	2	6	6	2											
	27	Co	2	2	6	2	6	7	2											
	28	Ni	2	2	6	2	6	8	2											
	29	Cu	2	2	6	2	6	10	1											
	30	Zn	2	2	6	2	6	10	2											
	31	Ga	2	2	6	2	6	10	2	1										
	32	Ge	2	2	6	2	6	10	2	2										
	33	As	2	2	6	2	6	10	2	3										
	34	Se	2	2	6	2	6	10	2	4										
	35	Br	2	2	6	2	6	10	2	5										
	36	Kr	2	2	6	2	6	10	2	6										
5	37	Rb	2	2	6	2	6	10	2	6			1							
	38	Sr	2	2	6	2	6	10	2	6			2							
	39	Y	2	2	6	2	6	10	2	6	1		2							
	40	Zr	2	2	6	2	6	10	2	6	2		2							
	41	Nb	2	2	6	2	6	10	2	6	4		1							
	42	Mo	2	2	6	2	6	10	2	6	5		1							
	43	Tc	2	2	6	2	6	10	2	6	5		2							
	44	Ru	2	2	6	2	6	10	2	6	7		1							
	45	Rh	2	2	6	2	6	10	2	6	8		1							
	46	Pd	2	2	6	2	6	10	2	6	10									
	47	Ag	2	2	6	2	6	10	2	6	10		1							
	48	Cd	2	2	6	2	6	10	2	6	10		2							
	49	In	2	2	6	2	6	10	2	6	10		2	1						
	50	Sn	2	2	6	2	6	10	2	6	10		2	2						
	51	Sb	2	2	6	2	6	10	2	6	10		2	3						
	52	Te	2	2	6	2	6	10	2	6	10		2	4						
	53	I	2	2	6	2	6	10	2	6	10		2	5						
	54	Xe	2	2	6	2	6	10	2	6	10		2	6						

续表

周期	原子序数	元素符号	电子层																	
			K	L		M			N				O				P			Q
			1s	2s	2p	3s	3p	3d	4s	4p	4d	4f	5s	5p	5d	5f	6s	6p	6d	7s
6	55	Cs	2	2	6	2	6	10	2	6	10		2	6			1			
	56	Ba	2	2	6	2	6	10	2	6	10		2	6			2			
	57	La	2	2	6	2	6	10	2	6	10		2	6	1		2			
	58	Ce	2	2	6	2	6	10	2	6	10	1	2	6	1		2			
	59	Pr	2	2	6	2	6	10	2	6	10	3	2	6			2			
	60	Nd	2	2	6	2	6	10	2	6	10	4	2	6			2			
	61	Pm	2	2	6	2	6	10	2	6	10	5	2	6			2			
	62	Sm	2	2	6	2	6	10	2	6	10	6	2	6			2			
	63	Eu	2	2	6	2	6	10	2	6	10	7	2	6			2			
	64	Gd	2	2	6	2	6	10	2	6	10	7	2	6	1		2			
	65	Tb	2	2	6	2	6	10	2	6	10	9	2	6			2			
	66	Dy	2	2	6	2	6	10	2	6	10	10	2	6			2			
	67	Ho	2	2	6	2	6	10	2	6	10	11	2	6			2			
	68	Er	2	2	6	2	6	10	2	6	10	12	2	6			2			
	69	Tm	2	2	6	2	6	10	2	6	10	13	2	6			2			
	70	Yb	2	2	6	2	6	10	2	6	10	14	2	6			2			
	71	Lu	2	2	6	2	6	10	2	6	10	14	2	6	1		2			
	72	Hf	2	2	6	2	6	10	2	6	10	14	2	6	2		2			
	73	Ta	2	2	6	2	6	10	2	6	10	14	2	6	3		2			
	74	W	2	2	6	2	6	10	2	6	10	14	2	6	4		2			
	75	Re	2	2	6	2	6	10	2	6	10	14	2	6	5		2			
	76	Os	2	2	6	2	6	10	2	6	10	14	2	6	6		2			
	77	Ir	2	2	6	2	6	10	2	6	10	14	2	6	7		2			
	78	Pt	2	2	6	2	6	10	2	6	10	14	2	6	9		1			
	79	Au	2	2	6	2	6	10	2	6	10	14	2	6	10		1			
	80	Hg	2	2	6	2	6	10	2	6	10	14	2	6	10		2			
	81	Tl	2	2	6	2	6	10	2	6	10	14	2	6	10		2	1		
	82	Pb	2	2	6	2	6	10	2	6	10	14	2	6	10		2	2		
	83	Bi	2	2	6	2	6	10	2	6	10	14	2	6	10		2	3		
	84	Po	2	2	6	2	6	10	2	6	10	14	2	6	10		2	4		
	85	At	2	2	6	2	6	10	2	6	10	14	2	6	10		2	5		
	86	Rn	2	2	6	2	6	10	2	6	10	14	2	6	10		2	6		

续表

周期	原子序数	元素符号	电子层																	
			K	L		M			N				O				P			Q
			1s	2s	2p	3s	3p	3d	4s	4p	4d	4f	5s	5p	5d	5f	6s	6p	6d	7s
	87	Fr	2	2	6	2	6	10	2	6	10	14	2	6	10		2	6		1
	88	Ra	2	2	6	2	6	10	2	6	10	14	2	6	10		2	6		2
	89	Ac	2	2	6	2	6	10	2	6	10	14	2	6	10		2	6	1	2
	90	Th	2	2	6	2	6	10	2	6	10	14	2	6	10		2	6	2	2
	91	Pa	2	2	6	2	6	10	2	6	10	14	2	6	10	2	2	6	1	2
	92	U	2	2	6	2	6	10	2	6	10	14	2	6	10	3	2	6	1	2
	93	Np	2	2	6	2	6	10	2	6	10	14	2	6	10	4	2	6	1	2
	94	Pu	2	2	6	2	6	10	2	6	10	14	2	6	10	6	2	6		2
	95	Am	2	2	6	2	6	10	2	6	10	14	2	6	10	7	2	6		2
	96	Cm	2	2	6	2	6	10	2	6	10	14	2	6	10	7	2	6	1	2
	97	Bk	2	2	6	2	6	10	2	6	10	14	2	6	10	9	2	6		2
7	98	Cf	2	2	6	2	6	10	2	6	10	14	2	6	10	10	2	6		2
	99	Es	2	2	6	2	6	10	2	6	10	14	2	6	10	11	2	6		2
	100	Fm	2	2	6	2	6	10	2	6	10	14	2	6	10	12	2	6		2
	101	Md	2	2	6	2	6	10	2	6	10	14	2	6	10	13	2	6		2
	102	No	2	2	6	2	6	10	2	6	10	14	2	6	10	14	2	6		2
	103	Lr	2	2	6	2	6	10	2	6	10	14	2	6	10	14	2	6	1	2
	104	Rf	2	2	6	2	6	10	2	6	10	14	2	6	10	14	2	6	2	2
	105	Db	2	2	6	2	6	10	2	6	10	14	2	6	10	14	2	6	3	2
	106	Sg	2	2	6	2	6	10	2	6	10	14	2	6	10	14	2	6	4	2
	107	Bh	2	2	6	2	6	10	2	6	10	14	2	6	10	14	2	6	5	2
	108	Hs	2	2	6	2	6	10	2	6	10	14	2	6	10	14	2	6	6	2
	109	Mt	2	2	6	2	6	10	2	6	10	14	2	6	10	14	2	6	7	2

与原子的电子分布式相关的另一个重要概念是价电子构型(也叫作特征电子构型),即化学反应中参与成键的电子构型。化学变化中一般只涉及原子的价电子,因此,熟悉各元素原子的价电子构型对学习化学尤为重要。对于主族元素,最外层电子即为价电子。例如:氯原子的外层电子分布式为 $3s^23p^5$。对于副族元素,价电子包括最外层 s 电子和次外层 d 电子。例如:上述钛原子和锰原子的外层电子分布式分别为 $3d^24s^2$ 和 $3d^54s^2$。对于镧系和锕系元素一般还需考虑处于外数(自最外层向内计数)第三层的 f 电子,情况较为复杂。

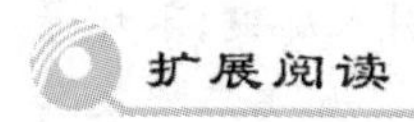

电子能级与光致发光材料

一、发光

发光是物体把吸收的能量不经过热的阶段直接转换为特征辐射的一种现象。当物质受到激发(射线、高能粒子、电子束、外电场等)后,其将处于激发态,激发态的能量会通过光或热的形式释放出来。如果这部分的能量是处于可见、紫外或是近红外的电磁辐射,此过程被称为发光过程。一般来讲,分子发光包括分子荧光、分子磷光、化学发光等。前两者同属光致发光过程,其不同之处在于荧光的寿命较短,通常小于 10^{-5} s;而磷光的寿命通常为几秒或者更长。无论荧光还是磷光,其发生的前提都是需要较高能量的光的激发,因此,又称其为光致发光。将可以发生光致发光的物质称为光致发光材料。

二、有机光致发光

1. 有机发光材料的发光原理

有机物的发光是分子从激发态回到基态产生的辐射跃迁现象。实现有机分子发光的途径很多,光致发光中大多数有机物具有偶数电子,基态时电子成对的存在于各分子轨道。根据保里不相容原理,同一轨道上的两个电子自旋相反,所以分子中总的电子自旋为零,这个分子所处的电子能态称为单重态。当分子中的一个电子吸收光能量被激发时,通常它的自旋不变,则激发态是单重态。如果激发过程中电子发生自旋反转,则激发态为三重态。三重态的能量常常较单重态低。当有机分子在光子激发下被激发到激发单重态,经振动能级弛豫到最低激发单重态,最后回到基态,此时产生荧光,或者经由最低激发三重态,最后产生三重态到基态的电子跃迁,此时辐射出磷光。

图 3-9 给出了发光有机化合物的部分能级图及其相应的电子跃迁过程:

(a)图中给出了由于吸收辐射(光激发过程)而引起的某些跃迁。可见光区和紫外光区的辐射能可以使电子由 E_0 分别激发到 E_1 和 E_2 中的任何一个振动或转动能级。由于存在许多振动能级和能级差更小的转动能级,每个电子的跃迁都有几条靠得很近的吸收线。因此,分子光谱是由一系列靠得很近的吸收带组成的,从而形成带状光谱。当电子被激发到激发态后,其在高能态的寿命很短,主要通过不同的弛豫形式回到基态。

(b)图给出了非辐射弛豫过程,该过程中通过一些小步骤的能量损失实现基态的回归,该过程中常常伴随着体系温度的升高。

(c)图给出了一种弛豫过程,即荧光发射。需要注意的是图(a)(1 和 2)和(c)中的共振荧光谱线。其发射光的频率和激发光的频率完全一致,这就是共振荧光。通常发生在没有振动能级叠加的气态原子中。在气态分子或者溶液中观察到的往往是非共振荧光(即图(c)中的其他辐射过程)。

2. 有机发光材料的分类

有机发光材料可分为

1)有机小分子发光材料;

2)有机高分子发光材料;

3)有机配合物发光材料。

这些发光材料无论在发光机理、物理化学性能上,还是在应用上都有各自的特点。有机小分子发光材料种类繁多,它们多带有共轭杂环及各种生色团,结构易于调整,通过引入烯键、苯环等不饱和基团及各种生色团来改变其共轭长度,从而使化合物光电性质发生变化。如恶二唑及其衍生物类,三唑及其衍生物类,罗丹明及其衍生物类,香豆素类衍生物,1,8-萘酰亚胺类衍生物,吡唑啉衍生物,三苯胺类衍生物,卟啉类化合物,咔唑、吡嗪、噻唑类衍生物,苝类衍生物等。它们广泛应用于光学电子器件、DNA 诊断、光化学传感器、染料、荧光增白剂、荧光涂料、激光染料、有机电致发光器件(ELD)等方面。但是小分子发光材料在固态下易发生荧光猝灭现象,一般掺杂方法制成的器件又容易聚集结晶,器件寿命下降。因此众多的科研工作者一方面致力于小分子

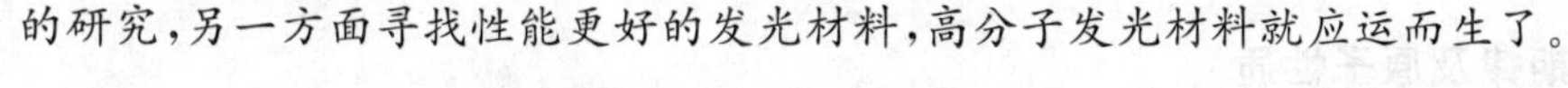

的研究，另一方面寻找性能更好的发光材料，高分子发光材料就应运而生了。

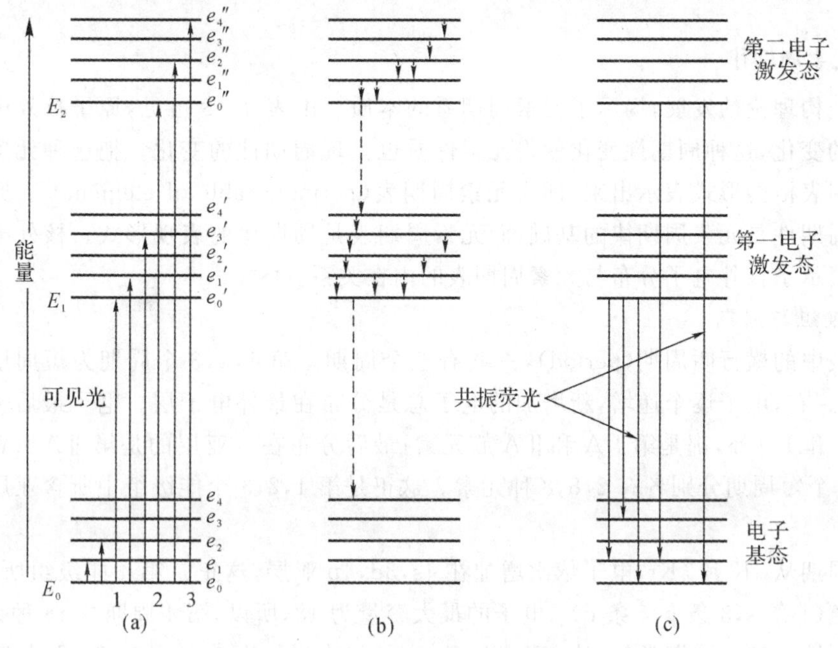

图 3-9　发光有机化合物的部分能级图

(a)吸收；(b)非辐射驰豫；(c)荧光

科学家故事

邓青云博士与有机电致发光

邓青云博士 1947 年出生于香港，于 1970 年在英属哥伦比亚大学获得化学理学学士学位，于 1975 年在康奈尔大学获得物理化学博士学位。此后，他成为位于纽约罗切斯特的柯达研究实验室的一名研究科学家，并开始了他从事有机半导体材料和电子应用设备开发的职业生涯。1979 年的一天晚上，邓青云一个人走在回家的路上。“哦，瞧我这记性。”他拍了拍自己的脑袋，“我居然把这么重要的一样东西落在实验室里了。”于是，邓青云转身跑回实验室。进入实验室，他惊奇地发现一块做实验用的有机电池在黑暗中闪闪发光。从此，邓青云教授便开始了这项研究，这也为“有机电致发光二极管(OLED)”技术的诞生拉开了序幕。2006 年，邓青云博士因为其在有机发光二极体和异质结有机太阳能电池上取得的开创性的成就被选为美国工程院院士。同年，他被罗切斯特大学聘请为 Doris Johns Cherry 教授，现为罗切斯特大学化学工程系，化学系和物理天文学系教授。2011 年，邓教授与芝加哥大学的斯图尔特·赖斯教授和卡耐基梅隆大学的克里兹托夫·马特加兹维斯基教授共同获得了由沃尔夫基金会颁发的沃尔夫化学奖，这是在化学领域仅次于诺贝尔奖的国际性大奖。

拓展学习

请查阅唐本忠教授与聚集诱导发光(AIE)的相关资料，并试着从电子能级和分子结构的角度解释四苯基乙烯(TPE)分子 AIE 的本质。

3.2.3　元素周期律及原子性质

(一)元素周期律

原子结构理论的发展,揭示了元素周期系的本质。由表 3－8 可见,原子核外电子分布呈现周期性的变化,这种周期性变化使得元素性质也呈现周期性的变化。把这种元素性质的周期性变化用表格的形式表示出来,即为元素周期表(periodic table of element)。原子核外电子分布的周期性是元素周期律的基础,而元素周期表是周期律的表现形式。核外电子能级组又进一步揭示了核外电子分布与元素周期表的内在关系。

1. 能级组与周期

周期表中的横行叫周期(period),一共有七个周期。第 1,2,3 个周期为短周期。在短周期中,从左到右,电子逐个递增,新增加的电子总是分布在最外电子层。电子最后分布在 s 亚层的,除 H 和 He 外,都是第ⅠA 和ⅡA 族元素;最后分布在 p 亚层的是第ⅢA～ⅦA 族及零族元素。3 个短周期分别各有 2,8,8 种元素。这正是第 1,2,3 个能级组中所含亚层的电子的最大容量。

第 4 周期从${}_{19}$K 到${}_{36}$Kr,电子依次增加在 4s,3d,4p 亚层,这正是第 4 能级组所含的亚层,共 9 条轨道(1 条 s,3 条 p,5 条 d),电子的最大容量为 18,所以,第 4 周期共 18 种元素。

第 5 周期与第 4 周期类似,从${}_{37}$Rb 到${}_{54}$Xe 电子依次增加在 5s,4d,5p 亚层,与第 5 能级组所含亚层一样,9 条轨道,共 18 个电子,所以,共有 18 种元素。

第 6 周期从${}_{55}$Cs 到${}_{86}$Rn,电子依次增加在 6s,4f, 5d, 6p 亚层,同上面的分析,共 32 个电子,故有 32 种元素。

第 7 周期从${}_{87}$Fr 开始,到目前已发现的 112 号元素为止,共 23 种元素,是一个未完成的长周期。电子分布与第 6 周期类似。

镧系、锕系元素,电子分别依次增加在 4f,5f 亚层,f 亚层包括 7 个轨道,共能容纳 14 个电子,所以,它们各增加 14 个元素。

以上电子填充能级组与周期关系见表 3－9。

表 3－9　能级组与周期的关系

周期	电子填充轨道	能级组	包含元素	能级组电子容量	元素数目
1	1s	1	${}_{1}H \rightarrow {}_{2}He$	2	2
2	2s　2p	2	${}_{3}Li \rightarrow {}_{10}Ne$	8	8
3	3s　3p	3	${}_{11}Na \rightarrow {}_{18}Ar$	8	8
4	4s　3d　4p	4	${}_{19} \rightarrow {}_{36}Ke$	18	18
5	5s　4d　5p	5	${}_{37}Rb \rightarrow {}_{54}Xe$	18	18
6	6s　4f　5d　6p	6	${}_{55}Cs \rightarrow {}_{86}Rn$	32	32
7	7s　5f　6d(7p)	7	${}_{87}Fr \rightarrow$	未完	未完

比较归纳的电子填充轨道、能级组的划分和元素周期表的关系可以看出:

(1)当原子核电荷数逐渐增大时，原子最外层电子总是开始于 s 电子，结束于 p 电子；每一周期总是从金属元素开始，随后金属性逐渐减弱，非金属性逐渐增强，最后达到稳定的稀有气体元素。

(2)电子每进入一个新的能级组，都会出现新的电子层，周期表也进入一个新的周期，所以元素的周期数就是元素电子进入的能级组的组号数，也等于元素的电子层数。

(3)周期表中各周期的元素数目就是相对应的能级组中所含有的亚层能容纳的最多电子数目。

从以上的讨论可以看出，周期表中的周期是原子中电子能级组的反映。

2. *周期表的分区与族*

能级组中所含亚层轨道一栏中，各条纵行中的亚层轨道就是周期表中相应位置元素的核外电子最后进入的亚层。根据电子最后进入的亚层可把周期系划分成 5 个区域，每个区分为若干个纵行，称为族(group 或 family)，周期表一共有 18 纵行，16 个族，同一族元素的电子层数不同，但具有相同的价电子构型，因此，化学性质相似。周期表元素分区示意图如图 3 - 10 所示。

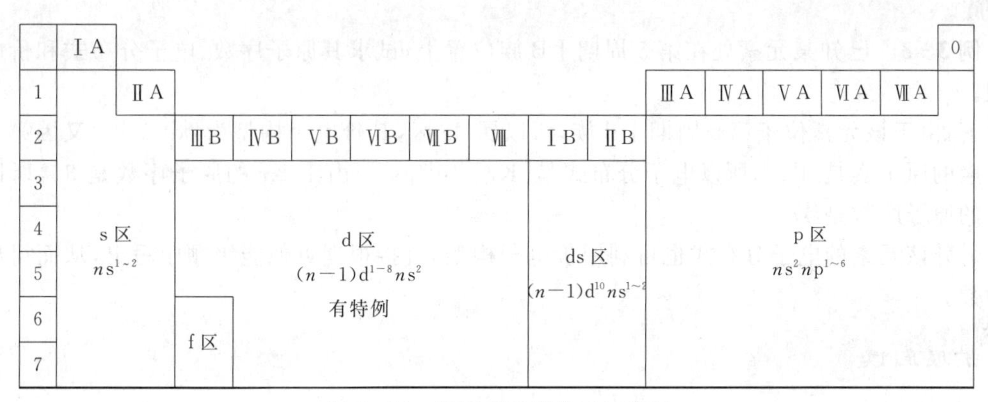

图 3 - 10　周期表元素分区示意图

(1)s 区。在周期表的最左边，包括ⅠA、ⅡA 族元素，电子最后填充 ns 亚层。价电子构型为 ns^{1-2}(n 是最外电子层的号数或周期号，或所在能级组的组号数)。

(2)p 区。在周期表的最右部分，包括ⅢA～ⅦA 族及零族元素。电子最后填充 np 亚层。价电子构型为 $ns^2np^{1\text{-}6}$(He 为 $1s^2$)。

(3)d 区。在周期表中部包括ⅢB～ⅦB 和第Ⅷ族元素。电子最后填充$(n-1)$d 亚层。价电子构型为$(n-1)d^{1\text{-}8}ns^{2(或1)}$(学术上有争议)，但有特例。

(4)ds 区。在 d 区与 p 区之间，包括ⅠB 和ⅡB 族元素，电子最后也是填充$(n-1)$d 亚层，并使$(n-1)$d 亚层达全满。价电子构型为$(n-1)d^{10}ns^{1\sim2}$。d 区和 ds 区元素又称为过渡元素。

(5) f 区。包括镧系、锕系元素。电子最后填充 f 亚层。价电子构型一般为$(n-2)f^{0-14}(n-1)d^{0\text{-}2}ns^2$(学术上有争议)，但有特例。f 区元素也叫内过渡元素。

凡包含短周期元素的族，称为主族(A 族)，共 7 个主族和零族；主族元素最后一个电子填充在最外层的 s 或 p 亚层，分别组成周期表中的前两个主族和后 5 个主族及零族，原子的价电子为最外层电子，最外层电子数即为族系数，当最外层电子数为 8 时，为零族。通常主族元素性质递变较为明显，且规律性更好。

仅包含长周期元素的族，称为副族(B族)，共包含7个副族和第Ⅷ族。对于副族元素，最后一个电子填入次外层的d轨道，d电子可以全部或部分参与化学反应，因此其价电子包括次外层的d电子和最外层的s电子。副族元素最外层一般只有1～2个电子，因此都是金属元素。通常副族元素化学性质的递变不如主族元素规律性好。

镧系和锕系元素次外层和最外层电子排布几乎相同，最后一个电子填入倒数第三层的f轨道，在周期表中被单列出来。镧系和锕系元素的价电子构型包括最外层的s电子、次外层的d电子和外数第3层的f电子。

掌握了以上价电子构型与元素分区的关系，就容易根据某元素的价电子构型推知该元素在周期表中的位置。或者反过来，根据某元素在周期表中的位置推知它的价电子构型(除了少数特例外)，用以说明该元素的一些化学性质。

例3-2 试求39号元素的电子层结构及其在周期表中的位置。

解：根据近似能级顺序，该元素的电子分布式为[Kr]$4d^1 5s^2$。电子最后填入的是d亚层，故属d区元素。价电子构型为$4d^1 5s^2$。价电子总数为3，在周期表中的位置为第5周期ⅢB族。

例3-3 已知某元素处在第5周期ⅠB族位置上，试求其原子序数、电子分布式和价电子构型。

解：由于该元素位于第5周期ⅠB族，所以属ds区，其价电子构型为$4d^{10} 5s^1$。又因第5周期元素的原子实是[Kr]，所以电子分布式是[Kr] $4d^{10} 5s^1$。由于Kr的原子序数是36，所以该元素的原子序数是47。

另外该元素的电子分布式也可利用价电子构型，直接根据近似能级顺序写出，从而得出原子序数。

扩展阅读

人体中各种元素的分布情况

世界是物质的。作为地球上的最高等生物，人体也是由各种化学元素组成的(见图3-11)。到目前为止，自然界中存在着约90多种稳定的元素，其中与生命体有关的大约有60多种，包括：

(1)常量元素指含量高于0.01%的元素，包括H，C，N，O，Na，Mg，P，S，Cl，K，Ca等11种。

(2)微量元素指含量低于0.01%的元素，包括B，F，Si，V，Cr，Mn，Fe，Co，Ni，Se，Br，Mo，Sn，I，Cu，Zn等16种。

就其存在状态而言，这些元素多以络合物的形式存在于人体。如图3-11所示，其中常量元素的作用是构成人体细胞与组织，参与生化过程，如神经传导、体液平衡、肌肉收缩的调节等；而微量元素的作用为激活酶的活性，调控人体的生化过程。正常情况下，人体每天必须摄入一定量的必须元素。当膳食中某种元素缺少或含量不足时，会影响人体的健康。下面介绍几种元素在人体中的作用：

氮是构成蛋白质的重要元素，占蛋白质分子质量的16%～18%。蛋白质是构成细胞膜、细胞核、各种细胞器的主要成分。此外，氮也是构成核酸、脑磷脂、卵磷脂、叶绿素、植物激素、维生素的重要成分，被誉为生命元素。

钠和氯在人体中是以氯化钠的形式出现的，起调节细胞内外的渗透压和维持体液平衡的作用。人体每天必须补充4～10 g食盐。

钙是一种生命必需元素，也是人体中含量最丰富的大量金属元素，含量仅次于C，H，O，N，正常人体内含钙大约1～1.25 kg。钙是人体骨骼和牙齿的重要成分，它参与人体的许多酶反应、血液凝固，维持心肌的正常收缩，抑制神经肌肉的兴奋，巩固和保持细胞膜的完整性。人体每天应补充0.6～1.0 g钙。

铁是构成血红蛋白的主要成分，铁的摄入不足会引起缺铁性贫血症。

磷是人体的常量元素，约占体重的1%，是体内重要化合物ATP，DNA等的组成元素。人体每天需补充0.7 g左右的磷。

碘是合成甲状腺激素的原料。缺碘会影响儿童的生长和智力发育，造成呆小症；会引起成人甲状腺肿大等。

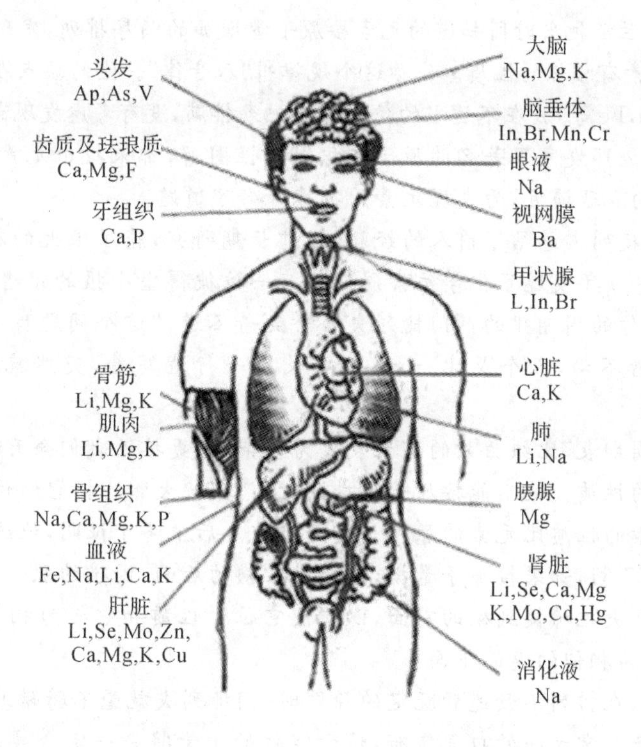

图3-11 人体化学元素分布示意图

拓展学习

请查阅化妆品中铅、汞等元素的存在形式及其对人体的危害。

科学家故事

门捷列夫与元素周期表

门捷列夫1834年2月8日生于一个多子女家庭。父亲是一个中学校长。他出生那年，父亲突然双目失明，不得不停止工作。门捷列夫在艰难的环境中成长。不久，父母先后去世，门捷列夫在一个边远城市上中学。那里教育水平很差。在大学一年级时，他是全班28名学生中的第25名。但他奋起直追，大学毕业时便跃居第一名，荣获金质奖章，二十三岁时成为副教授，三十一岁时成为教授。

在十九世纪初期，人们已经发现了不少元素。在这些元素的状态和性质方面，有些极为相似，有些则完全不同，有些元素在某些性质方面很相似，但在另一些方面却又差别很大。化学家们很自然地产生了一种寻求元素之间内在联系从而把元素作一科学分类的要求。科学家们在这方面作了不少的工作，曾发表了部分元素间相互联系的论述。

1829年德国段柏莱纳根据元素性质的相似性，提出"三素组"的分类法，并指出每组中间元素的原子量大约等于两端的元素原子量的平均值。但他当时只排了五个三素组，还有许多元素没找到其间相互联系的规律。

1864年德国迈耶按元素的原子量顺序把元素分成六组，使化学性质相似的元素排在同一纵行里。但也没有指出原子量跟所有元素之间究竟有什么联系。

1865年英国纽兰兹把当时所知道的元素按原子量增加的顺序排列，发现每个元素与它的位置前后的第七个元素有相似的性质。他称这个规律叫"八音律"。他的缺点在于机械地看待原子量，把一些元素(Mn,Fe等)放在不适当的位置上而把表排满，没有考虑发现新元素的可能性。

直到1868年，迈耶发表了著名的原子体积周期性图解，都未找出元素间最根本的内在联系，但却一步步地向真理逼近，为发现元素周期律开辟了道路。

俄国化学家门捷列夫总结了前人的经验，经过长期研究，花了很大的精力，寻求化学元素间的规律。终于1869年发现了化学元素周期律。一位彼得堡小报的记者向他打听成功的奥秘："你是怎样想到你的周期律的?"门捷列夫哈哈笑着答道："这个问题我大约考虑了二十年，而他们却认为，坐着不动，五个戈比一行，五个戈比一行地写着，突然就成了。事情并不是这样!"。

门捷列夫的"周期表"比纽兰兹的元素表更为复杂，也更接近我们今天认为是正确的"周期表"。当某一元素的性质使他不能按原子量排列时，门氏就大胆地把它的位置调换一下。他这样做的根据是：元素的性质比元素的原子量更为重要。后来终于证明，他这样做是正确的。例如碲的原子量是127.61，如果按原子量排，它应排在碘的后面，因碘的原子量是126.91。但是，在周期表中，门捷列夫把碲提到碘的前面，以便使它位于性质和它极为相似的硒的下面，并使碘位于性质和碘极为相似的溴的下面。

最重要的一点，在排列不致违背既定的原则时，门捷列夫就毫不踌躇地在周期表中留出空位，并以一种似乎是非常大胆的口气宣布：位于空位的元素将来一定会被发现。不仅如此，他还用表中待填补进去的元素的上、下两个元素的特性作为参考，指出它们的大致性状。他所预言的三种元素，还在他在世时全部都被发现了。因此，他亲眼看到了他提出的这个体系的胜利，这是多么的高兴!

1875年法国化学家德布瓦博德朗发现了第一个待填补的元素，定名为镓。1879年瑞典化学家尼尔森发现了第二个待填补的元素，定名为钪。1886年，德国化学家文克勒又发现第三个待填补的元素，定名为锗。这三个元素的性状都和门捷列夫的预言几乎完全相符。门捷列夫由于发现元素周期律，闻名于全世界。他光荣地担任了世界上一百多个科学团体的名誉会员。

门捷列夫的兴趣非常广泛。他对物理学、化学、气象学、流体力学等，都有许多贡献。但他的生活却十分简朴。他的衣服式样常常落后别人十年以至二十年，他毫不在乎地说："我的心思在周期表上，不在衣服上。”

门捷列夫的一生，可用他自己的“人的天资越高，他就应该多为社会服务”来说明之。

门捷列夫在写作《有机化学》一书时，几乎整整两个月没有离开书桌。于 1869 — 1871 年写成《化学原理》。他还在溶液水化理论、气体压力、液体的膨胀、气体的临界温度、煤的地下气化等方面做出了贡献。晚年为了研究日食和气象，他自费建造气球。气球制好后，原设计坐两人，由于充气不够，只能坐一个人。他不顾朋友的劝阻，毅然跨进气球吊篮里，成功地观察了日食。这种不怕艰险献身科学的精神，深深感动了他的朋友们。

门捷列夫年过七旬后，积劳成疾，双目半盲。但他仍然每天清早开始工作，一口气写到下午五点半，饭后又接着写作。1907 年 1 月 20 日清晨 5 时，他因肺炎逝世，时年 73 岁。当时他面前的写字台上还放着一本未写完的关于科学和教育的著作。在他临去世时，手里还握着笔。长长的送葬队伍，达几万人之多。队伍前面，既不是花圈，也不是遗像，而是几十位学生抬着的大木牌，牌上画着化学元素周期表——他一生的主要功绩！

(二)原子性质

元素的性质是原子内部结构的反映。由于原子的电子层结构的周期性，元素原子的一些基本性质，如有效核电荷数、原子半径、电离能、电子亲合能和电负性等也随之呈现周期性的变化。人们常把这些性质统称为原子参数，我们将从原子的结构特征出发，探讨原子的一些基本性质，即原子得失电子的能力。

1. 原子的结构特征

原子的结构特征，通常包括原子的电子构型、有效核电荷数及原子半径。原子的电子构型前面已讨论过。现只讨论后面两个问题。

(1)有效核电荷数。

在已发现的元素中，除氢以外的原子都属于多电子原子。由于多电子原子中，电子之间的相互作用，使其能量较为复杂，目前还不能用量子力学的方法精确求解，而只能作近似处理。

1)屏蔽效应。在多电子原子中，某电子除受核吸引外，还受其他电子的排斥。这种排斥作用减弱了核对该电子的吸引，因此，其他电子的存在，犹如屏风一样，减少了施加于某个电子上的核电荷数，这种作用称为屏蔽效应。也就是说，屏蔽效应抵消了一部分核的正电荷，其抵消(或减少)的核电荷数称为屏蔽常数，用符号 σ 表示。将核电荷减去其余电子的屏蔽常数叫作有效核电荷数，用符号 Z' 表示。

$$Z' = Z - \sum\sigma \qquad (3-10)$$

式中，σ 是由原子光谱实验数据总结得到的经验常数；$\sum\sigma$ 为其他电子的 σ 的总和。在通常情况下，σ 的取值如下：① 外层电子对内层电子的 $\sigma=0$；②n 层电子对 n 层电子的 $\sigma=0.35$；③$(n-1)$层电子对 n 层电子的 $\sigma=0.85$；④$(n-2)$层及更内层电子对 n 层电子的 $\sigma=1.00$。

例 3-4　计算 Na，Mg，Ti，V 的原子核对最外层 1 个电子的有效核电荷。

解：因为钠的电子分布式为：$1s^2 2s^2 2p^6 3s^1$，所以

$$Z'_{Na} = 11-(2\times1.00+8\times0.85)=2.20$$

同样方法可求出

$$Z'_{Mg} = 12-(2\times1.00+8\times0.85+1\times0.35)=2.85$$

$$Z'_{Ti} = 22-(10\times1.00+10\times0.85+1\times0.35)=3.15$$

$$Z'_{V} = 23-(10\times1.00+11\times0.85+1\times0.35)=3.30$$

2)有效核电荷数 Z' 在周期表中变化的一般规律见表 3-10。

表 3-10　有效核电荷数变化规律

	主族	副族
同周期　从左至右	明显增大	缓慢增大
同　族　从上到下	基本不变(或略有增大)	不规则

同周期主族元素,由于电子填充在最外层上,从左到右,元素的核电荷数依次增加 1 个,屏蔽常数依次增加 0.35,所以有效核电荷数依次增加(1－0.35),即 0.65,如例 3-4 中的钠和镁。

同周期副族元素,由于电子填充在次外层上,从左到右,元素的核电荷数依次增加 1 个,屏蔽常数依次增加 0.85,所以有效核电荷数依次增加 0.15。相对于同周期主族元素的变化较为缓慢。

同族元素,在电子数增加的同时,电子层也增加了,所以有效核电荷数的变化无论主族还是副族,从上到下的变化不像周期向那样规律。

(2)原子半径。

对孤立的自由原子来说,因其电子云没有明显的界面,无法确定其大小,因而讨论单个原子的半径是没有意义的。通常原子很少单个存在,总是存在于单质或化合物中,原则上便可测定单质或化合物中相邻两原子核间距离当作原子半径之和,再根据此核间距求得原子半径值。但是原子核外电子云并非坚固的刚体,不同的化学键强度不同,相邻原子核间距离也随之变化,因此,根据原子间键的不同,原子半径也有共价半径、金属半径和范德华半径几种,它们的数值不同。一般是通过晶体衍射或光谱数据而获得其实验值。

由共价单键结合的物质的核间距离而求得的原子半径叫共价半径,由金属晶体的核间距离而求得的半径叫金属半径,由分子晶体中相邻两分子间两个邻近同种原子的核间距离而求得的半径叫范德华半径。一般来说,同一元素的共价半径＜金属半径＜范德华半径。使用时应注意到这一点。各元素的原子半径列于图 3-12 中。

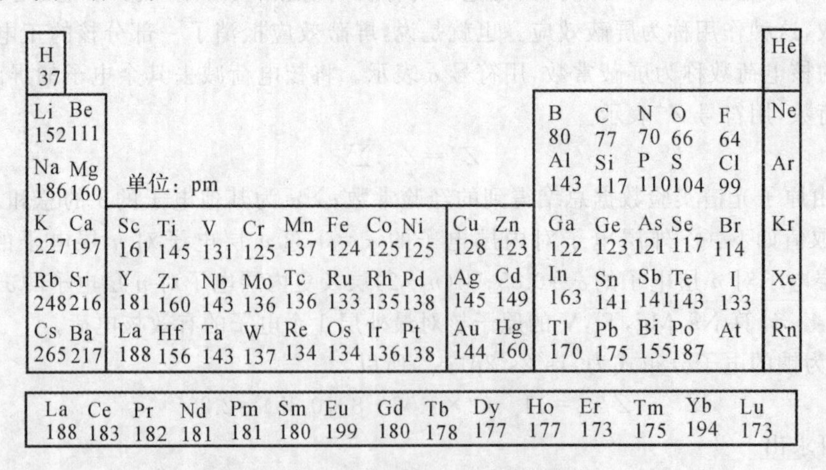

图 3-12　元素原子半径的周期变化

原子半径在周期表中变化的一般规律见表 3-11。

表 3-11　原子半径变化的一般规律

	主族	副族
同周期　从左至右	明显减小	缓慢减小
同　族　从上到下	明显增大	稍有增大(或不规则)

(3)原子半径与原子结构的关系。

在多电子原子中原子半径

$$r \propto n^2/Z' \quad (3-11)$$

同周期从左至右,n 不变,Z'逐渐增加,原子半径趋于减小。由于主族元素的 Z'递增幅度大于副族元素,所以主族元素原子半径 r 明显减少,副族元素原子半径缓慢减小。

同一主族从上到下,有效核电荷数基本不变或略有增大,电子层数逐渐增多,且在式(3-11)中电子层数 n 为平方项,使 n 对原子半径的影响比 Z'的影响大,电子层数增加的因素占主导地位,从而使原子半径逐渐变大。

同一副族从上到下,原子半径略有增大,但在第五、六周期的同一副族两种元素的原子半径相差很小,近于相等。主要原因是在第六周期含有 14 个镧系元素,其原子半径随原子序数递增而缓慢递减的现象(称为镧系收缩)所导致。

2. 电离能

气态原子或离子失去电子所需要的最低能量称为电离能(ionization energy)。通常用符号 I 表示,其单位为 $kJ \cdot mol^{-1}$。使基态气态原子失去一个电子形成气态+1 价离子时所需的最低能量称为原子的第一电离能 I_1,由气态+1 价离子再失去一个电子形成气态+2 价离子所需的最低能量,则为原子的第二电离能 I_2。例如:

$$Na(g) \rightarrow Na^+(g) + e, \quad I_1 = 494\ kJ \cdot mol^{-1}$$

$$Na^+(g) \rightarrow Na^{2+}(g) + e, \quad I_2 = 4\ 560\ kJ \cdot mol^{-1}$$

依此类推,可以定义原子的各级电离能,而且总是 $I_1 < I_2 < I_3 < I_4 < \cdots$。通常是用 I_1 的大小说明原子失去电子的能力,I_1 越大,原子越难失去电子;I_1 越小,原子越容易失去原子。因此,电离能可以反映原子失去电子的难易,常常用它来说明元素的金属性。电离能数值与元素金属性、非金属性变化的周期性基本一致。

原子的各级电离能可以通过实验精确测知。如果用 I_1 和原子序数作图,更可看出电离能变化的规律(见图 3-13)。

总的说来,元素的第一电离能呈现出周期性变化,如表 3-12 所示。

表 3-12　电离能变化的一般规律

	主族	副族
同周期　从左至右	I_1 逐渐增大	I_1 改变较小
同　族　从上到下	I_1 一般有所减少	规则性更差

在同一周期中从左到右,电离能呈周期性变化的同时,出现了一些特殊现象。例如:Be>B ,N>O ,Mg> Al,P> S ,As> Se, Zn> Ga 等,如何理解上述的规律性与特殊现象呢?

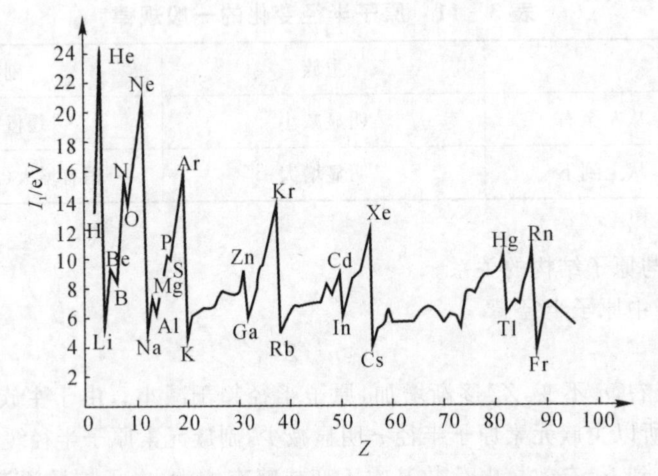

图 3-13　元素第一电离能 I_1 和原子序数 Z 的关系图

根据能量最低原理，原子中核外电子失去的难易与电子所处能级的能量大小有关，能量越大，越不稳定，越易失去，则电离能越小，反之亦然。参照式(3-3)，在多电子原子中电子的近似能级公式为

$$E=-21.8\times10^{-19}\times\frac{Z'^2}{n^2}\qquad(3-12)$$

同一周期从左到右，n 相同，有效核电荷数逐渐增大，原子半径逐渐减小，第一电离能逐渐增大；副族元素从左到右，因为 Z' 改变较小，第一电离能改变较小。对于 Be＞B，N＞O，Mg＞Al，Zn＞Ga 等特殊现象，是由于 Be，N，Mg，Zn 等具有 $1s^2$，$2s^22p^3$，$2s^2$，$4s^2$ 等全充满或半充满的较稳定电子层结构所致。

同族元素从上到下，n 逐渐增大，Z' 变化不大，这样使最外层电子的能量 E 随 n 增大逐渐增大，导致主族元素的电离能从上到下一般有所减小。而副族元素的规律性不强，这主要与镧系收缩导致的原子半径变化不规则和本书所用有效核电荷数的计算方法较为粗略有关。

电离能的数据除了用于说明原子的失电子能力外，还可用来说明金属的常见价态。例如：Na，Mg，Al 都是金属元素，Na 的第二电离能比第一电离能大得多，故通常失去一个电子形成 Na^+，Mg 的第三电离能较第二电离能大得多，故通常形成 Mg^{2+}，而 Al 的第四电离能特别大。由于 80%以上的元素是金属，故了解电离能数据及其变化规律，对于掌握金属元素的性质有很大的帮助。

3. 电子亲合能

电子亲合能(election affinity)是指基态气态原子得到 1 个电子形成气态的－1 价离子时所吸收的能量，用 E_{ea} 表示，单位为 $kJ\cdot mol^{-1}$。电子亲合能等于电子亲合反应焓变的负值 $(-\Delta_r H_m^\theta)$，且也有第一、二、三电子亲合能等。例如：

$Cl(g)+e=Cl^-(g)$　　$\Delta_r H_m^\theta=-348.7\ kJ\cdot mol^{-1}$　　$E_{ea}=348.7\ kJ\cdot mol^{-1}$

$S(g)+e=S^-(g)$　　$\Delta_r H_{m1}^\theta=-200.4\ kJ\cdot mol^{-1}$　　$E_{ea1}=200.4\ kJ\cdot mol^{-1}$

$S^-(g)+e=S^{2-}(g)$　　$\Delta_r H_{m2}^\theta=590\ kJ\cdot mol^{-1}$　　$E_{ea2}=-590\ kJ\cdot mol^{-1}$

一般元素的第一电子亲合能为正值，而第二电子亲合能为负值，这是由于负离子带负电，排斥外来电子，如要结合电子必须吸收能量以克服电子的斥力。由此可见，O^{2-}，S^{2-} 等离子在气态时都是极不稳定的，只能存在于晶体或溶液中。

电子亲合能的大小反映了原子得电子的难易。电子亲合能越大，原子得到电子时释放能量越多，表明原子越容易得电子，非金属性越强；反之亦然。电子亲合能的变化规律与电离能的变化规律基本相同，具有很大电离能的元素一般也具有很大的电子亲合能。

4. 电负性

元素的电离能和电子亲合能是用来衡量一个孤立气态原子失去电子和得到电子的能力，没有反映原子在形成分子时对共用电子对的吸引能力。1932 年美国化学家鲍林(L. Pauling)提出了电负性概念，用以度量一个原子在成键状态吸引电子的能力。指定 F 的电负性为3.98，以热化学数据比较其他各元素原子吸引电子的能力，得出其电负性数据χ。电负性越大，原子在分子中吸引成键电子的能力就越强；电负性越小，原子在分子中吸引成键电子的能力就越弱。

从图 3－14 可以看出，电负性具有明显的周期性变化，这是因为，组成分子的原子在成键过程中，吸引成键电子的能力和数量严格地受到该原子自身的性质及周期的限制，即原子的电负性主要决定于原子的电荷、半径及轨道的杂化。一般说来，原子半径越小，外层电子数越多，其电负性越大，故周期表中电负性最大的是氟，电负性最小的是钫或铯。

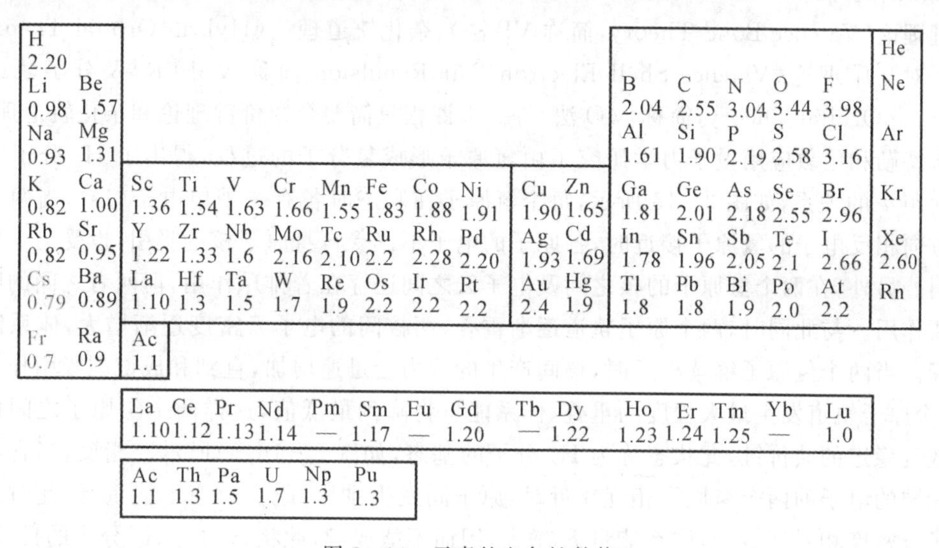

图 3－14　元素的电负性数值

必须注意的是元素的电负性是一个相对数值，不同的处理方法所获得的电负性数值有所不同。

3.3　化学键与分子结构

3.3.1　化学键及价键理论

(一)共价键

一般来讲，电负性较大元素的原子与电负性相同或相差不大元素的原子之间，以共价键(Covalent Bond)相结合。在 1916 年，美国化学家路易斯(G. N. Lewis)提出了原子间共用电子对的共价键理论的雏形。他认为，分子中每个原子应具有类似稀有气体原子的稳定电子层结构，该稳定结构是通过原子间的共用电子对而形成的，这种分子中原子间通过共用电子对结合而形成的化学键称为共价键(covalent bond)。由共价键结合而形成的化合物称为共价型化合物(covalent compound)。例如，H_2 分子和 HF 分子的形成过程可表示为

H· ＋ ·H→H∶H（或写成 H—H）

H· ＋ ·F→H∶F（或写成 H—F）

路易斯的共价键理论，初步解释了共价键不同于离子键的本质，对分子结构的认识前进了一步。但由于该理论立足于经典理论，把电子看成是静止不动的负电荷，故存在着一定的局限性。例如：它无法解释为什么有些分子的中心原子最外层电子数虽然少于8(如 BF_3 等)或多于8(如 PCl_5 等)，但这些分子仍然存在；也无法解释为什么存在着电荷排斥的两个电子能形成共用电子对，并能使两个原子结合在一起的本质，以及共价键的特性等许多问题。直到1927年，德国化学家海特勒(W. Heitler)和伦敦(F. London)应用量子力学理论研究氢分子及结构时才初步认识了共价键的本质，这是现代共价键理论的开端。后来，化学家鲍林(L. Pauling)、米立根(Mulliken)、洪特(Hund)等人又相继研究和发展了这一理论，并建立起了现代价键理论(Valence Bond Theory，简称 VB 法)、杂化轨道理论(Hybrid Orbital Theory)、价层电子对互斥理论(Valence Shell Electron Pair Repulsion 简称 VSEPR)及分子轨道理论(Molecule Orbital Theory，简称 MO 法)等。本课程只简要介绍价键理论和杂化轨道理论。

海特勒和伦敦应用量子力学研究了由氢原子形成氢分子的过程，得出了 H_2 分子能量 E 和核间距 d 的关系，如图 3-15 所示，每个氢原子在基态时各有一个单电子(1s)，当两个具有自旋方向相反电子的氢原子接近时，各原子的电子不仅受自身原子核的吸引，也受另一原子核的吸引。另外，在两个氢原子的核之间及电子云之间还存在着排斥作用，但两者之间的吸引力起主要作用。与此同时，两个原子轨道逐渐重叠，两核间的电子云密度逐渐增大，体系能量逐渐下降。当两个氢原子继续靠近时，核间产生的斥力会迅速增加，直到和成键的吸引作用力相等，两个原子轨道发生最大程度的重叠，体系能量将降到最低值，这样两个氢原子之间便形成了有效且稳定的共价键，此状态称为 H_2 分子的基态，如图 3-16(a)所示。相反，当含有自旋方向相同的电子的两个氢原子相互靠近时，原子间发生排斥，原子轨道不能重叠，此时两核间的电子云密度相对地减少，体系能量 E 增大，因而不能成键，此状态称为 H_2 分子的排斥态，如图3-16(b)所示。

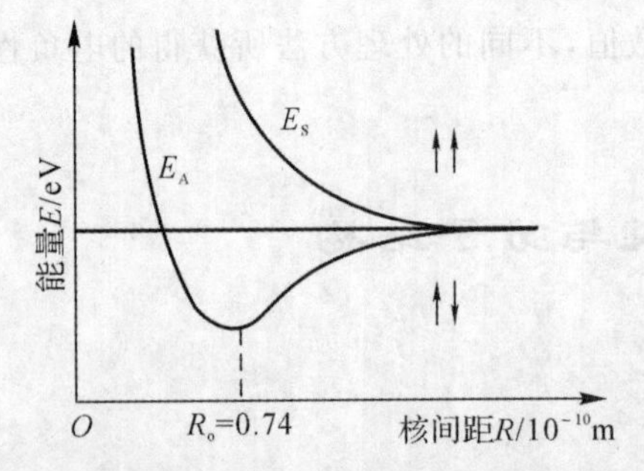

图 3-15　氢分子的能量与核间距的关系曲线

E_A —排斥态的能量曲线；E_s —基态的能量曲线

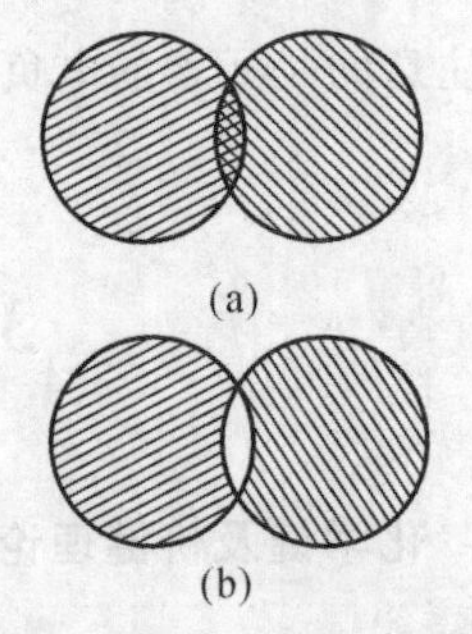

图 3-16　氢气分子的两种状态

(a)基态；(b)排斥态

(二)价键理论要点

1. 电子配对原理与共价键的饱和性

相邻两个原子间自旋方向相反的两个电子相互配对时，可形成稳定的共价键。形成共价键的数目，取决于原子中可能的未成对电子数。例如，两个氮原子中各有三个未成对电子，若其自旋方向相反，则两个氮原子间可形成三条共价键。

一个原子的单电子和另外一个原子中的自旋方向相反的单电子配对成键后，不能再与第三个电子结合，如 H_2 分子形成后，不能再与第三个 H 原子结合成 H_3。此性质称为共价键的饱和性。

2. 最大重叠原理与共价键的方向性

相应原子轨道相互重叠，只有同号轨道部分重叠才能成键。重叠越多，核间电子云密度越大，所形成的共价键就越牢固。因此，成键原子轨道总是沿着合适的方向以达到最大程度的有效重叠，这就是原子轨道的最大重叠原理，即共价键具有方向性。图 3－17 是各种类型原子轨道的符号相同部分进行最大重叠的示意图。异号原子轨道重叠则相互削弱或相互抵消，异号原子轨道重叠或非最大重叠示意图如图 3－18 所示。

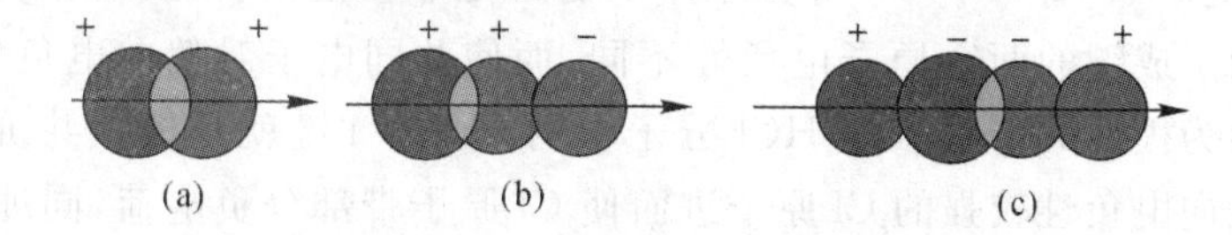

图 3－17　原子轨道最大重叠示意图

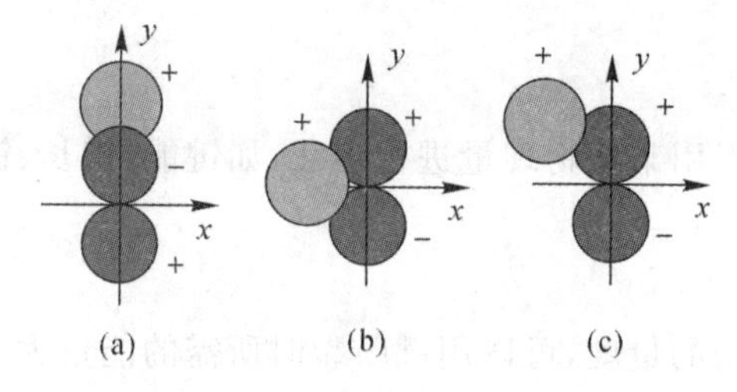

图 3－18　原子轨道非成键重叠示意图

(三)共价键的类型

1. σ 键和 π 键

根据原子轨道重叠方式的不同，可以将共价键分为两类：σ 键和 π 键。原子轨道沿着两原子核连线方向以“头对头”方式重叠形成的共价键称为 σ 键(见图 3－19(a))。原子轨道垂直于两原子核连线并沿该线以“肩并肩”方式重叠形成的共价键称为 π 键(见图 3－19(b))。

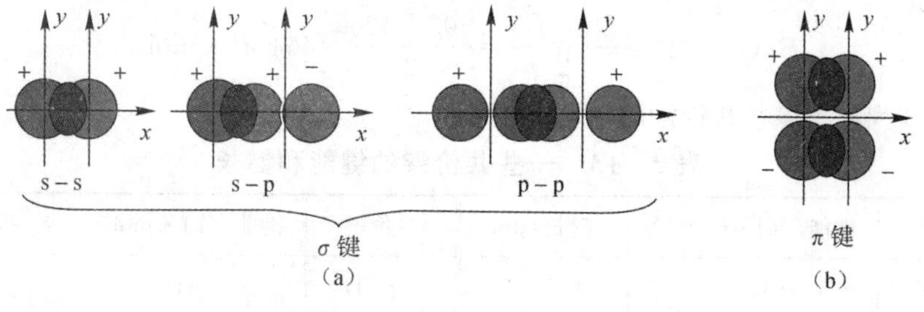

图 3－19　σ 键和 π 键示意图

共价单键一般是 σ 键，在共价双键和三键中，有一个 σ 键，其余为 π 键。如：N_2 分子结构中，两个 N 原子之间形成一个 σ 键（p_x-p_x），另外两个是相互垂直的 π 键（p_y-p_y，p_z-p_z），如图 3-20 所示。一般来讲，由于 π 键重叠程度没有 σ 键大，因此其键强度比较弱，含双键或三键的不饱和烃参与化学反应时，一般先断裂 π 键。

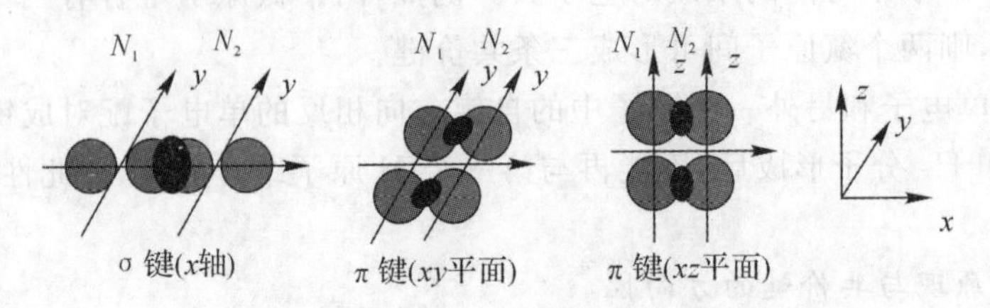

图 3-20　N_2 分子中 σ 键和 π 键示意图

2. 非极性共价键和极性共价键

在共价键中，根据键的极性可分为非极性共价键和极性共价键。由同种原子间形成的共价键，由于两原子电负性相同，因此形成的化学键中电子云在两核之间均匀分布，这种共价键称为非极性共价键。如 H_2，O_2，Cl_2 等分子中的键都是非极性共价键。由不同元素的原子间形成的共价键，由于成键的两个原子电负性不同，而使共同电子对偏向电负性较大的原子一侧，这种共价键称为极性共价键。如 HCl 分子中的 H — Cl 键就是极性共价键。H — Cl 键中，公用电子对偏向电负性较强的 Cl 原子进而使 Cl 原子带部分负电荷，同理，H 原子带部分正电荷。共价键极性的大小可以通过成键两原子电负性的差值大小来判断，通常电负性差值越大，键极性越强。

（四）键参数

共价键的基本性质可以用某些物理量进行表征，如键能、键长、键角等，这些物理量统称为键参数。

1. 键能

键能是表征化学键强弱的量度，可以用键断裂时所需的能量大小来衡量，以符号 E 表示，键能越大，表明该化学键越牢固。一般规定，在 100 kPa 和 298 K 时，气态物质断开单位物质的量的化学键生成气态原子所需要的能量称为化学键的解离能，以符号 D 表示，单位为 $kJ \cdot mol^{-1}$。对于双原子分子而言，键能可认为就是其气态分子中化学键的解离能。如：HCl 分子中，$E(H-Cl)=D(H-Cl)=431\ kJ \cdot mol^{-1}$。对于多原子分子来说，键能等于其化合物中相同化学键解离能的平均值。如：水分子中含有两个 O — H 键，断开第一个 O — H 键所需的解离能 $D_1(O-H)=502\ kJ \cdot mol^{-1}$，断开第二个 O — H 键所需的解离能 $D_2(O-H)=426\ kJ \cdot mol^{-1}$，则 $H_2O(g)$ 分子中 O — H 键的键能为

$$E(O-H)=\frac{D_1+D_2}{2}=\frac{502+426}{2}=464\ kJ \cdot mol^{-1}$$

表 3-13 列出了一些共价键的平均键能数值。

表 3-13　一些共价键的键能和键长

共价键	键能/($kJ \cdot mol^{-1}$)	键长/pm	共价键	键能/($kJ \cdot mol^{-1}$)	键长/pm
H — H	436	74	C — H	414	109

续表

共价键	键能/(kJ·mol⁻¹)	键长/pm	共价键	键能/(kJ·mol⁻¹)	键长/pm
C—C	347	154	N—H	389	101
C=C	611	134	O—H	464	96
C≡C	837	120	S—H	368	136
N—N	159	145	C—N	305	147
O—O	142	145	C—O	360	143
S—S	264	205	C=O	736	121
F—F	158	128	C—Cl	326	177
Cl—Cl	244	199	N—Cl	134	
Br—Br	192	228	Cl—H	431	
I—I	150	267	N≡N	946	110

2. 键长

分子中成键原子的核间距离称为键长。键长一般等于成键原子的共价半径之和，常用单位为皮米(pm)。一般来讲，键合原子的原子半径越小，成键的电子对越多，其键长就越短，键能越大，化学键越牢固。表3-13也列出了一些共价键的键长数据。

3. 键角

在分子中，键与键之间的夹角称为键角。键角是共价键方向性的反映，它是决定分子几何构型的重要数据之一。键长和键角一起可以确定分子的几何构型。表3-14列出了一些分子的键长、键角和几何构型。

表3-14　几种分子的键长、键角和几何构型

分子(AD_n)	键长/pm	键角	几何构型
$HgCl_2$	225.2	180°	D—A—D　直线形
CO_2	116.0	180°	
H_2O	95.75	104.5°	角形
SO_2	143.08	119.3°	
BF_3	131.3	120°	平面三角形
SO_3	141.98	120°	
NH_3	101.3	107.3°	三角锥形
SO_3^{2-}	151	106°	
CH_4	108.7	109.5°	四面体形
SO_4^{2-}	149	109.5°	

3.3.2 杂化轨道理论与分子空间构型

价键理论对共价键的形成过程及本质做了很好的阐述，并成功解释了共价键的方向性和饱和性。但在解释分子的空间构型时遇到了一些困难。例如：CH_4 分子中 C 原子的价电子中（$2s^2 2p^2$）只有 p 轨道上的两个为未成对电子，按照价键理论，一个 C 原子只能与 2 个 H 原子形成 2 条 C — H 键。然而，近代实验测定结果表明，CH_4 分子由四条强度相同且稳定的 C — H键组成正四面体构型。1931 年，鲍林提出了杂化轨道理论，用以解释分子的空间构型。

杂化轨道理论认为，原子在成键过程中，由于原子间的相互影响，同一原子中能量相近的几个原子轨道组合成成键能力更强的新的轨道，此过程称为原子轨道的杂化。组成的新轨道称为杂化轨道。杂化的特点可以概括为三变一不变。即杂化后，轨道的成分变了，能量变了，形状变了，但总的轨道数目不变。如图 3－21 所示，1 个 s 轨道和 1 个 p 轨道参加杂化形成 2 个 sp 杂化轨道。在形成的 sp 杂化轨道中，含有 1/2 s 成分，1/2 p 成分。形成的杂化轨道能量降低，更有利于成键。同时，可以看出，由于 s 和 p 电子云的重叠，杂化后轨道形状发生了变化。

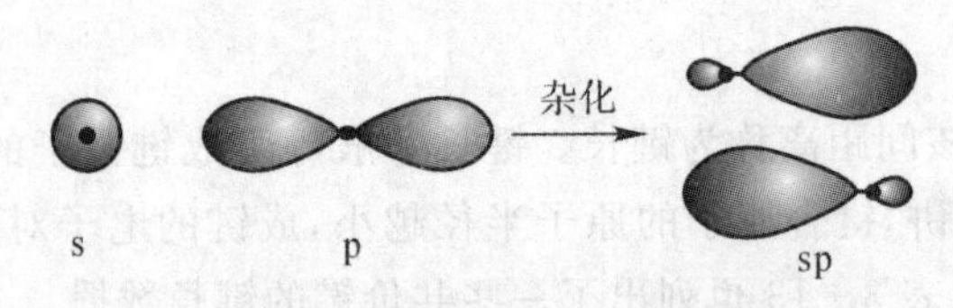

图 3－21　sp 杂化过程示意图

在同一原子中，能量相近的原子轨道（如 s，p，d）可形成各种类型的杂化轨道。如 sp 型，spd 型，dsp 型等。其中 sp 型杂化又可分为 sp，sp^2，sp^3 杂化，分别代表 1 个 s 轨道与 1 个 p 轨道、2 个 p 轨道、3 个 p 轨道之间的杂化。图 3－22 所示为三种 sp 杂化轨道示意图。由图可看出，1 个 ns 和 1 个 np 轨道杂化形成的 2 个 sp 杂化轨道之间的夹角为 180°，呈直线形。1 个 ns 和 2 个 np 轨道杂化形成的 3 个 sp^2 杂化轨道之间的夹角为 120°，呈平面三角形。1 个 ns 和 3 个 np 轨道杂化形成的 4 个 sp^3 杂化轨道之间的夹角为 109.5°，呈四面体结构。

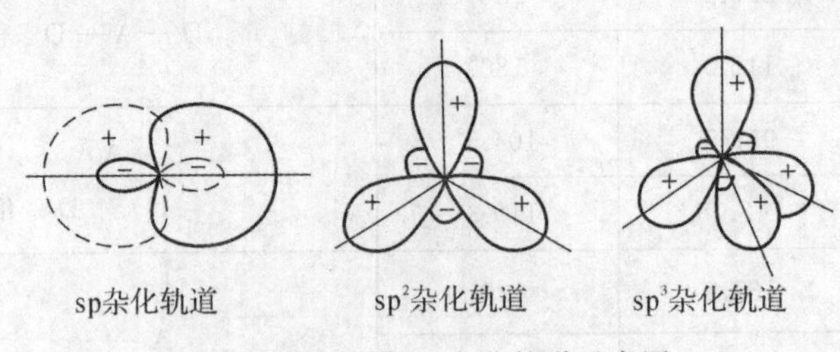

图 3－22　三种 sp 杂化轨道示意图

原子轨道杂化过程中，一般是成对电子先拆开，并激发到空轨道上变成未成对电子，而后能量相近的轨道发生杂化。杂化后的轨道再与其他原子轨道发生重叠成键，通常形成 σ 键。以 $HgCl_2$ 分子的形成为例，Hg 的价电子构型为 $5d^{10}6s^2$，当它与 Cl 原子成键时，首先 $6s^2$ 上的一个电子被激发到 6p 轨道，然后发生杂化，形成 2 个新的 sp 杂化轨道。每个 sp 杂化轨道与 Cl 原子的 3p 轨道以“头对头”方式重叠形成两个 σ 键，进而形成 $HgCl_2$ 分子。其形成过程如图 3－23 所示。

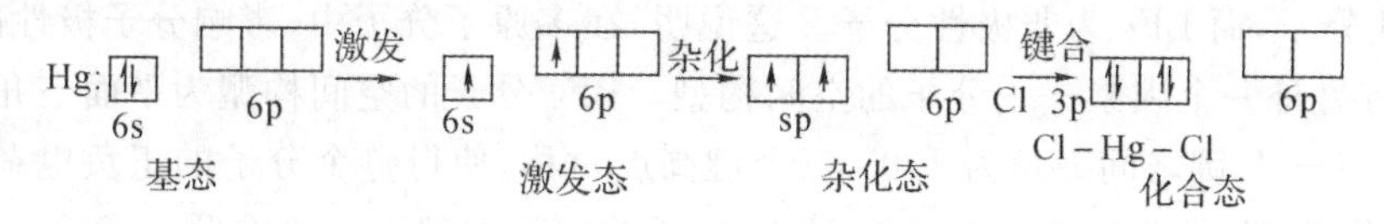

图 3-23　$HgCl_2$ 分子形成过程示意图

杂化轨道又可分为等性杂化和不等性杂化轨道两种。如果杂化后形成的一组杂化轨道完全等同(能量、成分相同),则称之为等性杂化轨道。$HgCl_2$,BF_3,CH_4 都属于等性杂化。如果杂化轨道中有不参与成键的孤对电子存在,由此造成各杂化轨道不完全等同(轨道成分、能量、夹角不完全相同),这种杂化叫作不等性杂化。如 NH_3 分子中的 N 原子及 H_2O 分子中的 O 原子的杂化轨道中分别有 1 对和 2 对不参与成键的孤对电子,它们的杂化都是不等性 sp^3 杂化。孤对电子虽然不参与成键,但对其他成键电子云产生排斥作用,因此使得 NH_3 分子及 H_2O 分子的键角都小于正四面体的键角。如图 3-24 所示,H_2O 及 NH_3 分子的键角分别为 104.5°和 107.3°,对应的分子构型分别是角形和三角锥形。

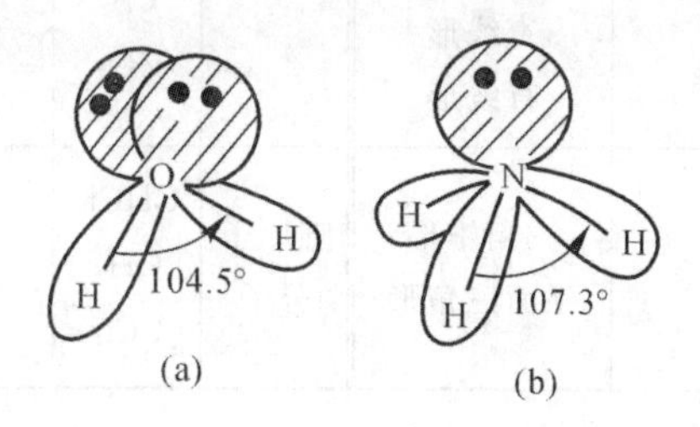

图 3-24　H_2O 分子(a)及 NH_3 分子(b)的空间构型示意图

3.3.3　分子的极化及分子间作用力

(一)分子的极性及极化

1. 分子的极性与偶极矩

在分子中,由于原子核所带的正电荷量和电子所带的负电荷量相等,因此分子整体呈电中性。然而,在分子内部,根据这两种电荷的分布情况可以把分子分为极性分子和非极性分子。正如任何物体有重心一样,可以设想分子中的正负电荷也各有一个“电荷中心”。正负电荷中心重合的分子称为非极性分子,正负电荷中心不重合的分子称为极性分子。分子的极性可以用偶极矩来表示。若分子中正负电荷中心所带电荷量各为 q,两中心之间的距离(偶极长度)为 l,则二者乘积被称为偶极矩,以符号 μ 表示,单位为 C·m(库·米),即

$$\mu = q \cdot l$$

偶极矩的数值可通过实验测定,其数值的大小可用于衡量分子极性的大小。通常,偶极矩数值越大,分子的极性越强。偶极矩为零的分子为非极性分子。表 3-15 给出了一些分子的偶极矩及分子的空间构型。对于双原子分子来说,分子极性与其键的极性是一致的。如 H_2,N_2 等由非极性共价键组成的分子,其偶极矩为零,也即这些分子为非极性分子。而像卤化氢、CO 等由极性键组成的双原子分子,其偶极矩不为零,因此是极性分子。对于多原子分子来说,不能简单地根据形成分子的共价键的极性来判断分子的极性。如 NH_3 分子和 BF_3 分子,形成两种分子的 N—H 和 B—F 键都是极性共价键,但是由表 3-15 中的偶极矩数值可知,

NH_3 为极性分子，而 BF_3 为非极性分子。这说明，在多原子分子中，影响分子极性的除了键的极性外，还有另外一个因素——分子的空间构型。BF_3 分子的空间构型为平面三角形，组成该分子的三个 B—F 键之间夹角为 120°，三个键高度对称，使得整个分子的正负电荷中心重叠，所以其偶极矩为零，是非极性分子。而 NH_3 分子的空间构型为三角锥形，3 个 N—H 的极性不能抵消，使得分子正负电荷中心不重叠，因此是极性分子。

表 3-15　一些分子的偶极矩及其空间构型

分子式		偶极矩 / 10^{-30} C·m	分子空间构型	分子式		偶极矩 / 10^{-30} C·m	分子空间构型
双原子分子	HF	6.39	直线形	三原子分子	HCN	9.84	直线形
	HCl	3.50	直线形		H_2O	6.14	V 形
	HBr	2.50	直线形		SO_2	5.37	V 形
	HI	1.27	直线形		H_2S	3.14	V 形
	CO	0.40	直线形		CS_2	0	直线形
	N_2	0	直线形		CO_2	0	直线形
	H_2	0	直线形				
四原子分子	NH_3	5.00	三角锥形	五原子分子	$CHCl_3$	3.44	四面体形
	BF_3	0	平面三角形		CH_4	0	正四面体形
					CCl_4	0	正四面体形

2. 分子的极化与极化率

分子的偶极矩除了决定于分子的本性外，还会受到外界电场的影响。在外界电场的作用下，分子中正负电荷中心发生相对位移，即分子发生了形变，产生的感应偶极称为诱导偶极。非极性分子在外电场作用下可产生诱导偶极，进而变成极性分子。极性分子在外电场作用下其偶极矩增大，总的偶极矩为极性分子的固有偶极矩（没有外电场时的偶极矩）与诱导偶极矩之和。分子在外电场作用下发生变形而产生诱导偶极的过程称为分子的极化。

分子的极化程度（诱导偶极矩大小）与分子易变形的程度及外界电场强度（E）有关，满足如下公式

$$\mu_{诱导}=\alpha E$$

式中，α 为极化率，等于单位电场强度下的诱导偶极矩，单位为 C·m²·V⁻¹。α 是衡量分子易变形程度的物理量，其值越大，表示分子越容易变形而被极化。

(二)分子间作用力及氢键

1. 分子间作用力

无论是第二章初步了解的离子键、金属键，还是本章学习过的共价键，都是原子间比较强的作用，其键能一般在 100～800 kJ·mol⁻¹。除了这些较强的原子间作用力外，在分子与分子之间还存在着一种较弱的相互作用，称为分子间作用力，其结合能一般几十 kJ·mol⁻¹ 范围内。气体分子能够凝聚成液体和固体，主要就是靠这种分子间力。分子间力对物质的性质尤其是物理性质有较大的影响。产生分子间力的根本原因是分子具有的极性及变形性。分子间作用力主要包括色散力、诱导力、取向力。

(1)色散力。

分子中的电子在核周围的高速运动及核的振动，使任何分子(包括极性分子、非极性分子)都在不停地发生着瞬间的正负电荷中心的相对位移，进而产生瞬间偶极。这种由于存在瞬间偶极而产生的作用力称为色散力。一般来讲，色散力随着相对分子质量的增大而增大。

(2)诱导力。

当极性分子和非极性分子相互靠近时，极性分子的固有偶极对于非极性分子来讲相当于一个外界电场。在这种“外界电场”作用下，非极性分子发生极化，其正负电荷中心发生相对位移进而产生诱导偶极。这种诱导偶极和极性分子固有偶极之间所产生的作用力称为诱导力。通常，极性分子的固有偶极越大，非极性分子越易变形，诱导力就越大。极性分子和极性分子之间，由于其互为“外电场”也会产生诱导偶极，因此它们之间也存在诱导力。

(3)取向力。

当极性分子相互靠近时，由于分子的固有偶极之间同极相斥，异极相吸，分子在空间按一定取向排列，相互处于异极相邻的状态，因而产生了分子间引力。这种因极性分子的取向而产生的固有偶极间的作用力称为取向力。通常，分子的极性越大，分子间取向力越大。

总之，非极性分子之间只存在色散力；极性分子和非极性分子之间存在着色散力和诱导力；在极性分子之间，存在着色散力、诱导力及取向力。其中，色散力存在于各种分子之间，是一种普遍存在的作用力。表 3－16 列出了一些分子中 3 种作用力的数据。可以看出，一般情况下，色散力是几种分子间作用力中最大的力；只在分子的极性较强时，取向力才是主要的，如 H_2O 分子、NH_3 分子等。

表 3－16　一些分子中分子间作用力数据

分子	取向力/($kJ \cdot mol^{-1}$)	诱导力/($kJ \cdot mol^{-1}$)	色散力/($kJ \cdot mol^{-1}$)	总作用力/($kJ \cdot mol^{-1}$)
Ar	0	0	8.493	8.493
H_2	0	0	1.674	1.674
CH_4	0	0	11.297	11.297
HI	0.025	0.113	25.857	25.995
HBr	0.685	0.502	21.924	23.112
HCl	3.305	1.004	16.820	21.12
CO	0.002 93	0.008 37	8.745	8.756
NH_3	13.305	1.548	14.937	29.790
H_2O	36.358	1.925	8.996	47.279

分子间力没有方向性和饱和性，且随着分子间距离增大而迅速减小，当距离大于 500 pm 时，分子间力便可忽略不计。因此，固态分子间力最大，液态时次之，气态时最小。

分子间力对由共价型分子组成的物质的一些物理性质有较大的影响。一般讲，对类型相同的分子，其分子间力常随着相对分子质量的增大而变大。分子间力越大，物质的熔点、沸点和硬度就越高。例如 F_2，Cl_2，Br_2，I_2 相对分子质量依次增大，其分子间力(主要是色散力)也依次增大，使得其晶体的熔点、沸点依次升高。因此，在常温下，F_2 是气体，Cl_2 是气体但易液化，Br_2 为液体，而 I_2 为固体。稀有气体从 He 到 Xe 在水中的溶解度依次增加，也是因为从 He 到 Xe，分子（稀有气体是单原子分子）体积逐渐增加，致使水分子与稀有气体间的诱导力依次加大。

2. 氢键

由上述讨论可知，一般来讲，分子间力越大，物质的熔点、沸点越高。表 3－17 列出了卤化氢的沸点和熔点数据。从表中可以看出，HCl，HBr，HI 的熔点及沸点随着相对分子质量的增大而升高，与色散力的一般递变规律一致。但是 HF 的沸点却特别高，说明在 HF 分子间除了存在上述三种分子间力外，还存在着其他的作用力，这就是氢键。

表 3－17　卤化氢的沸点与熔点

卤化氢(HX)	HF	HCl	HBr	HI
沸点/℃	19.9	－85.0	－66.7	－35.4
熔点/℃	－83.57	－114.18	－86.81	－50.79

氢键是指氢原子与电负性较大的 X 原子（如 F，O，N 原子）以极性共价键相结合的同时，与另外一个电负性较大且半径较小的 Y 原子产生的吸引作用。其中，X 原子与 Y 原子可以相同，也可以不同。氢键常用 X — H…Y 表示。通常，含有 F — H 键、O — H 键、N — H 键的分子之间都会存在氢键，如 HF，H_2O，NH_3，无机含氧酸，有机羧酸、醇、胺、蛋白质以及某些合成高分子化合物等物质的分子或分子链之间都存在氢键。氢键有两种类型，一种是分子内氢键，如硝酸，邻硝基苯酚等。另外一种是分子间氢键，如水分子、乙醇分子之间的氢键。氢键键能与分子间力具有相同的数量级（几十 $kJ \cdot mol^{-1}$）。然而，与分子间力不同的是，氢键具有饱和性和方向性。

氢键对物质的物理性质有较大影响，如表 3－17 中所示。HF 中由于氢键的存在使其具有比同族其他卤化氢更高的沸点；氢键也可以影响物质溶解性，如乙醇可以和水以任意比例互溶，是因为它们能与水分子之间形成氢键；氢键在生物化学中也有着重要的影响，如蛋白质分子之间的氢键有利于其空间结构的稳定存在；DNA 中碱基配对和双螺旋结构的形成也依靠氢键的作用；氢键也在分子自组装方面发挥着重要作用，如图 3－25 所示，具有分子内氢键的双乙酰基胍与磷酸二酯分子可通过分子间氢键作用自组装成超分子结构等。

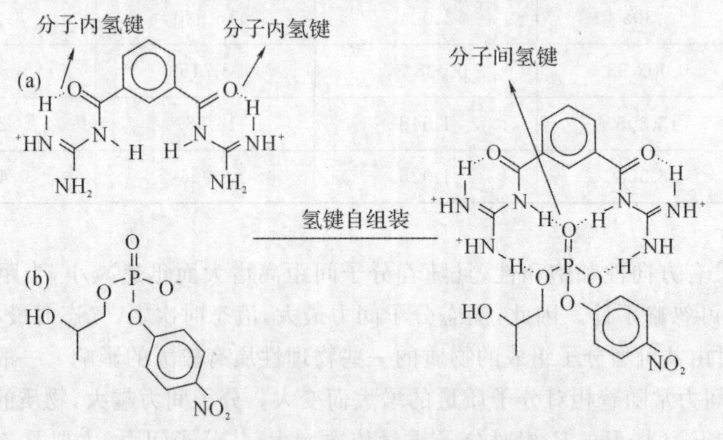

图 3－25　双乙酰基胍(a)与磷酸二酯(b)的自组装

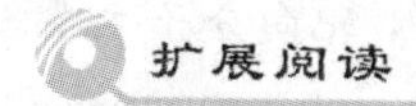

从分子间相互作用理解药物控释

生命体是高度集成和复杂的。当生命体出现疾病时，其治疗过程尤其是药物的传递和释放也是异常复杂的，常常是多种分子间相互作用协同的结果。在本文中，将从分子间相互作用的角度介绍两个药物传输和控释的实例。

药物传输是指在疾病防治过程中所采用的各种治疗药物的不同给药形式。目前，临床上常用的方式有注射剂、片剂、胶囊剂、贴片、气雾剂等。然而这些普通制剂常常存在有效血浓维持时间短的缺陷。为此，人们开发出了长效注射剂，口服长效给药系统或缓/控释制剂、经皮给药系统等一系列新的制剂。尽管如此，新的药物控释体系的开发仍然是当代医学研究的前沿领域，比如纳米阀门和具有靶向识别的控释传输体系。

分子筛阀材料：2004 年，美国加州大学洛杉矶分校的 Jeffrey I. Zink 教授等报道了第一个基于大环合成受体的纳米阀门系统，如图 3-26 所示，他们在介孔二氧化硅纳米粒子(灰色部分)表面组装上一个具有开关功能的纳米阀。该纳米阀体系由二氧萘(红色部分)衍生物作为分子轴承，与四价离子环番 $CBPQT^{4+}$(蓝色部分)之间通过 $\pi-\pi$ 堆积和电荷转移相互作用形成准轮烷。正常情况下，模型药物三联吡啶钌通过亲水作用被包覆在纳米二氧化硅的孔道中，同时由萘衍生物和环番组成的纳米阀处于关闭状态(见图 3-26(a))。当加入还原剂时，$CBPQT^{4+}$ 被还原成 $CBPQT^{2+}$，削弱了准轮烷主客体之间的相互作用，$CBPQT^{2+}$ 从分子承轴上脱落，使纳米阀门打开，从而将模型药物释放出来。这种设计思路为药物和酶运输控制提供了一个完整的释放体系。同时，由于介孔材料和纳米阀门材料的多样的选择性，这个体系具有广泛的研究和应用前景。

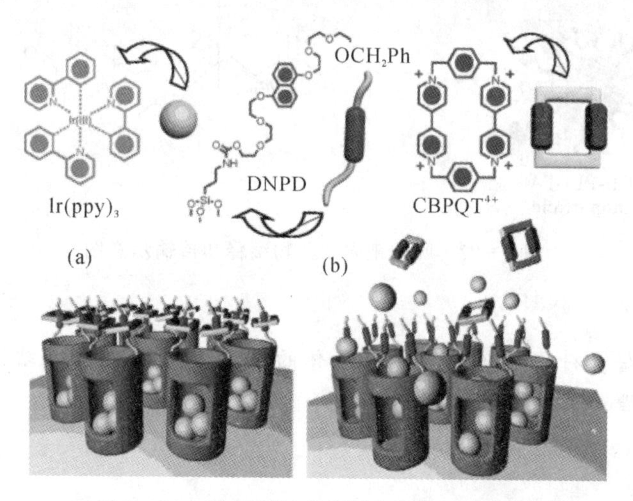

图 3-26　纳米阀门药物缓释和传输示意图

然而在某些特殊体系，尤其是恶性肿瘤的治疗过程中，简单的药物传输和缓释已经远远不能满足需求。为了提高肿瘤的治愈，如何将抗肿瘤药物定向地输运到肿瘤病灶部位，即所谓的主动靶向，就显得十分必要。主动靶向是通过将具有靶向性的分子通过化学键接到载药体系上，而这种靶向分子能够特异识别细胞表面的受体分子，达到将药物定点输送到靶向细胞的目的。一般来说，所选的靶向分子必须对目标细胞的表面受体有高度的选择性，而且所选择的这种细胞受体又恰是在某种疾病细胞表面特异地过表达。依目前的研究来看，靶向分子主要有以下几种：①单克隆抗体或抗体片断；②小分子蛋白/类抗体：融合蛋白（fusion proteins）、Avimers、亲和蛋白等；③Aptarmers：短单链的 DNA 或者 RNA；④其他的受体识别的配体：生长因子、叶酸、铁传递蛋白（Tf）、RGD 短肽等。

叶酸（FA）靶向药物传输材料：现已证实在肿瘤、关节炎部位有高表达的叶酸受体（Folate-receptor，FR），对 FA 及 FA－药物复合物具有高亲和力，通过内吞作用可将药物转运至细胞内。以 FA（或其类似物）为配体，从小分子放射性显像剂到大分子基因药物都可与 FR 高效结合，并被转运进入细胞。如图 3－27 所示，浙江大学申有青教授等人制备了靶向基团叶酸（FA）功能化的聚己内酯和聚乙烯亚胺的嵌段共聚物（PCL－b－PEI），并与 1，2－环己二酸酐反应，部分覆盖 PEI 链段的初级胺和二级胺，使得聚合物在形成胶束时，表面带有负电性，而当 pH 降低时，酰胺键水解，胶束表面复呈正电性。实验表明，载有阿霉素（DOX）的纳米粒子能够有效地识别并杀死人卵巢癌细胞（SKOV－3），而且该纳米粒子在初始中性环境下，表面是带负电的，能够降低与血液中蛋白质的吸附，延长其在血液循环的时间，从而提高药效，具有体内药物传输的潜在应用。

PCL-PEI/amide-FA nanoparticle(TCRN)

pH<6

PCL-PEI-FA nanoparticle

图 3－27　叶酸靶向的药物缓释和传输示意图

拓展学习

请查阅相关书籍资料，画出叶酸及叶酸受体的化学结构，并结合其结构从分子间相互作用分析叶酸的靶向机理。

科学家故事

鲍林生平简介

莱纳斯·卡尔·鲍林（Linus Carl Pauling，1901 年 2 月 28 日—1994 年 8 月 19 日），美国著名化学家，量子化学和结构生物学的先驱者之一。1954 年因在化学键方面的工作取得诺贝尔化学奖，1962 年因反对核弹在地面测试的行动获得诺贝尔和平奖，成为获得不同诺贝

尔奖项的两人之一。鲍林被认为是20世纪对化学科学影响最大的人之一，他所撰写的《化学键的本质》被认为是化学史上最重要的著作之一。他所提出的许多概念如电负性、共振理论、价键理论、杂化轨道理论、蛋白质二级结构等概念和理论，如今已成为化学领域最基础和最广泛使用的概念。

1901年2月28日，鲍林出生在美国俄勒冈州波特兰市。幼年聪明好学，11岁认识了心理学教授捷夫列斯，捷夫列斯有一所私人实验室，他曾给幼小的鲍林做过许多有意思的化学演示实验，这使鲍林从小萌生了对化学的热爱，这种热爱使他走上了研究化学的道路。

鲍林在读中学时，各科成绩都很好，尤其是化学成绩一直名列全班第一名。他经常埋头在实验室里做化学实验，立志当一名化学家。1917年，鲍林以优异的成绩考入俄勒冈州农学院化学工程系，他希望通过学习大学化学最终实现自己的理想。鲍林的家境很不好，父亲只是一位一般的药剂师，母亲多病。家中经济收入微薄，居住条件也很差。由于经济困难，鲍林在大学曾停学一年，自己去挣学费，复学以后，他靠勤工俭学来维持学习和生活，曾兼任分析化学教师的实验员，在四年级时还兼任过一年级的实验课。

鲍林在艰难的条件下，刻苦攻读。他对化学键的理论很感兴趣，同时，认真学习了原子物理、数学、生物学等多门学科。这些知识，为鲍林以后的研究工作打下了坚实的基础。1922年，鲍林以优异的成绩大学毕业，同时，考取了加州理工学院的研究生，导师是著名化学家诺伊斯。诺伊斯擅长物理化学和分析化学，知识非常渊博。对学生循循善诱，为人和蔼可亲，学生们评价他“极善于鼓动学生热爱化学”。

诺伊斯告诉鲍林，不要只停留在书本知识上，应当注重独立思考，同时要研究与化学有关的物理知识。1923年，诺伊斯写了一部新书，名为《化学原理》，此书在正式出版之前，他要求鲍林在一个假期中，把书上的习题全部做一遍。鲍林用了一个假期的时间，把所有的习题都准确地做完了，诺伊斯看了鲍林的作业，十分满意。诺伊斯十分赏识鲍林，并把鲍林介绍给许多知名化学家，使他很快地进入了学术界的社会环境中。这对鲍林以后的发展十分有用。鲍林在诺伊斯的指导下，完成的第一个科研课题是测定辉铝矿(mosz)的晶体结构，鲍林用调射线衍射法，测定了大量的数据，最后确定了mosz的结构，这一工作完成得很出色，不仅使他在化学界初露锋芒，同时也增强了他进行科学研究的信心。

鲍林在加州理工学院，经导师介绍，还得到了迪肯森、托尔曼的精心指导，迪肯森精通放射化学和结晶化学，托尔曼精通物理化学，这些导师的精心指导，使鲍林进一步拓宽了知识面，建立了合理的知识结构。1925年，鲍林以出色的成绩获得化学哲学博士学位。他系统地研究了化学物质的组成、结构、性质三者的联系，同时还从方法论上探讨了决定论和随机性的关系。他最感兴趣的问题是物质结构，他认为，人们对物质结构的深入了解，将有助于人们对化学运动的全面认识。

鲍林获博士学位以后，于1926年2月去欧洲，在索未菲实验室里工作一年。然后又到玻尔实验室工作了半年，还到过薛定谔和德拜实验室。这些学术研究，使鲍林对量子力学有了极为深刻的了解，坚定了他用量子力学方法解决化学键问题的信心。鲍林从读研究生到去欧洲游学，所接触的都是世界第一流的专家，直接面临科学前沿问题，这对他后来取得学术成就是十分重要的。

1927年，鲍林结束了两年的欧洲游学回到了美国，在帕莎迪那担任了理论化学的助理教授，除讲授量子力学及其在化学中的应用外，还讲授晶体化学及开设有关化学键本质的学术讲座。1930年，鲍林再一次去欧洲，到布拉格实验室学习有关射线的技术，后来又到慕尼黑学习电子衍射方面的技术，回国后，被加州理工学院聘为教授。

鲍林在探索化学键理论时，遇到了甲烷的正四面体结构的解释问题。传统理论认为，原子在未化合前外层有未成对的电子，这些未成对电子如果自旋反平行，则可两两结成电子对，在原子间形成共价键。一个电子与另一电子配对以后，就不能再与第三个电子配对。在原子相互结合成分子时，靠的是原子外层轨道重叠，重叠越多，形成的共价键就越稳定，上述理论是无法解释甲烷的正四面体结构的。

为了解释甲烷的正四面体结构，说明碳原子四个键的等价性，鲍林在1928—1931年，提出了杂化轨道的理论。该理论的根据是电子运动不仅具有粒子性，同时还有波动性，而波又是可以叠加的。鲍林认为，碳原子和周围四个氢原子成键时，所使用的轨道不是原来的s轨道或p轨道，而是二者经混杂、叠加而成的"杂化轨道"，这种杂化轨道在能量和方向上的分配是对称均衡的。杂化轨道理论，很好地解释了甲烷的正四面体结构。

在有机化学结构理论中，鲍林还提出过有名的"共振论"，共振论直观易懂，在化学教学中易被接受，所以受到欢迎。在20世纪40年代以前，这种理论产生了重要影响，但到20世纪60年代，在以苏联为代表的集权国家，化学家的心理也发生了扭曲和畸变，他们不知道科学自由为何物，对共振论采取了疾风暴雨般的大批判，给鲍林扣上了"唯心主义"的帽子。

鲍林在研究量子化学和其他化学理论时，创造性地提出了许多新的概念。例如，共价半径、金属半径、电负性标度等，这些概念的应用，对现代化学、凝聚态物理的发展都有巨大意义。1932年，鲍林预言，惰性气体可以与其他元素化合生成化合物。惰性气体原子最外层都被8个电子所填满，形成稳定的电子层，按传统理论不能再与其他原子化合。但鲍林的量子化学观点认为，较重的惰性气体原子，可能会与那些特别易接受电子的元素形成化合物，这一预言，在1962年被证实。

1954年以后，鲍林开始转向大脑的结构与功能的研究，提出了有关麻醉和精神病的分子学基础。他认为，对精神病分子学基础的了解，有助于对精神病的治疗，从而为精神病患者带来福音。鲍林是第一个提出"分子病"概念的人，他通过研究发现，镰刀形细胞贫血症，就是一种分子病，包括了由突变基因决定的血红蛋白分子的变态。即在血红蛋白的众多氨基酸分子中，如果将其中的一个谷氨酸分子用缬氨酸替换，就会导致血红蛋白分子变形，造成镰刀形贫血病。鲍林通过研究，得出了镰刀形红细胞贫血症是分子病的结论。他还研究了分子医学，写了《矫形分子的精神病学》的论文，指出：分子医学的研究，对解开记忆和意识之谜有着决定性的意义。鲍林学识渊博，兴趣广泛，他曾广泛研究自然科学的前沿课题。他从事古生物和遗传学的研究，希望这种研究能揭开生命起源的奥秘。他还于1965年提出原子核模型的设想，他提出的模型有许多独到之处。

鲍林坚决反对把科技成果用于战争，特别反对核战争。他指出："科学与和平是有联系的，世界已被科学的发明大大改变了，特别是在最近一个世纪。现在，我们增进了知识，提供了消除贫困和饥饿的可能性，提供了显著减少疾病造成的痛苦的可能性，提供了为人类利益有效地使用资源的可能性。"他认为，核战争可能毁灭地球和人类，他号召科学家们致力于和平运动，鲍林倾注了很多时间和精力研究防止战争、保卫和平的问题。他为和平事业所做的努力，遭到美国保守势力的打击，20世纪50年代初，美国奉行麦卡锡主义，曾对他进行过严格的审查，怀疑他是美共分子，限制他出国讲学，干涉他的人身自由。1954年，鲍林荣获诺贝尔化学奖以后,美国政府才被迫取消了对他的出国禁令。

1955,鲍林和世界知名的大科学家爱因斯坦、罗素、约里奥·居里、玻恩等,签署了一个宣言:呼吁科学家应共同反对发展毁灭性武器,反对战争,保卫和平。1957年5月,鲍林起草了《科学家反对核实验宣言》,该宣言在两周内就有2 000多名美国科学家签名,在短短几个月内,就有49个国家的11 000余名科学家签名。1958年,鲍林把反核实验宣言交给了联合国秘书长哈马舍尔德,向联合国请愿。同年,他写了《不要再有战争》一书,书中以丰富的资料,说明了核武器对人类的重大威胁。

1959年,鲍林和罗素等人在美国创办了《一人少数》月刊,反对战争,宣传和平。同年8月,他参加了在日本广岛举行的禁止原子弹氢弹大会。由于鲍林对和平事业的贡献,他在1962年荣获了诺贝尔和平奖。他以《科学与和平》为题,发表了领奖演说,在演说中指出:"在我们这个世界历史的新时代,世界问题不能用战争和暴力来解决,而是按着对所有人都公平,对一切国家都平等的方式,根据世界法律来解决。"最后他号召:"我们要逐步建立起一个对全人类在经济、政治和社会方面都公正合理的世界,建立起一种和人类智慧相称的世界文化。"鲍林是一位伟大的科学家与和平战士,他的影响遍及全世界。

鲍林自20世纪30年代开始致力于化学键的研究,1931年2月发表价键理论,此后陆续发表相关论文,1939年出版了在化学史上有划时代意义的《化学键的本质》一书。这部书彻底改变了人们对化学键的认识,将其从直观的、臆想的概念升华为定量的和理性的高度,在该书出版后不到30年内,共被引用超过16 000次,至今仍有许多高水平学术论文引用该书观点。由于鲍林在化学键本质以及复杂化合物物质结构阐释方面杰出的贡献,他赢得了1954年诺贝尔化学奖。鲍林对化学键本质的研究,引申出了广泛使用的杂化轨道概念。杂化轨道理论认为,在形成化学键的过程中,原子轨道自身会重新组合,形成杂化轨道,以获得最佳的成键效果。根据杂化轨道理论,饱和碳原子的四个价层电子轨道,即一个2s轨道和三个2p轨道线性组合成四个完全对等的sp^3杂化轨道,量子力学计算显示这四个杂化轨道在空间上形成正四面体,从而成功地解释了甲烷的正四面体结构。

鲍林在研究化学键键能的过程中发现,对于同核双原子分子,化学键的键能会随着原子序数的变化而发生变化,为了半定量或定性描述各种化学键的键能以及其变化趋势,鲍林于1932年首先提出了用以描述原子核对电子吸引能力的电负性概念,并且提出了定量衡量原子电负性的计算公式。电负性这一概念简单、直观、物理意义明确并且不失准确性,至今仍获得广泛应用,是描述元素化学性质的重要指标之一。

1994年8月19日,美国著名学者莱纳斯·鲍林以93岁高龄在他加利福尼亚州的家中逝世。鲍林是唯一一位先后两次单独获得诺贝尔奖的科学家。曾被英国《新科学家》周刊评为人类有史以来20位最杰出的科学家之一,与牛顿、居里夫人及爱因斯坦齐名。然而,路透社在报道鲍林逝世的消息时却说,他是"20世纪最受尊敬和最受嘲弄的科学家之一"。

一个"最受尊敬"的科学家之所以"最受嘲弄",在于他提出了维生素作用的新观点,尤其是主张超大剂量服用维生素C。

鲍林是"化学家、物理学家、结晶学家、分子生物学家和医学研究者",他不是医生,可他偏偏引发了医学领域一场旷日持久的大论战。

鲍林根据自己多年的研究,于1970年出版了《维生素C与普通感冒》一书。书中认为,每天服用1 000毫克或更多的维生素C可以预防感冒;维生素C可以抗病毒。这本书受到读者的赞誉,被评为当年的美国最佳科普图书。

可是,医学权威们激烈反对鲍林的论点。有的说:“没有任何证据能够支持维生素C可以防治感冒的观点。”有的说:“这对预防或减轻感冒没有什么用处。”权威部门也纷纷表态。例如,美国卫生基金会就告诫读者:“每天服用1 000毫克以上维生素C能预防感冒的说法是证据不充分的。”美国医学协会也发表声明:“维生素C不能预防或治疗感冒!”只有个别医学家及几百位普通病人用自身的经历支持鲍林。

鲍林身陷重围。攻击他的人说他根本不是医生,没资格来谈论维生素C防治感冒的问题。还有人干脆把他讥讽为江湖医生。或说他用维生素C防治感冒是江湖游医式的宣传。尊重他的人则叹惜他晚年“不安分”,说他完全可以安享荣耀,可他非要闯入医学领域。而离开他自己的化学“主流”太远。

然而。鲍林不管这些。1979年,他和卡梅伦博士合作出版了《癌症和维生素C》一书,建议每个癌症患者每天服用10克(1克等于1 000毫克)或更多的维生素C,建议癌症患者“尽可能早地开始服用大剂量维生素C,以此作为常规治疗的辅助手段”。他们说:“我们相信这种简单的方法将十分显著地改善癌症治疗的结果。”

但是。医学权威们更不相信这种观点。鲍林先后8次向国家癌症研究所申请资助,以便通过动物实验做进一步研究,可这位世界知名科学家的每次申请都被否定。他只能靠“许多人资助”来工作。即使如此,权威机构和权威人士还是声明:维生素C对癌症没有价值。此时,仍然是一些病人用自己的实例来支持鲍林的观点。

1985年,鲍林又写了一本有关健康长寿的书。他在谈及“一种提高健康水平的摄生法”时,介绍了12项具体步骤,第一项就是:“每天服用维生素C 6～18克,或更多。一天也不要间断。”他认为。“这种摄生法的主要特点就是增补维生素”,他自己则是个多年的身体力行者。他说:“1985年我写这本书时。每天服用4片营养物质加上18克维生素C。”鲍林认为,不管你现在年龄多大,每天服用最佳量的维生素(逐步增加维生素C用量),都是有益的。他说:“从青年或中年时开始。适当地服用维生素和其他营养物质,进行一些健身运动,能使寿命延长25～35年。”“如果你已进入老年,服用适当的维生素并进行一些健身运动,可以期望使衰老进程减慢,延长寿命15年或20年。”他的超大剂量服用维生素C可以益寿的观点自然又一次被医学界所拒绝。

医学权威们与鲍林的最大争论焦点在于维生素C的用量。鲍林认为,“对大多数成人来说,维生素C的最佳摄入量是在2.3～10克的范围内。”如果需要,还可以增加到每天20克、30克或更多。鲍林认为,无论是对付病毒、癌症还是抗衰老,维生素C的用量都应大大高于当时的规定用量。所以严格说,剂量之争是双方的关键之争。

在鲍林去世之前,美国的权威机构——食品营养委员会对维生素C的推荐剂量是每天60毫克。有些营养学家认为只要30～40毫克就行了。可鲍林向人们建议的服用量是专家推荐剂量的几十倍到几百倍。这自然要遭到医学界人士的坚决反对了。美国健康基金会主席明确告诫人们:“所谓的大剂量维生素疗法必须避免。”医学界反对大量服用维生素C的重要理由是:这会使人得肾结石。但鲍林反驳说:尽管理论上有这种可能,可是在医学文献中没有一个肾结石病例是因大剂量服用维生素C而导致的。

在鲍林去世之前。双方始终是各执一词,互不相让。不知是有意还是无意,直到鲍林逝世以后。我们才初步看到了关于维生素C剂量和作用方面的一点变化:

1995 年 2 月，美国心脏学会和部分营养学家向美国国家食品与药品管理机构建议：将维生素 C 的每日推荐量由 60 毫克提高到 250～1 000 毫克。1996 年 4 月，美国国立卫生研究院的科学家声称：一个人每天摄入 200 毫克维生素 C 是最理想的，而不是 60 毫克。1996 年《纽约时报》报道的一则调查称，有 30%～40%的美国人在服用维生素 C，其中 1/5 的人每天服用量超过 1 克。1997 年 10 月，《美国临床营养杂志》报道，研究人员对 247 名年龄在 56～72 岁的妇女进行了调查，其中有 11%的人每天补充维生素 C 超过 10 年，这些服用者没有一人得白内障。研究人员认为，长期补充维生素 C，可使白内障的危险减少 77%以上——而鲍林早在 1985 年前就这样论述了，然而，医学界原先不相信。

2000 年美国药物研究所食品和营养委员会的评估认为，成人每天服用不超过 2 000 毫克维生素 C 是安全的。有报告称，据对 14 例临床实验证明，每天口服 10 克维生素 C 且连续 3 年，未发现 1 例肾结石。现在，多数医学界人士相信。维生素 C 确有一定的防治感冒的作用。研究发现。每天摄入 300～400 毫克维生素 C 的男性，要比日摄入量 60 毫克及不足 60 毫克的人多活 6 年。

如今，许多专家承认：维生素 C 有抗癌作用，能预防多种疾病，包括老年痴呆症。有报道说，对 18 例晚期癌症患者，每天 1 次给予维生素 C 10～20 克静脉滴注，结果 14 例全身骨关节痛患者治疗 1 周后有 7 例明显缓解。

关于维生素 C 作用与剂量的这场大论战。鉴于美国的影响力和双方的知名度，一开始就越过了国境，波及全球。各国的医学界人士起初差不多也都站到了美国同行那边。遥想当年，鲍林几乎是“孤军作战”地与众多医学权威机构和权威人士论争，他为此而受到的嘲弄和轻蔑是一位著名学者，也是一般人难以忍受的。可鲍林在长长的 20 多年时间里，义无反顾地奋起捍卫自己的观点，这种勇气和探索精神令人深深敬仰。

时至今日，美国和世界各国的许多专家学者已经承认或接近承认鲍林的观点了，然而论争仍远远没有结束，例如，有些人认为维生素 C 能抗癌，有些人却认为它能致癌。总之，维生素 C 的作用与剂量问题仍需继续研究。

诚然，鲍林的某些观点是否有失偏颇，尚待实践进一步检验。即使有朝一日证明他的论点不够完美，他的探求精神依旧值得人们学习。毕竟探索永无止境，毕竟科学未到尽头，我们没有理由因循守旧。从这个角度看，鲍林的其他观点也是值得人们深思的。他说：“医生在行医时应当慎重是对的，但是，如果医学要进步，行医这行业也需要接受新思想。”“医生的意见不是一贯正确的，虽说其用心善良，患者要自己做出决定。”

本章小结

本章主要从原子结构及分子结构两个方面介绍了物质结构组成及分子间作用力。重点需要掌握以下几方面的内容。

(1)核外电子运动状态的确定。掌握主量子数、角量子数、磁量子数、自旋量子数四个量子数的取值规则及物理意义。

(2)核外电子排布的基本原理。掌握保利不相容原理、能量最低原理、洪特规则及其特例。

(3)元素周期性质。在掌握有效核电荷变化规律的基础上理解原子半径、电离能、电负性、金属性及非金属性等的周期变化规律。

(4)价键理论及共价键的分类,杂化轨道理论及分子空间构型的判断。

(5)分子的极化及分子间作用力。分子极性、偶极矩、极化率等,取向力、诱导力、色散力,氢键。

习题与思考题

1. 什么是连续光谱和线状光谱?为什么原子光谱都是线状光谱?

2. 简述玻尔理论的要点。怎样用玻尔理论来解释氢原子光谱?玻尔理论失败之处及其原因是什么?

3. 对于氢原子的一个电子来说,允许的能量值 E 和量子数 n 有什么关系?什么叫波粒二象性?如何证实电子具有波粒二象性?

4. 下列哪些叙述是正确的?

(1)电子波是一束波浪式前进的电子流;

(2)电子既是粒子又是波,在传播过程中是波,在接触实物时是粒子;

(3)电子的波动性是电子相互作用的结果;

(4)电子虽然没有确定的运动轨道,但它在空间出现的概率可以由波的强度反映出来,所以电子波又叫概率波。

5. 试区别下列名词或概念。

(1)基态原子与激发态原子;

(2)宏观物体与微观粒子;

(3)概率与概率密度;

(4)原子轨道与电子云;

(5)波函数 ψ 与 $|\psi|^2$。

6. 写出 4 个量子数的名称、符号、取值规则,并简述它们的含义。

7. 指出下列概念与量子数的关系。

能层,能级,轨道,自旋

8. 基态原子电子排布的规则包括哪些?这些规则各解决了什么问题?

9. 根据什么原则将周期表中元素分成 s 区、p 区、d 区、ds 区和 f 区。各区的价电子构型如何?各区各包括哪些主、副族元素?

10. 各电子层上所容纳的最大电子数,是否就是各周期中所含的最多元素数?为什么?

11. $E=-13.6(Z-\sigma)^2/n^2$,这个公式与玻尔理论的能量公式有何区别?原因何在?应用这个公式可以说明哪些问题?

12. 原子半径有哪几种?它们是怎样规定的?

13. 在元素周期表中原子半径递变规律是什么?如何用原子结构理论解释?

14. 什么叫电离能?元素的电离能大小与哪些因素有关?元素的电离能在周期表中递变规律如何?

15. 电离能、电子亲合能、电负性各反映了原子的什么性质?

16. 已知电子的质量约为 9.1×10^{-31} kg,试计算电子的德·布罗依波的波长为 10 pm 时的运动速度为多少。

17. 指出下列各种原子轨道（2p,4f,6s,5d）相应的主量子数（n）及角量子数（l）的数值各为多少？每一种轨道所包含的轨道数是多少？

18. 今有4个电子，对每个电子把符合量子数取值要求的数值填入下表空格处。

	n	l	m	m_s
(1)		3	2	+1/2
(2)	2		1	−1/2
(3)	4	0		+1/2
(4)	1	0	0	

19. 指出下列亚层的符号，并回答他们分别有几个轨道。

(1)$n=2,l=3$；　(2)$n=4,l=0$；　(3)$n=5,l=2$；　(4)$n=4,l=3$。

20. 下表各组量子数中，哪些是不合理的？（写出正确的组合）为什么？

序号	n	l	m	不正确的理由	正确组合
(1)	2	−1	0		
(2)	2	0	−1		
(3)	3	3	+1		
(4)	4	2	+3		

21. 试讨论某一多电子原子，在第四能层上以下各问题：

(1)能级数是多少？请用符号表示各能级。

(2)各能级上的轨道数是多少？该能层上的轨道总数是多少？

(3)哪些是等价轨道？请用轨道图表示。

(4)最多能容纳多少电子？

(5)请用波函数符号表示最低能级上的电子。

22. 试写出Al(13)，V(23)，Bi(83)三种元素原子的电子分布式（先按能级顺序写，再重排），+3价离子的电子分布式。

23. 在下列原子的电子分布式中，哪一种属于基态？哪一种属于激发态？哪一些是错误的？

(1) $1s^2 2s^2 2p^7$；　　　　(2) $1s^2 2s^2 2p^6 3s^2 3d^1$；

(3) $1s^2 2s^2 2p^6 3s^2 3p$；　　(4) $1s^2 2s^2 2p^5 3s^1$。

24. 将具有下列各组量子数的电子，按其能量增大的顺序进行排列（能量基本相同的以等号相连）。

(1) 3,2,+1,+1/2；　(2) 2,1,−1,−1/2；　(3) 2,1,0,+1/2；

(4) 3,1,−1,−1/2；　(5) 3,0,0,+1/2；　(6) 3,1,0,+1/2；

(7) 2,0,0,−1/2。

25. 填写下表。

元素特征	原子序数	元素符号和名称	价电子分布式
第 4 个稀有气体			
原子半径最大			
第 7 个过渡元素			
第 1 个出现 5s 电子的元素			
2p 半满			
$4f^4$			

26. 某原子在 K 层有 2 个电子,L 层有 8 个电子,M 层有 14 个电子,N 层有 2 个电子,试计算原子中的 s 电子总数,p 电子总数,d 电子总数各为多少。

27. 填写下表。

原子序数	电子分布式	周期数	族数	分区	价电子分布
20					
35					
47					
59					
85					

28. 填写下表。

元素	周期	族	价电子分布式	电子分布式
A	4	ⅠB		
B	5	ⅤB		
C	6	ⅡA		

29. 若某元素最外层仅有 1 个电子,该电子的量子数为 $n=4,l=0,m=0,m_s=+1/2$,问

(1)符合上述条件的元素可以有几个? 原子序数各为多少?

(2)写出相应元素原子的电子分布式,并指出它在周期表中的位置。

30. 完成下表。

原子序数	原子的电子分布	最外层电子分布及轨道图
15		
	$1s^2 2s^2 2p^6 3s^2 3p^6 3d^5 4s^1$	
	$[Ar]3d^2 4s^2$	

31. 基态原子的电子构型满足下列条件之一者是哪一类或哪一个元素？

(1)量子数 $n=4,l=0$ 的电子有 2 个，$n=3,l=2$ 的电子有 6 个的元素；

(2)4s 和 3d 为半充满的元素；

(3)具有 2 个 4p 成单电子的元素；

(4)3d 为全充满，4s 只有 1 个电子的元素；

(5)36 号以前，成单电子数目为 4 个的元素；

(6)36 号以前，成单电子数在 4 个以上(含四个)的元素。

32. 某一元素的 M^{3+} 离子的 3d 轨道上有 3 个电子，回答：

(1)写出该原子的核外电子排布式；

(2)用量子数表示这三个电子可能的运动状态；

(3)指出原子的成单电子数，划出其价电子轨道电子排布图；

(4)写出该元素在周期表中所处的位置及所处分区；

(5)计算该元素原子最外层电子的有效核电荷数。

33. 已知某元素在氪前，在此元素的原子失去 3 个电子后，它的角量子数为 2 的轨道内电子恰巧为半充满，试推断该元素的原子序数及名称。

34. 满足下列条件之一的是什么元素？

(1)+2 价阳离子和 Ar 的电子分布式相同；

(2)+3 价阳离子和 F^- 离子的电子分布式相同；

(3)+2 价阳离子的外层 3d 轨道为全充满。

35. 试计算第 3 周期 Na，Si，Cl 三种元素原子对最外层一个电子的有效核电荷，并说明对元素金属性和非金属性的影响。

36. 试计算第 4 周期 Ca 和 Fe 两种元素原子对最外层一个电子的有效核电荷，并说明对元素金属性的影响。与 20 题结果比较，有效核电荷数的变化哪个快？这对长周期系中部副族元素金属性有何影响？

37. 在下列各对元素中，哪个的原子半径较大？并说明理由。

(1)Mg 和 S；　(2)Br 和 Cl；　(3)Zn 和 Hg；　(4)K 和 Cu。

38. 在下列各对元素中，哪个的第一电离能较大？并说明理由。

(1)P 和 S；　(2) Na 和 Cs；　(3) Al 和 Mg；(4) Sr 和 Rb；

(5)Zn 和 Cu；　(6)Cs 和 Au；　(7)Rn 和 Pt。

39. 根据电负性差值，判断下列各对化合物中键的极性大小。

(1)ZnOZnS；　(2)BCl_3ZnCl_2；　(3)HIHCl；　(4)H_2SH_2Se；

(5)NH_3NF_3；　(6)AsH_3NH_3；　(7)IBrICl；　(8)H_2OOF_2

40. 已知 H — Cl，H — Br 及 H — I 键的键能分别为 431 kJ · mol^{-1}，366 kJ · mol^{-1}，299 kJ · mol^{-1}，试比较 HCl，HBr，HI 气体分子的热稳定性。

41. 利用键能数据计算下列各气体反应的 $\Delta_r H_m^\theta$ 近似值。

(1)$H_2+Br_2=2HBr$；

(2)$C_2H_4+Cl_2=CH_2Cl-CH_2Cl$。

42. 说明下列物质的杂化轨道类型，并画出分子的几何构型。

(1)CO_2 为直线型,键角 180°;

(2)BF_3 为平面三角形,键角 120°;

(3)CH_4 为正四面体,键角 109.5°。

43. 试写出下列分子的空间构型,成键时中心原子的杂化轨道类型,判断分子极性,并画出价键结构式。

	SiH_4	H_2S	HCN	NF_3	BeH_2	SF_6
空间构型						
杂化类型						
偶极矩						
价键式						

44. 比较下列各对分子的极性大小。

(1)HFHCl; (2)CO_2CS_2; (3)CCl_4SiCl_4; (4)BF_3NF_3;

(5)PH_3NH_3; (6)H_2OH_2S; (7)OF_2H_2O; (8)CH_4CH_3Cl。

45. 比较 H_2S 和 H_2O,HI 和 HF 的极化率大小。简要说明原因。

46. 元素 Si 和 Sn 的电负性相差不大,但常温下 SiF_4 为气态,SnF_4 为固态,为什么?

47. 指出下列各分子之间存在哪几种分子间作用力(色散力、诱导力、取向力、氢键)?

(1) CCl_4 分子间; (2)H_2O 分子间; (3)H_2O-O_2 分子间;

(4) $HCl-H_2O$ 分子间; (5)CH_3Cl 分子之间。

48. 下列各对化合物间有无分子间氢键存在?为什么?

(1)CH_3CH_2OH 和 CH_3OCH_3;

(2)CH_3NH_2 和 CH_3OH;

(3)CH_3CH_2SH 和$(CH_3)_2NOH$。

49. 预测下列各组物质熔点、沸点高低,并说明理由。

(1)乙醇和二甲醚; (2)乙醇和丙三醇;

(3)HF 和 HCl; (4)正戊烷、异戊烷和新戊烷。

*50.已知两类化合物的熔点如下:

(1)	NaF	NaCl	NaBr	NaI	(2)	SiF_4	$SiCl_4$	$SiBr_4$	SiI_4
熔点/℃	993	801	747	661	熔点/℃	−90.2	−70	5.4	120.5

试说明:为什么钠的卤化物的熔点总是比相应硅的卤化物熔点高?为什么钠的卤化物的熔点的递变规律与硅的卤化物不一致?

第四章　化学反应热效应与能源利用

教学要点	学习要求
热力学基本概念	掌握体系与环境、状态与状态函数、热和功等基本热力学概念； 理解过程函数与状态函数的区别与联系
热力学第一定律	掌握热力学第一定律的表达式及其意义
化学反应热及反应热的计算	了解化学反应中的能量变化； 理解恒容反应热及恒压反应热的推导及其使用条件； 掌握标准摩尔反应焓变的计算

案例导入

燃料，指能通过燃烧反应释放能量的物质，广泛应用于工农业生产、日常生活及国防等领域。小到煮饭用的木柴、煤炭、沼气、天然气，中到汽车、飞机等用的汽油、柴油，大到火箭推进剂、核动力航母的核燃料等，都离不开反应热效应相关理论的应用。热化学在火箭推进技术上具有十分重要的作用，尤其是火箭推力的大小与推进剂燃料的热效能紧密相关。理论计算推进剂的热效应是推进剂设计过程中非常重要的环节。学习本章内容后，可初步解决一些反应的热效应计算问题，例如火箭燃料水合肼（$N_2H_4 \cdot H_2O$）与过氧化氢的反应（计算过程见例 4－5）。

4.1　热力学第一定律与化学反应热

4.1.1　热力学的术语和基本概念

（一）体系和环境（System and Surroundings）

研究热力学问题时，通常把一部分物体和周围其他物体划分开来，作为研究的对象，这部分被划出来的物体就称为体系。体系以外的部分（或与体系相互影响的部分）叫作环境。体系和环境之间不一定要有明显的物理分界面，这个界面可以是实际的，也可以是想象的。例如，一个烧杯中放有蔗糖溶液，研究对象是蔗糖溶液，那么，蔗糖溶液就是研究的体系，而烧杯及周围的一切都是环境。但如果把蔗糖当作研究对象，则水和烧杯就属于环境中的一部分，此时水和蔗糖的界面就只能想象了。

在热力学中主要研究能量相互转化，因此，体系和环境间是否有能量传递是十分重要的。

按照体系和环境间是否有能量和物质的转移，可将体系分为三种。

(1)开放体系：开放体系也叫敞开体系，它和环境之间既有能量的交换，也有物质的交换。例如，在一个烧杯中装有水，这杯水就是一个开放体系。因为它既不保温以阻止热能的交换，也不封闭以阻止水蒸气的挥发。化学热力学一般不研究开放体系。

(2)封闭体系：这种体系和环境之间只有能量交换，而没有物质交换。例如，一个紧塞的瓶子中装有水，这瓶水虽不会挥发掉，但它却和外界有热量交换。化学热力学主要研究的是封闭体系。在化学热力学中，不但要研究体系和环境之间不同能量形式的转换和传递，还特别要研究化学能变成其他形式的能量，如热和功的问题。

(3)孤立体系：这种体系和环境之间既没有物质的交换，也没有能量的交换。例如，带塞保温瓶中放有水，它的绝热密闭性很好，可看作是一个孤立体系。实际上，孤立体系是一种理想状态。保温瓶的保温不是绝对的，瓶内水温仍会缓慢下降，经一段时间后，体系和环境之间能量交换就可明显地显示出来。相反，如果在一个隔热不好的密闭容器里研究一个爆炸反应，因爆炸反应时间很短，在如此短的时间内，体系和环境间能量交换极小，爆炸反应放出的热与其相比较而言要大得多，所以这样一个隔热不好的装置，在一定条件下仍可以看作是一个孤立体系。

(二)状态和状态函数 (State and State Functions)

热力学体系的状态是体系的物理性质和化学性质的综合表现。这些性质都是体系的宏观性质，如质量、温度、压力、体积、浓度、密度等。以上这些描述体系状态的物理量就是状态函数。当所有的状态函数一定时，体系的状态就确定了。体系中只要有一个状态函数改变了，那么体系的状态就改变了，体系的这种变化称为过程。如下列出了几个重要过程的含义：

(1)等温过程：在温度恒定的条件下体系状态发生变化的过程。

(2)等压过程：在压力恒定的条件下体系状态发生变化的过程。

(3)等容过程：在体积恒定的条件下体系状态发生变化的过程。

(4)绝热过程：体系变化时与环境交换热量为零的过程。

(5)循环过程：系统由始态出发，经过一系列变化，又回到起始状态，即始态和终态相同的变化过程。

实际上，体系的状态函数之间不是相互独立的，而是相互关联的。例如，对于单一组分气体来说，描述体系状态的状态函数有四个：压力、温度、体积、物质的量。只要确定了压力、温度、物质的量这三个状态函数，体系的状态就确定了。

一个热力学过程的实现，可通过不同的方式来完成，完成一个过程的具体步骤称为途径。如图 4－1 所示，一个体系可由起始状态(298 K，100 kPa)经过恒温过程变化到另一状态(298 K，500 kPa)，再经过恒压过程变化到终了状态(373 K，500 kPa)。这个变化过程也可以采用另一个途径，先由起始状态经过恒压过程变化到一个状态(373 K，100 kPa)，再经过恒温过程变化到终态(373 K，500 kPa)。体系由始态变化到终态，虽然途径不同，但是体系状态函数的变化值却是相同的，即

$$\Delta T = T_{终} - T_{始} = 373 - 298 = 75\ \text{K}$$

$$\Delta p = p_{终} - p_{始} = 500 - 100 = 400\ \text{kPa}$$

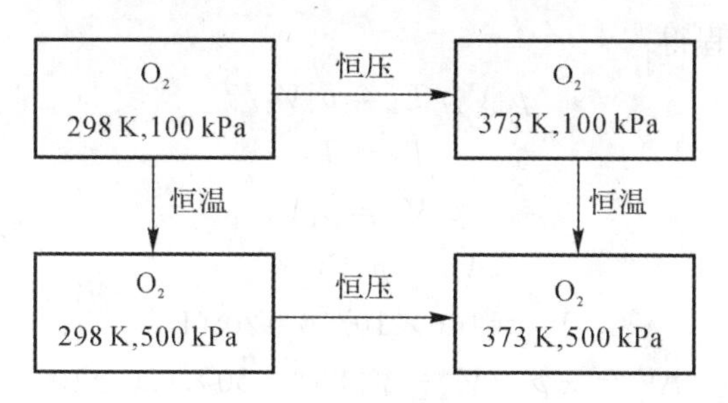

图 4－1　过程和途径

根据以上内容，可以总结出状态函数的三大性质：

(1)状态函数的变化值只取决于体系的始态和终态，而与变化的途径无关；

(2)体系的状态确定后，该体系的状态函数有唯一确定值；

(3)循环过程的状态函数变化值等于零。

(三)热力学能 (Thermodynamic Energy)

我们将体系内部各种形式能量的总和称为内能或热力学能，它包括组成体系的各种质点(如分子、原子、电子、原子核等)的动能(如分子的平动、转动、振动能等)以及质点间相互作用的势能(如分子的吸引能、排斥能、化学键能等)，但不包括体系整体运动的动能和体系整体处于外场中具有的势能。热力学能用符号 U 表示，单位为焦耳(J) 或千焦(kJ)。

热力学能的绝对值是无法测量的。对热力学来说，重要的不是热力学能的绝对值，而是热力学能的变化值。体系与环境之间能量的传递可以导致热力学能的变化，具体的传递方式只有两种，即传热和做功。

(四)热和功 (Heat and Work)

由于体系与环境之间存在温度差而引起的能量传递叫作“热”。除了热以外，在体系与环境之间其他形式的能量传递统称为“功”。那么，热和功是不是状态函数呢？

功：功的形式很多，如机械功，是指施于物体上的作用力和该物体在作用力方向上的位移的乘积：$W_{机}=F\Delta l$ 。电功是指电量和电势差的乘积：$W_{电}=QV=ItV$ 。在热力学里有一种功叫作体积功，它是抵抗外部压力时体系体积发生变化所做的功。当体系膨胀时，体积功的计算为

$$W_{体}=-F\Delta l$$

式中，F 为体系对外界的作用力，等于外界压力($p_{外}$) 与受力面积(A) 的乘积，即 $F=p_{外}A$ 。

因此

$$W_{体}=-p_{外}\Delta lA=-p_{外}\Delta V \tag{4-1}$$

有关体积功的规定为：体系对环境做功时取负值，环境对体系做功时取正值。功的国际标准单位是焦耳(J)，可由 kPa×L 计算得到。

例 4－1a　一定量气体的体积为 10 L，压力为 100 kPa，此气体按以下两种方式膨胀：

(1)恒温下，在外压恒定为 50 kPa 下，一次膨胀到 50 kPa；

(2)恒温下，第一次在外压恒定为 75 kPa 下，膨胀到 75 kPa，第二次在外压恒定 50 kPa 下，膨胀到 50 kPa。问以上两种情况下各做多少体积功。

解：(1)　$p_{外}=p_2=50\ \text{kPa}=50\ \text{J}\cdot\text{L}^{-1}$，$V_1=10\ \text{L}$

由理想气体状态方程得

$$p_1V_1/T_1 = p_2V_2/T_2$$

已知

$$T_1 = T_2$$

有

$$p_1V_1 = p_2V_2$$

$$V_2 = p_1V_1/p_2$$

所以

$$V_2 = 100\times10/50 = 20\ (\mathrm{L})$$

$$W_{体} = -p_{外}\ \Delta V = -p_{外}(V_2 - V_1) = -50\times(20-10) = -500\ (\mathrm{J})$$

(2)第一次膨胀时

$$p_{外} = 75\ \mathrm{kPa} = 75\ \mathrm{J\cdot L^{-1}} = p_2$$

$$V_2 = p_1V_1/p_2 = 100\times10/75 = 13.33\ (\mathrm{L})$$

$$W_{体1} = -75\times(13.33-10) = -249.75\ (\mathrm{J})$$

第二次膨胀时

$$p_{外} = 50\ \mathrm{kPa} = 50\ \mathrm{J\cdot L^{-1}} = p_2$$

$$V_2 = p_1V_1/p_2 = 100\times10/50 = 20\ (\mathrm{L})$$

$$W_{体2} = -50\times(20-13.33) = -333.5\ (\mathrm{J})$$

两次膨胀做功之和($W_{体}$)为

$$W_{体} = W_{体1} + W_{体2} = -249.75 + (-333.5) = -583.25\ (\mathrm{J})$$

由上例看到,体系二次膨胀所做的体积功大于一次膨胀所做的体积功。事实上,体积膨胀做功的大小与膨胀次数相关,次数越多,做功越大。若是无穷多次膨胀,将做最大功。这种能做最大功的过程是一个无限缓慢进行的过程,过程的每一时刻都无限接近于平衡状态。热力学上把这种过程叫做可逆过程,此种过程逆向进行时,体系与环境都能够回复到原态而不留下任何痕迹,即膨胀过程和压缩过程做功量数值相等。

从上例中还可以看出,体系对外界做的体积功和体系膨胀的途径有关,所以,体积功不是一个状态函数,其他的非体积功,如电功、机械功等也不是状态函数。因此,我们不能说一个体系有多少功,也不能说一个体系从一个状态变化到另一个状态一定会对环境做多少功,或环境一定会对体系做多少功,因为途径不同,做功量可能不同。

热:体系和环境之间因为温差而进行的能量传递形式叫做热(单位为J)。温度通常用热力学温度(即绝对温度)T 来度量,单位为开尔文(K)。开尔文是纯水的三相点(即汽、水、冰之间达到平衡)热力学温度的 1/273.16 。温度也可用摄氏温度(t)来量度。热力学温度和摄氏温度的关系是

$$t = T - T_0$$

式中,T_0 定义为 273.16 K。

热总是与体系所进行的具体过程相联系着,因此,热不是状态函数。在热力学中,热的符号用 Q 表示,并规定:体系吸热为正值,放热为负值。

传热和做功都可以导致体系热力学能的变化,那么,三者之间有什么定量关系呢?

4.1.2 热力学第一定律

自工业革命以后,大量利用蒸汽机提供工业动力,将热能变换成机械能、电能等。在这些能量的变换过程中,能量是否会减少,或者是否会增加呢?大量事实告诉我们:在孤立体系中,

各种形式的能量可以相互转化，但体系内部的总能量是恒定的。这就是热力学第一定律。热力学第一定律可以表示为

$$\text{孤立体系}\quad \Delta U_{孤} = U_{终} - U_{始} = 0 \tag{4-2}$$

热力学能是体系的性质，是状态函数，如果用 U_1 代表体系在始态时的热力学能，U_2 代表体系在终态时的热力学能，则体系由始态变到终态，其热力学能的变化可表示为

$$\Delta U = U_2 - U_1$$

对于封闭体系，体系和外界有能量交换。我们知道，能量交换有两种形式：一种是热，一种是功。封闭体系热力学能的变化可表示如下：

$$\Delta U = Q + W = Q + (W_{体} + W') \tag{4-3}$$

式中，$W_{体}$ 为体积功；W' 为非体积功。由式(4-3)可见，体系热力学能的增加，可由得到热量和环境对体系做功而达到。

例题 4-1b　计算例题 4-1a 的理想气体按两种不同方式膨胀达到终态时，体系与环境之间的传热量各是多少焦耳。

解：由于理想气体的热力学能仅与温度有关，因此，理想气体等温膨胀时热力学能不发生变化，即 $\Delta U=0$。故

(1)
$$W_{体} = -50\times(20-10) = -500\ \text{J}$$
$$\Delta U = Q + W = 0$$
$$Q = 500\ \text{J}$$

(2)$Q=583.25$ J。

即体系对环境做功 583.25 J，环境向体系传热 583.25 J，体系热力学能不变。

4.1.3　化学反应热效应

把热力学第一定律应用于化学反应，讨论和计算化学反应热量问题的学科称为热化学。将热力学第一定律用于描述化学反应的能量变化，可得到化学反应热效应的计算方法。

反应热(Heats of Reaction)：当生成物和反应物的温度相同时，化学反应过程中吸收或放出的热量称为化学反应的热效应，简称反应热。化学反应常在恒容或恒压条件下进行，因此，化学反应热效应常分为恒容反应热和恒压反应热。

(一)恒容反应热与热力学能的变化

在等温条件下，当体系在容积恒定的容器中进行化学反应，且是不做非体积功的过程，则该过程与环境之间交换的热量就是恒容反应热，用 Q_v 表示，式中下角标“v”表示恒容过程。

在恒容过程中，因为 $\Delta V=0$，体系的体积功 $W_{体}=0$，若不做非体积功，即 $W'=0$，根据热力学第一定律有

$$\Delta U = Q_V \tag{4-4}$$

式(4-4)表明，体系的恒容反应热在量值上等于体系热力学能的变化值。前面提到，体系和环境间的热量交换不是状态函数，但在某些特定条件下，某一特定过程的热量却可以是一个定值，该定值只取决于体系的始态和终态。

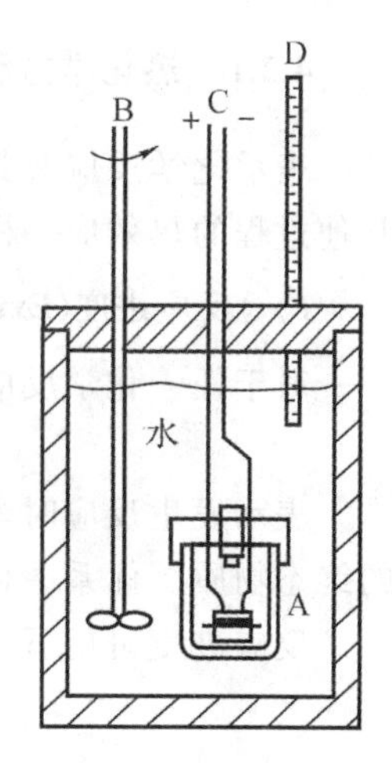

图 4-2　弹式热量计

热力学能的绝对值无法测得，而热力学能的变化值 ΔU 可以通过测

量恒容反应热而得到。恒容反应热是通过弹式热量计测量，如图 4-2 所示。量热计中，有一个用高强度钢制成的密封钢弹，钢弹放入装有一定质量水的绝热容器中。测量反应热时，将已称重的反应物装入钢弹 A 中，放置在绝热的水浴中，精确测定体系的起始温度后，用电火花引发反应。开动搅拌器 B，用电热丝 C 点火使化学反应开始进行。如果所测是一个放热反应，则放出的热量使体系(包括钢弹及内部物质、水和钢质容器等)的温度升高。可用温度计 D 测出水体系的终态温度。反应放出的热量 Q_V 可由反应物的质量、水浴中水的质量、温度的改变值、水的比热和热量计的热容量等计算出来。

(二)恒压反应热与焓变

在恒温条件下，若体系发生的化学反应是在恒压条件下进行，且为不做非体积功的过程，则该过程中与环境之间交换的热量就是恒压反应热。用 Q_p 表示。式中下角标"p"表示恒压过程。

根据热力学第一定律，当恒压、只做体积功时，

$$\Delta U = Q_p + W_{体} = Q_p - p\Delta V$$

移项得

$$Q_p = \Delta U + p\Delta V = (U_2 - U_1) + (p_2V_2 - p_1V_1) = (U_2 + p_2V_2) - (U_1 + p_1V_1)$$

热力学中将$(U+pV)$定义为焓(Enthalpy)，用 H 表示，单位为 J 或 kJ，即

$$H \equiv U + pV \tag{4-5}$$

由于热力学能的绝对值无法确定，所以新组合的状态函数 H 的绝对值也无法确定。但通过式(4-6)可求得体系状态变化过程中 H 的变化值(ΔH)，即

$$Q_p = H_2 - H_1 = \Delta H \tag{4-6}$$

由式(4-6)可知，在恒温恒压过程中，体系吸收的热量全部用来改变体系的焓，即恒温恒压过程中，化学反应热在数值上等于焓的变化值。由于通常情况下反应在恒压条件下进行，所以常用焓的变化值来表示反应的热效应，当 $\Delta H<0$ 时，表明体系是放热的，而 $\Delta H>0$ 时，表明体系是吸热的。

4.2 化学反应热效应的计算

4.2.1 热化学方程式

表示化学反应及其热效应的化学反应方程式，称为热化学方程式。化学反应的热效应与其他过程的热效应一样，与反应消耗的物质多少有关，也与反应进行的条件相关。

(一)反应进度(Extent of Reaction)

对于任一化学反应，化学反应计量式为

$$a\text{A}+b\text{B}=d\text{D}+g\text{G}$$

表示发生反应时，有 a mol A 与 b mol B 的始态物质被消耗，就生成 d mol D 和 g mol G 的终态物质。体系中化学反应进行的多少，可用化学反应的进度 ξ 来表示。

反应进度可用下式进行计算：

$$\xi = \frac{n_i(\xi) - n_i(0)}{v_i} = \frac{\Delta n_i}{\nu_i} \tag{4-7}$$

式中，$n_i(\xi)$表示反应进度为ξ时，物质i的物质的量；$n_i(0)$表示反应进度为0时物质i的物质的量；ν_i为反应方程式中i物质的化学计量数。显然，ξ的量纲为mol。

例如：反应	$N_2(g)+3H_2(g) = 2NH_3(g)$		
开始时 n_i/mol	3.0	10.0	0
t 时 n_i/mol	2.0	7.0	2.0

$$\xi=\frac{\Delta n(N_2)}{\nu(N_2)}=\frac{\Delta n(H_2)}{\nu(H_2)}=\frac{\Delta n(NH_3)}{\nu(NH_3)}$$

$$=\frac{2.0-3.0}{-1}=\frac{7.0-10.0}{-3}=\frac{2.0-0}{2}=1.0\ \text{mol}$$

ξ为1.0 mol时，表明按该化学反应计量式进行了1.0 mol的反应，即表示1.0 mol N_2和3.0 mol H_2反应生成了2.0 mol的NH_3。

若按计量式$\frac{1}{2}N_2(g)+\frac{3}{2}H_2(g)=NH_3(g)$反应，则$t_1$时刻$\Delta n(N_2)=2-3=-1$ mol，此时

$$\xi=\frac{\Delta n(N_2)}{\nu(N_2)}=\frac{-1}{-1/2}=2\ \text{mol}$$

从上面的计算可以看出，同一化学反应中所有物质的ξ的数值都相同，因此，反应进度ξ的值与选用何种化合物物质的量的变化无关。但应注意，同一化学反应如果化学计量式写法不同，ν_B数值就不同。因此，物质i在确定的Δn_i情况下，化学计量式写法不同，必然导致ξ数值有所不同。在后面的各热力学函数变的计算中，都是以反应进度为1摩尔(ξ=1.0 mol)为计量基础的。

由于化学反应的反应热大小与反应进度ξ有关，将等压条件下反应进度ξ=1 mol时的热效应定义为反应的摩尔焓变$\Delta_r H_m$，即

$$\Delta_r H_m=\frac{\Delta H}{\xi} \tag{4-8}$$

$\Delta_r H_m$的单位为kJ·mol^{-1}。

例4-2　在一定条件下，当$c(C_2O_4^{2-})=0.16$ mol·L^{-1}的酸性草酸溶液25 mL与$c(MnO_4^-)=0.08$ mol·L^{-1}的高锰酸钾溶液20 mL完全反应时，由量热实验得知，该反应放热1.2 kJ，试计算该反应的摩尔焓变$\Delta_r H_m$是多少？

解：该反应的化学反应方程式如下：

$$C_2O_4^{2-}+\frac{2}{5}MnO_4^-+\frac{16}{5}H^+ \rightleftharpoons \frac{2}{5}Mn^{2+}+\frac{8}{5}H_2O(l)+2CO_2(g)$$

因为　$\Delta n(C_2O_4^{2-})=-25\times0.001\times0.16=-0.004$ mol

所以　$\xi=\Delta n(C_2O_4^{2-})/\upsilon(C_2O_4^{2-})=-0.004/(-1)=0.004$ mol

$\Delta_r H_m=\Delta_r H/\xi=-1.2/0.004=-300$ kJ·mol^{-1}

(二)热力学标准状态(Standard State)

一些热力学函数(如H,U等)的绝对值无法测得，只能测得它们的变化值(如ΔH,ΔU等)。如前所述，化学反应的热效应与反应物、产物的状态有关，因此，需要规定一个标准状态作为相互比较的标准，这就是热力学标准状态。热力学标准状态是在标准压力p^θ(p^θ=100 kPa)下的状态,简称标准态。标准态的规定如下:

(1)纯理想气体的标准态是该气体处于标准压力 p^θ 下的状态。混合理想气体中任一组分的标准态是指该气体组分的分压为 p^θ 的状态;

(2)对于溶液,其标准态是在指处于标准压力 p^θ 下,溶质的质量摩尔浓度均为 1 $mol \cdot kg^{-1}$时的状态;

(3)对液体和固体,其标准态则是指处于标准压力 p^θ 下的纯物质。

应当注意的是,在规定标准态时只规定了压力为 p^θ,而没有规定温度。处于压力为 p^θ 下的各种物质,如果改变温度它就有很多温度下的标准态。最常用的热力学函数值是 298 K 时的数值,若非 298 K 须要特别说明。

(三)反应的标准摩尔焓变与热化学方程式

在标准条件下,反应或过程的摩尔焓变则叫作反应的标准摩尔焓变,以符号 $\Delta_r H_m^\theta$ 表示,下标 r 表示"反应"。表示化学反应及其反应的标准摩尔焓变关系的化学反应方程式,称为热化学方程式。正确书写热化学方程式时,应该注意以下几点:

(1)必须注明化学反应计量式中各物质的聚集状态。因为物质的聚集状态不同,反应的标准摩尔焓变 $\Delta_r H_m^\theta$ 也不同。例如:

$$2H_2(g)+O_2(g) \rightleftharpoons 2H_2O(g), \Delta_r H_m^\theta = -483.6\ kJ \cdot mol^{-1}$$

$$2H_2(g)+O_2(g) \rightleftharpoons 2H_2O(l), \Delta_r H_m^\theta = -571.6\ kJ \cdot mol^{-1}$$

(2)正确写出热化学计量式,即配平的化学反应方程式。因为 $\Delta_r H_m^\theta$ 是反应进度 ξ 为 1 mol时的反应标准摩尔焓变,而反应进度与化学计量方程式相关联。同一反应,以不同的计量式表示时,其标准摩尔焓变 $\Delta_r H_m^\theta$ 不同。例如:

$$2H_2(g)+O_2(g) \rightleftharpoons 2H_2O(g), \Delta_r H_m^\theta = -483.6\ kJ \cdot mol^{-1}$$

$$H_2(g)+\frac{1}{2}O_2(g) \rightleftharpoons H_2O(g), \Delta_r H_m^\theta = -241.8\ kJ \cdot mol^{-1}$$

4.2.2 盖斯定律

1840 年俄罗斯科学家盖斯(Henri Hess)总结出一条重要定律:"对于一个给定的总反应,不管反应是一步直接完成还是分步完成的,其反应的热效应总是相同的",这一规律称为盖斯定律。其实质是指出了反应只取决于始、终状态,而与经历的具体途径无关这一客观规律。

盖斯定律的发现是在热力学第一定律发现之前,它给热力学第一定律的建立打下了实验基础,盖斯的功绩是不可埋没的。盖斯定律的重要意义在于,它能使热化学方程式像普通代数式那样进行计算,从而可根据已经准确测定的反应热,间接计算未知化学反应的热效应,解决了那些根本不能测量的反应的热效应问题。

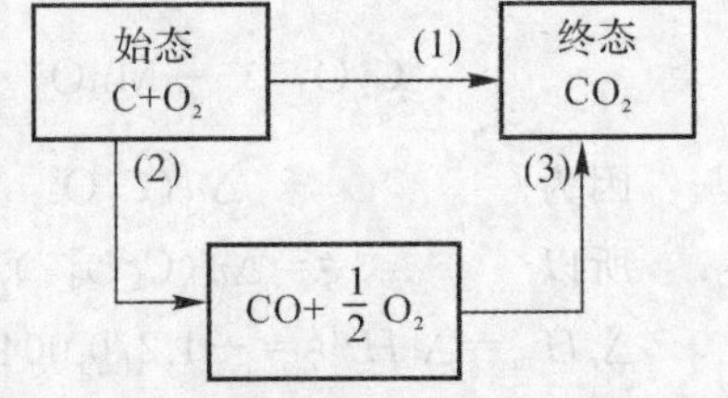

图 4-3　碳燃烧反应热的计算

下面将以恒压过程的反应为例,来说明盖斯定律的应用。例如:根据盖斯定律,可以用下列方法间接求算出生成 CO 的反应热。碳完全燃烧生成 CO_2 有两个途径,如图 4-3 中的(1)和(2)+(3)所示。

(1)和(3)的反应热很容易测定,在 100 kPa 和 298 K 条件下,其反应热值为

$$C(s)+O_2(g)=CO_2(g) \quad (1), \Delta_r H_m^\theta(1)=-393.5 \text{ kJ}\cdot\text{mol}^{-1}$$

$$CO(g)+\frac{1}{2}O_2(g)=CO_2(g) \quad (3), \Delta_r H_m^\theta(3)=-283 \text{ kJ}\cdot\text{mol}^{-1}$$

根据盖斯定律

$$\Delta_r H_m^\theta(1)=\Delta_r H_m^\theta(2)+\Delta_r H_m^\theta(3)$$

$$\Delta_r H_m^\theta(2)=\Delta_r H_m^\theta(1)-\Delta_r H_m^\theta(3)=-393.5-(-283.0)=-110.5 \text{ kJ}\cdot\text{mol}^{-1}$$

因此，在 100 kPa 和 298 K 条件下

$$C+\frac{1}{2}O_2=CO$$

的反应热 $\Delta_r H_m^\theta=-110.5 \text{ kJ}\cdot\text{mol}^{-1}$。

科学家故事

盖斯（G. H. Germain Henri Hess）（1802 — 1850）俄国化学家。俄文名为 Герман Иванович Гесс。1802 年 8 月 8 日生于瑞士日内瓦市一位画家家庭，三岁时随父亲定居俄国莫斯科，因而在俄国上学和工作。1825 年毕业于多尔帕特大学医学系，并取得医学博士学位。1826 年弃医专攻化学，并到瑞典斯德哥尔摩柏济力阿斯实验室进修化学，从此与柏济力阿斯结下了深厚的友谊。回国后到乌拉尔作地质调查和勘探工作，后又到伊尔库茨克研究矿物。1828 年由于在化学上的卓越贡献被选为圣彼得堡科学院院士，旋即被聘为圣彼得堡工艺学院理论化学教授兼中央师范学院和矿业学院教授。1838 年被选为俄国科学院院士。1850 年盖斯卒于俄国圣彼得堡（苏联时期的列宁格勒）。

盖斯早年从事分析化学的研究，曾对巴库附近的矿物和天然气进行分析，做出了一定成绩，以后还曾发现蔗糖可氧化成糖二酸。1830 年专门从事化学热效应测定方法的改进，曾改进拉瓦锡和拉普拉斯的冰量热计，从而较准确地测定了化学反应中的热量。1836 年经过许多次实验，他总结出一条规律：在任何化学反应过程中的热量，不论该反应是一步完成的还是分步进行的，其总热量变化是相同的，1860 年以热的加和性守恒定律形式发表。这就是举世闻名的盖斯定律。

盖斯定律（英语：Hess′s law），又名反应热加成性定律（the law of additivity of reaction heat）：若一反应为二个反应式的代数和时，其反应热为此二反应热的代数和。也可表达为在条件不变的情况下，化学反应的热效应只与起始和终了状态有关，与变化途径无关。

盖斯定律是断定能量守恒的先驱，也是化学热力学的基础。当一个不能直接发生的反应要求反应热时，便可以用分步法测定反应热并加和来间接求得。故而我们常称盖斯是热化学的奠基人。

盖斯的主要著作有《纯化学基础》（1834），曾用作俄国教科书达 40 年，出过七版，对欧洲化学界也有一定影响。

4.2.3　热力学基本数据与反应焓变的计算

（一）标准摩尔生成焓

物质 B 的标准摩尔生成焓是指，在温度 T 下，由指定单质生成物质 B($\nu_B=+1$)反应的标准摩尔焓变，用符号 $\Delta_f H_m^\theta$(B，相态，T)表示，单位为 $\text{kJ}\cdot\text{mol}^{-1}$。

一般情况下,指定单质是指在标准状态下最稳定的单质形式。例如碳有多种同素异形体——石墨、金刚石、无定型碳和C_{60}等,其中最稳定的是石墨。又如$O_2(g)$,$H_2(g)$,$Br_2(l)$,$I_2(s)$,Hg(l)等是T(298 K),p^{θ}下相应元素的最稳定单质。但是,个别情况下,指定单质并不是最稳定的,如磷的参考状态的单质是白磷P_4(s,白),而不是比它更稳定的红磷或黑磷。

根据$\Delta_f H^{\theta}_m$(B,相态,T)的定义,在任何温度下,指定单质的标准摩尔生成焓均为零。例如:$\Delta_f H^{\theta}_m$(C,石墨,s,T)=0,$\Delta_f H^{\theta}_m$(P_4,白磷,s,T)=0。因为,从指定单质生成其本身,系统根本没有反应,所以也没有热效应。

实际上,$\Delta_f H^{\theta}_m$(B,相态,T)是物质B的生成反应的标准摩尔焓变。书写物质B的生成反应方程式时,要使B的化学计量数$\nu_B=+1$。例如:在298 K时,CH_3OH的生成反应为

$$C(s,\text{石墨},\ p^{\theta})+2H_2(g,\ p^{\theta})+O_2(g,\ p^{\theta})=CH_3OH(g,\ p^{\theta})$$

$$\Delta_f H^{\theta}_m(CH_3OH,g,\ p^{\theta})=\Delta_r H^{\theta}_m=-200.66\ \text{kJ}\cdot\text{mol}^{-1}$$

对于水溶液中进行的离子反应,常涉及水合离子的标准摩尔生成焓。水合离子的标准摩尔生成焓是指:在温度T及标准状态下由指定单质生成溶于大量水(形成无限稀溶液)的水合离子B(aq)的标准摩尔焓变,其符号为$\Delta_f H^{\theta}_m(B,\infty,aq,\ T)$,单位为$kJ\cdot mol^{-1}$。符号∞表示为"在大量水中"或"无限稀水溶液",常常省略。同样,在书写反应方程式时,应使B为唯一产物,且离子B的化学计量数$\nu_B=+1$。并规定水合氢离子的标准摩尔生成焓为零,即在298 K,标准状态时由单质$H_2(g)$生成水合氢离子的标准摩尔反应焓变为零,即

$$\frac{1}{2}H_2+aq \longrightarrow H^+(aq)+e^-$$

$$\Delta_f H^{\theta}_m(H^+,aq) =\!=\!= \Delta_r H^{\theta}_m(H^+)=0$$

一些简单化合物,如H_2O和CO_2的标准生成焓可直接测定,但大多数化合物的标准生成焓可利用盖斯定律而间接测定。例如$ZnSO_4$的标准生成焓就不能直接测定,可利用以下四步反应而间接得到:

$$Zn(s)+\frac{1}{2}O_2(g)=ZnO(s) \quad (1),\quad \Delta_r H^{\theta}_m(1)=-350.5\ \text{kJ}\cdot\text{mol}^{-1}$$

$$S(s)+O_2(g)=SO_2(g) \quad (2),\quad \Delta_r H^{\theta}_m(2)=-296.8\ \text{kJ}\cdot\text{mol}^{-1}$$

$$SO_2(g)+\frac{1}{2}O_2(g)=SO_3(g) \quad (3),\quad \Delta_r H^{\theta}_m(3)=-98.9\ \text{kJ}\cdot\text{mol}^{-1}$$

$$ZnO(s)+SO_3(g)=ZnSO_4(s) \quad (4),\quad \Delta_r H^{\theta}_m(4)=-236.6\ \text{kJ}\cdot\text{mol}^{-1}$$

四式相加可得总反应为

$$Zn(s)+S(s)+2O_2(g) =\!=\!= ZnSO_4(s) \quad (5)$$

根据盖斯定律,反应式(5)=反应式(1)+反应式(2)+反应式(3)+反应式(4),也就是$ZnSO_4(s)$的标准生成焓

$$\Delta_f H^{\theta}_m(ZnSO_4,s,298\ K)=\Delta_r H^{\theta}_m(1)+\Delta_r H^{\theta}_m(2)+\Delta_r H^{\theta}_m(3)+\Delta_r H^{\theta}_m(4)$$
$$=-982.8\ \text{kJ}\cdot\text{mol}^{-1}$$

本书附录二中列出了在298 K,100 kPa下常见物质与水合离子的标准摩尔生成焓$\Delta_f H^{\theta}_m$的数据。

(二)反应的标准摩尔焓变的计算

对于任何一个化学反应来说,其生成物和反应物的原子种类和个数是相同的,也就是说,

从同样的单质出发，经过不同途径可以生成反应物，也可以生成产物，如图 4－4 所示。

根据盖斯定律就有

$$\sum_{B}(|\nu_B|\Delta_f H_m^\theta)_{反应物}+\Delta_r H_m^\theta=\sum_{B}(\nu_B\Delta_f H_m^\theta)_{产物}$$

即
$$\Delta_r H_m^\theta=\sum_{B}(\nu_B\Delta_f H_m^\theta)_{产物}-\sum_{B}(|\nu_B|\Delta_f H_m^\theta)_{反应物} \tag{4-9}$$

式(4－9)表示，任意一个恒压反应的标准摩尔焓变等于所有产物的标准摩尔生成焓之和减去所有反应物的标准摩尔生成焓之和。

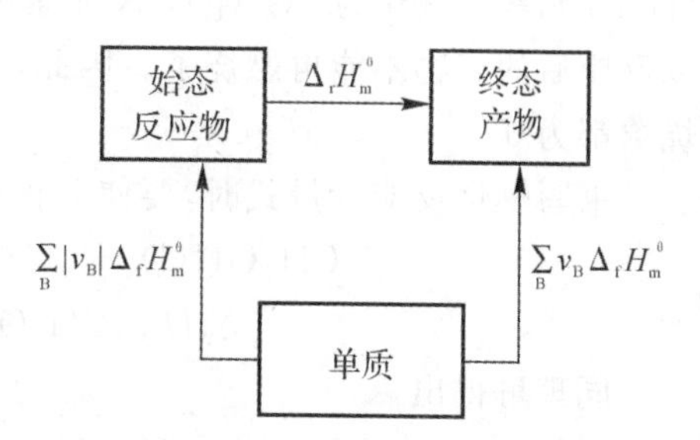

图 4－4　利用标准生成焓计算反应热

例 4－3　葡萄糖在体内供给能量的反应是最重要的生物化学反应之一，试利用标准摩尔生成焓数据计算葡萄糖氧化反应的热效应。

解：先写出葡萄糖氧化反应的热化学反应式，并在各物质下面标出其标准摩尔生成焓（查附录二）：

$$C_6H_{12}O_6(s)+6\,O_2(g)═══6CO_2(g)+6H_2O(l)$$

$\Delta_f H_m^\theta(298.15\ K)/(kJ\cdot mol^{-1})$　　$-1\,273$　　0　　-393.5　　-285.8

$$\Delta_r H_m^\theta=[6\Delta_f H_m^\theta(CO_2,g)+6\Delta_f H_m^\theta(H_2O,l)]-[\Delta_f H_m^\theta(C_6H_{12}O_6,s)+6\Delta_f H_m^\theta(O_2,g)$$
$$=[6\times(-393.5)+6\times(-285.8)]-[1\times(-1\,273)+6\times0]=-2\,802.8\ kJ\cdot mol^{-1}$$

计算结果表明，葡萄糖的氧化是一个强烈的放热反应，每摩尔葡萄糖氧化时，可放出约 2 802.8 kJ的热量。人类的主食是淀粉类食品，淀粉在人体内水解后转化成葡萄糖，所以，上述反应是人体内普遍存在的一个反应，人体所需热量大部分由葡萄糖供给。

例 4－4　金属铝粉和三氧化二铁的混合物（称为铝热剂）点火时，反应放出大量的热（温度可达 2 000℃以上）能使铁熔化，而应用于轨道焊接等高温户外作业中。试计算铝粉和三氧化二铁反应的 $\Delta_r H_m^\theta(298.15\ K)$。

解：写出铝粉和三氧化二铁反应的热化学反应式，并在各物质下面标出其标准摩尔生成焓（查附录二）：

$$2\,Al(s)+Fe_2O_3(s)═══Al_2O_3(s)+2Fe(s)$$

$\Delta_f H_m^\theta(298.15\ K)/(kJ\cdot mol^{-1})$　　0　　-822.1　　$-1\,669.8$　　0

$$\Delta_r H_m^\theta(298.15\ K)=\Delta_f H_m^\theta(Al_2O_3,s)-\Delta_f H_m^\theta(Fe_2O_3,s)$$
$$=-1\,669.8-(-822.1)=-847.7\ kJ\cdot mol^{-1}$$

例 4－5　热化学在火箭推进技术上具有非常重要的作用，火箭推力的大小与燃料的热效能紧密相关。试计算火箭燃料水合肼（$N_2H_4\cdot H_2O$）与过氧化氢按下式反应的 $\Delta_r H_m^\theta(298.15\ K)$。

$$N_2H_4\cdot H_2O(l)+2H_2O_2(l)=N_2(g)+5H_2O(l)$$

解：依据水合肼与过氧化氢的化学反应式，查相关手册标出各物质的标准摩尔生成焓：

$$N_2H_4\cdot H_2O(l)+2H_2O_2(l)═══N_2(g)+5H_2O(l)$$

$\Delta_f H_m^\theta(298.15\ K)/(kJ\cdot mol^{-1})$　　-242　　-188　　0　　-242

$$\Delta_r H_m^\theta(298.15\ K)=5\Delta_f H_m^\theta(H_2O,l)-2\Delta_f H_m^\theta(H_2O_2,l)-\Delta_f H_m^\theta(N_2H_4\cdot H_2O,l)$$
$$=5\times(-242)-2\times(-188)-(-242)=-592\ kJ\cdot mol^{-1}$$

(三)标准摩尔燃烧焓

物质B的标准摩尔燃烧焓是指，在温度 T 下，物质B($\nu_B=-1$)完全燃烧(或氧化)成相同温度下的指定产物时反应的标准摩尔焓变，用符号 $\Delta_c H_m^\theta$(B，相态，T)表示，单位为 $kJ \cdot mol^{-1}$。所谓指定产物，是指反应物中的C元素被氧化为 $CO_2(g)$，H元素被氧化为 $H_2O(l)$，S元素被氧化为 $SO_2(g)$，N元素被氧化为 $N_2(g)$。由于反应物已完全燃烧(或氧化)，所以反应后的产物不能再燃烧了。因此，上述定义中实际上是指在各燃烧反应中所有"产物的燃烧焓都为0"。

书写燃烧反应计量式时，要使B的化学计量数 $\nu_B=-1$。如 $CH_3OH(l)$ 的燃烧反应应为

$$CH_3OH(l) + 3/2O_2(g) = CO_2(g) + 2H_2O(g)$$

$$\Delta_c H_m^\theta(CH_3OH, l) = -726.51\ kJ \cdot mol^{-1}$$

同理可得出

$$\Delta_c H_m^\theta(H_2O, l) = 0, \Delta_c H_m^\theta(CO_2, g) = 0$$

例 4-6 利用标准摩尔生成焓数据，计算乙炔的标准摩尔燃烧热 $\Delta_c H_m^\theta(C_2H_2, g, 298.15\ K)$。

解:写出乙炔燃烧的化学方程式，并在各物质下面标出其标准生成焓(查附录二)

$$C_2H_2(g) + \frac{5}{2}O_2(g) = 2CO_2(g) + H_2O(l)$$

$\Delta_f H_m^\theta(298.15\ K)/(kJ \cdot mol^{-1})$ 227.4 0 −393.5 −285.8

$$\Delta_r H_m^\theta = [2\Delta_f H_m^\theta(CO_2, g) + \Delta_f H_m^\theta(H_2O, l)] - [\Delta_f H_m^\theta(C_2H_2, g) + \frac{5}{2}\Delta_f H_m^\theta(O_2, g)]$$

$$= [2\times(-393.5) + (-285.8) - (227.4 + 0)] = 1\ 300.2\ (kJ \cdot mol^{-1})$$

计算出的标准摩尔反应焓就是乙炔燃烧的标准摩尔燃烧热。这里应注意，如果上述反应方程式写成

$$2C_2H_2(g) + 5O_2(g) = 4CO_2(g) + 2H_2O(l)$$

计算出的标准摩尔反应焓是多少？是否是乙炔的标准摩尔燃烧热？请读者思考。

4.3 能源与能源利用

能源是自然界中能为人类提供某种形式能量的物质资源，是国民经济、社会发展和人民生活水平提高的重要基础，是国家可持续发展的根本保障，是每个国家都必须高度重视的战略资源。能源工业在很大程度上依赖于化学过程，能源消费的90%以上依靠化学和化学工程技术。

按能源的基本形态分类，可分为一次能源和二次能源。一次能源是指自然界中以天然形式存在并没有经过加工或转换的能量资源，包括可再生的太阳能、风能、地热能、海洋能、生物能以及核能和不可再生的煤炭、石油、天然气资源；二次能源指由一次能源直接或间接转换成其他种类和形式的能量资源，如电力、煤气、汽油、柴油、焦炭、洁净煤、激光和沼气等。

煤、石油、天然气等化石能源，因储量有限并且不能再生，所以其消耗殆尽已成为不可逆转的趋势。为此，必须开发新的能源资源，才能满足人类发展对能源越来越高、越来越多的需求。具有重要战略意义的新能源的开发，包括太阳能、生物质能、核能、天然气水合物及次级能源，

如氢能和燃料电池等，均需化学家提出新思想、创造新概念、发展新方法。

另外，长期以来，由于化石燃料消耗的日益增加和储量的不断减少，全球已产生了严重的环境污染、气候异常和能源短缺等问题，控制低品位燃料的化学反应，提高能源转化效率，是化学实现既保护环境又降低能源成本的目标所面临的一大难题。

我国正处于快速发展时期，能源需求持续增长，能源对可持续发展的约束越来越严重，因而发展清洁能源技术、加速本地化清洁能源的开发是必然的选择。可再生能源主要是指太阳能、生物质能、氢能、地热、海洋能等资源量丰富，且可循环往复使用的一类能源资源。可再生能源转化利用具有涉及领域广、研究对象复杂多变、交叉学科门类多、学科集成度高等特点。本节中我们着重选取几种常见的可再生能源做简要介绍。

4.3.1　太阳能

太阳能是太阳内部连续不断的核聚变反应过程产生的能量。尽管太阳辐射到地球大气层的能量仅为其总辐射能量（约为 3.75×10^{26} W）的 22 亿分之一，但已高达 173 000 TW，太阳每秒钟照射到地球上的能量就相当于 500 万吨标准煤燃烧释放的能量。太阳能资源总量大，分布广泛，使用清洁，不存在资源枯竭问题。进入 21 世纪以来，太阳能利用有令人振奋的新进展，太阳能热水器、太阳能电池等产品年产量一直保持 30%以上的增长速率，被称为“世界增长最快的能源”。太阳能转换利用主要指利用太阳辐射实现采暖、采光、热水供应、发电、水质净化以及空调制冷等能量转换过程，满足人们生活、工业应用以及国防科技需求的专门研究领域，主要包括太阳能光热转换、光电转换和光化学转换等。

太阳能光热利用指将太阳能转换为热能加以利用，如供应热水、热力发电、驱动动力装置、驱动制冷循环、海水淡化、采暖和强化自然通风、半导体温差发电等等。

光电利用是基于光伏效应，利用光伏材料构筑太阳电池，通过太阳电池将太阳光的能量直接转换为电能。光伏效应是指当物体受光照时，物体内的电荷分布状态发生变化而产生电动势和电流的一种效应。当太阳光或其他光照射到半导体 p－n 结上时，就会在 p－n 结的两边出现电压（叫作光生电压），如果外接负载回路，就会在回路中产生电流。

光化学利用则包括植物光合作用、太阳能光解水制氢、热解水制氢以及天然气重整等转换过程。

当今世界各国都在大力开发利用太阳能资源。欧洲、澳大利亚、以色列和日本等国家，纷纷加大投入积极探索实现太阳能规模化利用的有效途径。德国等欧盟国家更是把太阳能、风能等可再生能源作为替代化石燃料的主要替代能源大力扶植和发展。美国则掌握了光伏发电高效转化的技术，并已经在太阳能热发电方面实施了工程化，美国的能源新政则强力推动了太阳能等可再生能源的深入研发和规模应用。

太阳能利用研究领域的发展规律如下：

（1）太阳能利用的多学科交叉特点。太阳能利用与物理、化学、光学、电学、机械、材料科学、建筑科学，生物科学、控制理论、数学规划理论、气象学等学科有着密切联系，是综合性强，学科交叉特色鲜明的研究领域。在学科交叉过程中，还可能形成新的学科和研究方向。

（2）太阳能利用向高效化和低成本化发展。由于太阳能能量密度低，且因阴晴雨雪和昼夜、季节变化存在间歇性，同时能量转换设备复杂多样，只有通过提高效率来实现太阳能的经济利用和规模利用，因此提高转换效率一直是研究的重点。而转换效率的提高与热力学第二定律的极限效率有关。另外,在现有技术条件下,通过采用廉价的材料、简便的工艺流程实现效率不降低的低成本化太阳能利用也是研究的重要方向。

(3)太阳能利用研究存在多技术路径相互竞争,相互补充。从太阳能发电到太阳能制冷,都存在多种技术路径实现。以太阳能制冷为例,存在吸收、吸附、固体除湿、液体除湿等多条技术路径。它们存在一定的竞争关系,但不是简单的竞争关系,各有特点,应用场合各有不同,并存在一定互补作用。因此,应鼓励多种技术路径的研究。

(4)太阳能利用多个环节相互匹配、优化。从太阳能的收集、到蓄存、到利用,存在时间、空间上、容量上的差异。根据应用的不同,如使用量、能量使用品位、稳定性、经济性等,需要通过工作参数、技术路径、设备的选取,满足不同的需求,并获得尽量高的效益。

(5)太阳能利用与其他可再生能源、化石能源的互补、优化。由于太阳能供给受到气候的影响,并存在昼夜差异及季节性差异,需要与其他可再生能源或化石能源共同使用,实现可靠稳定的能源供给。因此,以太阳能为主要能源,多能互补的高效能源系统也是重要的研究领域,其目标往往是太阳能利用分数的最大化。

太阳能转换和利用经历了示范利用,特殊场合利用,局部利用,到普及利用和规模化利用的多个阶段。各国科研人员主要研究方向可以分为两大类:一是面向太阳能规模化利用的关键技术;二是探索太阳能利用新方法、新材料,发现和解决能量转化过程中的新现象、新问题,特别是开展基于太阳能转化利用现象的热力学优化、能量转换过程的高效化、能量利用装置的经济化等问题。

4.3.2 生物质能

所有含有内在化学能的非化石有机物质都称为生物质,包括各类植物和诸如城市生活垃圾、城市下水道淤泥、动物排泄物、林业和农业废弃物以及某些类型的工业有机废弃物。

从广义上讲,生物质能是直接或间接来源于太阳能,并以有机物形式存储的能量,是一种可再生、天然可用、富含能量、可替代化石燃料的含碳资源。由于生物质的产生和转化利用构成了碳的封闭循环,其碳中性的特点将对减缓全球气候变化问题具有重要作用。此外,生物质还有污染物质少(含硫、含氮量较小),燃烧相对清洁、廉价,将有机物转化为燃料可减少环境污染等优点。

地球每年通过绿色植物光合作用产生的生物质总量约为 1 400~1 800 亿吨(干重),含有的能量相当于目前世界总能耗的 10 倍。中国作为世界上最大农业国,具有丰富的生物质能资源,其主要来源有农林废弃物、粮食加工废弃物、木材加工废弃物和城市生活垃圾等。农林业废弃物是我国生物质资源的主体,我国每年产生大约 6.5 亿吨农业秸秆,加上薪柴及林业废弃物等,折合能量 4.6 亿吨标准煤,预计到 2050 年将增加到 9.04 亿吨,相当于 6 亿多吨标准煤。我国每年的森林耗材达到 2.1 亿立方米,折合 1.2 亿吨标准煤的能量。另外,全国城市生活垃圾年产量已超过 1.5 亿吨,到 2020 年年产生量将达 2.1 亿吨,如果将这些垃圾焚烧发电或填埋气发电,可产生相当于 500 万吨标准煤的能源,还能有效地减轻环境污染。

作为一种传统能源,生物质能源在人类发展历史上占有重要地位。目前从全球角度看,生物质能源依然占可再生能源消费总量的 35%以上,占一次能源消耗的 15%左右,但是主要还是通过传统的低效燃烧模式利用,如能全面利用现代的先进高效生物质能转化利用技术将大大提升生物质能在可再生能源以及一次能源中所占份额和地位。鉴于生物质巨大的资源潜力以及大多数生物质资源客观上属于未能被完全开发利用的废弃物，可以预计短期内生物质能源最有可能成为率先实现大规模利用的新能源品种。

生物质转化成有用的能量有多种不同的途径或方式，当前主要采用两种主要的技术，即热化学技术和生物化学技术。此外机械提取（包括酯化）也是从生物质中获得能量的一种形式。常见的热化学技术包括三种方式，即燃烧、气化和液化。常见的生物化学技术包括乙醇发酵、沼气发酵和微生物制氢等技术。通过以上方式，生物质能被转化成热能或动力、燃料和化学物质。

4.3.3　氢能

氢能是指以氢及其同位素为主导的反应中或氢在状态变化过程中所释放的能量。它可以产生于氢的热核反应，也可来自氢与氧化剂发生的化学反应。前者称为热核能或聚变能，其能量非常巨大，通常属核能范畴；后者称为燃料反应的化学能，就是人们通常所说的氢能。

氢作为能源，具有许多优点：

(1)所有元素中，氢的质量最轻，它是除核燃料外发热量最大的燃料，它的高位发热量为142.35 kJ/kg，是汽油发热值的3倍；

(2)氢是自然界中存在最丰富的元素，据估算它构成了宇宙质量的75%，在地球上，自然氢存在的量极其稀少，但氢元素却非常丰富，水是最丰富的含氢物质，其次是各种化石燃料（天然气、煤和石油等）及各种生物质等；

(3)氢本身无毒，与其他燃料相比，氢气和大气中的氧气燃烧或反应后，只生成水，因而清洁无污染；

(4)氢的燃烧性能好，点燃快，与空气混合时有广泛的可燃范围，而且燃点高，燃烧速度快；

(5)氢能利用形式多样，即可通过燃烧产生热能，在燃气轮机、内燃机等热力发动机中产生机械功，又可以作为燃料用于燃料电池；

(6)氢可以以气态、液态或固态形式、金属氢化物形式和吸附氢等形式存在，因此能适应储运及各种应用环境的不同需求。

氢能和电能一样，没有直接的资源蕴藏，都需要从别的一次能源转化得到，所以，氢能是一种二次能源。与电和热等载能体相比，氢最大的特点是可以大规模地以化学能形式储存。作为一种二次能源，氢能具有的优势和对能源可持续发展支持的潜力是多方面的。氢能不仅对未来长远的能源系统（聚变核能和可再生能源为主）具有巨大意义，而且对人类仍将长期依赖的化石能源系统也具有重要的现实意义。氢能体系的内涵可理解为建立在氢能制备、储存、运输、转换及终端利用基础上的能源体系。在这样的体系中，氢作为能源载体，成为能源流通的货币或商品，氢能既是与电力并重而又互补的优质二次能源，又可以直接应用于各种动力或转化装置的终端燃料能源，渗透并服务于社会经济的各个方面。

鉴于氢能在未来能源格局中的重要作用，许多国家都在加紧部署、实施氢能战略，如美国针对运输机械的“FreedomCAR”计划和针对规模制氢的“FutureGen”计划，日本的“NewSunshine”计划及“We-NET”系统，欧洲的“Framework”计划中关于氢能科技的投入也呈现指数式上升的趋势。

常规一次能源供应不足、液体燃料短缺、化石能源利用造成的严重污染、CO_2减排压力以及农村边远地区用能问题等已使我国能源系统面临多重压力。我国能源发展战略明确提出：

“要在提高能源利用效率、清洁使用化石能源、减少环保压力的同时，调整能源结构，增加替代能源，实现可持续发展。”因此，从完全依赖化石能源到使用可再生能源是我国能源结构调整的必经之路。

氢能系统建立的源头既可依赖于化石资源，也可依赖于可再生能源。而在化石资源向可再生能源过渡的过程中，除源头改变以外，其他环节包括氢的分离、输运、分配、储存、转化和应用等均不需要改变。因此，借助氢能可实现化石能源体系向可再生能源体系的平稳过渡，而不对能源体系产生太大的波动。可以认为，氢能是连接化石能源向可再生能源过渡的重要桥梁，必将从根本上为解决国家未来能源供给和环境问题发挥重要作用。

21 世纪人类将迈入氢经济时代，然而要真正实现氢作为能源的广泛使用，还需要解决氢的规模生产、储存、输运及高效转化利用等一系列关键科学技术问题。从世界氢能迅猛发展的势头看，21 世纪前 20～40 年将是各种氢能关键技术商品化和产业化的重要阶段，其技术实用性和生产成本等都将取得重大突破。

水是地球上氢含量最丰富的物质之一，而且分解产物只有氢和氧，是理想的制氢原料。从热力学上讲，水作为一种化合物是十分稳定的，要使水分解需要外加很高的能量，由于受到热力学的限制，采用热催化方法很难实现。但是水作为一种电解质又是不稳定的，理论计算表明，在电解池中将一分子水电解为氢和氧仅需要 1.23 eV，因此水解制氢主要是通过电解完成的。现在水解制氢的方法主要有电解水制氢和光解水制氢两大类。

(1)电解水制氢技术经过 200 年的发展已相当成熟，目前世界氢产量中有 4％来源于电解水。但由于目前的电能还主要来自化石能源等，发电效率较低，约为 35％～40％，而工业电解水的效率在 75％左右，因而总的电解水产氢效率为 26％～30％，最高不超过 40％。要想使电解水成为未来主要的产氢途径，降低电解水的能量消耗以及降低电价是两种重要方法。

目前，这方面的研究包括利用天然气协助水蒸气电解、添加离子活化剂电解水以及利用可再生能源发电电解水等。

(2)光解水制氢。太阳能是最为清洁而又取之不尽的自然能源，光解水制氢是太阳能光化学转化与储存的最佳途径，意义十分重大。然而，利用太阳能光解水制氢却是一个十分困难的研究课题，有大量的理论与工程技术问题需要解决。太阳能分解水制氢可以通过两种途径来进行，即光电化学电池法和半导体光催化法。美国能源部为太阳能光解水制氢研究提出的效率目标为 15％，成本目标为 10～15 美元/百万英制热量单位(MBTU)，目前的研究尽管已取得很大进展，但是太阳能的利用率仍低于美国能源部提出的商业化可行的 10％的转化效率基准点，研制高效、稳定、廉价的光催化材料及反应体系是突破的关键。

从长远来看，水解制氢是化石燃料制氢的理想替代技术。利用太阳能进行光解水制氢和电解水制氢的关键因素是光能转换效率和成本问题。今后的研究主要着眼于：设计和研制高效、稳定的催化材料和半导体材料；深入探讨光催化过程中的电荷分离、传输及光电转化等机理问题；大力开展可再生能源发电的研究，不断降低发电成本。

总之，目前国际上氢能制备技术的发展趋势是：提供更为先进的廉价小规模现场制氢与纯化技术是建立加氢站和提供分散氢源的重要需求；提供先进的氢能制备技术并实现 CO_2 近零排放是氢能制备环节未来的发展重点；从更长远角度考虑，以可再生能源制氢，是最终替代化石能源，从而解决能源和环境问题的根本出路；充分利用各种资源(包括化石能源、核能和可再生能源)，不断开发出低成本、高效率的制氢方法是制氢技术发展趋势。

4.3.4　可燃冰

天然气水合物(NGH)是天然气在一定温度和压力下与水作用生成的非固定化学计量的笼型晶体化合物，1 m^3 的 NGH 可储存 150～180 m^3 的天然气(标态下)，因其遇火可燃烧，俗称“可燃冰”。自然界中的 NGH 均蕴藏于陆地永冻土下和水深大于 300 m 的海底沉积物中，天然气储量大、分布广、能量密度高，因此 NGH 以资源丰富、优质、洁净等特点，被视为 21 世纪新能源。全球 NGH 中有机碳约占全球有机碳的 53.3%，蕴藏量约为现有地球化石燃料(石油、天然气和煤)总碳量的 2 倍，是缓解能源危机成为石油、天然气的最有力替代能源。

NGH 作为新能源其基本范畴包含资源勘探、资源评价、成藏机制、基础物性、开采、储运、环境影响以及应用等。NGH 不仅能够解决世界能源需求的压力，而且可为很多行业提供丰富的资源，主要涉及储运、气体分离、发电、制造业、公共建筑、公共交通等方面，是一个综合、交叉的能源资源。

为缓解能源供需矛盾，NGH 资源的勘探、开发和利用是全球新世纪的重要战略选择。NGH 资源开采与应用将为世界提供可持续发展能源资源，建立低成本、洁净的能源系统，在确保世界能源安全，减少温室气体排放，降低污染，保护环境方面具有重要的战略地位。美国、日本、印度、韩国、俄罗斯、加拿大、德国、墨西哥等国家从国家能源安全角度考虑，将 NGH 列入国家重点发展战略，先后制订了 NGH 的国家研究和发展计划，纷纷投入巨资开展 NGH 的基础和应用基础研究。美国和日本分别制定了 2015 年和 2016 年进行商业试开采的时间表。我国南海及青藏高原永冻土带富藏 NGH 资源，现已成功取样，其资源的商业开采势在必行。

本章小结

本章应重点掌握的知识内容如下：

(1)体积功计算　$W_{体} = -p_{外}\Delta V$。

(2)热力学第一定律　$\Delta U = Q + W$。

(3)反应热

恒容反应热：$Q_v = \Delta U$；(使用条件：恒容，封闭体系，只做体积功)

恒压反应热：$Q_p = \Delta H$。(使用条件：恒压，封闭体系，只做体积功)

(4)盖斯定律：化学反应的热效应只与体系始态和终态有关，与具体过程无关。即热化学方程式可像代数式那样进行加减运算。

(5)标准摩尔反应焓变的计算

$$\Delta_r H_m^\theta(T) = \sum_{B}^{产物} \nu_B \times \Delta_f H_{m,B,T}^\theta - \sum_{B}^{反应物} |\nu_B| \Delta_f H_{m,B,T}^\theta$$

习题与思考题

1. 在 298 K 时，一定量 H_2 的体积为 15 L，此气体

(1)在恒温下，反抗外压 50 kPa，一次膨胀到体积为 50 L；

(2)在恒温下，反抗外压 100 kPa，一次膨胀到体积为 50 L。

计算两次膨胀过程的功。

2. 计算下列情况体系热力学能的变化。

(1)体系放出 2.5 kJ 的热量，并对环境做功 500 J。

(2)体系放出 650 J 的热量，并且环境对体系做功 350 J。

3. 1 mol 理想气体，经过恒温膨胀、恒容加热、恒压冷却三步，完成一个循环后回到原态。整个过程放热 100 J，求此过程的 W 和 ΔU。

4. 在下列反应中能放出最多热量的是哪一个？

(1)$CH_4(l)+2O_2(g)=CO_2(g)+2H_2O(g)$

(2)$CH_4(g)+2O_2(g)=CO_2(g)+2H_2O(g)$

(3)$CH_4(g)+2O_2(g)=CO_2(g)+2H_2O(l)$

(4)$CH_4(g)+\frac{3}{2}O_2(g)=CO(g)+2H_2O(l)$

5. 求证恒温、恒压条件下，对于理想气体物质进行的化学反应有：

$$\Delta H=\Delta U+\Delta n\cdot RT$$

6. 在 373 K 和 101.325 kPa 下，1 mol $H_2O(l)$体积为 0.018 8 L，水蒸气为 30.2 L，水的汽化热为 2.256 $kJ\cdot g^{-1}$，试计算 1 mol 水变成水蒸气时的 ΔH 和 ΔU。

7. 由附录二查出 CH_4，CO，$H_2O(g)$和 CO_2 的标准生成焓，计算 25 ℃，100 kPa 条件下，1 m^3 CH_4和 1 m^3 CO 分别燃烧的反应热效应各为多少？

8. 甘油三油酸酯是一种典型的脂肪，当它被人体代谢时发生下列反应：

$$C_{57}H_{104}O_6(s)+80O_2(g)=57CO_2(g)+52H_2O(l)$$

$$\Delta_r H_m^\theta=-3.35\times10^4\ kJ\cdot mol^{-1}$$

问消耗这种脂肪 1 kg 时，将有多少热量放出。

9. 已知下列热化学方程式：

$Fe_2O_3(s)+3CO(g)=2Fe(s)+3CO_2(g)$，　$\Delta_r H_m^\theta=-24.8\ kJ\cdot mol^{-1}$

$3Fe_2O_3(s)+CO(g)=2Fe_3O_4(s)+CO_2(g)$，　$\Delta_r H_m^\theta=-47.2\ kJ\cdot mol^{-1}$

$Fe_3O_4(s)+CO(g)=3FeO(s)+CO_2(g)$，　$\Delta_r H_m^\theta=19.4\ kJ\cdot mol^{-1}$

不用查表，计算下列反应的 $\Delta_r H_m^\theta$：

$$FeO(s)+CO(g)=\!=\!=Fe(s)+CO_2(g)$$

第五章 化学反应基本原理

教学要点	学习要求
自发反应与熵	了解自发反应的特征与放热趋势，掌握熵的相关定义和化学反应熵变的计算，理解熵的热力学意义和自发反应的方向的熵变判据
吉布斯函数变与反应方向	了解吉布斯函数变的来历，掌握 $\Delta_f G_m^\theta$ 的定义及与 $\Delta_r G_m^\theta$ 的关系，掌握不同温度下及非标准条件下 $\Delta_r G_m$ 的计算，理解吉布斯函数的热力学含义及自发方向的判断依据
化学平衡与移动	掌握化学平衡的意义、标准平衡常数的特征和计算，掌握浓度、压力和温度对化学平衡的影响，理解平衡在自然规律中的普适性
化学反应速率	了解碰撞理论的相关概念和过渡状态理论的思想，掌握浓度、温度、催化剂对化学反应速率的影响规律，理解化学热力学与化学动力学的区别和联系

案例导入

合成氨反应是目前为大多数人所熟识的工业化反应之一，最早提出可供工业生产的合成氨方法的是德国化学家哈伯(Harber)。他因氨合成法的重大发明荣获 1918 年的诺贝尔化学奖，又因第一次世界大战中发明毒气并首开化学战而受到后人的谴责。

合成氨反应　　$N_2(g) + 3H_2(g) = 2NH_3(g)$

298 K 时，$\Delta_r G_m^\theta = -33.0\ kJ \cdot mol^{-1}$，即标准状态下反应可以自发进行，$K^\theta = 6.1\times10^5$。

800 K 时，$\Delta_r G_m^\theta = 66.76\ kJ \cdot mol^{-1}$，即标准状态下反应不能自发进行，$K^\theta = 4.4\times10^{-5}$。

由以上数据可知，合成氨反应在标准状态下是低温自发，高温不自发的反应，且升高温度平衡常数大大降低，不利于提高产率。但温度低时反应速率太慢，不利于大规模工业化生产。怎么办？

实际上，合成氨反应的工业化是综合考虑化学平衡、平衡移动、化学反应速率等多方面的因素，经过反复多次实验所最终得到的结果。下面就让我们简单了解一下哈伯的研究过程，并由此见证理论化学在实践成功道路上所发挥的重要指导作用。

从 1901 年开始，哈伯和同事就在实验室中开始了合成氨的实验。他们先是按照传统的方法，让氢气和氮气在常温常压下进行反应，却怎么也得不到氨气(为什么？同学们可在本章学习中思考解答)。后来，他们通过电火花引发该反应(这是哈伯在美国参观时得到的启示)，结果有微量的氨产生。既然电火花产生的暂时高温可以引发反应，那么用强热的方法是否可以得到较多的氨呢？按照这一思路，他们采取了高温加热的方法。可以预见，由于前面阐述的理论结果，实验失败了。但是，这并没有阻止哈伯他们的研究脚步。19世纪末和20世纪初，化学的新领域——物理化学的研究取得了巨大进展。可逆反应、化学平衡的概念相继提出，哈伯由此得到了很大启发，他认识到固守陈规是没有希望的，必须从化学平衡的新角度去另辟蹊径。

他们计算了合成氨反应的平衡常数和生产氨的平衡浓度，并发现高温不利于反应产率的提高，必须改变原有的反应条件。这时哈伯得到了一份法国科学院的院刊，其中一篇文章报道了法国科学家吕·查得里在高温高压条件下合成氨时反应器发生爆炸的事故。实际上，吕·查得里是第一位研究合成氨反应的科学家，他在1900年，根据理论推算，认为该反应能在高压下进行。但他在实验时，不慎在氮、氢混合气体中混进了一些空气，以致实验时发生爆炸。遗憾的是，他没有认真查明事故原因，就此停止了该项研究。

从吕·查得里的实验中，哈伯受到了启示，决定从加高压和选择高效催化剂入手，提高合成氨的产率，实验研究取得了很大进展。1909年7月（有的材料认为是1906年），在500～600℃的高温和17.5～20.0 MPa的高压下，以锇-铀为催化剂，终于得到浓度为8%的氨，实验取得了有价值的突破。哈伯还提出了"循环"的新概念，即将氨冷凝分离出来，而将未反应的氮和氢重新作为原料。

在科技发展的今天，根据物理化学中有关反应原理方面的知识，我们很容易发现哈伯的实验结果非常合理。对于合成氨反应，加压可以使平衡向产物方向移动，移走产物同样可以使平衡向生成产物的方向移动，加热和加入催化剂都有利于提高反应速率。这一反应的成功实现带来了巨大的经济效益和社会效益，是20世纪初化学的一个重大成就，因此哈伯获得了诺贝尔化学奖。

一个看似简单的化学反应，在实现工业化的过程中却经历了许多次的失败。哈伯和他的助手历时几年，做了两万多次实验，才获得成功，从中也可以看到理论所发挥的重要指导作用。

5.1 自发反应与熵

在人类生活中，吃穿问题是最基本的问题。那么，食物和纺织品是否可用易得的原料通过化学反应大量生产呢？

穿的问题：

$$n\,\overset{R_1}{\overset{|}{HC}}=\overset{R_2}{\overset{|}{CH}} \longrightarrow -\!\!\left(\underset{H}{\underset{|}{\overset{R_1}{\overset{|}{C}}}}-\underset{H}{\underset{|}{\overset{R_2}{\overset{|}{C}}}}\right)_n\!\!-$$

由有机小分子合成有机高分子聚合物。

吃的问题：

$$6CO_2+6H_2O=6O_2+C_6H_{12}O_6$$

由 CO_2 和 H_2O 反应生成葡萄糖、淀粉。

大量实验结果表明，第一个反应是可以自发进行的，可以用石油为原料大量生产腈纶、氯纶、丙纶、涤纶等等合成纤维。现在合成纤维的产量已超过了天然纤维的产量，人类穿的问题可以通过化工生产来解决。但是第二个反应不能自发进行，所以如何用理论来判断某个反应在一定条件下能否自发进行，显得非常重要。

5.1.1　自发反应及其热效应

在一定条件下，系统不需要任何外力，自动地从一个状态改变到另一个状态的过程叫作自发过程。自发过程在自然界中大量存在，可以是物理过程，也可以是化学过程。例如，高处的水可以自发地流向低处，高度差或势能差是此过程自发进行的推动力。又如，将一滴墨水滴在一杯清水中，过一段时间，墨水就会自发地扩散到整杯水中，一杯水都变了颜色。再如，以下的化学反应都是可以自发进行的：

$$H^+(aq)+OH^-(aq)=H_2O(l)$$

$$C(s)+O_2(g)=CO_2(g)$$

$$Zn(s)+2H^+(aq)=Zn^{2+}(aq)+H_2(g)$$

自发过程有以下特点：

(1)自发过程有方向性。任何自发过程都是不可逆的，也就是说，自发过程的逆过程是不自发的。水可以自发地从高处往低处流，而不可以自发地由低处向高处流。墨水可以自发地扩散，却不能自发地聚集。酸和碱可以自发地反应生成盐和水，盐和水却不可以自发地转变为酸和碱。

(2)自发过程通过一定装置可以做功。例如，利用水位差可以发电，利用氧化还原反应可以组成原电池，等等。

(3)自发过程只能进行到一定限度。这个限度就是平衡态。当水位差等于零时，水就不再流动；当溶液浓度均匀时，扩散过程就不再进行。

既然自发过程有方向性，有一定限度，那么，这个方向和限度如何确定呢？特别是能自发进行的化学反应方向和限度该如何确定呢？

早在19世纪，有些化学家就希望找到一种能用来判断反应方向的依据。他们在对自发反应的研究中发现，许多自发反应都是放热的，如：

$$H^+(aq)+OH^-(aq)=H_2O(l),\quad \Delta_r H_m^\theta=-55.8\ \text{kJ}\cdot\text{mol}^{-1}$$

$$C(s)+O_2(g)=CO_2(g),\quad \Delta_r H_m^\theta=-393.5\ \text{kJ}\cdot\text{mol}^{-1}$$

$$Zn(s)+2H^+(aq)=Zn^{2+}(aq)+H_2(g),\quad \Delta_r H_m^\theta=-153.9\ \text{kJ}\cdot\text{mol}^{-1}$$

1878年，法国化学家贝特洛(M. Berthelot)和丹麦化学家汤姆森(J. Thomsen)曾提出，自发的化学反应趋向于使系统放出最多的热。于是有人试图用反应的热效应或焓变作为反应自发进行的判断依据。

但是随后的研究又发现，有些吸热的过程或反应也能自发进行。例如：

(1)$H_2O(s) = H_2O(l)$，$\Delta_r H_m^\theta>0\ \text{kJ}\cdot\text{mol}^{-1}$，温度高于273 K时，冰可自发地变成水；

(2)NH_4Cl的溶解：$NH_4Cl=NH_4^+(aq)+Cl^-(aq)$，$\Delta_r H_m^\theta=9.76\ \text{kJ}\cdot\text{mol}^{-1}$，在一定条件下均能自发进行；

(3)工业上煅烧石灰石的反应：

$CaCO_3(s)=CaO(s)+CO_2(g)$，$\Delta_r H_m^\theta>0\ \text{kJ}\cdot\text{mol}^{-1}$，在100 kPa和1 183 K(即910℃)时，$CaCO_3$能自发且剧烈地进行热分解生成CaO和CO_2。

显然，这些情况不能仅用反应或过程的焓变来解释。这表明在给定条件下要判断一个反应或过程能否自发进行，除了焓变这一重要因素外，还有其他因素。放热只是有助于反应自发进行的因素之一，而不是唯一的因素。

5.1.2 熵与自发反应的方向

(一)混乱度、熵与微观状态数

转换研究角度，发现还有许多自发过程与系统混乱度增加密切相关。例如气体的自发扩散、墨水在水中的自发扩散等，但让扩散了的气体或液体再自发地返回扩散前的状态是不可能的。日常生活或工作中，类似的例子随处可见，如冰的融化、水的蒸发、固体物质在水中的溶解、难溶氢氧化物溶于酸等。这表明过程能自发地向着混乱度增加的方向进行，或者说系统有趋向于最大混乱度(或无序度)的倾向。系统混乱度增大，有利于过程自发地进行。

化学反应系统是一种热力学系统，热力学系统是由大量粒子组成的。这些粒子是微观粒子，但微观粒子的性质必然反映在宏观性质上。或者说，热力学系统的宏观性质是和系统中微观粒子的微观性质相关联的。例如，图 5-1(a)左面的烧瓶中是 O_2，右边的烧瓶中是 N_2。打开活塞后，两边的气体经过一段时间后会完全混合(见图 5-1(b))，这时混乱度增大，系统达到稳定状态。反过来，图(b)中的混合气体(O_2 和 N_2)不会自发地变成图(a)中的分离状况，因为 O_2 和 N_2 分开后，系统的混乱度减小，混乱度小的系统不稳定。

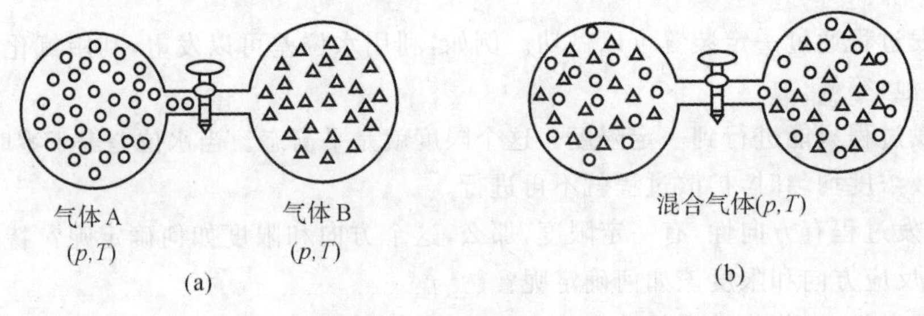

图 5-1　理想气体在恒温恒压下的混合过程

体系中微观粒子的混乱度可用“熵”(Entropy)来表达，或者说熵是体系内物质微观粒子的混乱度(Ω)的量度，用符号 S 表示。1878 年，玻尔兹曼(L. E. Boltzman)提出了微观粒子状态数与 S 之间的定量关系式(也叫玻尔兹曼公式)：

$$S = k\ln\Omega \tag{5-1}$$

它表明熵是体系混乱度的量度。体系的混乱度小或处在较有秩序的状态，其熵值小；混乱度大或处在较无秩序的状态，其熵值大。系统的状态一定，其混乱度的大小就一定，相应地必有一个确定的熵值，因此，熵也是一个状态函数，是一个反映系统中微观粒子运动混乱度的物理量。

(二)标准摩尔熵及标准摩尔熵变

系统内物质的微观粒子的混乱度与物质的聚集态和温度等有关。可以设想，在绝对零度时，纯物质的完整晶体中粒子都在晶格上整齐排列，微观状态数为 1，与这种状态相对应的熵值应为零。即“绝对零度下，一切纯单质和化合物的完整晶体的熵值为零”，这就是热力学第三定律。热力学第三定律只是理论上的推断，因为至今，我们还不能达到绝对零度。以此为基准可以确定其他温度下物质的熵。

如果将某纯净物质从 0 K 升温到 T K，那么该过程的熵变 ΔS 为

$$\Delta S = S_T - S_0 = S_T$$

式中，S_T 称为该物质的绝对熵）。在某温度下（通常为 298 K），1 mol 某物质 B（$\nu_B=1$）在标准状态（$p^\theta=100$ kPa）下的规定熵为标准摩尔熵，以符号 S_m^θ(B，相态，T)表示，单位为 $J \cdot mol^{-1} \cdot K^{-1}$。显然，所有物质（包括单质）在 298 K 下的标准摩尔熵 S_m^θ(B，相态，T)均大于零。这与单质的标准摩尔生成焓 $\Delta_f H_m^\theta$ 为 0 不同。但与标准摩尔生成焓相似的是，对于水合离子，因同时存在正、负离子，规定 298 K 时，处于标准状态下水合 H^+ 的标准摩尔熵值为零，即 $S_m^\theta(H^+, aq, 298\ K)=0$，从而得出其他水合离子在 298.15 K 时的标准熵（相对值），见附录二。

通过对一些物质的标准摩尔熵值的分析，可得出一些规律：

(1)熵与物质的聚集状态有关。同一物质在同一温度时，气态熵值最大，液态次之，固态最小，即 $S_m^\theta(B, s, 298\ K) < S_m^\theta(B, l, 298\ K) < S_m^\theta(B, g, 298\ K)$。

(2)同一物质同一聚集状态时，其熵值随温度的升高而增大，即 $S_{高温} > S_{低温}$。

(3)温度、聚集态相同时，分子结构相似且相近的物质，其 S_m^θ 相近。

如 $S_m^\theta(CO, g, 298\ K)=197.7\ J \cdot mol^{-1} \cdot K^{-1}$，$S_m^\theta(N_2, g, 298\ K)=191.6\ J \cdot mol^{-1} \cdot K^{-1}$。

(4)分子结构相似，但相对分子质量不同的物质，其 S_m^θ 随相对分子质量的增大而增大。如气态卤化氢的 S_m^θ 依 HF(g)，HCl(g)，HBr(g)顺序增大（见附录二）。

(5)就固体而言，较硬的固体（如金刚石）要比较软的固体（如石墨）的熵值低。S_m^θ(C，金刚石，298 K)$<S_m^\theta$(C，石墨，298 K)。

(6)同一聚集态，混合物或溶液的熵往往比相应的纯物质的熵值增大，即 $S_{混合} > S_{纯净物}$。

可见，物质的标准摩尔熵与聚集态、温度及其微观结构密切相关。根据以上规则，可得出一条定性判断过程熵变的有用规律：对于物理或化学变化而言，如果一个过程或反应导致气体分子数增加，则熵值变大，即 $\Delta S>0$；反之，如果气体分子数减小，则 $\Delta S<0$。

因为熵是状态函数，所以，一个化学反应前后的熵变就等于生成物的绝对熵与系数的乘积的总和减去反应物的绝对熵与系数乘积的总和，即

$$\Delta_r S_m^\theta = \sum_B (\nu_B S_m^\theta)_{产物} - \sum_B (|\nu_B| S_m^\theta)_{反应物} \qquad (5-2)$$

例 5-1　计算 298 K 下反应 $2H_2(g)+O_2(g) \longrightarrow 2H_2O(l)$的熵变 $\Delta_r S_m^\theta$。

解：查附录二得到各物质的标准摩尔熵如下：

	$2H_2(g)$	$+\ O_2(g)$	$\longrightarrow 2H_2O(l)$
$S_m^\theta/(J \cdot mol^{-1} \cdot K^{-1})$	130.7	205.5	70.0

$$\Delta_r S_m^\theta = 2S_m^\theta(H_2O, l) - [2S_m^\theta(H_2, g) + S_m^\theta(O_2, g)]$$

$$= 2\times70.7 - (2\times130.7+205.5) = -326.9\ (J \cdot mol^{-1} \cdot K^{-1})$$

（三）自发方向的熵判据

热力学研究结果表明：孤立体系中，自发过程总是朝着熵增加的方向进行，直到体系达到平衡，这叫作熵增加原理。根据这一原理，我们可以推导出适用于孤立系统的熵判据：

$\Delta S_{孤}>0$，过程或反应正向自发；

$\Delta S_{孤}=0$，过程或反应体系处于平衡态；

$\Delta S_{孤}<0$，过程或反应正向不自发。

虽然根据 $\Delta S_{孤}>0$ 也可判断一个反应的自发性，但是求算 $\Delta S_{孤}$ 要同时考虑系统与环境的熵变（$\Delta S_{孤}=\Delta S_{系统}+\Delta S_{环境}$），且环境的熵变要单独计算。在通常情况下，化学反应都是在

恒温恒压条件下进行的，也不是孤立系统，因而要准确判断反应的自发性，应该引出一个新的使用更为方便的状态函数来判断反应自发进行的方向。

例 5-2 计算 298.15 K 下 $CaCO_3$（文石）热分解反应的 $\Delta_r S_m^\theta$ 和 $\Delta_r H_m^\theta$，并初步分析该反应的自发性。

解：查附录二得到 298.15 K 下各物质的 S_m^θ 和 $\Delta_f H_m^\theta$

	$CaCO_3(s)$	$=CaO(s)$	$+\ CO_2(g)$
$\Delta_f H_m^\theta/(kJ\cdot mol^{-1})$	$-1\,207.8$	-634.9	-393.5
$S_m^\theta/(J\cdot mol^{-1}\cdot K^{-1})$	88	38.1	213.8

$$\Delta_r H_m^\theta=[\Delta_f H_m^\theta(CO_2,g)+\Delta_f H_m^\theta(CaO,s)]-\Delta_f H_m^\theta(CaCO_3,s)$$
$$=(-393.5)+(-634.9)-(-1\,207.8)=179.4\ kJ\cdot mol^{-1}$$
$$\Delta_r S_m^\theta=[S_m^\theta(CO_2,g)+S_m^\theta(CaO,s)]-\Delta S_m^\theta(CaCO_3,s)$$
$$=213.8+38.1-88=163.9\ J\cdot mol^{-1}\cdot K^{-1}$$

298.15 K 下反应的 $\Delta_r H_m^\theta$ 为正值，表明此反应为吸热反应，从系统倾向于取得能量这一因素来看，吸热不利于反应自发进行。但此温度下反应的 $\Delta_r S_m^\theta$ 为正值，表明反应过程中系统的熵值增大，从系统倾向于取得最大混乱度这一因素来看，熵值增大有利于反应的自发进行。可见，根据 $\Delta_r H_m^\theta$ 或 $\Delta_r S_m^\theta$ 还不能简单地判断这一反应的自发性，应将它们综合考虑。

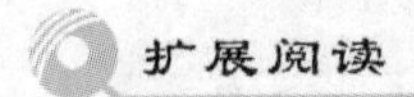

热寂论与现代大爆炸理论

热力学发展的初期，鲁道夫·尤利乌斯·埃马努埃尔·克劳修斯(Rudolf Julius Emanuel Clausius，1822—1888)和威廉·汤姆森(William Thomson，1824—1907)等人，把宇宙看作一个热力学的孤立体系，将熵增加原理用于宇宙，认为宇宙的能量保持不变，宇宙的熵将趋于极大值，伴随着这一进程，宇宙进一步变化的能力越来越小，一切机械的、物理的、化学的、生命的等等多种多样的运动逐渐全部转化为热运动，最终达到处处温度相等的热平衡状态，这时一切变化都不会发生了，整个宇宙都陷入停止变化、停止发展的状态即永恒死寂状态。这就是“宇宙热寂论”。

现代大爆炸宇宙学的结论与热寂论不同。它认为，如同一次规模巨大的爆炸，宇宙正在不断地膨胀，从热到冷，并非从冷到热；宇宙的演化也并不一定趋向静止稳定的平衡态，有可能趋向动态的、非稳定的、远离平衡态的非平衡状态。大爆炸理论得到包括谱线红移、微波背景辐射、各种天体氦丰度相当大、各种天体年龄均小于 200 亿年等一系列观测事实的支持，为大部分天文学家所承认；而热寂论则仅仅是一种推测。

5.2 吉布斯函数变与反应自发方向判断

金属铜制品在室温下长期暴露在流动的大气中，其表面逐渐覆盖一层黑色的氧化铜(CuO)。当此制品被加热超过一定温度后，黑色氧化铜就转变成红色氧化亚铜(Cu_2O)。在更高的温度下，红色氧化物消失。如果想人工仿古加速获得(Cu_2O 红色覆盖物，应选择在什么温度下处理？

5.2.1 吉布斯函数变及吉布斯函数变判据

为了方便，美国著名的物理化学家吉布斯(J. W. Gibbs)于1876年提出了一个综合体系焓、熵和温度三者关系的新的状态函数，称为吉布斯函数(也叫吉布斯自由能)，符号为G，其定义为

$$G \equiv H - TS$$

在恒温、恒压下发生的变化值为

$$\Delta G = \Delta H - T\Delta S \tag{5-3}$$

式(5-3)称为吉布斯等温方程式。根据能量减小原理和熵增大原理，在恒温恒压过程中且系统不做非体积功时，可以用系统的吉布斯函数变ΔG来判定反应或过程的自发性：

$\Delta G<0$，自发过程，即正向自发进行；

$\Delta G=0$，平衡状态；

$\Delta G>0$，非自发过程，即逆向自发进行。

这表明，在不做非体积功和恒温恒压条件下，任何自发变化总是系统的吉布斯函数变减小(即$\Delta G<0$)。这一判据可用来判断封闭系统中反应进行的方向。

因为一般化学反应都是在恒压条件下进行的，而计算ΔG时只需利用系统的ΔH和ΔS，所以通过ΔG来判别反应自发进行的方向要方便得多。G具有以下性质：

(1)G是状态函数。

因为$G=H-TS$，其中H，T，S都是状态函数，所以G也是状态函数。ΔG的数值只与体系的始态和终态有关，而和途径无关。

(2)ΔG是体系做有用功的量度。

反应或过程的焓变可以分成两部分能量：一部分用来维持体系温度和改变体系的混乱度，这部分能量不能用来转变成另外一种能量形式，所以这部分能量叫作束缚能；另一部分焓变是能用于做有用功的能量，即ΔG。

(3)ΔG是自发过程的推动力。

从ΔG判据可以看出，在恒温、恒压、只做体积功的条件下，自发过程进行的方向是吉布斯函数减小的方向。这就是说，体系之所以从一种状态自发地变成另一种状态，是因为这两个状态之间存在着吉布斯函数的差值ΔG。就像存在温度差ΔT，会有热量传递，存在水位差Δh，会有水流动一样，ΔG也是自发过程的一种推动力。自发过程总是由G大的状态向G小的状态进行，直至$\Delta G=0$，达到平衡状态。换句话说，吉布斯函数越大的体系越不稳定，有自发向吉布斯函数小的状态转变的趋势，吉布斯函数小的状态才比较稳定。因此，吉布斯函数也是体系稳定性的一种量度。

5.2.2　反应的标准摩尔吉布斯函数变$\Delta_r G_m^\theta$及其计算

与反应的焓变一样，体系的吉布斯函数绝对值无法测量，热力学上关注的是吉布斯函数的变化值。吉布斯函数变与反应消耗的物质多少有关，也与反应进行的条件有关。

$\Delta_r G_m^\theta$称为反应的标准摩尔吉布斯函数变，热力学规定，它指的是温度一定时，当某化学反应在标准状态下按照反应计量式完成由反应物到产物的转化(即反应进度为1 mol)，相应的吉布斯函数的变化，单位为$kJ \cdot mol^{-1}$。

(一)由吉布斯公式计算 $\Delta_r G_m^\theta$

在标准状态下,式(5-3)的吉布斯等温方程可表示为

$$\Delta_r G_m^\theta = \Delta_r H_m^\theta - T\Delta_r S_m^\theta \tag{5-4}$$

利用第四章计算得到的 298.15 K 下的 $\Delta_r H_m^\theta$,$\Delta_r S_m^\theta$,可以很方便地计算出 298.15 K 下的 $\Delta_r G_m^\theta$。

例 5-3 丙烯腈是制造腈纶的原料,可以用丙烯和氨一步合成,现已知如下条件,请计算该反应在 298.15 K 时的 $\Delta_r G_m^\theta$。

	$C_3H_6(g)$ +	$NH_3(g)$ +	$\frac{3}{2}O_2(g)$ ═	$CH_2=CH-CN(g)$ +	$3H_2O(g)$
$\Delta_r H_m^\theta/(kJ\cdot mol^{-1})$	20.0	−45.9	0	184.9	−241.8
$S_m^\theta/(J\cdot mol^{-1}\cdot K^{-1})$	267	192.8	205.2	273.9	188.8

解:
$$\begin{aligned}\Delta_r H_m^\theta &= [\Delta_f H_m^\theta(C_3H_3N,g) + 3\Delta_f H_m^\theta(H_2O,g)] - [\Delta_f H_m^\theta(C_3H_6,g) + \Delta_f H_m^\theta(NH_3,g)]\\ &= [184.9 + 3\times(-241.8)] - [20.0 + (-45.9) + 0]\\ &= -514.6\ kJ\cdot mol^{-1}\end{aligned}$$

$$\begin{aligned}\Delta_r S_m^\theta &= [S_m^\theta(C_3H_3N,g) + 3S_m^\theta(H_2O,g)] - [S_m^\theta(C_3H_6,g) + S_m^\theta(NH_3,g) + \frac{3}{2}S_m^\theta(O_2,g)]\\ &= [273.9 + 3\times 188.8] - [267 + 192.8 + 1.5\times 205.2]\\ &= 72.8\ J\cdot mol^{-1}\cdot K^{-1}\end{aligned}$$

$$\begin{aligned}\Delta_r G_m^\theta(298.15\ K) &= \Delta_r H_m^\theta - T\Delta_r S_m^\theta\\ &= -514.6 - 298.15\times 0.001\times 72.73\\ &= -536.3\ kJ\cdot mol^{-1} < 0\end{aligned}$$

所以 298.15 K 能自发进行。

计算时应注意 $\Delta_r S_m^\theta$ 的单位是 $J\cdot mol^{-1}\cdot K^{-1}$,代入吉布斯公式时,单位要统一。

(二)由 $\Delta_f G_m^\theta$ 计算 $\Delta_r G_m^\theta$

热力学中规定,在温度 T、压力为 p^θ 的条件下,由最稳定单质生成 1 mol 化合物 B 时反应的标准摩尔吉布斯函数变,称为物质 B 的标准摩尔生成吉布斯函数变,记为 $\Delta_f G_m^\theta$(B,相态,T),单位为 $kJ\cdot mol^{-1}$。与前面讨论 $\Delta_f G_m^\theta$ 时的定义是一致的。显然,最稳定单质的 $\Delta_f G_m^\theta$ 也为零。目前,许多物质的 $\Delta_f G_m^\theta$ 已经被测定出来,见附录二。

附录二中列出的数据都是 298.15 K 下各物质的 $\Delta_f H_m^\theta$,S_m^θ,$\Delta_f G_m^\theta$ 值,在 298.15 K 下反应的 $\Delta_r G_m^\theta$ 可直接由公式计算:

$$\Delta_r G_m^\theta = \sum_B (\nu_B \Delta_f G_m^\theta)_{产物} - \sum_B (|\nu_B| \Delta_f G_m^\theta)_{反应物} \tag{5-5}$$

例 5-4 汽车尾气中含有毒气体 NO 和 CO,脱除这两种有毒气体的方案之一是利用以下反应:

$$NO + CO = CO_2 + \frac{1}{2}N_2$$

请利用 $\Delta_f G_m^\theta$ 数据计算该反应在 298.15 K 的 $\Delta_r G_m^\theta$。

解:
$$NO(g) + CO(g) = CO_2(g) + \frac{1}{2}N_2(g)$$

查表得各物质的 $\Delta_f G_m^\theta$ 数据

	NO(g)	CO(g)	CO_2(g)	N_2(g)
$\Delta_f G_m^\theta/(kJ \cdot mol^{-1})$	87.6	−137.2	−394.4	0

$$\Delta_r G_m^\theta = [\Delta_f G_m^\theta(CO_2, g) + \frac{1}{2}\Delta_f H_m^\theta(N_2, g)] - \Delta_f H_m^\theta(NO, g)$$

$$= [(-394.4)+0] - [(-137.2)+87.6] = -344.8\ kJ \cdot mol^{-1} < 0$$

所以 298.15 K，标准状态下，反应可自发进行。

需要指出的是，$\Delta_r G_m^\theta$ 只能判断某反应在标准状态下能否自发进行，并不能说明反应将以怎样的速率进行。$\Delta_r G_m^\theta < 0$ 的反应，可以自发进行，也可以无限小的速率进行。实际上利用该反应净化汽车尾气是很困难的，其主要原因就是化学反应速率问题，解决这个问题的方法是寻找高效低廉的催化剂。

(三)根据盖斯定律直接求 $\Delta_r G_m^\theta$

值得提及的是，由于 G 是状态函数，盖斯定律也适用于化学反应的吉布斯函数变 $\Delta_r G_m^\theta$ 的计算。

例 5-5　求算 298.15 K 时以下反应的 $\Delta_r G_m^\theta$：

$$CH_2{=}CH_2(g) + O_2(g) \longrightarrow CH_3COOH(g) \tag{1}$$

已知

$$CH_2{=}CH_2(g) + \frac{1}{2}O_2(g) \longrightarrow CH_3CHO(g), \quad \Delta_r G_m^\theta(2) = -201.4\ kJ \cdot mol^{-1} \tag{2}$$

$$CH_3CHO(g) + \frac{1}{2}O_2(g) \longrightarrow CH_3COOH(g), \quad \Delta_r G_m^\theta(3) = -241.2\ kJ \cdot mol^{-1} \tag{3}$$

解：反应(1)为反应(2)与(3)之和

$$CH_2{=}CH_2(g) + \frac{1}{2}O_2(g) \longrightarrow CH_3CHO(g)$$

$$+ \quad CH_3CHO(g) + \frac{1}{2}O_2(g) \longrightarrow CH_3COOH(g)$$

$$CH_2{=}CH_2(g) + O_2(g) \longrightarrow CH_3COOH(g)$$

所以

$$\Delta_r G_m^\theta(1) = \Delta_r G_m^\theta(2) + \Delta_r G_m^\theta(3) = (-201.4) + (-241.2) = -442.6\ kJ \cdot mol^{-1}$$

5.2.3　吉布斯公式的应用

必须注意，从热力学数据表中只能查到 298.15 K 下的 $\Delta_f H_m^\theta$，S_m^θ，$\Delta_f G_m^\theta$，但一般化学反应不可能恰巧在 298.15 K 下进行，其他温度下的反应方向如何判断？

对于其他温度下的标准态，在没有相变发生时，$\Delta_r H_m^\theta$，$\Delta_r S_m^\theta$ 随温度的变化不大，因此可近似认为：

$$\Delta_r H_m^\theta(T) \approx \Delta_r H_m^\theta(298.15\ K)$$

$$\Delta_r S_m^\theta(T) \approx \Delta_r S_m^\theta(298.15\ K)$$

所以任意温度下的 $\Delta_r G_m^\theta$ 仍可利用吉布斯公式来计算，即

$$\Delta_r G_m^\theta(T)=\Delta_r H_m^\theta(298.15\ \mathrm{K})-T\Delta_r S_m^\theta(298.15\ \mathrm{K}) \quad (5-6)$$

吉布斯公式有以下几方面的应用。

(一)判断温度对化学反应方向的影响

吉布斯公式反映了反应温度、体系的焓变、熵变和吉布斯函数变之间的关系。由于吉布斯函数变的正负决定了反应自发进行的方向,而吉布斯函数变与温度密切相关,故吉布斯公式除用于计算反应的吉布斯函数变外,还可方便地用于探讨温度与自发方向的关系。吉布斯公式也适用于非标准状态,只要焓变、熵变处于同一状态就可以。为了方便讨论,我们以标准状态为例。

根据 $\Delta_r H_m^\theta$ 和 $\Delta_r S_m^\theta$ 的数值符号不同,考虑温度对化学反应自发方向的影响时,可能有以下 4 种情况。

(1)$_r H_m^\theta<0,\Delta_r S_m^\theta>0$。这是一个放热、熵增大的过程。无论从能量最小原理,还是从熵增大原理来看,都有利于反应朝正向进行。由吉布斯公式也可看出该反应的 $\Delta_r G_m^\theta(T)$ 在任何温度下都是负值,所以反应在任何温度条件下都可以自发进行。例如:

$$C_6H_{12}O_6(s)+6O_2 = 6CO_2(g)+6H_2O(l)$$

$$H_2(g)+Cl_2(g) = 2HCl(g)$$

$$C(s)+O_2(g) = CO_2(g)$$

(2)$\Delta_r H_m^\theta<0,\Delta_r S_m^\theta<0$。这是一个放热、熵减小的过程。这时温度将起主要作用,因为只有在 $|\Delta_r H_m^\theta|>|T\Delta_r S_m^\theta|$ 时,$\Delta_r G_m^\theta<0$,所以,温度越低,对这种过程越有利。水结成冰就是这种过程的一个例子。因水结冰放出热量,$\Delta_r H_m^\theta<0$;但结冰过程中水分子变得更有序,混乱度减小,$\Delta_r S_m^\theta<0$。为了保证 $\Delta_r G_m^\theta<0$,温度不能高。在 100 kPa 下,水温低于 273.15 K 才能结冰,高于 273.15 K 时,$\Delta_r G_m^\theta>0$,结冰就不可能自发进行。这一类反应在工业生产和实际生活里大量存在。例如:

$$N_2(g)+3H_2(g)=2NH_3(g)$$

$$2H(g)=H_2(g)$$

$$CaO(s)+CO_2(g)=CaCO_3(s)$$

(3)$\Delta_r H_m^\theta>0,\Delta_r S_m^\theta>0$,这是一个吸热、熵增大的过程。要使 $\Delta_r G_m^\theta(T)$ 为负值,温度 T 必须足够大(使 $T\Delta S$ 大于 $\Delta_r H$),即高温下此类反应可自发进行。所以温度越高,对这种反应越有利。冰融化、水蒸发即属于这一类的过程。例如:

$$CaCO_3(s) = CaO(s)+CO_2(g)$$

$$2NaHCO_3(s) = Na_2CO_3(s)+CO_2(g)+H_2O(g)$$

$$2H_2O(g) = 2H_2(g)+O_2(g)$$

只有在高温时,$\Delta_r G_m^\theta<0$。

(4)$\Delta_r H_m^\theta>0,\Delta_r S_m^\theta<0$。两个因素都对自发过程不利,不管什么温度下,总是 $\Delta_r G_m^\theta>0$,所以反应不可能正向自发。在实际生活中此类反应虽不多见,但并非自然界里这类反应不多。因为不能自发进行,所以必须外加能量,如光照,这类反应才能进行。自然界中光合作用、臭氧化反应都属于这种情况。例如:

$$N_2(g)+2Cl_2(g) = 2NCl_3(g)$$

$$3O_2(g) = 2O_3(g)$$

$$6CO_2(g) + 6H_2O(l) \xlongequal{} C_6H_{12}O_6(s) + 6O_2(g)$$

上述关系的总结见表 5-1。

表 5-1　温度对化学反应方向的影响

类型	$\Delta_r H_m^\theta$	$\Delta_r S_m^\theta$	$\Delta_r G_m^\theta(T)=\Delta_r H_m^\theta - T\Delta_r S_m^\theta$	反应情况
(1)	−	+	永远是−	任何温度下,反应均自发进行
(2)	−	−	低温是−	低温时,反应自发进行
(3)	+	+	高温是−	高温时,反应自发进行
(4)	+	−	永远是+	任何温度下,反应均不自发进行

(二)估算标准状态下反应自发进行的温度——即判断化学反应的转向温度

对于 $\Delta_r H_m^\theta<0$,$\Delta_r S_m^\theta<0$,即低温下可自发进行而高温下不能自发进行的反应,或是 $\Delta_r H_m^\theta>0$,$\Delta_r S_m^\theta>0$,即高温下可自发进行而低温下不能自发进行的反应,可根据 $\Delta_r G_m^\theta \leqslant 0$ 估算出反应自发进行的温度,通常称为转向温度,即正、逆反应的转向温度 $T_{转向}$。

因为

$$\Delta_r G_m^\theta(T)=\Delta_r H_m^\theta - T\Delta_r S_m^\theta$$

所以

$$T_{转向}=\frac{\Delta_r H_m^\theta}{\Delta_r S_m^\theta} \tag{5-7}$$

这里要注意 $\Delta_r H_m^\theta$ 常用量纲是 $kJ \cdot mol^{-1}$, $\Delta_r S_m^\theta$ 常用量纲是 $J \cdot mol^{-1} \cdot K^{-1}$,计算时需要统一单位。

例 5-6　氯气分解反应的 $\Delta_r H_m^\theta=242.6\ kJ \cdot mol^{-1}$,$\Delta_r S_m^\theta=107.3\ J \cdot mol^{-1} \cdot K^{-1}$,求氯气分解反应的最低温度。

解:氯气分解反应

$$Cl_2(g) = 2Cl(g)$$

由于此反应 $\Delta_r H_m^\theta>0$,故可利用式(5-7)计算反应自发的最低温度,即

$$T>T_{转换}=\frac{\Delta_r H_m^\theta}{\Delta_r S_m^\theta}=\frac{242.6\times 1\ 000}{107.3}=2\ 261\ K$$

该反应的最低自发温度为 2 261 K。

通常情况下,分解反应都是吸热熵增的反应,存在最低分解温度,高于该温度反应的 $\Delta_r G$ 由正变负,反应自发。如 $CaCO_3$ 分解反应,温度高于 1 123 K 时,分解反应自发。

(三)估算标准状态下的相变温度及相变熵变

利用吉布斯公式,还可以计算正常相变的温度(例如标准状态下物质的凝固点和沸点)及相变的熵变。因为正常相变时两相处于平衡状态,此时 $\Delta_r G_m^\theta=0$,则

$$\Delta_r H_{m,相变}^\theta - T\Delta_r S_{m,相变}^\theta=0$$

$$T_{相变}=\frac{\Delta_r H_{m,相变}^\theta}{\Delta_r S_{m,相变}^\theta} \tag{5-8}$$

$$\Delta_r S_{m,相变}^\theta=\frac{\Delta_r H_{m,相变}^\theta}{T_{相变}} \tag{5-9}$$

因为 $\Delta_r H^\theta_{m,相变}$ 和 $T_{相变}$ 较易测定，所以常利用式(5-9)来计算 $\Delta_r S^\theta_{m,相变}$。

例 5-7 求 1 mol 水在 100 kPa 及 373 K 条件下变为水蒸气的熵变。

$$H_2O(l) = H_2O(g),\quad \Delta_r H^\theta_{m,相变} = 40.67\ \text{kJ} \cdot \text{mol}^{-1}$$

解：直接利用式(5-9)

$$\Delta_r S^\theta_{m,相变} = \frac{\Delta_r H^\theta_{m,相变}}{T_{相变}} = \frac{40.67 \times 1\,000}{373} = 109.03\ \text{J} \cdot \text{mol}^{-1} \cdot \text{K}^{-1}$$

5.2.4 非标准条件下吉布斯函数变 $\Delta_r G_m(T)$ 计算

在任意温度 T，任意压力下(即非标准状态下)，反应或过程能否自发进行，要用非标准状态下的吉布斯函数变 $\Delta_r G_m(T)$ 来判断。在实际反应中，$\Delta_r G_m(T)$ 将随着反应物和生成物的分压(对于气体)或浓度(对于溶液)的改变而改变。$\Delta_r G_m(T)$ 与 $\Delta_r G^\theta_m(T)$ 之间有一定的数学关联，其关系式可由化学热力学的相关公式推导得出。

对于温度为 T 时的任意一个反应：

$$aA + bB = gG + dD$$

可用下式表示：

$$\Delta_r G_m(T) = \Delta_r G^\theta_m(T) + RT\ln Q \tag{5-10}$$

式(5-10)称为热力学等温方程式。式中，Q 称为反应商；R 为理想气体常数，数值等于 $8.314\ \text{J} \cdot \text{mol}^{-1} \cdot \text{K}^{-1}$。

对于涉及气体的反应：

$$aA(g) + bB(g) = gG(g) + dD(g)$$

$$Q = \frac{(p_G/p^\theta)^g (p_D/p^\theta)^d}{(p_A/p^\theta)^a (p_B/p^\theta)^b} \tag{5-11}$$

式中，p_A，p_B，p_G 和 p_D 分别表示气态物质 A，B，G 和 D 处于任意条件下的分压；p^θ 为标准压力；p/p^θ 为相对分压；反应商 Q 为生成物相对分压以化学方程式中的化学计量数为指数的乘积和反应物相对分压以化学计量数绝对值为指数的乘积的比值。

对于溶液中的反应：

$$aA(aq) + bB(aq) = gG(aq) + dD(aq)$$

$$Q = \frac{(c_G/c^\theta)^g (c_D/c^\theta)^d}{(c_A/c^\theta)^a (c_B/c^\theta)^b} \tag{5-12}$$

式中，c_A，c_B，c_G 和 c_D 分别为物质 A，B，G 和 D 处于给定条件下的体积摩尔浓度；c^θ 为标准体积摩尔浓度($c^\theta = 1\ \text{mol} \cdot \text{L}^{-1}$)；$c/c^\theta$ 为相对浓度。

由式(5-11)和式(5-12)均可看出，反应商量纲为 1。如果反应式中有固态物质，则在此两式中不列入固态物质的相对浓度(或分压)。

由式(5-10)可算出在温度 T 时，任意指定压力下化学反应的吉布斯函数变 $\Delta_r G_m(T)$，并由 $\Delta_r G_m(T)$ 确定反应的方向，即

$$\begin{cases} \Delta_r G_m(T) < 0，反应可自发进行 \\ \Delta_r G_m(T) = 0，反应达到平衡状态 \\ \Delta_r G_m(T) > 0，反应不能自发进行 \end{cases}$$

例 5-8 已知大气中 CO_2 的分压为 0.03 kPa，问 298 K 下 $CaCO_3$ 的分解反应在大气中

能否自发？若该反应在空气中自发进行，温度应高于多少？

解：由例 5-2 中计算得到 $CaCO_3$ 分解反应的 $\Delta_r H_m^\theta$ 和 $\Delta_r S_m^\theta$，因此

$$CaCO_3(s) = CaO(s) + CO_2(g)$$

$$\Delta_r G_m^\theta(298.15\ K) = \Delta_r H_m^\theta - 298.15 \times \Delta_r S_m^\theta$$
$$= 179.4 - 298.15 \times 163.9 \times 0.001$$
$$= 130.6\ kJ \cdot mol^{-1}$$

$CaCO_3$ 和 CaO 为固体，故反应的 $Q = p_{CO_2}/p^\theta = 0.000\ 3$

$$\Delta_r G_m(298.15\ K) = \Delta_r G_m^\theta(298.15\ K) + RT\ln Q$$
$$= 130.6 + 8.314 \times 0.001 \times 298.15 \times \ln 0.000\ 3$$
$$= 111.5\ kJ \cdot mol^{-1} > 0$$

因此，在 298.15 K 下 $CaCO_3$ 在大气中不能自发分解。

要使 $CaCO_3$ 在大气中自发分解，需 $\Delta_r G_m(T) < 0$，即

$$\Delta_r G_m(T) = \Delta_r G_m^\theta(T) + RT\ln Q < 0$$

$$\Delta_r G_m^\theta(T) \approx \Delta_r H_m^\theta(298.15\ K) - T\Delta_r S_m^\theta(298.15\ K)$$
$$\approx (179.4 - T \times 163.9 \times 0.001)$$

$$\Delta_r G_m(T) = (179.4 - T \times 163.9 \times 0.001) + 8.314 \times 0.001 \times T\ln 0.000\ 3$$

令 $\Delta_r G_m(T) < 0$，解得 $T > 775.6$ K。

应指出，当 $\Delta_r G_m(T) > 0$ 时，只是指在特定条件下，该反应不能自发进行，并不表明该反应在其他条件下也不能自发进行；如果我们改变反应温度、压力或组成，使 $\Delta_r G_m(T) < 0$，那么反应还是可以自发进行的。例如在反应过程中不断移去产物使其分压或浓度下降，或者增加反应物使其分压或浓度增大，从而改变 $\Delta_r G_m(T)$ 的数值使之小于零，或者用通过改变温度改变平衡常数，使 $\Delta_r G_m(T)$ 的数值减少到小于零，这时正向反应就可自发进行。另外应该指出的是平衡状态不是化学反应停止进行，而是正向反应速率和逆向反应速率相等导致反应物和产物的浓度不再改变。一旦外界条件（温度、压力等）改变，这种平衡就立即遭到破坏，体系将移向另一种平衡状态。我们研究和力图探索化学平衡的深层内容，就是要找到自由掌控反应方向转化工作的“操控杆”，使平衡向着我们所期待的有利方向转化。

科学家故事

吉布斯（Josiah Willard Gibbs，1839 — 1903），1839 年 2 月 11 日生于康涅狄格州的纽黑文。父亲是耶鲁学院教授。1854 — 1858 年在耶鲁学院学习。学习期间，因拉丁语和数学成绩优异曾数度获奖。1863 年获耶鲁学院哲学博士学位，留校任助教。1866 — 1868 年在法、德两国听了不少著名学者的演讲。1869 年回国后继续任教。1870 年后任耶鲁学院的数学物理教授。曾获得伦敦皇家学会的科普勒奖章。1903 年 4 月 28 日在纽黑文逝世。

吉布斯在 1873 — 1878 年发表的三篇论文中，以严密的数学形式和严谨的逻辑推理，导出了数百个公式，特别是引进热力学势处理热力学问题，在此基础上建立了关于物相变化的相律，为化学热力学的发展做出了卓越的贡献。1902 年，他把玻尔兹曼和麦克斯韦所创立的统计理论推广并发展成为系统理论，从而创立了近代物理学的统计理论及其研究方法。吉布斯还发表了许多有关矢量分析的论文和著作，奠定了这个数学分支的基础。此外，他在天文学、光的电磁理论、傅里叶级数等方面也有一些著述。主要著作有《图解方法在流体热力学中的应

用》《论多相物质的平衡》《统计力学的基本原理》等。

吉布斯从不低估自己工作的重要性，但从不炫耀自己的工作。他的心灵宁静而恬淡，从不烦躁和恼怒，是笃志于事业而不乞求同时代人承认的罕见伟人。他毫无疑问可以获得诺贝尔奖，但他在世时从未被提名。直到他逝世 47 年后，才被选入纽约大学的美国名人馆，并立半身像。

一个世纪之前，化学实际上是一门实验科学。那个时代的杰出化学家大多是实验工作者，他们从事提炼新的物质，并鉴定其性质。那时的化学理论在本质上是描绘性的或是叙述性的，像 Dalton 的原子论与 Mendeleev 的周期表就是明证。有两位在 19 世纪工作的理论学者由于导出了某些可以支配物理和化学过程中物质行为的数学定律而改变了化学的真正面貌。这两位学者之一是 James Clerk Maxwell，他的贡献在于气体分子运动论。另一位便是 J. Willard Gibbs，自 1871 年至 1903 年去世时，任耶鲁大学的教授。

1876 年 Gibbs 在康乃狄格科学院院报上发表了题为《论非均相物质之平衡》著名论文的第一部分。当这篇论文于 1878 年完成时（该文长达 323 页），化学热力学的基础也就奠定了。这篇论文首次提出了讨论反应自发性的最大功和自由能的概念。其中还包括有关化学平衡的各种基本原理。文章还应用热力学定律阐明了相平衡原理、稀溶液定律、表面吸附的本质以及伏打电池中支配能量变化的数学关系式。

假如 Gibbs 从未发表过其他论文，单凭这一项贡献就足以使他名列科学史上最伟大的理论学者的行列之中。几代实验科学家曾因在实验室证明了 Gibbs 在书桌上推导出来的关系式的正确性而建立了他们的声誉。这些关系式中有许多又为其他科学家重新发现，1882 年由 Helmholtz 提出的方程（即 Gibbs－Helmhotz 方程）就是其中一例，而 Helmholtz 当时对 Gibbs 的工作是完全不知道的。

Gibbs 在他的余年对化学、天文学和数学做出了巨大贡献。在这些成就中有 1881 与 1884 年发表的两篇论文，它们确立了今日我们称之为矢量分析的学科。在 1901 年他发表的最后一本著作名为《统计力学中的基本原理》。在这本著作中，Gibbs 运用支配体系性质的统计原理阐明了他在事业开始之际从完全不同的观点导出的热力学方程。在这本书中，我们也看到了如今在社会科学以及自然科学受到如此重视的有关熵的“混乱度”的解释。

Gibbs 是一位地道的“在自己的本土上不享荣誉的先知”。他在纽黑文以及美国其他各地的同事，直到他的晚年也没有察觉到他工作的意义。在他作为耶鲁大学教授的头十年，没有得到任何薪俸。1920 年，在他首次被提名进入纽约大学的美国名人馆时，在可能获得的 100 票中他只得到了 9 票。直至 1950 年他才被选入该机构之中。即使到今天，除了对自然科学感兴趣的人外，受过教育的美国人对 Willard Gibbs 的名字仍旧感到生疏。必须承认，Gibbs 的工作多年没有得到人们的重视，他本人应承担主要责任。他从来不愿花费一点力气宣传他自己的工作；康乃狄格科学院院报远非当时第一流期刊。Gibbs 属于那种似乎内心并不要求得到同时代的人承认的罕见的人物中的一个。他对于能够解决自己脑海中所存在的问题便感到满足，一个问题解决之后，接着他又着手思考另一个问题，而从来不愿想一想别人是否了解他究竟做了些什么。他的论文很难看懂，他很少援引范例帮助说明他的论证。他所导出的定律的含义时常留给读者自己推敲。多年以后，他在耶鲁的一位同事承认，康乃狄格科学院当时没有一个成员能够读懂他有关热力学的论文，正如这位同事所说的：“我们了解 Gibbs 并承认他的贡献全凭盲目。”

早在 Gibbs 的工作在本国受到重视之前，Gibbs 在欧洲已经得到承认。那个时代的杰出理论家 Maxwell 不知从哪里读到了 Gibbs 的一篇热力学论文，看出了它的意义，并在自己的著作中反复地引证过它。Wilhelm Ostald 这样称赞 Gibbs："从内容到形式，他赋予物理化学整整一百年。"Ostwald 同时在 1892 年将他的论文译成了德文。七年之后，Le Chatelier 又将其译成了法文。Muriel Rukeyser 在她所著的 Gibbs 传记中讲了这样一件足以揭示这位伟人、科学家内心世界的轶事。在 Gibbs 早年的一篇著作中有一段关于冰、液态水与水蒸气相平衡的论述。Rukeyser 女士写道："这里，Willard Gibbs 又一次只给出干巴巴的概念，而把本来可用以消除他与听众之间隔阂的步骤置之不顾。Maxwell 补充了他本人带有结论性的看法，这必定比任何其他礼物更能打动 Gibbs 并使他感到高兴的了。"这位著名的英国理论家做了一个石膏模型，以图解的方法展现出有关的热力学关系式。他把这个模型送到了纽黑文。Gibbs 将这个模型带到了课堂上，但在自己的讲演中却从未提到过它。有一天，一个学生问起这个模型是从哪里来的。Gibbs 带着他那使人难以忍受的谦逊回答："是一位朋友送来的。"这个孩子明明知道这位朋友是谁，还问："这位朋友是谁？"但 Gibbs 所回答的只能是："一位英国朋友。"

5.3 化学平衡与移动

在同一条件下，既能向正方向进行又能向逆方向进行的反应叫作可逆反应。大多数化学反应都是可逆反应。在一定条件下，当正逆两个反应的反应速度相等时，反应就达到平衡状态。化学平衡有两个重要特征：一是只要外界条件不变，平衡后反应中各物质浓度或分压不再随时间而变，无论经过多长时间，这种状态都不会发生变化，生成物不再增多，也就是反应达到了进行的限度；二是化学平衡是动态平衡，从宏观上看，化学反应达到平衡状态时，反应似乎"停止"了，但从微观上看，正逆两个方向反应仍在继续进行，只不过是它们的反应速率大小相等了，所以各物质的浓度或分压不再随时间改变。

5.3.1 标准平衡常数及其计算

(一)标准平衡常数

1. 标准平衡常数与 $\Delta_r G_m^\theta(T)$

一定温度下，当一个化学反应达到平衡状态时，$\Delta_r G_m(T)=0$，根据式(5-10)有

$$\Delta_r G_m(T)=\Delta_r G_m^\theta(T)+RT\ln Q_{eq}=0$$

$$\Delta_r G_m^\theta(T)=-RT\ln Q_{eq}$$

式中，Q_{eq}表示平衡时的反应商。

由于温度 T 一定时，反应的标准吉布斯函数变 $\Delta_r G_m^\theta(T)$是个常数，故上式中平衡时的反应商 Q_{eq}也是一个常数，令此常数为 K_T^θ，即

$$K_T^\theta=Q_{eq}$$

故

$$\Delta_r G_m^\theta(T)=-RT\ln K_T^\theta \qquad (5-13)$$

式中，K_T^θ 称为标准平衡常数(亦称为热力学平衡常数)，其量纲为 1。

平衡常数的大小可以表示一定条件下反应进行的程度。由式(5-13)可看出，$\Delta_r G_m^\theta(T)$

的代数值越小，标准平衡常数 K_T^θ 值就越大，即达到平衡时生成物分压或浓度越大，或反应物分压或浓度越小，(正)反应进行得越彻底。

利用某一反应的平衡常数，已知起始时反应物的量，可计算达到平衡时各反应物和生成物的量以及反应物的转化率。某反应物的转化率是指该反应物已转化了的量占其起始量的百分率。

2. 标准平衡常数表达式

Q_{eq} 是平衡时的反应商，根据反应商的表达式(5-11)和式(5-12)，只要将平衡时各物质的相对分压(或浓度)代入式中就是标准平衡常数表达式。对于任何一个可逆的气体反应：

$$aA(g) + bB(g) \rightleftharpoons gG(g) + dD(g)$$

当反应达到平衡时，有

$$K_T^\theta = \frac{(p_G/p^\theta)^g (p_D/p^\theta)^d}{(p_A/p^\theta)^a (p_B/p^\theta)^b} \tag{5-14}$$

式中，p_A，p_B，p_G 和 p_D 分别为气体 A，B，G 和 D 在平衡时的分压。

对于任一溶液反应

$$aA(aq) + bB(aq) \rightleftharpoons gG(aq) + dD(aq)$$

当反应达到平衡时，有

$$K_T^\theta = \frac{(c_G/c^\theta)^g (c_D/c^\theta)^d}{(c_A/c^\theta)^a (c_B/c^\theta)^b} \tag{5-15}$$

式中，c_A，c_B，c_G 和 c_D 分别为物质 A，B，G 和 D 在平衡时的体积摩尔浓度。

对于标准平衡常数表达式，有几点应注意：

(1)在标准平衡常数表达式中，各物质浓度(或分压)均为平衡时的相对浓度(或分压)。

(2)K_T^θ 与温度有关，而与物质的分压或浓度无关。因此，书写标准平衡常数表达式时，一般要注明温度，若未注明温度，则通常指 298.15 K。

(3)反应中的固态或纯液态物质不列入标准平衡常数表达式中，即用 1 表示。例如，反应

$$CO_2(g) + C(s) \rightleftharpoons 2CO(g)$$

的标准平衡常数表达式通常为

$$K_T^\theta = \frac{(p_{CO}/p^\theta)^2}{p_{CO_2}/p^\theta}$$

(4) K_T^θ 与反应方程式写法有关。因为反应方程式写法不同，反应的标准吉布斯函数变 $\Delta_r G_m^\theta(T)$ 的数值就不同，并由 $\Delta_r G_m^\theta(T) = -RT\ln K_T^\theta$ 知，K_T^θ 数值也不同。例如，SO_2 氧化成 SO_3 的反应，当反应方程式写成

$$2SO_2(g) + O_2(g) \rightleftharpoons 2SO_3(g) \tag{1}$$

和反应方程式写成

$$SO_2(g) + \frac{1}{2}O_2(g) \rightleftharpoons SO_3(g) \tag{2}$$

时，显然

$$K_{T(1)}^\theta = (K_{T(2)}^\theta)^2$$

(5)如果反应中既有气体又有溶液，那么对于气态物质，列入标准平衡常数表达式中的是其平衡时的相对压力 p/p^θ，对于溶液则是平衡时的相对浓度 c/c^θ。

例如，某反应 $aA(s) + bB(aq) \rightleftharpoons gG(g) + dD(l)$，其标准平衡常数为

$$K_T^\theta = \frac{(p_G/p^\theta)^g}{(c_B/c^\theta)^b}$$

(6)$\Delta_r G_m^\theta$ 的单位是 $kJ \cdot mol^{-1}$，而 R 取 8.314 5 时单位为 $J \cdot mol^{-1} \cdot K^{-1}$，计算时要注意单位统一。

(二)标准平衡常数的计算

1. 根据平衡时反应系统的组成求算

例 5-9　在 400 ℃和 10×101.325 kPa 时进行合成氨反应，原料氢气和氮气的体积比为 3∶1，反应达到平衡后，测得氨的体积百分数为 3.9%。试计算在此条件下，合成氨反应的标准平衡常数 K_T^θ。

解：总压力为

$$p_{总} = p_{NH_3} + p_{H_2} + p_{N_2} = 10 \times 101.325\ kPa$$

由于气体的体积百分数等于其摩尔分数，按气体分压定律得，平衡时混合气体中 NH_3 的分压为

$$p_{NH_3} = V_{NH_3}\% \times p_{总} = 3.9\% \times 10 \times 101.325 = 39.52\ kPa$$

平衡时混合气体中 H_2 和 N_2 的总压为

$$p_{H_2} + p_{N_2} = p_{总} - p_{NH_3} = 10 \times 101.325 - 39.52 = 973.73\ kPa$$

设 N_2 参加反应的物质的量为 x mol，根据方程式

$$N_2 + 3H_2 \rightleftharpoons 2NH_3$$

起始物质量的比为 1∶3。

反应的物质的量比为 x∶$3x$。

平衡时物质的量比为$(1-x)$∶$(3-3x)$=1∶3。

因此

$$p_{H_2} = \frac{3}{4}(p_{H_2} + p_{N_2}) = \frac{3}{4} \times 973.73 = 730.3\ kPa$$

$$p_{N_2} = \frac{1}{4}(p_{H_2} + p_{N_2}) = \frac{1}{4} \times 973.73 = 243.4\ kPa$$

根据标准平衡常数的表达式，得

$$K_T^\theta = \frac{(p_{NH_3}/p^\theta)^2}{(p_{N_2}/p^\theta)(p_{H_2}/p^\theta)^3} = \frac{(39.52/100)^2}{(243.4/100)(730.3/100)^3} = 1.6 \times 10^{-4}$$

2. 根据 $\Delta_r G_m^\theta(T) = -RT\ln K_T^\theta$ 求算

例 5-10　$C(s) + CO_2(g) = 2CO(g)$是高温加工处理钢铁零件时涉及的一个重要化学平衡式。试分别计算或估算该反应在 298.15 K 和 1173 K 时的标准平衡常数 K_T^θ 值，并简单说明其在高温脱碳中的意义。

解：固体碳以石墨计，

$$C(s) + CO_2(g) = 2CO(g)$$

$$\Delta_r H_m^\theta = 2\Delta_f H_{m,CO}^\theta - \Delta_f H_{m,CO_2}^\theta = 2 \times (-110.5) - (-393.5) = 172.5\ kJ \cdot mol^{-1}$$

$$\Delta_r S_m^\theta = 2S_{m,CO}^\theta - S_{m,CO_2}^\theta - S_{m,C}^\theta = 2 \times 197.6 - 5.7 - 213.6 = 175.9\ J \cdot mol^{-1} \cdot K^{-1}$$

(1)298.15 K 和 1 173 K 时反应 $\Delta_r G_m^\theta$ 的求算：

$$\Delta_r G_m^\theta(298.15\ K) = \Delta_r H_m^\theta(298.15\ K) - T\Delta_r S_m^\theta(298.15\ K)$$
$$= 172.5 - 298.15 \times 0.175\ 9(kJ \cdot mol^{-1})$$
$$= 120.1\ kJ \cdot mol^{-1}$$

$$\Delta_r G_m^\theta(1\ 173\ K) = \Delta_r H_m^\theta(298.15\ K) - T\Delta_r S_m^\theta(298.15\ K)$$
$$= 172.5 - 1\ 173 \times 0.175\ 9\ (kJ \cdot mol^{-1})$$
$$= -33.8\ kJ \cdot mol^{-1}$$

(2)298.15 K 和 1 173 K 时 K_T^θ 值的求算：

$T=298.15$ K 时，$\ln K^\theta = -\Delta_r G_m^\theta(298.15K)/RT$

$$= -120.1 \times 1\ 000/8.314/298.15 = -48.45$$
$$K^\theta = 9.1 \times 10^{-22}$$

$T=1\ 173$ K 时，$\ln K^\theta = -\Delta_r G_m^\theta(1173)/RT$

$$= 33.8 \times 1000/8.314 \times 1173 = 3.466$$
$$K^\theta = 32$$

结果表明，温度由室温增至高温，反应的 $\Delta_r G_m^\theta$ 代数值激剧减小，反应由不自发转变到自发进行，反应的 K^θ 值显著增大。在高温时若加工气氛中含有 CO_2，则 CO_2 会与钢铁零件表面的碳（以石墨碳或 Fe_3C 形式存在）反应，引起脱碳、氧化现象。

3. 利用不同温度下标准平衡常数之间的关系求算

温度的改变与反应的标准平衡常数之间的关系可由式(5-4)和式(5-13)导出。对于任何一个给定的恒温、恒压化学反应，有

$$\Delta_r G_m^\theta(T) = -RT\ln K_T^\theta$$
$$\Delta_r G_m^\theta(T) = \Delta_r H_m^\theta - T\Delta_r S_m^\theta$$

两式相减整理得

$$\ln K_T^\theta = -\frac{\Delta_r H_m^\theta}{RT} + \frac{\Delta_r S_m^\theta}{R}$$

设某一可逆反应在温度 T_1 时标准平衡常数为 $K_{T_1}^\theta$，温度为 T_2 时的标准平衡常数为 $K_{T_2}^\theta$，则有

$$\ln K_{T_1}^\theta = -\frac{\Delta_r H_m^\theta}{RT_1} + \frac{\Delta_r S_m^\theta}{R}$$

$$\ln K_{T_2}^\theta = -\frac{\Delta_r H_m^\theta}{RT_2} + \frac{\Delta_r S_m^\theta}{R}$$

因为 $\Delta_r H_m^\theta$ 和 $\Delta_r S_m^\theta$ 随温度变化较小，可近似看作常数，将两式相减得

$$\ln K_{T_2}^\theta - \ln K_{T_1}^\theta = \ln\frac{K_{T_2}^\theta}{K_{T_1}^\theta} = \frac{\Delta_r H_m^\theta}{R}\left(\frac{1}{T_1} - \frac{1}{T_2}\right)$$

或写成

$$\ln\frac{K_{T_2}^\theta}{K_{T_1}^\theta} = \frac{\Delta_r H_m^\theta}{R} \times \left(\frac{T_2 - T_1}{T_2 T_1}\right) \qquad (5-16)$$

例 5-11 假定反应 $2SO_3(g) = 2SO_2(g) + O_2(g)$ 的 $\Delta_r H_m^\theta$ 不随温度而变化，试根据下列数据计算 100 kPa，600℃时反应的标准平衡常数 K_T^θ。

解：根据方程式 $2SO_3(g) = 2SO_2(g) + O_2(g)$，查得附录中 298.15 K 各物质的数据

如下：

$\Delta_f H_m^\theta/(kJ \cdot mol^{-1})$　　-395.7　　-296.8　　0.0

$\Delta_f G_m^\theta/(kJ \cdot mol^{-1})$　　-371.1　　-300.1　　0.0

解　根据方程式

$$2SO_3(g) = 2SO_2(g) + O_2(g)$$

$$\Delta_r H_m^\theta(298\ K) = 2\Delta_f H_m^\theta(SO_2) + \Delta_f H_m^\theta(O_2) - 2\Delta_f H_m^\theta(SO_3)$$

$$= 2\times(-296.8) + 0 - 2\times(-3\ 395.7) = 197.8\ kJ \cdot mol^{-1}$$

$$\Delta_r G_m^\theta(298\ K) = 2\Delta_f G_m^\theta(SO_2) + \Delta_f G_m^\theta(O_2) - 2\Delta_f G_m^\theta(SO_3)$$

$$= 2\times(-300.1) + 0 - 2\times(-371.1) = 142\ kJ \cdot mol^{-1}$$

由 $\Delta_r G_m^\theta(T) = -RT\ln K_T^\theta$，得

$$\ln K_T^\theta = \frac{-\Delta_r G_m^\theta}{RT} = \frac{-142\times10^3}{8.314\times298} = -57.31$$

$$K_{298}^\theta = 1.29\times10^{-25}$$

100 kPa，600℃时，由式(5－16)得

$$\ln\frac{K_{298}^\theta}{K_{873}^\theta} = \frac{\Delta_r H_m^\theta}{R}\times\left(\frac{T_1 - T_2}{T_1 T_2}\right) = \frac{197.8\times10^3}{8.314}\times\left(\frac{298-873}{298\times873}\right) = -52.58$$

$$\frac{K_{298}^\theta}{K_{873}^\theta} = 1.46\times10^{-23}$$

$$K_{873}^\theta = \frac{1.29\times10^{-25}}{1.46\times10^{-23}} = 8.84\times10^{-3}$$

5.3.2　影响化学平衡移动的主要因素

(一)浓度和总压力对化学平衡的影响

一切平衡都是有条件的，化学平衡也只是在一定条件下才能维持。若影响平衡的条件一旦改变，则平衡状态随之发生相应的变动，也就是原来的平衡被破坏，而重新建立起新的平衡，这种从一种平衡状态过渡到另一种平衡状态的过程称为化学平衡的移动。下面分别讨论浓度、压力和温度等条件变化时对化学平衡的影响。

当可逆反应达到平衡，物质的浓度或气体总压力发生变化时，化学平衡的移动可根据反应过程的吉布斯函数变化 $\Delta_r G_m(T)$ 来确定。因为由式(5－10)和式(5－13)可得

$$\Delta_r G_m = -RT\ln K_T^\theta + RT\ln Q = RT\ln\left(\frac{Q}{K_T^\theta}\right) \qquad (5-17)$$

故　当 $Q < K_T^\theta$ 时，$\Delta_r G_m(T) < 0$，则正向反应将自发进行(即平衡向右移动)；

　　当 $Q = K_T^\theta$ 时，$\Delta_r G_m(T) = 0$，则反应仍保持平衡状态；

　　当 $Q > K_T^\theta$ 时，$\Delta_r G_m(T) > 0$，则逆向反应将自发进行(即平衡向左移动)。

1. 浓度的影响

在恒温下，某一溶液反应为

$$aA(aq) + bB(aq) \rightleftharpoons gG(aq) + dD(aq)$$

当反应达到平衡时，$\Delta_r G_m(T) = 0$，此时反应商 Q 等于标准平衡常数 K_T^θ，即

$$Q_{eq}=K_T^\theta=\frac{(c_G/c^\theta)^g\ (c_D/c^\theta)^d}{(c_A/c^\theta)^a\ (c_B/c^\theta)^b}$$

当反应物浓度由 c_A 和 c_B 增加到 c_A'和 c_B'时，由于 $c_A'>c_A$，$c_B'>c_B$，故

$$Q=\frac{(c_G/c^\theta)^g\ (c_D/c^\theta)^d}{(c_A'/c^\theta)^a\ (c_B'/c^\theta)^b}<K_T^\theta$$

由式(5-17)可得

$$\Delta_r G_m=RT\ln(\frac{Q}{K_T^\theta})<0$$

所以该反应的平衡向右边移动。

由此可见，在恒温下反应物浓度增大时，化学平衡向右即向生成物方向移动。反之，产物浓度增大时，$Q>K_T^\theta$，则 $\Delta_r G_m(T)>0$，故平衡向左即向反应物方向移动。

例 5-12 已知水煤气转化反应

$$CO(g)+H_2O(g) \rightleftharpoons CO_2(g)+H_2(g)$$

当温度为 1 073 K 时，$K^\theta=1.0$。若于恒容密闭容器中通入 100 kPa 的 CO 气体和 300 kPa 水蒸气使其反应，试确定平衡时各气体的分压和 CO 的转化率。在上述平衡反应系统中，保持温度和体积不变，通入水蒸气使其压力增加 400 kPa，试计算说明平衡移动的方向。

解：因为是恒容反应，根据 $pV=nRT$，($\Delta pV=\Delta nRT$)各物质分压的变化值之比等于相应的化学计量数之比，即假设平衡时 $p_{CO_2}=p_{H_2}=x$，有

	$CO(g)$ +	$H_2O(g) \rightleftharpoons$	$CO_2(g)$ +	$H_2(g)$
起始压力/kPa	100	300	0	0
变化压力/kPa	$-x$	$-x$	$+x$	$+x$
平衡压力/kPa	$100-x$	$300-x$	x	x

$$K^\theta=\frac{(p_{H_2}/p^\theta)(p_{CO_2}/p^\theta)}{(p_{CO}/p^\theta)(p_{H_2O}/p^\theta)}=\frac{(x/100)^2}{[(100-x)/100][(300-x)/100]}=\frac{x^2}{(100-x)(300-x)}=1.0$$

解得：$x=75$ kPa

所以，平衡后 H_2 和 CO_2 的分压为 $p_{H_2}=p_{CO_2}=75$ kPa

CO 的平衡分压为 $p_{CO}=25$ kPa

H_2O 的平衡分压为 $p_{H_2O}=225$ kPa

$$CO\text{的转化率}=\frac{75}{100}\times 100\%=75\%$$

加入水蒸气后，$p_{H_2O}=225+400=625$ kPa

$$Q\approx\frac{(75/100)^2}{(25/100)(625/100)}=0.36$$

拓展学习

查阅人体血液循环相关资料，说明人体输氧过程中的血红素 Hb 与氧结合反应的平衡移动情况，以及 CO 中毒和处置过程中的化学平衡机制。

2. 总压力的影响

对于液体、固体间的反应，总压力的改变可近似地认为对平衡无影响，因为压力对液态或固态物质的体积影响很小。因此，下面讨论总压力对化学平衡的影响时，只考虑有气体物质参加的反应。

在恒温下，某一气体反应为

$$aA(g)+bB(g) \rightleftharpoons gG(g)+dD(g)$$

当反应达到平衡时，$\Delta_r G_m(T)=0$，此时

$$Q_{eq}=K_T^{\theta}=\frac{(p_G/p^{\theta})^g\ (p_D/p^{\theta})^d}{(p_A/p^{\theta})^a\ (p_B/p^{\theta})^b}$$

当总压力改变 m 倍（总压增大时 $m>1$，总压减小时 $0<m<1$）时，由气体分压定律知各气体分压也相应改变 m 倍，此时

$$Q=\frac{(mp_G/p^{\theta})^g\ (mp_D/p^{\theta})^d}{(mp_A/p^{\theta})^a\ (mp_B/p^{\theta})^b}=\frac{(p_G/p^{\theta})^g\ (p_D/p^{\theta})^d}{(p_A/p^{\theta})^a\ (p_B/p^{\theta})^b}m^{(g+d)-(a+b)}=K_T^{\theta}m^{\Delta n}$$

即
$$Q=K_T^{\theta}m^{\Delta n} \tag{5-18}$$

式中，$(a+b)$是反应物气体分子总数；$(g+d)$是产物分子总数。由式(5－18)可见，总压力增大 m 倍时，如果：

(1)$(a+b)>(g+d)$，即 $\Delta n<0$ 时，$Q<K_T^{\theta}$，则 $\Delta_r G_m(T)<0$，此时平衡向右边即向气体分子总数少的方向移动；

(2)$(a+b)<(g+d)$，即 $\Delta n>0$ 时，$Q>K_T^{\theta}$，则 $\Delta_r G_m(T)>0$，此时平衡向左边即向气体分子总数少的方向移动；

(3)$(a+b)=(g+d)$，即 $\Delta n=0$ 时，$Q=K_T^{\theta}$，则 $\Delta_r G_m(T)=0$，此时反应处于原平衡状态，即化学平衡不发生移动。

由此可见，在恒温下增大总压力时，平衡向气体分子总数减少的方向移动。同理可得，减少总压力时，平衡将向分子总数增多的方向移动。而对于反应前后气体分子总数相同($\Delta n=0$)的反应，无论加压或减压，平衡都不发生移动。

例 5－13　合成氨反应 $N_2+3H_2 \rightleftharpoons 2NH_3$，在一定温度下达到平衡时，如果平衡系统总压力减小到原来的一半时，根据式(5－18)分析判断化学平衡如何移动。

解：设平衡时各组分的分压为 p_{H_2}，p_{N_2}，p_{NH_3}，当总压减少到原来的一半时，即 $m=1/2$，由式(5－18)得

$$Q=\frac{(p_{NH_3}/p^{\theta})^2}{(p_{N_2}/p^{\theta})(p_{H_2}/p^{\theta})^3}\left(\frac{1}{2}\right)^{2-(1+3)}=4K_T^{\theta}$$

即
$$Q>K_T^{\theta},\quad \Delta_r G_m>0$$

故平衡向左边（即向气体分子总数增多的方向）移动。

例 5－14　在一定温度下，水煤气中 CO 和 H_2O 的转化反应

$$CO(g)+H_2O(g) \rightleftharpoons CO_2(g)+H_2(g)$$

已达到平衡。当系统总压力增加到原来的两倍时，化学平衡怎样变化？

解：该反应的
$$\Delta n=(1+1)-(1+1)=0$$

故
$$Q=K_T^{\theta}m^{\Delta n}=K_T^{\theta}$$

$$\Delta_r G_m=0$$

所以系统仍然处于平衡状态。

改变气体的浓度，实际上相当于改变气体的压力，所以对于有气体参加的反应，改变某一物质的压力和改变某浓度对平衡的影响是一致的。

(二)温度对化学平衡的影响

温度对平衡系统的影响与浓度和压力对平衡系统的影响有着本质的区别。在化学反应达到平衡以后,改变浓度或压力并不改变平衡常数 K_T^θ,而是通过改变反应商 Q 使得 $Q \neq K_T^\theta$,导致平衡移动;改变温度主要通过改变 K_T^θ 使得 $Q \neq K_T^\theta$,从而导致平衡移动。

由式(5-16)

$$\ln \frac{K_{T_2}^\theta}{K_{T_1}^\theta} = \frac{\Delta_r H_m^\theta}{R} \times \left(\frac{T_2 - T_1}{T_2 T_1}\right)$$

可以得出:

(1)若反应是吸热的,即 $\Delta_r H_m^\theta > 0$,当温度升高($T_2 > T_1$)时,平衡常数变大($K_{T_2}^\theta > K_{T_1}^\theta$),而原平衡时 $Q = K_{T_1}^\theta$,故 $Q < K_{T_2}^\theta$,平衡向右边(即吸热方向)移动。

(2)若反应是放热的,即 $\Delta_r H_m^\theta < 0$,温度升高时,平衡常数变小($K_{T_2}^\theta < K_{T_1}^\theta$),则 $Q > K_{T_2}^\theta$,平衡向左边(即吸热方向)移动。

由此可见,升高温度,平衡向吸热方向移动;反之,降低温度,平衡向放热方向移动。

例 5-15 化学热处理中高温气相渗碳中存在反应 $2CO(g) = C(s) + CO_2(g)$,计算 298 K 和 1 173 K 时反应的标准平衡常数,并简要说明它们在渗碳过程中的意义。

解:根据方程式查得附录中 298 K 各物质的数据,计算得到

$$\Delta_r H_m^\theta(298\ K) = -172.5\ kJ \cdot mol^{-1},\ \Delta_r S_m^\theta(298\ K) = -175.9\ J \cdot mol^{-1} \cdot K^{-1}$$

298 K 时,

$$\begin{aligned}\Delta_r G_m^\theta(298\ K) &= \Delta_r H_m^\theta(298\ K) - T\Delta_r S_m^\theta(298\ K) \\ &= -172.5 - 298 \times 0.001 \times (-175.9) \\ &= -120.1\ kJ \cdot mol^{-1}\end{aligned}$$

由 $\Delta_r G_m^\theta(T) = -RT\ln K_T^\theta$ 得

$$\ln K_T^\theta = \frac{-\Delta_r G_m^\theta}{RT} = \frac{120.1 \times 10^3}{8.314 \times 298} = 48.5$$

$K_{298}^\theta = 1.1 \times 10^{21}$

在 1 173 K 时,由式(5-16)得

$$\ln \frac{K_{1\,173}^\theta}{K_{298}^\theta} = \frac{\Delta_r H_m^\theta}{R} \times \left(\frac{T_2 - T_1}{T_2 T_1}\right) = \frac{-172.5 \times 10^3}{8.314} \times \frac{1\,173 - 298}{1\,173 \times 298}$$

$K_{1\,173}^\theta / K_{298}^\theta = 2.8 \times 10^{-23}$

$K_{1\,173}^\theta = 3.1 \times 10^{-2}$

从以上计算可以看出,高温时该反应的标准平衡常数急剧减小,平衡强烈地往左移动,不利于渗碳。因此从平衡角度出发,应选用较低的渗碳处理温度。但温度低时反应速率很慢。若比 1 173 K 更高,则渗碳量过少,相反会有利于脱碳,也是不合适的。因此,热力学的计算为渗碳工艺提供了理论依据。

另外,请读者自行对比本例题与例 5-10 的差别和联系,理解正逆反应的热力学状态函数变化情况,以及渗碳和脱碳工艺的条件选择依据。

前面讨论了浓度、总压力和温度对平衡的影响。如果在平衡系统内增加反应物的浓度,平衡就向减小反应物浓度的方向移动;如果增大平衡系统的总压力,平衡就向减少气体分子总数的方向移动,也就是说,在容积不变的条件下,向减小总压力的方向移动。如果升高温度(加热),平衡就向着降低温度(吸热)的方向移动。总之,平衡移动的规律可以概括为:加入改变平

衡系统的条件之一，如浓度、总压力或温度，平衡就向能减弱这个改变的方向移动，这个规律叫作勒・夏特利埃(Le Châtelier)原理。

应当注意，这一平衡移动原理只适用于已处于平衡状态的系统，而不适用于非平衡系统。

还应当指出，在实际生产中，常常要综合考虑速率和平衡两方面因素，选择最适宜的条件。例如，在 SO_2 转化为 SO_3 的反应中，由于是放热反应，就平衡而言，如果降低温度，则可提高系统中 SO_2 转化为 SO_3 的百分率。但温度低时，反应速率小，达到平衡所需的时间要长，因而温度不能太低，也不能过高，应根据具体条件，将温度控制在适当范围内。目前在接触法制取硫酸的过程中，SO_2 转化温度控制在 400～500 ℃。再就压力来说，增加总压力可提高 SO_2 的转化率，而且增加总压力对增大反应速率也有利。但由于常压下 SO_2 的转化率已经很高，而加压要消耗很多动力，并且设备材料和操作要求也复杂多了，所以目前生产中都采用常压转化。此外，还加入了过量的氧气(空气)，并常用五氧化二钒(V_2O_5)作催化剂。

例 5－16　在 0℃时水蒸气压力为 611 Pa，求水的汽化热和 50℃时水的蒸气压力。

解：

$$H_2O(l) \underset{凝结}{\overset{蒸发}{\rightleftharpoons}} H_2O(g)$$

(1)已知 $T_1=273$ K，$p_1=611$ Pa；$T_2=373$ K(水沸腾时)，$p_2=101\ 325$ Pa。

因为

$$K_T^\theta = p_{H_2O}/p^\theta$$

所以

$$K_{T_1}^\theta = p_1/p^\theta = 611/(100\times 10^3) = 6.11\times 10^{-3}$$

$$K_{T_2}^\theta = p_2/p^\theta = 101\ 325/(100\times 10^3) = 1.013\ 25$$

由式(5－16)

$$\ln\frac{K_{T_2}^\theta}{K_{T_1}^\theta} = \frac{\Delta_r H_m^\theta}{R}\times\left(\frac{T_2-T_1}{T_2T_1}\right)$$

得

$$\ln\frac{6.11\times 10^{-3}}{1.013\ 25} = \frac{\Delta_r H_m^\theta}{8.314}\frac{(273-373)}{273\times 373} = -5.11$$

$$\Delta_r H_m^\theta(T) = 43\ 264\ \text{J}\cdot\text{mol}^{-1} = 43.26\ \text{kJ}\cdot\text{mol}^{-1}$$

$$T_1 = 273+50 = 323\ \text{K},\ p_1 = p_{H_2O,\ 323\ K}$$

$$T_2 = 373\ \text{K},\quad p_2 = 101\ 325\ \text{Pa}$$

将数据代入式(5－16)得

$$\ln\frac{p_1/p^\theta}{101\ 325/p^\theta} = \frac{43.26\times 10^3}{8.314}\times\frac{323-373}{323\times 373} = -2.16$$

解得 $p_1=11\ 679$ Pa。即 50 ℃时水的蒸气压力为 11 679 Pa。

科学家故事

勒・夏特列埃(Le Chatelier，1850 — 1936)，法国化学家。他研究过水泥的煅烧和凝固、陶器和玻璃器皿的退火、磨蚀剂的制造以及燃料、玻璃和炸药的发展等问题。从他研究的内容也可看出他对科学和工业之间的关系特别感兴趣。勒・夏特列埃还发明了热电偶和光学高温计，高温计可顺利地测定 3 000℃以上的高温。此外，他对乙炔气的研究，致使他发明了氧炔焰发生器，迄今还用于金属的切割和焊接。

1850 年 10 月 8 日勒・夏特列埃出生于巴黎的一个化学世家。他的祖父和父亲都从事跟化学有关的事业，当时法国许多知名化学家都是他家的座上客。因此，他从小就受化学家们的熏陶，中学时代他特别爱好化学实验，一有空便到祖父开设的水泥厂实验室做化学实验。

勒·夏特列埃的大学学业因普法战争而中途辍学。战后回来，决定去专修矿冶工程学（他父亲曾任法国矿山总监，所以这个决定可以认为是很自然的）。

1875 年，他以优异的成绩毕业于巴黎工业大学，1887 年获博士学位，随即在高等矿业学校取得普通化学教授的职位。1907 年还兼任法国矿业部长，在第一次世界大战期间出任法国武装部长，1919 年退休。勒夏特列于 1936 年 9 月 17 日卒于伊泽尔。

勒·夏特列埃对热学的研究很自然地将他引导到热力学的领域中去，使他得以在 1888 年宣布了一条使他闻名遐迩的定律，即勒夏特列原理。

勒·夏特列埃原理的应用可以使某些工业生产过程的转化率达到或接近理论值，同时也可以避免一些并无实效的方案（如高炉加高的方案），其应用非常广泛。

这个原理可以表达为："把平衡状态的某一因素加以改变之后，将使平衡状态向抵消此因素改变效果的方向移动。"换句话说，如果把一个处于平衡状态的体系置于一个压力增加的环境中，这个体系就会尽量缩小体积，重新达到平衡。由于这个缘故，这时压力就不会增加得像本来应该增加的那样多。又例如，如果把这个体系置于一个会正常增加温度的环境里，这个体系就会发生某种变化，额外吸收一部分热量。因此，温度的升高也不会像预计的那样大。这是一个包括古尔贝格和瓦格宣布的著名的质量作用定律在内的非常概括的说法，并且它也很符合吉布斯的化学热力学原理（其实，这个说法是如此的概括，甚至可以不无风趣地用于说明人类的行为）。

勒·夏特列埃原理因可预测特定变化条件下化学反应的方向，所以有助于化学工业的合理化安排和指导化学家们最大限度地减少浪费，生产所希望的产品。例如哈伯借助于这个原理设计出从大气氮中生产氨的反应，这是个关系到战争与和平的重大发明，也是勒夏特列埃本人差不多比哈伯早二十年就曾预料过的发明。勒·夏特列埃是发现吉布斯的欧洲人之一，又是第一个把吉布斯的著作译成法文的人。他像鲁兹布姆一样，致力于通过实验来研究相律的含义。他死的时候已经差不多八十六岁了，备受尊敬，子孙满堂。

勒·夏特列埃不仅是一位杰出的化学家，还是一位杰出的爱国者。当第一次世界大战发生时，法兰西处于危急中，他勇敢地担任起武装部长的职务，为保卫祖国而战斗。

5.4 化学反应速率

首先我们看如下两个例子。

(1)水的生成反应：

$$H_2(g)+\frac{1}{2}O_2(g) = H_2O(l) \quad \Delta_r G_m^\theta=-285\ kJ \cdot mol^{-1}(\ll 0)$$

$$2H^+(aq) + OH^-(aq) = H_2O(l) \quad \Delta_r G_m^\theta=-79.9\ kJ \cdot mol^{-1}$$

前者自发趋势远大于后者，但如果我们把氢气和氧气在常温下放在一个容器里，多少年过去也不能检测到有水的生成，盐酸与氢氧化钠中和反应自发进行的趋势虽比氢、氧化合的小，但瞬时即可完成。如何运用化学反应的基本原理对此加以解释？

(2)某生产装置利用乙酸与丁醇酯化反应生产醋酸丁酯，试运行一年后积累了大量的基础试验和生产数据。现计划提高反应温度以加快生产进度，是否可通过现有试验数据预测达到指定转化率所需要的反应时间？提高温度后反应速度加快，装置的冷却水系统能否确保热量平衡？

解决上述问题需要从化学动力学角度出发，探讨化学反应机理，讨论化学反应速率及其影响因素。化学反应机理是探讨反应究竟是怎么发生的，它进行的过程如何。一般来讲，反应物分子之间，并不是一接触就直接发生反应而生成产物的，而是要经过若干反应步骤，生成若干中间物质(intermediates)后，才能逐渐转变为生成物。化学反应速率研究反应进行的快慢，它要给出反应速率的描述和测定方法，同时也要讨论各种因素，包括反应物浓度、温度、催化剂、介质、光、声等因素对化学反应速率的影响。

研究化学动力学的价值是显而易见的。例如，在生产实践中，人们总是希望化学反应按照所期望的途径和速率进行。所谓途径，指尽可能多地获得预期的主产物而抑制副产物的生成；所谓速率，指反应在所希望的时间内完成。因此，人们为了能够控制反应的进行，得到满意的产品，就必须研究化学动力学。

5.4.1　化学反应机理简述

我们知道，化学反应的实质是旧键的断裂和新键的生成。但是，旧键是如何断裂，新键又是怎样形成的呢？目前，描述化学反应进行过程的理论很多，其中最简单直观的一个是碰撞理论(collision theory)，另一个是过渡状态理论(transition state theory)或活化络合物理论(activated complex theory)。

(一) 碰撞理论简述

物质分子总是处于不断的热运动中。以气态分子为例，根据气体分子运动论，在一定温度下，运动能量(或运动速率)较小和运动能量较大的分子的相对数目是较少的，而运动能量居中的分子数目较多。一般情况如图 5－2 所示。温度越高，曲线越向右伸展，变得平坦。表明具有较高能量的分子的相对数目增加。曲线下的总面积代表体系中分子的总量，它不随温度的变化而变化。具有较高能量(曲线右半部)分子的相对数目 n 与温度 T 的关系近似符合玻耳兹曼(Boltzmann)分布，即

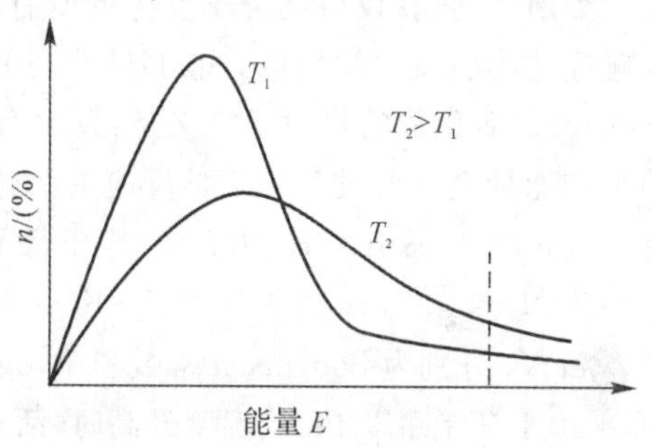

图 5－2　气体分子能量分布示意图

$$n = Z\exp(-E/kT) \qquad (5-19)$$

式中，n 为体系中具有某能量 E 的分子的百分数；Z 为一比例常数；E 为某一能量；T 为热力学温度(K)；k 为玻尔兹曼常数($k=1.380\ 650\ 3\times10^{-23}\ \mathrm{J\cdot K^{-1}}$)。

碰撞理论认为，分子必须通过碰撞的过程才能发生反应。但是，并不是只要碰撞就能发生反应。我们知道，化学反应的发生是一个旧键断裂和新键生成的过程，旧的化学键断裂在前，新的化学键生成在后，所以，只有高能分子间的相互碰撞才有可能破坏旧的化学键，进而形成新的化学键，发生化学反应。我们把能够发生化学反应的碰撞称为有效碰撞，把能够发生有效碰撞的高能分子称为活化分子(activated molecule)。实际上，发生化学反应除了要满足断裂化学键的能量因素外，还必须在一定的几何方位(steric)才能发生有效碰撞。化学反应发生时，旧键在碰撞过程中，并未完全断裂，而是首先形成一种称为活化体的中间物质。

总之，根据碰撞理论，反应物分子必须有足够的最低能量，并以适宜的方位相互碰撞，才能够导致有效碰撞的发生。通常情况下，活化分子数越多，发生有效碰撞的概率越大，化学反应的速率也就越快。

研究表明，多个特定分子同时碰在一起，并且发生有效碰撞(即导致化学键断裂、引起化学反应的碰撞)的机会是不多的。如下列反应(Ⅰ)：

$$2NO+2H_2 \!=\!=\!= N_2+2H_2O$$

两个 NO 分子和两个 H_2 分子(共四个分子)同时碰在一起的概率,比起两分子的 NO 和一分子的 H_2 发生碰撞的概率小得多。因此,反应首先生成 N_2 和中间物质 H_2O_2,然后 H_2O_2 再与另一个 H_2 分子碰撞,发生反应生成两分子的水,即反应(Ⅱ):

$$2NO+H_2 \!=\!=\!= N_2+H_2O_2$$

和反应(Ⅲ):

$$H_2+H_2O_2 \!=\!=\!= 2H_2O$$

上述反应(Ⅱ)和反应(Ⅲ)都是反应物分子通过一步碰撞完成的,在化学动力学中称这种"一步完成的反应"为基元反应(elementary reaction),也称为简单反应;如果一个反应是由两个以上的基元反应完成的,则称之为复杂反应(complex reaction),如前述的反应(Ⅰ)。基元反应中参加反应的分子数目,称为反应分子数(molecularity)。一个分子参加的反应称为单分子反应(unimolecular reaction),两个分子参加的反应称为双分子反应(bimolecular reaction),依此类推。因此,反应(Ⅱ)是三分子反应,反应(Ⅲ)为双分子反应。研究表明,三分子反应已经很少,三个以上分子的反应还未发现。

如前所述,在反应物分子发生的所有碰撞中,只有具有相当高能量的分子在一定方位上相互碰撞才能引发化学反应。能够导致旧的化学键发生破裂的碰撞能量称为活化能(activation energy)。活化能的热力学定义是:发生有效碰撞的反应物分子的平均能量与体系中所有分子的平均能量之差。设某一化学反应的活化能为 E_a,按照式(5-19),在一定温度下活化分子的百分数正比于 $\exp(-E_a/RT)$。这里活化能 E_a 以 $kJ \cdot mol^{-1}$ 为单位,R 为摩尔气体常数,$R=k\times N_0=1.380\,650\,3\times10^{-23}\ J\cdot K^{-1}\times6.022\,141\,99\times10^{23}\ mol^{-1}\approx8.314\,5\ J\cdot K^{-1}\cdot mol^{-1}$,其中 k 和 N_0 分别为 Boltzmann 常数和 Avogadro 常数。显然,对于给定的化学反应,活化能是一定值,但由于 T 在指数内,当温度升高时,活化分子数目将急剧增加,使得反应速率大大加快。

反应进行过程中分子的能量变化如图 5-3 所示。图中,E_1 表示反应物分子的平均能量,E_2 表示生成物分子的平均能量,E_x 为中间物质(活化体)的平均能量。显然,$E_{a正}=E_x-E_1$ 为正反应的活化能,$E_{a逆}=E_x-E_2$ 为逆反应的活化能。图中还可见,化学反应的焓变为

$$\Delta_r H_m=E_2-E_1=E_{a正}-E_{a逆}$$

即反应焓变等于正、逆反应的活化能之差。

一般化学反应的活化能在 $60\sim240\ kJ\cdot mol^{-1}$ 之间。当然,反应的活化能越小,即发生有效碰撞需要的能量越小,反应的速率也就越大。

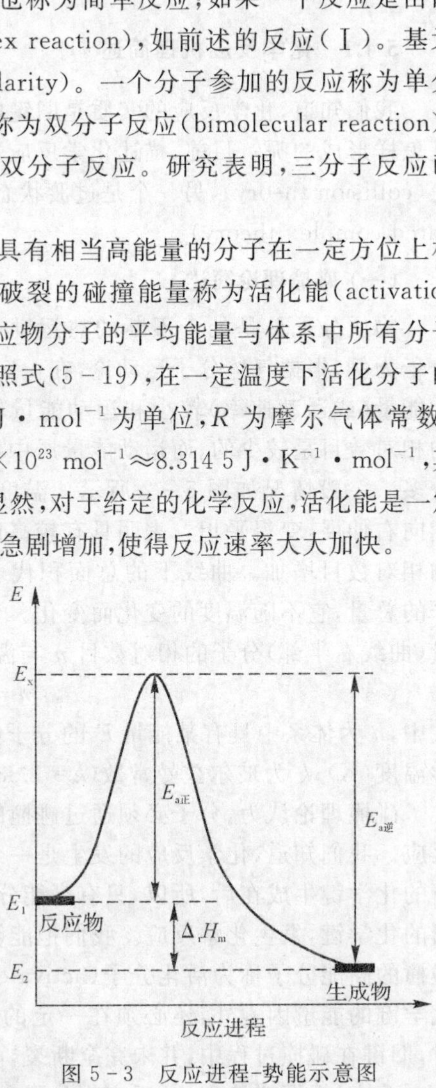

图 5-3 反应进程-势能示意图

(二)过渡状态理论简述

20 世纪 30 年代,随着量子力学和统计力学的发展,埃林(Eyring)等人提出了反应速率的过渡状态理论,又称活化配合物理论。该理论侧重研究在反应物分子相互接近、分子价键重排的过程中,分子内各种相互作用的能量与分子结构的关系,认为反应物分子在相互接近和价键重排的过程中,首先形成一个中间过渡状态,称为活

化络合物，然后再分解为产物分子。这个过渡状态类似于碰撞理论中的“活化体”。反应物分子通过过渡状态的速率就是反应速率。

过渡状态理论主要研究活化络合物的结构及其形成与分解，其基础是化学反应的势能曲面(potential energy surface)。简单势能曲面的形状像一马鞍，如图5-4所示。势能曲面所描述的是，相互接近的分子或原子处在空间不同位置时，体系的能量随其位置的变化情况，表明整个分子势能与分子内各原子间相对位置的关系。形象地讲，简单势能曲面像两座山峰之间的一道山梁附近的地表面。山梁一边的反应物能量要升高，越过山梁才能变成产物。反应物分子在相互靠近过程中能量升高是以最低能量途径(即一定的空间几何方位，相当于从山坳中而不是从山坡上向山梁行进)，到达过渡状态。过渡状态在山梁脊线上具有最低能量，即处于山梁上高度最低的状态，习惯上称势能曲面上的这一点为鞍点(saddle point)。但由于鞍点仍然处于山梁上，与山脚下的反应物和生成物比较，始终处于高能状态，很不稳定，也很容易滑下山梁。如果滑向山梁的这边，过渡状态返回变为原来的反应物；如果滑向另一边，则变为产物，引发化学反应。

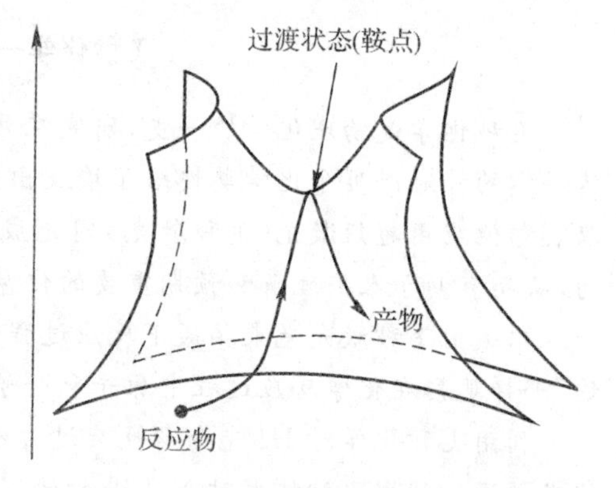

图5-4　化学反应势能曲面示意图

通过量子化学方法，已经可以确定过渡状态的几何构型(geometry)。这是因为在鞍点处，势能曲面只有在沿山坳的唯一一个方向上凸起，而在其他方向上都是下凹的。以此作为判据，便可确定鞍点的位置，从而获得过渡状态所对应的分子的几何构型。量子化学方法还能从过渡状态出发，计算出沿山坳的最低能量路径(称为内禀反应坐标 intrinsic reaction coordinates)，进而确认这一过渡状态沿该路径所连接的是何种反应物和何种产物(或中间产物)，达到确认基元反应和反应历程的目的。

近年来，量子化学结合统计力学等方法，辅以现代化的实验技术手段来研究反应动力学，正在被科学家广泛应用，并已经揭示了众多化学反应的机理。

应当了解，大量的实验事实表明，大多数化学反应都不是简单反应，而是复杂反应。所谓的“反应机理”就是将一个具体的复杂反应按其反应进行的历程分解成一系列基元反应的组合。但迄今为止，完全弄清楚反应机理的化学反应为数很少，这主要是由于研究反应机理的实验技术满足不了要求，不能直接跟踪化学反应进行，即观察不到反应是怎样一步一步发生的。对于这点是不难理解的，因为我们所研究的分子或原子的线性大小约为 10^{-8} cm，分子间发生反应实际所需时间约为 10^{-13} s，要直接观察一个分子与另一个分子发生反应的过程，就需要线性大小分辨能力达 10^{-9} cm，时间分辨能力达 10^{-14} s 的实验手段。在激光出现之前，时间分辨率只能达到毫秒数量级，激光问世后，现在则可达飞秒数量级(10^{-15} s)，这就使化学反应中最基本的动态过程有可能直接观察。

分子束和激光技术的应用不仅使人们有可能从分子水平上观察化学过程的动态行为，而且还可以研究由一个量子态的反应物转变为另一个量子态的产物的速率及其微观过程。因此，化学动力学已进入态-态化学的层次，这类研究对深入理解化学反应的微观机理，进而达到能够更好地控制化学反应和反应途径，起到了极为重要的作用。

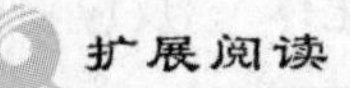

飞秒化学——“分子电影”时代

飞秒化学是物理化学的一支，研究在极小的时间内化学反应的过程和机理。1999 年，自然科学的桂冠诺贝尔化学奖授给了埃及出生的科学家艾哈迈德·泽维尔(Ahmed H.Zewail)，以表彰他应用超短激光(飞秒激光)闪光成相技术观测到分子中的原子在化学反应中如何运动，从而有助于人们理解和预期重要的化学反应，为整个化学及其相关科学带来了一场革命。泽维尔运用飞秒激光光束拍摄下反应过程中的变化及生成的中间体，就像影视作品中的“慢动作”那样观察在化学反应过程中原子和分子的转变状态，从而从根本上改变了对化学的认识。

利用飞秒化学对 HI 光分解反应过渡态的研究，表明此反应在 100 fs 进入过渡态，200 fs 就光解了。利用飞秒技术对 NaI 进行研究，在一个真空室中，原始分子以分子束的混合形式存在，用强的激活脉冲使基态离子对 Na^+I^- 处于呈现共价键特征的激化状态(其性质随分子的振动而变化)，再用较弱的探索脉冲以选定的波长去探测捕捉原始分子或变化了的分子，在光谱仪中，新的分子或分子碎片像指纹一样留了下来。有机化学上，研究了丁烷开环为乙烯和乙烯闭环成丁烷的平衡过程，可能经过同时断裂或形成两支 C—C 键翻越一个简单能垒的过渡态；也可能先断裂或形成一支 C—C 键形成中间体，从而翻越双能垒的微观过程。泽维尔及其合作者证实了中间体的存在，寿命为 700 fs。

上海光源 (Shanghai Synchrotron Radiation Facility，SSRF)，是中国重大科学工程，投资逾 12 亿人民币，2004 年 12 月 25 日开工，坐落于上海张江高科技园区，2009 年建成投入应用。2010 年 1 月 19 日下午在上海顺利通过国家验收，标志着中国这一性能指标达到世界一流水平的第三代同步辐射光源已投入使用，第四代先进光源 X 射线自由电子激光试验装置正在加紧建设，计划今年底调束出光。

如果说第三代同步辐射光能为科学家拍摄“分子照片”，那么属于“第四代先进光源”的 X 射线自由激光则进入“拍摄分子电影”的时代，以更高的世界级水准推动我国各领域科学家向自主创新进击。由于成像时间精度达到飞秒级，X 射线自由电子激光拍摄到的将是生物分子的“视频”，这就意味着，“第四代先进光源”的 X 射线自由激光能够对生物活体细胞进行三维全息成像和显微成像。

5.4.2 浓度对反应速率的影响

(一) 化学反应速率

化学反应速率是指单位时间内反应物或生成物浓度的变化量，即反应的平均速率。但是，即使在外界条件不变时，大多数化学反应的速率均会随时间变化。因此，通常用微商 dc/dt 形式来表示反应的瞬时速率。例如，有一最简单的单分子反应：A→B，物质 A，B 的浓度 c 随时间 t 的变化曲线如图 5-5 所示。图中曲线上某一点的切线的斜率就是在时刻 t 时反应的瞬时速率。

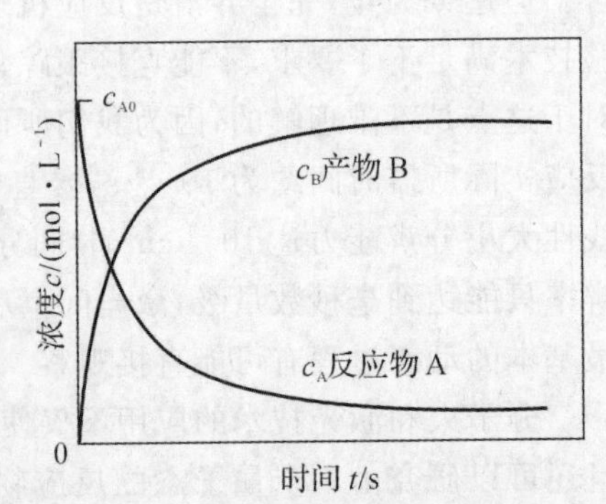

图 5-5 浓度随反应时间的变化

目前，国际上普遍采用反应进度 ξ 随时间的变化率来定义反应速率 r，称为转化速率。即

$$r=\frac{d\xi}{dt} \quad (mol\cdot s^{-1})$$

引入反应进度的定义，$d\xi=dn_B/\nu_B$，有

$$r=\frac{1}{\nu_B}\frac{dn_B}{dt} \quad (mol\cdot s^{-1}) \tag{5-20}$$

由于测定反应体系中物质的量变化不如测定浓度变化方便，对于体积 V 不变的化学反应体系，通常又用单位体积的转化速率 v 来表示化学反应速率，即 $v=r/V$。

对于任意化学反应

$$aA+bB \rightleftharpoons gG+dD$$

其反应速率定义为(任一物质 B 的浓度 $c_B=n_B/V$)

$$v=-\frac{1}{a}\frac{dc_A}{dt}=-\frac{1}{b}\frac{dc_B}{dt}=\frac{1}{g}\frac{dc_G}{dt}=\frac{1}{d}\frac{dc_D}{dt} \tag{5-21}$$

使用任一物种表示反应速率 $v(mol\cdot L^{-1}\cdot s^{-1})$ 的数值总是相等的。

利用实验测定一个化学反应的速率，不可能在极短的时间 dt 内测出物质 B 的浓度 c_B 的极微变化 dc_B。常见化学反应速率的测定方法，是在一较短的时间间隔 Δt 内测出某物质 B 的浓度变化 Δc_B。所以，实验测定的反应速率，通常为 Δt 内的平均速率。如果时间间隔 Δt 远小于反应继续进行直至达到平衡的时间，则可近似认为该平均速率为反应在这一时刻的瞬时速率。

(二) 化学反应速率方程

对于任意化学反应

$$aA+bB \rightleftharpoons gG+dD$$

其速率方程通常有如下通式：

$$v=k\cdot c_A^m\cdot c_B^n \tag{5-22}$$

式中，c_A 和 c_B 是指气体或溶液中溶质的浓度。对于纯液体或纯固体，它们的浓度都是常数 1。k 称为反应速率常数(rate constant)，m 和 n 为各自浓度项的幂次，具体数值要通过实验确定。

速率方程中的比例常数 k 是各反应物的浓度都为单位浓度时的反应速率。因此，对于同一个化学反应，在相同温度和相同催化剂条件下，k 是一个定值，它不随反应物浓度的改变而变化。需要指出的是，反应速率常数的单位与速率方程的 m，n 有关，反应的 m，n 不同，单位就不一样。例如，若 $m=1$，$n=1$，则此反应 k 的单位为 $L\cdot mol^{-1}\cdot s^{-1}$。

如果在一定条件下，一个反应的 k 值很大，一般来讲，该反应的速率就较大。这是因为在一般的反应体系中，物质浓度的变化范围不会太大。

(三)反应级数

速率方程中各反应物浓度的指数之和称为反应级数(reaction order)。如式(5-22)中，将 m 称为反应对反应物 A 的反应级数，n 称为反应对反应物 B 的反应级数，而将 $m+n$ 称为反应总级数，或简称反应级数。通常情况下，m，n 不能由化学反应的计量数确定，而只能由实验和反应的机理研究确定。一旦反应级数确定，则反应的速率方程具体形式也就确定了。

反应级数表示了反应物浓度对反应速率的影响程度。m，n 的数值越大，反应物浓度对反应速率的影响就越大。通常的化学反应有零级反应、一级反应、二级反应和三级反应，以及分

数级反应。

零级反应指反应速率与反应物浓度无关的化学反应，纯固体或纯液体物质的分解反应，如碘化氢的分解就是零级反应；表面上发生的多相反应，如酶的催化反应、光敏反应往往也是零级反应。

一级反应指反应速率与反应物浓度的一次方成正比的化学反应，如气体的分解、放射性元素的衰变等。双氧水的分解就是一级反应；乙醛的分解反应是 3/2 级，是个典型的分数级反应。

某些金属在空气中被氧化(生锈)生成氧化膜，膜越厚则膜的生长速率越慢，这是负一级反应，即所谓的“生锈越严重的金属越不容易再生锈”。有的反应甚至无法说出反应级数，这正说明化学反应机理的复杂性。

各级反应都有特征的浓度-时间变化关系。例如，对于一级反应。有

$$v=-\frac{\mathrm{d}c_{\mathrm{A}}}{\mathrm{d}t}=kc_{\mathrm{A}}$$

$$\frac{\mathrm{d}c_{\mathrm{A}}}{c_{\mathrm{A}}}=-k\,\mathrm{d}t$$

设起始时刻时 A 的浓度为 c_{A0}，t 时刻 A 的浓度为 c_{A}，对上式进行积分，得

$$\int_{c_{\mathrm{A0}}}^{c_{\mathrm{A}}}\frac{\mathrm{d}c_{\mathrm{A}}}{c_{\mathrm{A}}}=-\int_{0}^{t}k\,\mathrm{d}t$$

$$\lg\frac{c_{\mathrm{A}}}{c_{\mathrm{A0}}}=-\frac{k}{2.303}t \tag{5-23}$$

依据同样的数学推导，可得到零级反应、二级反应和三级反应的浓度-时间关系式：

零级反应：$c_{\mathrm{A}}=c_{\mathrm{A0}}-kt$ 。

二级反应：$\frac{1}{c_{\mathrm{A}}}=\frac{1}{c_{\mathrm{A0}}}+kt$ 。

三级反应：$\frac{1}{c_{\mathrm{A}}^{2}}=\frac{1}{c_{\mathrm{A0}}^{2}}+2kt$ 。

例 5-17 放射性核衰变反应都是一级反应，习惯上用半衰期表示核衰变速率的快慢。放射性^{60}Co 所产生的 γ 射线广泛用于癌症治疗，其半衰期 $t_{1/2}$ 为 5.26 年，放射性物质的强度以“居里”表示。某医院购买一个含 20 居里的钴源，在 10 年后还剩多少？

解：由于

$$\lg\frac{c_{\mathrm{A}}}{c_{\mathrm{A0}}}=-\frac{k}{2.303}t$$

$$\lg\frac{1}{2}=-\frac{k}{2.303}\times 5.26$$

$$k=0.132\ \mathrm{a}^{-1}$$

$$\lg\frac{^{60}\mathrm{Co}}{^{60}\mathrm{Co}_{0}}=-\frac{0.132}{2.303}t$$

$$\lg{}^{60}\mathrm{Co}-\lg 20=-\frac{0.132}{2.303}\times 10$$

^{60}Co=5.3 居里，即 10 年后钴源的剩余量为 5.3 居里。

反应级数是通过实验研究化学反应速率所定义的概念，应根据实验来确定。事实上，在一

由若干基元反应完成的化学反应中，如果某一步基元反应速率很慢，是慢反应，而其他各步反应速率都很快，那么，整个反应的速率将取决于这一慢反应的速率，称为“决速步”。例如：

前例反应(Ⅰ)：$2NO + 2H_2 = N_2 + 2H_2O$ 分为以下两步基元反应进行：

第一步反应：$2NO + H_2 = N_2 + H_2O_2$。

第二步反应：$H_2 + H_2O_2 = 2H_2O$。

其中第一步反应是慢反应，第二步反应是快反应。第二步反应要进行，必须等待第一步反应产生的 H_2O_2。因为生成 H_2O_2 的速率缓慢，所以第一步反应为决速步骤，它的反应速率决定了整个反应的速率。即总反应的速率近似等于第一步反应的速率。因此，总反应的速率方程，遵循决速步基元反应的浓度关系，有如下表达式：

$$v = k \cdot c^2(NO) \cdot c(H_2)$$

这里 $c(H_2)$的指数是 1 而不是 2，不是总反应方程式中的计量数。

除了整数的反应级数以外，通常还能见到分数或小数的反应级数。这是因为，当一个化学反应的所有基元反应中有不只一个步骤是慢反应时，或者当某些较慢的基元反应进行的速率差别不是特别明显时，实验测出的反应速率方程是一综合(或表观)结果，某些物质的指数必然有可能出现分数。

化学反应级数可以通过实验测定。改变反应物浓度，测定两浓度条件下的反应速率，可以得到该反应物的反应级数。确定了反应物浓度项的指数后，可进一步计算得到反应速率常数，确定反应速率方程。

(四) 基元反应的速率方程——质量作用定律

大量实验表明，一定条件下，基元反应(或简单反应)的反应速率与反应物的浓度的乘幂(即以方程式中反应物的计量数的绝对值为指数的浓度的连乘积)成正比。这个定量关系称为质量作用定律(rate law)。即对于基元反应

$$aA + bB \longrightarrow gG + dD$$

反应速率的数学表达式为

$$v = k \cdot c_A{}^a \cdot c_B{}^b \tag{5-24}$$

式(5-24)称为质量作用定律，它只适用于基元反应，非基元反应不适用，即基元反应速率方程中各物质浓度项的幂次等于反应方程式中各自的系数。当然，也有一些非基元反应，他们的速率方程中，浓度项的指数正好等于反应方程中各自的计量数，但也不能据此断定该反应为基元反应。

对有气态物质参加的反应来讲，总压力对反应速率的影响，实质上是浓度对反应速率的影响。这是因为，根据理想气体状态方程 $p_B = n_B RT/V_总$，在一定温度下，对一定量的气态反应物增加总压力，就可使体积缩小，而使浓度 n_B/V 增大，反应速率加快。相反，减小总压力，就是减小气体浓度，导致反应速率减小。

须要进一步指出的是，化学反应通常是可逆反应，以上仅仅是关于正反应的讨论。严格地讲，反应的净速率应当等于正反应的速率减去逆反应的速率。当然，逆反应方向的基元反应的速率方程仍然满足质量作用定律和如上关于正反应的讨论。

(五)影响多相反应速率的因素

以上讨论浓度对反应速率的影响，是针对气体混合物或溶液中的反应而言的，这种反应称

为均相(homogeneous)化学反应。而对于有固体参加的反应,除浓度影响反应速率外,还有其他因素。

有固体参加的反应属于不均匀体系(称为多相体系 heterogeneous)的反应。在不均匀体系中,反应总是在相与相的界面上进行的。因为只有在这里反应物才能接触。因此,不均匀体系的反应速率除了和浓度有关外,还和彼此接触的相之间的面积大小有关。例如,焦炭燃烧时的反应为

$$C(s)+O_2(g) \xlongequal{} CO_2(g)$$

如果用煤粉代替煤块,即可增大反应物的接触面,使反应加快。此外,不均匀体系的反应速率还与反应物向表面扩散的速率,以及产物扩散离开表面的速率有关。即扩散使还没有发生反应的反应物不断进入界面,使已经产生的生成物不断离开界面。搅拌或鼓风可以加速扩散过程,也就可以加快反应速率。

5.4.3 温度对反应速率的影响

实践经验表明,温度是影响化学反应速率的一个重要因素。温度对反应速率的影响,随具体反应的差异而有所不同。但对于大多数反应来说,反应速率一般随温度的升高而加快。从历史上说,研究温度对反应速率的经验性规律,曾有多种,最早是范特霍夫(van't Hoff)根据实验总结出的一条近似规律:在一定温度范围内,温度每升高 10℃,反应速率增加 2～4 倍。此经验规则虽不精确,但当数据缺乏时,可用来粗略估计。随后,最有影响的便是阿仑尼乌斯(Arrhenius)公式。

(一)阿仑尼乌斯经验公式

在 5.4.2 节中,我们讨论浓度对反应速率的影响时,都假定温度是一定的。根据反应速率方程,不考虑浓度对反应速率的影响,温度影响反应速率,实际上是影响速率常数 k。温度对反应速率的影响比浓度更为显著。一般来讲,反应速率常数 k 随温度升高而很快增大。19 世纪末,阿仑尼乌斯总结了大量实验数据,提出一个描述反应速率常数 k 与温度 T 之间的经验公式,称为阿仑尼乌斯公式或阿仑尼乌斯方程(Arrhenius equation),即

$$k=Z\exp(-E_a/RT) \tag{5-25}$$

式中,E_a 称为实验活化能或表观(apparent)活化能,一般可将它看作是与温度无关的常数,单位为 $kJ \cdot mol^{-1}$;Z 为常数,称为指前因子(pre-exponential Arrhenius factor)或频率因子。由式(5-25)可见,k 与 T 呈指数关系,所以人们又将此式称为反应速率的指数定律。

事实上,温度升高使反应速率加快,与升高温度增加了反应体系中的活化分子数目(比较图 5-3 和式(5-19))是一致的。因为式(5-19)中 $\exp(-E/RT)$(亦称为 Boltzmann factor)就是能量为 E 的分子(现为具有能量 E_a 的活化分子)占总分子数百分率的比例因子。将阿仑尼乌斯公式与反应机理的碰撞理论进行比较,式(5-25)中的频率因子 Z 相当于活化分子在一定方位进行碰撞的碰撞频率。一般来讲,Z 的大小与温度有关,但比起处于指数上的温度 T,往往可忽略 T 对 Z 的影响。

对于绝大多数化学反应,反应速率常数与温度的关系都能满足阿仑尼乌斯公式。但是,有些反应并不如此,如通常的爆炸反应,当温度升至某一极限时,反应速率可趋于无穷大;有的化学反应的速率反而随温度升高而减小等。这些不符合阿仑尼乌斯公式的反应类型称为反阿仑

尼乌斯型反应，目前共发现了4种，在此就不多讨论了。

(二)速率常数与温度的关系

将阿仑尼乌斯公式(式(5-25))两边同时取对数有

$$\ln\frac{k}{[k]}=-\frac{E_a}{RT}+\beta \tag{5-26}$$

式中，$[k]$为反应速率常数k的单位，$k/[k]$变成纯数；数值β为$\ln Z$，如果忽略温度对Z的影响，β为常数。

由式(5-26)可见，$\ln k$与$1/T$为一直线关系。如果以$\ln k$为纵坐标，$1/T$为横坐标作图，可以得到一条直线，直线的斜率$\alpha=-E_a/R$。这一关系，使我们能够通过实验的方法较准确地测定化学反应的活化能。

例如，实验测得N_2O_5在CCl_4液体中的分解反应在不同温度下的速率常数见表5-2。

$$N_2O_5 \longrightarrow N_2O_4+0.5O_2$$

表5-2　不同温度下N_2O_5分解反应的速率常数

温度 t/℃	温度 T/K	$(1/T)/(10^{-3}\cdot K^{-1})$	$k/(10^{-5}\cdot s^{-1})$	$\ln(k/[k])$
65	338	2.96	487	−5.32
55	328	3.05	150	−6.50
45	318	3.14	49.8	−7.60
35	308	3.25	13.5	−8.91
25	298	3.36	3.46	−10.3
0	273	3.66	0.0787	−14.1

将表5-2的数据作图，如图5-6所示。通过计算机拟合得到一条直线，求得直线斜率α为-1.24×10^4。所以该反应的活化能

$$E_a=-\alpha R=-(-1.24\times10^4)\times8.314\,5=1.03\times10^5\ \mathrm{J\cdot mol^{-1}}$$

延长直线与纵坐标轴相交，可求得直线在纵坐标上(对应$1/T$为零)的截距β(即$\ln Z$)为31.4，所以$Z=4.33\times10^{13}$。

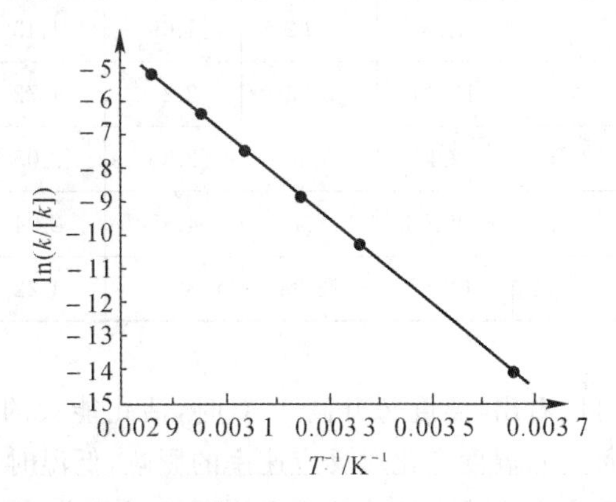

图5-6　N_2O_5分解反应的$\ln(k/[k])$与T^{-1}的关系

阿仑尼乌斯公式(式(5-26))在两个不同温度T_1和T_2下相减，若视β与温度无关，则有

$$\ln\frac{k_2}{k_1}=\frac{E_a}{R}\times\frac{T_2-T_1}{T_1T_2} \tag{5-27}$$

如果已知一个反应的活化能和某一温度下的反应速率常数，则另一温度下的速率常数可用式(5-27)求算。

例 5-18 对上述 N_2O_5 的分解反应，计算温度再升高 10℃，反应速率的变化。

解：根据质量作用定律，浓度不变时

$$v=kc$$

式中，c 为与浓度有关的比例常数，若以 v_1，v_2 和 k_1，k_2 分别表示在温度 T_1，T_2 时的速率与速率常数，则

$$v_1=k_1c,\ v_2=k_2c$$

根据式(5-27)可知

$$\ln\frac{v_2}{v_1}=\ln\frac{k_2}{k_1}=\frac{E_a}{R}\times\frac{T_2-T_1}{T_2T_1}$$

将 $E_a/R=-\alpha=1.24\times10^4$，$T_1=283$ K，$T_2=293$ K 代入上式，得

$$\ln\frac{v_2}{v_1}=\ln\frac{k_2}{k_1}=1.24\times10^4\times\frac{293-283}{293\times283}=1.495\ 4$$

所以

$$v_2/v_1=4.46$$

反应速率或速率常数不仅与温度有关，而且与反应的活化能密切相关。如果反应温度升高 10℃，根据式(5-27)并假定 Z 不随 T 改变，还可以算出不同温度下，具有不同活化能的反应的 $k_{(T+10)}/k_T$ 数值。现举一例列于表 5-3 中。

表 5-3 在不同温度时具有不同活化能 E_a 的反应的 $k_{(T+10)}/k_T$

$E_a/(\mathrm{kJ\cdot mol^{-1}})$ \ $k_{(T+10)}/k_T$ \ T/K	273	373	473	573	673	773
80.0	3.47	1.96	1.52	1.33	1.23	1.17
100.0	4.74	2.32	1.69	1.43	1.30	1.22
150.0	10.30	3.53	2.20	1.72	1.48	1.35
200.0	22.42	5.38	2.86	2.05	1.69	1.49
300.0	106.18	12.47	4.85	2.94	2.19	1.81
400.0	502.82	28.93	8.20	4.22	2.85	2.21

从表 5-3 中每一列可以看出，温度每升高 10℃时，活化能大的反应速率增大的倍数大；而对活化能相同的反应(每行)，温度变化对反应速率的影响，低温时比高温时要大。

此外，因为同一化学反应方程式中的正反应和逆反应的活化能一般并不相同，所以，对于温度改变会影响平衡常数并使平衡移动，也可以从正、逆反应速率的变化(亦即化学动力学的角度)做进一步的理解。

5.4.4　催化剂对反应速率的影响

大量事实表明，添加催化剂是加快反应速率的最有效方法之一。这就是目前80%～85%的化学反应都同催化剂发生关系的原因。许多熟知反应，如合成氨、合成硫酸、合成硝酸、合成氯乙烯以及高分子的聚合反应都使用催化剂。其目的是加快反应速率，提高生产效率。

习惯上把能够加快反应速率，而本身的化学成分、数量与化学性质在反应前后均不发生变化的物质称为催化剂(catalyst)或触媒。通常所讲催化剂都是指正催化剂。催化剂改变化学反应速率的作用称为催化作用(catalysis)。有催化剂参加的反应叫作催化反应。

与催化剂相反，能减慢反应速率的物质称为抑制剂。过去曾用过的"负催化剂"已不被国际纯粹与应用化学联合会(IUPAC)所认可，而必须改用"抑制剂"一词，而"催化剂"一词仅指能加快反应速率的物质。例如，食用油脂里加入0.01%～0.02%的没食子酸正丙酯，就可以有效地防止酸败。在这里，没食子酸正丙酯就是一种抑制剂。

(一)催化的基本原理

各种研究表明，催化剂对反应速率的影响和浓度、温度的影响不一样，浓度或温度影响反应速率时一般不改变反应机理，而催化剂对反应速率的影响却是通过改变反应机理实现的。通常，在催化剂参与下，反应往往分成几个步骤进行，各步骤的活化能都不大，其总的活化能比没有催化剂时的活化能小，因而加快了反应速率。例如合成氨反应(见图5-7)，当有催化剂存在时，反应可能分两步进行，催化反应的表观活化能比非催化反应活化能小，因此催化反应速率明显快于非催化反应。需注意的是，图5-7定性说明在有催化剂存在时反应改变了途径，即走了一条需要活化能低的捷径，催化反应和非催化反应的活化能数值只能通过实验确定。

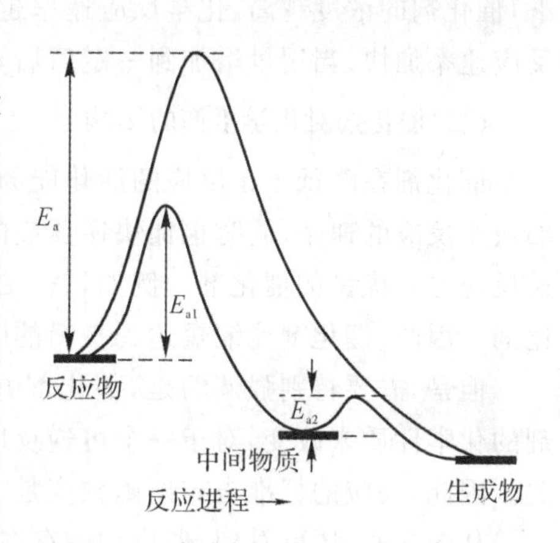

图5-7　合成氨反应的活化能示意图

从物质结构角度，大多数催化剂都是含过渡金属的化合物或直接就是过渡金属，它们活跃的d电子往往在与反应物分子相互作用(如吸附)时，使反应物分子的化学键得以松弛，从而改变了原有反应途径，降低了活化能，导致活化分子的百分率相对增大。

表5-4给出了三个反应在有催化剂和无催化剂存在时，活化能的实验值。

表5-4中数据表明，催化剂的存在使反应的活化能显著降低。由于活化能处于负指数的位置，所以能极大程度地加快反应速率。

表5-4　催化反应与非催化反应的活化能

反　应	活化能/($kJ \cdot mol^{-1}$)		催　化　剂
	非催化反应	催化反应	
$2HI = H_2 + I_2$	184.1	104.6	Au
$2H_2O = 2H_2 + O_2$	244.8	136	Pt
$3H_2 + N_2 = 2NH_3$	334.7	167.4	$Fe-Al_2O_3-K_2O$

例 5-19 计算表 5-4 中碘化氢分解的反应在 503 K 下在进行时,催化与非催化条件下的反应速率常数之比(假设 Z 不变)。

解:根据式(5-25),无催化剂时,有

$$k = Ze^{-\frac{Ea}{RT}} = Ze^{-\frac{184\ 100}{8.314\times 503}}$$

有催化剂时

$$k_{cat} = Ze^{-\frac{Ea_{cat}}{RT}} = Ze^{-\frac{104\ 600}{8.314\times 503}}$$

因此有

$$\frac{k_{cat}}{k} = e^{-\frac{104\ 600}{8.314\times 503}} / e^{-\frac{184\ 100}{8.314\times 503}} = 1.8\times 10^{8}$$

计算结果表明:两者的反应速率相差 1.8 亿倍。这种变化幅度是通过改变浓度和温度难以实现的。

催化剂的用量对化学反应速率有影响。在反应物充足且催化剂与反应物充分接触的条件下,催化剂的浓度越高,化学反应速率越大。因此,在一定用量范围内,随着催化剂用量增加,反应速率加快;当用量增加到一定值后,反应速率不再改变。

(二)催化剂对化学平衡的影响

催化剂在降低了正反应的活化能的同时,也降低了逆反应的活化能。这表明催化剂不仅加快正反应的速率,同时也加快逆反应的速率。在一定条件下,对正反应是优良的催化剂,对逆反应也是优良的催化剂。例如,铁、铂、镍等金属既是良好的脱氢催化剂,也是良好的加氢催化剂。因此,催化剂能缩短达到平衡的时间。

但是,需要特别强调的是,催化剂并不能改变平衡状态(K^{θ} 不变)。因为,反应前后催化剂的化学性质未改变,对于一个可逆反应来讲,反应前后,始态和终态与催化剂的存在与否无关。因此,反应的标准吉布斯函数变是个定值,标准平衡常数自然也是个定值。

从图 5-7 还可看到,催化剂的存在并不改变反应物和生成物的相对能量。也就是说,一个反应无论在有催化剂还是无催化剂时进行,体系的始态和终态都不会发生改变。因此,催化剂不能改变一个反应的 $\Delta_r H_m$ 和 $\Delta_r G_m$ 。这也说明催化剂只能加速热力学上认为可以进行的反应,即 $\Delta_r G_m < 0$ 的反应;对于通过热力学计算判断不能进行的反应,即 $\Delta_r G_m > 0$ 的反应,使用催化剂后仍是不自发的。

(三)催化剂的基本特性

(1)在反应前后,催化剂本身的组成、物质的量和化学性质虽然都不发生变化,但往往伴随有物理性质的改变。如分解 $KClO_3$ 的催化剂 MnO_2,反应后会从块状变为粉状。又如用 Pt 网催化使氨氧化,几星期后铂网表面就会变得比较粗糙。

(2)催化剂具有特殊的选择性。催化剂的选择性有两方面的含义。第一,不同类型的反应需要选择不同的催化剂,例如氧化反应的催化剂和脱氢反应的催化剂是不同的。即使是同一类型的反应,其催化剂也不一定相同。例如 SO_2 的氧化用 V_2O_5 做催化剂,而 $CH_2=CH_2$ 氧化却用金属 Ag 做催化剂。第二,对同样的反应物,如果选择不同的催化剂,可以得到不同的产物。这一点在工业生产中有重要意义。例如乙醇的分解有以下几种情况:

$$C_2H_5OH \xrightarrow[\text{Cu}]{473\sim 523\ \text{K}} CH_3CHO + H_2$$

$$C_2H_5OH \xrightarrow[Al_2O_3]{623\sim633\ K} C_2H_4 + H_2O$$

$$2C_2H_5OH \xrightarrow[Al_2O_3]{413\ K} (C_2H_5)_2O + H_2O$$

$$2C_2H_5OH \xrightarrow[ZnO \cdot Cr_2O_3]{673\sim773\ K} CH_2=CH-CH=CH_2 + 2H_2O + H_2$$

从热力学观点看，这些反应都是可以自发进行的。但是，某种催化剂却只对某一特定反应有催化作用，而不能加速所有热力学上可能的反应，这就是催化剂的选择性。因此，我们可以利用这种选择性，选用不同的催化剂，而得到不同的产物。

(3)催化剂的活性与中毒。催化剂的活性是指催化剂的催化能力，即在指定条件下，单位时间内单位质量(或单位体积)的催化剂上能生成的产物量。许多催化剂在开始使用时，活性从小到大，逐渐达到正常水平。活性稳定一定时间后，又下降直到衰老而不能使用。这个活性稳定期称为催化剂的寿命。寿命的长短因催化剂的种类和使用条件而异。衰老的催化剂有时可以用再生的方法使之重新活化。催化剂在活性稳定期间往往因接触少量的杂质而使活性立刻下降，这种现象称为催化剂的中毒。如果消除中毒因素后活性能够恢复，则称为暂时性中毒，否则为永久性中毒。

固体催化剂的活性常取决于它的表面状态，而表面状态因催化剂的制备方法不同而异。也就是说，催化剂的物理性质也影响它的活性。有时为了充分发挥催化剂的效率，常将催化剂分散在表面积大的多孔性惰性物质上，这种物质称为载体。常用的载体有硅胶、氧化铝、浮石、石棉、活性炭、硅藻土等。在实际应用中，催化剂通常不是单一的物质，而是由多种物质组成的，可区分为主催化剂与助催化剂。主催化剂通常是一种物质，也可以是多种物质。助催化剂单独存在时没有活性或活性很小，但它和主催化剂组合后能显著提高催化剂的活性、选择性和稳定性。

(4)均相与非均相催化。化学化工中常用的催化剂按照其起作用时与物料之间的分散状态来分，一般有均匀分散和非均匀分散两类。前者称为均相催化(剂)，如溶液中的氢离子、过渡金属离子或配位化合物等。后者称为多相或复相催化(剂)，如工业上称为触媒的各种过渡金属或合金固体及金属氧化物等。另外生物体中还有一类效率和选择性都很高的特殊催化剂——酶(enzyme)。

(四)催化应用举例

在电子工业中，有时用一种含钯0.03%的分子筛做催化剂，用来去除氢气中可能含有的少量氧气。用了催化剂可以在常温下迅速实现氢气和氧气化合生成水的反应，而没有催化剂时，是观察不出这种反应的。这是由于两种气体在催化剂表面吸附后，反应的活化能降低了，大大加速了反应的进行。其历程为

(1)反应物 H_2 与 O_2 向催化剂表面扩散；

(2)氧气分子在催化剂表面被吸附；

(3)氢分子与催化剂表面上吸附状态的氧分子结合生成水；

(4)水分子从催化剂表面解吸向气体中扩散，完成反应。

又如，用铁催化剂合成氨。研究表明，其催化机理是，N_2 分子首先化学吸附在催化剂表面上使化学键削弱；接着，化学吸附的氢原子不断和表面上的氮原子作用，在催化剂表面上逐步

生成氨分子;最后,氨分子从表面脱附,得到气态氨,即

(1)$x\mathrm{Fe} + 0.5\mathrm{N_2} \longrightarrow \mathrm{Fe}_x\mathrm{N}$

(2)$\mathrm{Fe}_x\mathrm{N} + [\mathrm{H}]_{吸} \longrightarrow \mathrm{Fe}_x\mathrm{NH}$

$\mathrm{Fe}_x\mathrm{NH} + [\mathrm{H}]_{吸} \longrightarrow \mathrm{Fe}_x\mathrm{NH_2}$

$\mathrm{Fe}_x\mathrm{NH_2} + [\mathrm{H}]_{吸} \longrightarrow \mathrm{Fe}_x\mathrm{NH_3} \longrightarrow x\mathrm{Fe} + \mathrm{NH}$

在没有催化剂存在时,反应的活化能 E_a 很高,约为 250~340 $\mathrm{kJ \cdot mol^{-1}}$。加入铁催化剂后,反应分为生成铁的氮化物阶段和铁的氮氢化物阶段。第一阶段的活化能 E_{a1} 为 125~167 $\mathrm{kJ \cdot mol^{-1}}$,第二阶段的活化能 E_{a2} 很小,为 12.6 $\mathrm{kJ \cdot mol^{-1}}$。因此,第一阶段为速率控制步骤,即决速步。显然,催化剂的使用,大大降低了反应的活化能,从而大大加速了合成氨的反应。

科学家故事

雅可比·亨利克·范特霍夫(Jacobus Henricus van't Hoff,1852—1911)荷兰物理化学家出生在鹿特丹。1869 年在德尔夫特高等工艺学校学习工业技术,1871 年入莱顿大学主攻数学。1874 年获博士学位。他提出碳四面体构型学说。他的贡献在于对酒石酸钠铵、乳酸等的异构现象的研究,开创了有机立体化学。1887 年和德国化学家奥斯特瓦尔德创办的《物理化学杂志》为世界著名期刊之一。

范特霍夫是一个很有故事的人。范特霍夫对化学的爱好缘于少年时候的特殊经历。作为医学博士的儿子。范特霍夫从小就对化学实验特别感兴趣。聪明过人的他在中学读书时,经常在闲暇时间偷偷溜进学校,从地下室的窗户爬进实验室做实验。有一次他的行为被学校的一位老师发现了,于是他被带着去见他的父亲。他的父亲虽然生气但是对于儿子的肯钻好学精神仍然感到欣慰。于是他把自己的一间医疗室让给了儿子,从此范特霍夫做化学实验更加用心了。但是在那个年代里,人们普遍轻视化学。中学毕业后,范特霍夫先到德尔夫特高等工艺学校学习工业技术。在那里,他以优异的成绩两年就学完了规定三年学习的内容,并得到在该校任教的化学家奥德曼斯和物理学家巴克胡依仁的器重,这使得范特霍夫坚定了从事化学的信心。

范特霍夫在大学期间便提出了"正四面体模型"。在《空间化学》一文中,他首次提出了"不对称碳原子"的新概念。不对称碳原子的存在,使酒石酸分子产生两个变体——右旋酒石酸和左旋酒石酸,二者混合后可得到不活泼的外消旋酒石酸。范特霍夫的这一关于碳的四面体构型假说在整个化学界引起了巨大的反响。一方面他受到了一些有识之士的称赞,著名有机化学家威利森努斯教授在信中说"您在理论方面的研究成果使我感到非常高兴。我在您的文章中,不仅看到了说明迄今未弄清楚的事实的极其机智的尝试,而且我也相信这种尝试在我们这门科学中将具有划时代的意义。"当然也有人激烈反对他们的观点,其中最突出的便是德国的赫尔曼·柯尔贝教授,他讽刺说"有一位乌得勒支兽医学院的范特霍夫博士对精确的化学研究不感兴趣。在他的《立体化学》中宣告说,他认为最方便的是乘上他从兽医学院租来的飞马。当他勇敢地飞向化学的帕纳萨斯山的顶峰时,他发现原子是如何自行地在宇宙空间中组合起来的。"有趣的是这些反对意见反而让人们对范特霍夫的理论发生兴趣。于是,新理论在科学界迅速传播开来,范特特霍夫成了显赫一时的人物。

后来,范特霍夫发表了关于电解质溶液的渗透压的文章后,引起德国科学家威廉·奥斯特瓦尔德的极大兴趣。他专程来到阿姆斯特丹,十分认可这个新的理论,在他的倡议下,两人共

同创办了《物理化学杂志》。从此，一门新兴的边缘学科——物理化学诞生了。他们的友谊也被传为佳话。

范特霍夫毕生从事有机立体化学与物理化学的广泛研究，取得了累累硕果，使他成为世界上第一个诺贝尔化学奖的获得者。此后，范特霍夫被选为荷兰皇家科学院成员，先后当选为许多外国研究院的外籍成员。获得了许多荣誉奖章，并应邀访问了美国、德国等一些发达国家，然而国外的高薪和优越的生活条件都没能留住他。只要条件允许，他就会回国作研究。他是一个终其一生勤奋不息的人，常常夜以继日地工作 10 多个小时。年近花甲之时，范特霍夫积劳成疾，肺结核越来越严重，身体日趋虚弱。顽强的范特霍夫每天躺在病床上仍看书、整理资料和写日记。精神稍好一点，他就要求医生允许他去工作。他的挚友阿累尼乌斯去柏林看望他，当他看到范特霍夫被病魔折磨得不像样子时，心里十分难过。他强忍着内心的不安，鼓励他东山再起。然而这次会面竟成永诀。1911 年 3 月 1 日，年仅 59 岁的范特霍夫英年早逝，震惊了整个化学界。为了永远怀念他，范特霍夫的遗体火化后，人们将他的骨灰安放在柏林达莱姆公墓，供后人瞻仰。

本章小结

本章以化学反应的基本原理为主线，通过对化学反应的能量变化、熵值变化及吉布斯函数变化，得到了判断反应自发方向性的吉布斯函数变判据，介绍了不同温度、不同条件下吉布斯函数变的计算和应用。利用平衡态吉布斯函数变引入了标准平衡常数的概念及相关计算方法，利用吉布斯函数变探讨了浓度、压力、温度等因素对化学平衡的影响，从定量分析的角度解释了勒·夏特利埃原理。最后从动力学角度探讨了化学反应的速率和机理，介绍了两种最常见的反应机理模型，探索了浓度、温度和催化剂影响反应速率的原理和规律。

习题与思考题

1. 说明下列符号的意义：

S，S_m^θ，$\Delta_r S_m^\theta(T)$，G，$\Delta_r G_m^\theta(T)$，$\Delta_f G_m^\theta(T)$，Q，K^θ。

2. 下列说法是否正确？如不正确，请说明原因。

(1)放热反应均是自发的。

(2)单质的 $\Delta_f H_m^\theta(298\ K)$，$\Delta_f G_m^\theta(298\ K)$，$S_m^\theta(298\ K)$皆为零。

(3)反应过程中产物的分子总数比反应物的分子总数增多，该反应 ΔS 必是正值。

(4)某反应的 ΔH 和 ΔS 皆为正值，当温度升高时 ΔG 将减小。

(5)$\Delta_r G_m^\theta(T) > 0$，反应不能自发进行，但其平衡常数并不等于零。

(6)每种分子都具有各自特有的活化能。

(7)影响反应速率的几个主要因素对反应速率常数都有影响。

(8)加催化剂不仅可以加快反应速率，还可影响平衡，也可使热力学理论认为的不自发反应自发进行。

3. 判断反应能否自发进行的标准是什么？能否用反应的焓变或熵变作为衡量的标准？为什么？

4. 如何用物质的 $\Delta_f H_m^\theta(298\ K)$，$\Delta_f G_m^\theta(298\ K)$，$S_m^\theta(298\ K)$ 的数据，计算反应的 $\Delta_r G_m^\theta(298\ K)$ 以及某温度 T 时反应的 $\Delta_r G_m^\theta(T)$ 的近似值？举例说明。

5. 如何利用物质的 $\Delta_f H_m^\theta(298\ K)$，$\Delta_f G_m^\theta(298K)$，$S_m^\theta(298\ K)$ 的数据，计算反应的 K_T^θ 值？写出有关的计算公式。

6. $2A(g)+B(g) \rightleftharpoons 2C(g)$，　$\Delta H=-x\ kJ \cdot mol^{-1}$。

有下列说法，你认同吗？

(1)由于 $K_T^\theta=\dfrac{p_C^2}{p_A^2 p_B}$ 随着反应的进行，C 的分压不断增加，A 和 B 的分压不断减小，平衡常数不断增大。

(2)增大总压力，使 A 和 B 的分压增加，C 的分压不断减小，故平衡向右移动。

7. 对下列平衡系统

$$2CO(g)+O_2(g) \rightleftharpoons 2CO_2(g),\quad \Delta H<0$$

(1)写出平衡常数表达式。

(2)如果在平衡系统中：①加入氧气；②从系统中取走 CO 气；③增大系统的总压力；④降低系统的温度。系统中 CO_2 的浓度各将发生什么变化？

8. 化学反应速率的含义是什么？反应速率如何表达？

9. 能否根据化学方程式来判断反应的级数？为什么？举例说明。

10. 阿仑尼乌斯公式有什么重要应用？举例说明。对于通常的化学反应，温度每上升 10℃，反应速率一般增加到原来的多少倍？

11. 对一个化学反应的活化能进行实验测定，根据阿仑尼乌斯公式判断，最少要进行几个温度下的速率测定？实验中为什么测定的温度点要比这些温度点多？

12. 如果一个反应是单相反应，则影响速率的主要因素有哪些？它们对速率常数分别有什么影响？为什么？

13. 一个反应的活化能为 120 $kJ \cdot mol^{-1}$，另一反应的活化能为 78 $kJ \cdot mol^{-1}$，在相似条件下，这两个反应中何者进行得较快？为什么？

14. 如果一个反应是放热反应，则温度升高将不利于反应的进行，所以这个反应在高温下将缓慢进行。这一说法是否正确？为什么？

15. 总压力与浓度的改变对反应速率以及对平衡移动的影响有哪些相似之处？有哪些不同之处？举例说明。

16. 比较温度与平衡常数的关系式及温度与反应速率常数的关系式，它们有哪些相似之处？有哪些不同之处？举例说明并解释两式中各物理量的含义。

17. 对于多相反应，影响化学反应速率的主要因素有哪些？举例说明。

18. 按照熵与混乱度的关系判断下面系统变化过程中是熵增大还是熵减少。

(1)盐溶解于水；

(2)两种不同的气体混合；

(3)水结冰；

(4)活性炭吸附氧；

(5)金属钠在氯气中燃烧生成氯化钠；

(6)硝酸铵加热分解。

19. 不用查表，试将下列物质按标准摩尔熵 S_m^θ 值由大到小排序。

(1)$K(s)$；(2)$Na(s)$；(3)$Br_2(l)$；(4)$Br_2(g)$；(5)$KCl(s)$。

20. 在 353 K 和 101.325 kPa 下，1 mol 液态苯汽化为苯蒸气，若已知苯的汽化热为 349.91 $J \cdot g^{-1}$，摩尔质量为 78.1 $g \cdot mol^{-1}$，求此相变过程的 W 和 ΔS^θ(353 K 为苯的正常沸点)。

21. 利用附录二中数据，求下列各反应的 $\Delta_r H_m^\theta(298\ K)$，$\Delta_r G_m^\theta(298\ K)$，$\Delta_r S_m^\theta(298\ K)$。

(1)$CaCO_3(s) = CaO(s) + CO_2(g)$

(2)$2CuO(s) = Cu_2O(s) + \frac{1}{2}O_2(g)$

22. 已知下列数据，求 N_2O_4 的标准生成吉布斯函数变是多少？

$\frac{1}{2}N_2(g) + \frac{1}{2}O_2(g) = NO(g)$，　　$\Delta_r G_m^\theta = 87.6\ kJ \cdot mol^{-1}$

$NO(g) + \frac{1}{2}O_2(g) = NO_2(g)$，　　$\Delta_r G_m^\theta = -36.3\ kJ \cdot mol^{-1}$

$2NO_2(g) = N_2O_4(g)$，　　$\Delta_r G_m^\theta = -2.8\ kJ \cdot mol^{-1}$

23. 利用下列反应的 $\Delta_r G_m^\theta$ 值，计算 $Fe_3O_4(s)$在 298 K 时的标准摩尔生成吉布斯函数变：

$2Fe(s) + \frac{3}{2}O_2(g) = Fe_2O_3(s)$，$\Delta_r G_m^\theta = -742.2\ kJ \cdot mol^{-1}$

$4\ Fe_2O_3(s) + Fe(s) = 3\ Fe_3O_4(s)$，$\Delta_r G_m^\theta = -77.4\ kJ \cdot mol^{-1}$

24. 由 $\Delta_f H_m^\theta$，S_m^θ 计算反应

$$MgCO_3(s) = MgO(s) + CO_2(g)$$

能自发进行的最低温度。

25. 求气态碘分子 $I_2(g)$可以自发分解成碘原子 $I(g)$的最低温度。

26. 在 100 kPa 和 298 K 条件下，溴由液态蒸发成气态。利用附录一数据

(1)求此过程中的 $\Delta_r H_m^\theta$，$\Delta_r S_m^\theta$；

(2)由(1)计算结果，讨论液态溴与气态溴的混乱度变化情况；

(3)求此过程的 $\Delta_r G_m^\theta$，由此说明该过程在此条件下能否自动进行；

(4)如要过程自动进行，试求出自动蒸发的最低温度。

27. 用锡石(SnO_2)制取金属锡(白锡)，有人建议可用下列几种方法：

(1)单独加热矿石，使之分解；

(2)用炭还原矿石(加热产生 CO_2)；

(3)用 H_2 气还原矿石(加热产生水蒸气)。

今希望加热温度尽可能低一些，试通过计算，说明采用何种方法为宜。

28. 汞的冶炼可采用朱砂(HgS)在空气中灼烧：

$$2HgS(s) + 3O_2(g) = 2HgO(s) + 2SO_2(g)$$

而炉中生成的 HgO(s)又将按下式分解：

$$2HgO(s) = 2Hg(g) + O_2(g)$$

试估算炉内的灼烧温度不得低于多少时，才可以得到 Hg(g)？

29. 试估计 $CaCO_3$ 的最低分解温度，反应式为

$$CaCO_3(s) \longrightarrow CaO(s) + CO_2(g)$$

并与实际烧石灰操作温度 900 ℃作比较。

30. 金属铜制品在室温下长期暴露在流动的大气中，其表面逐渐覆盖一层黑色的氧化铜(CuO)。当此制品被加热超过一定温度后，黑色氧化铜就转变成红色氧化亚铜(Cu_2O)。在更高的温度下，红色氧化物消失。如果想人工仿古加速获得 Cu_2O 红色覆盖物，并创造反应在标准压力下进行的条件，试估算反应：

(1) $4CuO(s) \longrightarrow 2Cu_2O(s) + O_2(g)$；

(2) $2Cu_2O(s) \longrightarrow 4Cu(s) + O_2(g)$。

自发进行的温度，以便选择人工仿古温度。

31. 试通过计算说明，1 000 K 时能否用 C 将 Fe_2O_3，Cr_2O_3 和 CuO 中的金属还原出来。

32. 写出下列反应的 K_T^θ 表达式：

(1) $SnO_2(s) + 2CO(g) \rightleftharpoons Sn(s) + 2CO_2(g)$；

(2) $CH_4(g) + 2O_2(g) \rightleftharpoons CO_2(g) + 2H_2O(l)$；

(3) $Al_2(SO_4)_3(aq) + 6H_2O(l) \rightleftharpoons 2Al(OH)_3(s) + 3H_2SO_4(aq)$；

(4) $NH_3(g) \rightleftharpoons \frac{1}{2}N_2(g) + \frac{3}{2}H_2(g)$；

(5) $C(s) + H_2O(g) \rightleftharpoons CO(g) + H_2(g)$；

(6) $BaCO_3(s) \rightleftharpoons BaO(s) + CO_2(g)$；

(7) $Fe_3O_4(s) + 4H_2(g) \rightleftharpoons 3Fe(s) + 4H_2O(g)$。

33. 已知 298 K 时，下列反应的标准平衡常数：

$$FeO(s) \rightleftharpoons Fe(s) + \frac{1}{2}O_2,\ K_1^\theta = 1.5 \times 10^{-43}$$

$$CO_2(g) \rightleftharpoons CO(g) + \frac{1}{2}O_2,\ K_2^\theta = 8.7 \times 10^{-46}$$

试计算

$$Fe(s) + CO_2(g) \rightleftharpoons FeO(s) + CO(g)$$

在相同温度下反应的标准平衡常数 K_T^θ。

34. 五氯化磷的热分解反应如下：

$$PCl_5(g) \rightleftharpoons PCl_3(g) + Cl_2(g)$$

在 100 kPa 和某温度 T 下平衡，测得 PCl_5 的分压为 20 kPa，试计算该反应在此温度下的标准平衡常数 K_T^θ。

35. 一定量的 N_2O_4 气体在一密闭容器中保温，反应达到平衡，试通过附录一的有关数据计算：

$$N_2O_4(g) \longrightarrow 2NO_2(g)$$

(1)该反应在 298 K 时的标准平衡常数 K_{298}^θ；

(2)该反应在 350 K 时的标准平衡常数 K_{350}^θ。

36. 有下列反应：

$$CuS(s)+H_2(g) \rightleftharpoons Cu(s)+H_2S(g)$$

(1)计算在 298 K 下的标准平衡常数 K^{θ}_{T1}；

(2)计算在 798 K 下的标准平衡常数 K^{θ}_{T2}。

37. 在一恒压容器中装有 CO_2 和 H_2 的混合物，存在如下的可逆反应：

$$CO_2(g)+H_2(g) = CO(g)+H_2O(g)$$

如果在 100 kPa 下混合物 CO_2 的分压为 25 kPa，将其加热到 850℃时，反应达到平衡，已知标准平衡常数 $K^{\theta}=1.0$，求：

(1)各物质的平衡分压；

(2)CO_2 转化为 CO 的百分率；

(3)如果温度保持不变，在上述平衡系统中再加入一些 H_2，判断平衡移动的方向。

38. 在 763 K 时，$H_2(g)+I_2(g) \rightleftharpoons 2HI(g)$反应的 $K^{\theta}_T=45.9$，问在下列两种情况下反应各向什么方向进行？

(1) $p_{H_2}=p_{I_2}=p_{HI}=100$ kPa；

(2) $p_{H_2}=10$ kPa，$p_{I_2}=20$ kPa，$p_{HI}=100$ kPa。

39. 在 1 073 K 时，$C(s)+CO_2(g) = 2CO(g)$反应的 $K^{\theta}_T=7.5\times10^{-2}$，问在下列两种情况下反应各向什么方向进行？

(1)C(s)质量为 1 kg，$p_{CO_2}=p_{CO}=100$ kPa；

(2)C(s)质量仍为 1 kg，$p_{CO_2}=500$ kPa，$p_{CO}=5$ kPa。

40. 在 V_2O_5 催化剂存在的条件下，已知反应

$$2SO_2(g)+O_2(g) = 2SO_3(g)$$

在 600℃和 100 kPa 达到平衡时，SO_2 和 O_2 的分压分别为 10 kPa 和 30 kPa，如果保持温度不变，将反应系统的体积缩小至原来的 1/2，通过反应熵的计算，说明平衡移动的方向。

41. 700 ℃时，反应

$$Fe(s)+H_2O(g) \longrightarrow FeO(s)+H_2(g),\quad K^{\theta}_T=2.35$$

如果在 700℃下，用总压力为 100 kPa 的等物质的量的 H_2O 与 H_2 混合处理 FeO，试问会不会被还原成 Fe？如果 H_2O 与 H_2 混合气体的总压力仍为 100 kPa，想要使 FeO 不被还原，则 $H_2O(g)$的分压最小应达多少？

42. 已知反应

$Fe(s)+CO_2(g) \rightleftharpoons FeO(s)+CO(g)$，$K^{\theta}_{T1}$

$Fe(s)+H_2O(g) \rightleftharpoons FeO(s)+H_2(g)$，$K^{\theta}_{T2}$

在不同温度下的 K^{θ}_T 数值如下：

T/K	973	1 073	1 173	1 273
$K^{\theta}_{T_1}$	1.47	1.81	2.15	2.48
$K^{\theta}_{T_2}$	2.38	2.00	1.67	1.49

(1)计算上述各温度

$$CO_2(g)+H_2(g) \rightleftharpoons CO(g)+H_2O(g)$$

反应的 K_T^θ，以此判断正反应是吸热还是放热？

(2)计算该反应的焓变。

43. 已知反应

$$CO(g)+H_2O(g) \rightleftharpoons CO_2(g)+H_2(g)$$

在 25 ℃时的平衡常数 K_T^θ 为 3.32×10^3 和反应的焓变 $\Delta H=-41.2\ kJ\cdot mol^{-1}$，试求反应在 1 000 K 时的 K_T^θ 值。

44. 已知反应

$$SnO_2(s)+2H_2(g) \rightleftharpoons Sn(s)+2H_2O(g)$$

在 27 ℃时的 $K_T^\theta=6.28\times10^{-11}$，$\Delta_r H^\theta=94.0\ kJ\cdot mol^{-1}$，求在 227 ℃时的 K_T^θ 值。

45. 设反应 $1.5H_2+0.5N_2 \longrightarrow NH_3$ 的活化能为 334.7 kJ·mol^{-1}，如果 NH_3 按相同途径分解，测得分解反应的活化能为 380.6 kJ·mol^{-1}，试求合成氨反应的反应焓变。

46. 在一定条件下，反应 $2O_3 \longrightarrow 3O_2$ 的正反应速率与 O_3 浓度的关系如下：

O_3 浓度/(mol·L^{-1})	反应速率/(mol·(L·s)$^{-1}$)
0.010 00	1.841×10^{-4}
0.015 00	3.382×10^{-4}

其他条件不变，试由这两组数据，确定该反应的反应级数及速率与浓度的关系式。

47. 氢和碘的蒸气在高温下按下式一步完成反应：

$$H_2+I_2 \longrightarrow 2HI$$

若两反应物的浓度均为 1 mol·L^{-1}，反应速率为 0.05 mol·(L·s)$^{-1}$；设 H_2 的浓度为 0.1 mol·L^{-1}，I_2 的浓度为 0.5 mol·L^{-1}，则此时反应速率为多少？

48. 用锌和稀硫酸制取氢气，该反应的 $\Delta_r H_m$ 为负值，在反应开始后的一段时间内反应速率加快，后来反应速率又变慢，试从浓度、温度等影响因素的角度解释此现象。

49. 700℃时 CH_3CHO 分解反应的速率常数 $k_1=0.010\ 5\ s^{-1}$。如果反应的活化能为 188 kJ·mol^{-1}，求 800℃时该反应的速率常数 k_2。

50. 设某反应正反应的活化能为 8×10^4 J·mol^{-1}，逆反应的活化能为 12×10^4 J·mol^{-1}，如果忽略 Z 的差异，求在 800 K 时的 $v_{正}$ 与 $v_{逆}$ 各为 400 K 时的多少倍？根据计算结果，活化能不同的反应，当温度升高时，何者速率改变较大？

51. 在 28℃时，鲜牛奶约 4 h 变酸（即牛奶变质），但在 5℃的冰箱里，鲜牛奶可保持 48 h 才变酸。设牛奶变酸的反应速率与变酸时间成反比，试估算牛奶变酸反应的活化能，以及温度由 18℃升至 28℃牛奶变酸反应速率变化的倍数。

52. 设在 400 K 时，题 51 的反应加催化剂后，活化能降低了 2×10^4 J·mol^{-1}，计算此时的 $k_{正}/k_{逆}$ 的比值与未加催化剂前的比值是否相同（忽略 Z 的差异）。由此说明，催化剂使正、逆反应速率增大的倍数是否相同。

53. 甲酸在金表面上的分解反应在 140℃和 185℃时的速率常数分别为 $5.5\times10^{-4}\ s^{-1}$ 及 $9.2\times10^{-2}\ s^{-1}$，试求该反应的活化能。

54. 已知某反应的活化能为 80 kJ·mol^{-1}，试求①由 20～30℃，②由 100～110℃，其速率

常数各增大了多少倍。

55. 将含有 0.1 mol·L^{-1} Na_3AsO_3 和 0.1 mol·L^{-1} $Na_2S_2O_3$ 的溶液与过量的稀硫酸溶液混合均匀，发生下列反应：

$$2H_3AsO_3+9H_2S_2O_3 \longrightarrow As_2S_3(s)+3SO_2(g)+9H_2O+3H_2S_4O_6$$

今由实验测得，17℃时从混合开始至出现黄色 As_2S_3 沉淀共需时 1 515 s。若将溶液温度升高 10℃，重复实验，测得需时 500 s。试求该反应的活化能 E_a。

56. 当没有催化剂存在时，H_2O_2 的分解反应：

$$H_2O_2(l) \longrightarrow H_2O(l)+0.5O_2(g)$$

的活化能为 75 kJ·mol^{-1}。当有催化剂存在时，该反应的活化能降低到 54 kJ·mol^{-1}。计算在 298 K 时，两反应速率的比值(忽略 Z 的差异)。

57. 某病人发烧至 40℃，使体内某一酶催化反应的速率常数增大为正常体温(37℃)时的 1.23 倍。试求该催化反应的活化能。

第六章 溶液与离子平衡

教学要点	学习要求
稀溶液依数性	掌握稀溶液的蒸气压、沸点、凝固点、渗透压变化的原因及相关计算，了解稀溶液依数性的实际应用
电解质解离平衡与缓冲溶液	了解酸碱理论发展概况，掌握弱电解质的解离平衡及平衡移动的计算，了解同离子效应对平衡的影响，掌握缓冲溶液的组成、缓冲作用的原理及相关应用等
沉淀溶解平衡及溶度积规则	掌握溶度积、溶解度的基本概念，学习溶度积规则，并运用该规则判断沉淀的生成和溶解，进而了解分步沉淀，沉淀转化。了解沉淀溶解平衡的实际应用
配合物及配离子解离平衡	学习配合物的基本概念及命名，掌握配合物的配位解离平衡及相关计算，了解配位化合物的具体应用

案例导入

每每进入冬季，位于我国北方的大多数公路管理部门都要储备大量的工业盐(NaCl)，并预先将这些工业盐(NaCl)袋放置到高速公路的各个区段、城市的公路边、各个桥梁上、涵洞口。工业盐与公路养护有着怎样的关系呢？这些工业盐不是用来养护公路的，而是用于融雪的。当把工业盐和冰混合，水的凝固点可以降至零下－22℃。所以，每当下雪时，路政人员都会及时把工业盐撒在公路上，使水的凝固点降低而防止路面结冰，从而保证交通的顺畅。那么，工业盐和冰混合为什么能够使水的凝固点由0℃降低到－22℃呢？通过本章的学习，我们就能够了解其中的原理。

溶液通常是指某一物质分散在另一物质中形成的均相系统(或单相系统)。在溶液中进行的化学反应为数众多，如工业过程中的酸洗、除锈、电镀、电解加工、化学刻蚀等；日常生活中的洗涤、烹饪等都和溶液密不可分。溶液的性质通常可以分为共性和个性。溶液的个性有颜色、导电性、密度等，这些性质在溶剂选定后将随溶质的不同而不同，如重铬酸钾水溶液呈现橙色、高锰酸钾水溶液呈现紫色等。溶液的共性有蒸气压、沸点、凝固点、渗透压等，这些性质在溶剂选定后不随溶质的不同而不同，只随溶质的量的不同而不同，我们把溶液的这些共性称为依数性，并且，这种依数性在非电解质稀溶液中表现出明显的规律。

6.1　稀溶液的依数性

6.1.1　溶液的蒸气压下降

在一定的温度下，将一定量的某液体盛于确定体积的密闭容器中，则液面上部分高能量分子克服分子间的引力而逸出液面，以气态分子进入容器上部空间，称为蒸发（见图 6-1(a)）；与此同时，在液面上部空间运动的气态分子也有可能碰到液面而进入液体中，称为凝聚。在一定的温度下，液体的蒸发速率是确定的，而凝聚速率起初较小（见图 6-1(b)），但随着蒸气分子的增多，凝聚的速率也就会增加；当凝聚速率与蒸发速率相等时，液体（液相）与其蒸气（气相）间达到了平衡状态（见图 6-1(c)），这种两相间的平衡称为相平衡。平衡时，在单位时间内从气相回到液相的分子数等于从液相进入气相的分子数，因此，相平衡是动态平衡。在一定的温度 T_1 下，当物质确定，其液体和蒸气处于平衡状态时，密闭容器中气体分子 B 的物质的量（n_1）恒定，体积（V）一定，根据理想气体状态方程有

$$p_1=\frac{n_1}{V}RT_1 \tag{6-1}$$

由式(6-1)知，p_1 为一确定值，叫作该物质的饱和蒸气压，简称蒸气压。由此可见，任意液体的饱和蒸气压在一定温度下是一定值。

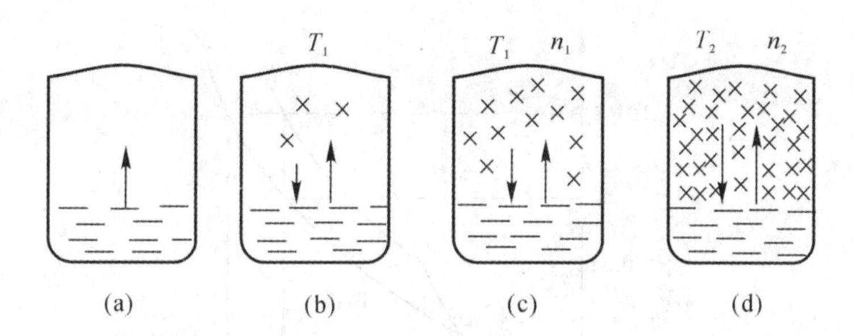

图 6-1　液体蒸发与蒸气凝结过程示意图

(a)T_1 温度下开始蒸发；(b)T_1 温度下蒸发与凝结未达平衡，蒸发速率大于凝结速率；

(c)T_1 温度下蒸发与凝结达平衡，蒸发速率等于凝结速率；(d)温度升高至 T_2 时蒸发凝结达到平衡；

（箭头长短表示蒸发速率或凝结速率的大小）

当温度升高至 T_2（$>T_1$）时，分子的动能增加，具有逸出能力的分子数也随之增加，从而在单位时间内从单位液面上逸出的分子数增加，即蒸发速率加快。如图 6-1(d)所示，当 $v'_{凝}=v'_{蒸}$ 时，显然，$n_2>n_1$，由理想气体状态方程得知，p_2 必然大于 p_1。也就是说，物质确定，随温度的升高，蒸气压增大。

由理想气体状态方程可以看出，p 与 n 和 T 的乘积成正比，而 n 随 T 变化，因此，蒸气压与温度并非直线关系。

蒸气压与液体的本性有关，而与液体的量无关。例如，在 20℃时，水的蒸气压是 2.339

kPa,酒精是 5.847 kPa,乙醚是 58.932 kPa。通常蒸气压愈大的物质愈容易挥发。在一定温度下,每种液体的蒸气压是一个定值。温度升高,蒸气压增大(见表 6-1)。

表 6-1　在不同温度下水的蒸气压

温度/℃	0	10	20	25	30	40	60
蒸气压/kPa	0.61	1.228	2.339	3.169	4.246	7.381	19.932
温度/℃	80	100	120	150	200	375	
蒸气压/kPa	47.373	101.3	198.5	476.1	1 554.5	22 061.7	

固体表面的分子也能蒸发。如果把固体放在密闭的容器中,固体(固相)和它的蒸气(气相)之间也能达到平衡,而产生蒸气压。固体的蒸气压也随着温度的升高而增大。表 6-2 列出了在不同温度下冰的蒸气压。

表 6-2　在不同温度下冰的蒸气压

温度/℃	0	-1	-5	-10	-15	-20	-25
蒸气压/kPa	0.61	0.563	0.401	0.260	0.165	0.104	0.064

以蒸气压为纵坐标,温度为横坐标,画出水和冰的蒸气压曲线,如图 6-2 中 aa' 线和 ac 线所示。

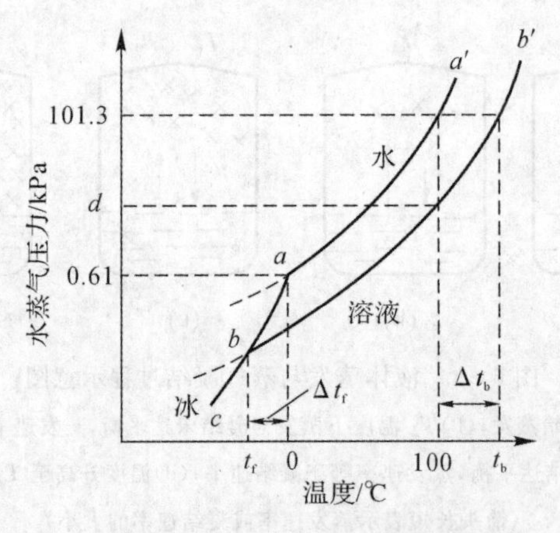

图 6-2　水溶液蒸气压变化及沸点、凝固点变化示意图

通过大量实验总结得知,在某溶剂中溶解任意难挥发的非电解质物质时,所形成溶液的蒸气压与纯溶剂的蒸气压相比降低了。这是因为,溶质溶入溶剂后,每个溶质分子与若干个溶剂分子结合,形成溶剂化分子,这样一方面减少了一些高能量的溶剂分子,另一方面又占据了一部分溶剂的表面,结果使得在单位表面、单位时间内逸出的溶剂分子减少,因此,在温度不变、达平衡时,难挥发溶质溶液的蒸气压要低于纯溶剂的蒸气压。在同一温度下,纯溶剂蒸气压和溶液蒸气压的差值叫作溶液的蒸气压下降。显然,溶液的浓度越大,溶液的蒸气压下降就越多。图 6-2 中,当水中溶解了任意难挥发的非电解质时,由于溶液的蒸气压下降,aa'线总体下移成为 bb'线。

1887 年法国物理学家拉乌尔(F・M・Raoult)根据实验结果,得出难挥发的非电解质稀溶液的蒸气压下降与溶质的量的关系为

$$\Delta p = \frac{n_B}{n_B + n_A} p^* \tag{6-2}$$

式中,Δp 表示溶液的蒸气压下降;p^* 表示纯溶剂的蒸气压;n_A 表示溶剂的物质的量;n_B 表示溶质的物质的量。对于稀溶液来说,n_A 远大于 n_B 时,有 $n_A + n_B \approx n_A$,所以

$$\Delta p \approx \frac{n_B}{n_A} p^* \tag{6-3}$$

式(6-2)和(6-3)可表述为,在一定温度下,难挥发的非电解质稀溶液的蒸气压下降与溶质 B 的摩尔分数、溶剂的蒸气压成正比,而与溶质的本性无关。称为 Raoult's Law。

某些固体物质常用做干燥剂,就是利用了蒸气压下降的性质。如氯化钙($CaCl_2$)、五氧化二磷(P_2O_5)等,在空气中吸收水分而潮解,就是因为这些固体物质表面吸水后,形成该物质的溶液,它的蒸气压比空气中水蒸气的分压小,结果空气中的水蒸气不断地凝结进入此溶液,使这些物质继续潮解。

例 6-1　根据 Raoult's Law,溶液的蒸气压下降只与溶质 B 的摩尔分数有关,试计算 293 K时,下列各水溶液的蒸气压下降了多少。计算结果说明了什么问题?(蔗糖的摩尔质量 $M=342.3\ g \cdot mol^{-1}$,尿素的摩尔质量 $M=60.1\ g \cdot mol^{-1}$)

(1)17.1 g 蔗糖溶液在 100.0 g 水中;

(2)1.5 g 尿素溶解在 50.0 g 水中。

解:查表,在 293 K 时,水的 $p^*=2.34\ kPa$。

(1)蔗糖水溶液。

$$\begin{aligned} x_B &= \frac{n_B}{n_A + n_B} \\ &= \frac{17.1\ g/342.3\ g \cdot mol^{-1}}{17.1\ g/342.3\ g \cdot mol^{-1} + 100.0\ g/18.0\ g \cdot mol^{-1}} \\ &= \frac{0.05\ mol}{0.05\ mol + 5.56\ mol} \\ &= \frac{0.05\ mol}{5.61\ mol} = 8.91 \times 10^{-3} \end{aligned}$$

由式(6-1)有

$$\Delta p = \frac{n_B}{n_B + n_A} p^*$$

$$\Delta p = 2.34\ kPa \times 8.91 \times 10^{-3} = 2.08 \times 10^{-2}\ kPa$$

(2)同理,尿素水溶液。

$$\begin{aligned} x_B &= \frac{1.5\ g/60.1\ g \cdot mol^{-1}}{50.0\ g/18.0\ g \cdot mol^{-1} + 1.5\ g/60.1\ g \cdot mol^{-1}} \\ &= 8.91 \times 10^{-3} \end{aligned}$$

$$\Delta p = 2.34\ kPa \times 8.91 \times 10^{-3} = 2.08 \times 10^{-2}\ kPa$$

通过计算说明,不论是蔗糖稀溶液还是尿素稀溶液都比纯水的蒸气压降低,并且,只要两者溶质的摩尔分数相同,其稀溶液的蒸气压降低值就是相同的。

6.1.2 溶液的沸点上升和凝固点下降

纯物质都有一定的沸点和凝固点。但是，当溶剂中加入难挥发的非电解质溶质后，由于溶液的蒸气压下降而使其沸点和凝固点随之发生了改变。以图 6-2 中水溶液为例加以说明。图中 aa'，ac 和 bb'线分别表示水、冰和水溶液的蒸气压与温度的关系。

我们知道，沸点是指液体的蒸气压等于外界压强时的温度。在一定温度下，由于溶液的蒸气压下降了，所以溶液的蒸气压（bb'线）总是低于纯溶剂（水）的蒸气压（aa'线）。溶液的蒸气压下降必然要引起其沸点的变化。在 101.325 kPa 下，纯水的沸点是 100 ℃，此时，纯水的蒸气压等于 101.325 kPa。在相同的温度下溶液的蒸气压必定低于 101.325 kPa（即低于外界大气压），图中 d 点所示，溶液不会沸腾。要使溶液沸腾，必须升高溶液的温度到 t_b。所以，溶液的沸点总是高于纯溶剂的沸点（图中 $t_b>100℃$）。溶液的沸点和纯溶剂的沸点之差值 Δt_b，叫作溶液的沸点升高。

液体的凝固点是在一定的外压下，纯液体与其固体达成平衡时的温度。液体在 101.325 kPa 下的凝固点为液体的正常凝固点，此时固体的蒸气压等于液体的蒸气压。比如水在常压下凝固点是 273.15 K，这时，液态水与冰的蒸气压相等，都是 0.61 kPa，图中 aa'线与 ac 线相交处。这里溶液的凝固点，是 ac 线与 bb'线交点对应的温度。

由于溶液的蒸气压下降，0℃时溶液的蒸气压小于冰的蒸气压（0.61 kPa，见图 6-2），虽然冰和溶液的蒸气压都随着温度下降而减小，但冰的蒸气压减小的程度比溶液蒸气压减小的程度大，故 ac 线较 aa'线更陡些。当体系的温度降低到 0℃以下某一温度时，冰和溶液的蒸气压相等（但都小于 0.61 kPa），冰和溶液达到平衡，此时的温度就是溶液的凝固点，即图 6-2 中 ac 和 bb'交点对应的温度 t_f，它比水的凝固点要低（$t_f<0℃$）。溶液的凝固点和纯溶剂的凝固点的差值 Δt_f 就是溶液的凝固点下降。

溶液的凝固点下降和沸点上升都是由蒸气压下降导致的，而蒸气压下降与溶液的浓度有关，因此，凝固点下降和沸点上升的数值也取决于溶液的浓度。Raoult’s 根据实验归纳出如下定律：难挥发的非电解质稀溶液的沸点上升和凝固点下降与溶液的质量摩尔浓度成正比，表示为

$$\Delta p \approx \frac{x_B}{x_A} p^* = \frac{m_B}{1\,000/18} p^* = K m_B \tag{6-4}$$

$$\Delta t_b = K_b m_B \tag{6-5}$$

$$\Delta t_f = K_f m_B \tag{6-6}$$

式中，m_B 是溶液的质量摩尔浓度；Δt_b 和 Δt_f 分别代表溶液的沸点上升和凝固点下降的度数；K_b 和 K_f 分别代表溶剂的沸点上升常数和凝固点下降常数，单位为℃ · kg · mol^{-1}。

显然，当 $m_B=1$ mol · kg^{-1}时，$\Delta t_b=K_b$，$\Delta t_f=K_f$。因此，某溶剂的沸点上升常数和凝固点下降常数，相当于将 1 mol 难挥发的非电解质溶解在 1 000 g 溶剂中，且保持与稀溶液相同的性质时，所引起的沸点上升和凝固点下降的度数。

K_b 和 K_f 只与溶剂的本性有关，而与溶质的性质无关。溶剂不同，K_b 和 K_f 的数值也不同。表 6-3 给出了一些常用溶剂的 K_b 和 K_f 的数值。

表 6-3　一些常用溶剂的 K_b 和 K_f 值

溶剂	沸点/℃	K_b/(℃·kg·mol^{-1})	凝固点/℃	K_f/(℃·kg·mol^{-1})
醋酸	118.1	2.93	17	3.9
苯	80.2	2.53	5.4	5.12
氯仿	61.2	3.63	−63.5	4.68
萘	—	—	80	6.8
水	100	0.51	0	1.86

若不同的溶质溶解在同一溶剂中，只要溶液的质量摩尔浓度相等(即一定量溶剂中溶质的粒子数相等)，其沸点上升和凝固点下降的度数也必然分别相等。例如，在 1 000 g 水中溶解 0.1 mol 蔗糖(溶液的质量摩尔浓度为 0.1 mol·kg^{-1})时，其凝固点下降 Δt_f 是 0.186℃，在 1 000 g水中溶解 0.1 mol 葡萄糖(溶液的质量摩尔浓度仍为 0.1 mol·kg^{-1})时，其 Δt_f 也是 0.186℃。

根据 Raoult's Law，可以利用测定凝固点下降或沸点上升的方法来求算溶质的相对分子质量。由于凝固点下降值较易测准，故常用于测定未知物的相对分子质量。

例 6-2　将 5.0 g 溶质溶于 80.0 g 苯中，该溶液的凝固点为 4.38℃，求溶质的相对分子质量。纯苯的凝固点为 5.40℃，

解　根据式(6-6)，萘($C_{10}H_8$)的质量摩尔浓度为

$$m_B = \frac{\Delta t_f}{K_f} = \frac{5.40 - 4.38}{5.12} = 0.199\ \text{mol}\cdot\text{kg}^{-1}$$

又
$$m_B = \frac{n_B}{m_{溶剂}} = \frac{5.0/M}{80 \times 10^{-3}}\ \text{mol}\cdot\text{kg}^{-1}$$

该溶质的摩尔质量 $M = 314.0\ \text{g}\cdot\text{mol}^{-1}$。

6.1.3　溶液的渗透压

溶液除了蒸气压下降、沸点上升、凝固点下降之外，还有一种性质就是渗透现象。渗透必须通过一种半透膜来进行，这种膜只允许溶剂分子通过，而不允许溶质分子通过。如图 6-3 所示，用半透膜 M，把溶液(A)和纯溶剂(B)隔开，这时，在单位时间内由纯溶剂(B)进入溶液(A)的溶剂分子数目，要比从溶液(A)进入纯溶剂(B)内的溶剂分子数目多。溶剂通过半透膜进入溶液中的过程称为渗透。由于渗透作用，溶液的体积逐渐增大，垂直的玻璃管中的液面逐渐上升。随着管内液面的升高，管内液柱向下的静压力也逐渐增大，使管内溶剂向外渗透逐渐加快，最后达到液柱高 h，此时单位时间内溶剂分子从两个相反的方向穿过半透膜的数目彼此相等，即达到渗透平衡。这时溶液液面上由于液柱高 h 所增加的压力，就是这个溶液的渗透压。因此，渗透压也就是阻止溶剂通过半透膜流入溶液所施加于溶液的最小额外压力。

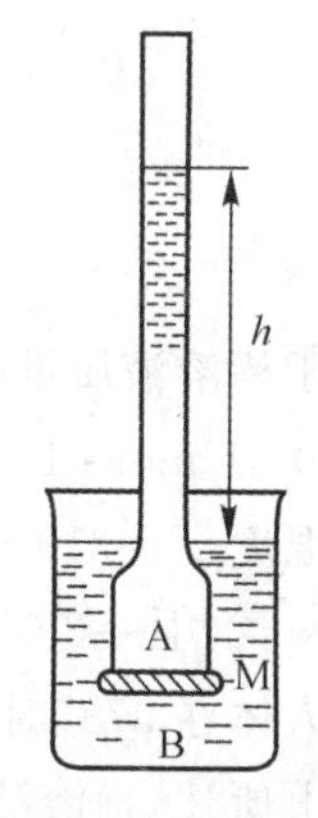

图 6-3　渗透的示意图
A—溶液；B—纯溶剂；M—半透膜

根据实验知：温度一定时，稀溶液的渗透压与溶液的浓度成正比；当浓度不变时，稀溶液的渗透压和绝对温度成正比。设Ⅱ代表渗透压，c 代表物质的量浓度，T 代表绝对温度，n 代表溶质的物质的量，V 代表溶液的体积，则

$$\Pi = cRT$$

因为对于稀溶液
$$c = \frac{n}{V}$$

所以
$$\Pi = \frac{n}{V}RT$$

或
$$\Pi V = nRT \tag{6-7}$$

此方程式是荷兰物理化学家范特霍夫(J·H·Van′t Hoff)发现的，称为范特霍夫渗透压公式。它的形式与理想气体状态方程式十分相似，R 的值也完全一样，但气体的压力和溶液的渗透压在本质上并无相同之处，其物理意义也完全不同。气体由于它的分子运动碰撞容器壁而产生压力，溶液的渗透压并不是溶质分子直接运动的结果。当实际溶液的浓度越小，使用式(6-7)的计算误差也就越小。由式(6-7)可知，溶液的渗透压大小只与温度和溶质的浓度有关，而与溶质种类无关，因此，也是一种依数性的表现。

渗透压在生物学中具有重要意义。有机体的细胞膜大多具有半透膜的性质，因此，渗透压是引起水在动植物中运动的主要力量。植物细胞汁的渗透压可达 20×101.325 kPa，所以，我们看到水由植物的根部甚至可运送到高达数十米的顶端。冬季我们为了防止路面结冰使用了食盐后，这样的雪如果堆放在植物的根部，就会造成植物大面积的枯死，正是由于植物表皮外盐的浓度比表皮内高，植物内的水会不断析出，直至枯竭而死。人体血液的渗透压约为 7.7×101.325 kPa，由于人体有保持渗透压在正常范围的要求，因此，当我们吃了过多的食物以及在强烈的排汗后，由于组织中的渗透压升高，就会有口渴的感觉。饮水可减小组织中可溶物的浓度，从而使渗透压降低。

例 6-3 测得人体血液的冰点降低值为 0.56℃，试计算人体温度在 37℃时血液的渗透压是多少？已知 $K_f = 1.86℃ \cdot kg \cdot mol^{-1}$。

解：由公式 $\Delta t_f = K_f m_B$ 得，血液的质量摩尔浓度为

$$m_B = \frac{\Delta t_f}{K_f}$$

即
$$m_B = \frac{0.56℃}{1.86℃ \cdot kg \cdot mol^{-1}} = 0.301\ 1\ mol \cdot kg^{-1}$$

对于稀溶液质量摩尔浓度在数值上近似等于物质的量浓度 c_B，故血液的物质的量浓度 $c_B = 0.301\ 1\ mol \cdot L^{-1}$，相当于 $3.011 \times 10^2\ mol \cdot m^{-3}$。

在温度 $T = 310$ K 时，由公式 $\Pi = cRT$，可得

$$\Pi = 3.011 \times 10^2\ mol \cdot m^{-3} \times 8.314\ J \cdot mol \cdot K^{-1} \times 310\ K = 776\ kPa$$

即人体在 37℃时血液的渗透压为 776 kPa。

综上所述，稀溶液的依数性可以归纳为如下的稀溶液定律：难挥发溶质的稀溶液的性质(溶液的蒸气压下降、沸点上升、凝固点下降和渗透压改变)是和一定量溶剂(或一定体积的溶液)中所溶解的溶质粒子的物质的量成正比，而与溶质的本性无关。稀溶液的依数性定律是有限定律，溶液越稀，定律越准确。

6.1.4 溶液依数性的应用

如果是浓溶液，因为溶液浓度增大，溶质分子之间的影响以及溶质与溶剂的相互影响大为增强，则 Raoult's Law 数学式中的浓度应该是有效浓度(又叫做活度)。对于电解质溶液，因溶质解离，则粒子(分子和离子)的总浓度增大，其 Δp，Δt_b 和 Δt_f 值较相同浓度的非电解质溶液的值要大。例如，0.1 $mol \cdot kg^{-1}$ 的 HAc 溶液，由于 HAc 的解离，即

$$HAc \rightleftharpoons H^+ + Ac^-$$

溶液中 HAc，H^+ 和 Ac^- 三种粒子的总浓度必然大于 0.1 $mol \cdot kg^{-1}$，根据式(6-6)，它的 Δt_f 必然大于 0.1 $mol \cdot kg^{-1}$ 蔗糖溶液的 Δt_f。而强电解质在稀溶液中一般解离度以 100% 计算。例如：在 0.1 $mol \cdot kg^{-1}$ 的 $Ca(NO_3)_2$ 溶液中，Ca^{2+} 浓度为 0.1 $mol \cdot kg^{-1}$，NO_3^- 浓度为 0.2 $mol \cdot kg^{-1}$，则其 Δt_f 约为同浓度的非电解质溶液的 3 倍。

我们知道，随着海拔高度的升高，大气压随之降低。海拔高度越高，沸点就越低。因此，高海拔地区的沸点就比低海拔地区的沸点低(<100℃)。那么，在蒸煮食物时，就会由于温度较低，出现食物难以熟化的现象。我们日常生活中最常使用的高压锅就是利用升高压力，而使温度升高，从而加快熟化食品，很好地解决了高海拔地区食物难以熟化的问题。再如我们煮饺子等食物时，在水中加一小匙食盐，煮出来的饺子皮筋易熟，就是利用的溶液沸点升高的原理。溶液凝固点的下降原理也具有广泛的实际意义，因为当稀的溶液达到凝固点时，溶液中开始是水结成冰而析出，随着冰的析出，溶液的浓度不断增大，凝固点不断降低，最后溶液的浓度达到该溶质的饱和溶液浓度(即溶解度)时，冰和溶质一起析出(即冰晶共析)。此时，虽继续冷却溶液，但凝固的温度保持不变，直至溶液全部凝固为止。用 $CaCl_2 \cdot 2H_2O$ 和冰混合，温度可降至 −55℃，因此可以用作冷冻剂。另外也可利用溶液的凝固点下降，在溶剂中加入某种溶质以防止溶剂凝固。例如，在冬季建筑业使用的砂浆中需加食盐或氯化钙，在汽车散热器(水箱)中的水里加酒精或乙二醇，都是利用溶液凝固点下降来防止水结冰的。

例 6-4 到了冬季，在零下 −10℃时，为了防止汽车水箱中水结冰，给 10 kg 水加多少公斤乙二醇才能达到防冻的效果？请通过计算说明。(已知水的 K_f 为 1.86℃ $\cdot$ kg $\cdot$ mol^{-1}，乙二醇的相对分子质量为 62 $g \cdot mol^{-1}$)

解：根据式(6-6)，乙二醇的质量摩尔浓度为：

$$m_B = \frac{\Delta t_f}{K_f} = \frac{0℃ - (-10)℃}{1.86℃ \cdot kg \cdot mol^{-1}} = 5.376\ 3\ mol \cdot kg^{-1}$$

那么 10 kg 水中乙二醇的质量为

$$5.376\ 3\ mol \cdot kg^{-1} \times 10\ kg \times 62\ g \cdot mol^{-1} \times 10^{-3} = 3.33\ kg$$

即在 10 kg 中水加入 3.33 kg 乙二醇就可以使水箱中的水在 −10℃时不结冰，从而达到防冻的效果。

6.2 弱电解质解离平衡与缓冲溶液

酸碱反应是我们最为熟悉的反应之一。但是，要明确一种物质是具有酸性还是显示碱性，事实上并不是很容易的。我们需要了解酸碱理论的发展，进而明确酸碱的定义以及酸碱解离平衡。

6.2.1 酸碱理论的发展

(一)阿仑尼乌斯(S. A. Arrhenius)的电离理论

1884年,瑞典化学家阿仑尼乌斯提出了酸碱的电离理论。阿仑尼乌斯定义:在水溶液中电离出的阳离子全部是H^+的物质是酸,电离出的阴离子全部是OH^-的物质是碱。阿仑尼乌斯的酸碱理论基于电解质在水溶液中的电离,其酸碱反应的实质是,含有H^+的酸和含有OH^-的碱反应生成H_2O和盐的中和反应。由于阿仑尼乌斯的酸碱理论建立在水溶液中,因此限制了该理论的应用。因为,有许多的反应并不在水溶液中进行,它们却表现出酸碱性。如气态的氨与气态的氯化氢反应生成固体氯化铵,根据酸碱电离理论是无法判断这是一个酸(HCl)和碱(NH_3)的反应。另外,还有许多的酸、碱之中并不含有H^+或OH^-,但是,却表现出酸碱性。例如:氨(NH_3)中并无OH^-的存在,却表现出碱性,而氯化锌中($ZnCl_2$)并无H^+的存在,也表现为酸性。很显然,这样一些问题在阿仑尼乌斯的酸碱理论中无法得以解决,随后发展了酸碱的质子理论。

(二)布朗斯特-劳莱(Br ∅nsted - Lowry)质子理论

1923年,丹麦化学家布朗斯特(J. N. Br ∅nsted)和英国化学家劳莱(T. M. Lowry)几乎同时,但却是独立地提出了酸碱的质子理论,称为布朗斯特-劳莱(Br ∅nsted - Lowry)酸碱质子理论。该理论的中心是质子,布朗斯特-劳莱指出,凡是能够给出质子的任何物种都是酸,凡是能够结合质子的任何物种都是碱。给出质子和结合质子是酸或碱的特征。例如:HCl,HS^-,$[Al(OH)(H_2O)_5]^{2+}$都是可以给出质子的物种,所以他们都是酸;而NaOH,Ac^-,NH_3都是可以结合质子的物种,所以他们都是碱。酸和碱之间通过质子传递而相互发生着变化,我们把这种关系称为共轭关系。对于共轭酸碱对,当其酸愈强时,该酸的共轭碱就愈弱;反之,当其碱愈强时,该碱的共轭酸就愈弱。由于酸与碱之间是通过质子传递而变化着的,所以,许多物种具两面性,其显酸性还是显碱性取决于与之发生反应的物种,例如:

$$HCl(g) + NH_3(g) = NH_4^+ + Cl^-$$

酸1　　碱2　　共轭酸2(碱2)　共轭碱1(酸1)

由上述反应可见,HCl(g)给出质子成为它的共轭碱Cl^-,而NH_3(g)得到质子成为它的共轭酸NH_4^+,那么,酸碱反应的实质是两个共轭酸碱对之间的质子传递(质子转移)的过程。我们再举几例:

中和反应　$HCl + NaOH = NaCl + H_2O$

酸1　　碱2　　共轭碱1(酸1)　共轭酸2(碱2)

电离反应　$HCl + H_2O = Cl^- + H_3O^+$

酸1　　碱2　　共轭碱1(酸1)　共轭酸2(碱2)

自身电离反应　$H_2O + H_2O = OH^- + H_3O^+$

酸1　　碱2　　共轭碱1(酸1)　共轭酸2(碱2)

上述各例反应的实质都是进行了质子传递(质子转移)。常见的酸碱的共轭关系见表6-4。

表6-4　常见酸碱的共轭关系

酸	化学式	共轭碱
氢碘酸	HI	I^-
高氯酸	$HClO_4$	ClO_4^-
盐酸	HCl	Cl^-
硫酸	H_2SO_4	HSO_4^-
硫酸氢根离子	HSO_4^-	SO_4^{2-}
硝酸	HNO_3	NO_3^-
醋酸	HAc	Ac^-
六水合锌[II]离子	$[Zn(H_2O)_6]^{2+}$	$[Zn(OH)(H_2O)_5]^+$
铵离子	NH_4^+	NH_3
水	H_2O	OH^-
水合氢离子	H_3O^+	H_2O

酸碱的质子理论将酸碱的范围从水溶液扩大到了各种溶剂形成的溶液中,并且进一步扩大到了气相、液相、固相的反应中,所以,酸碱质子理论的应用较酸碱电离理论更加广泛。但是,质子理论的适用对象只是那些含有质子的反应体系,对于那些反应中并无质子的过程质子理论还是无法给出解释。例如 $ZnCl_2$ 浓溶液呈现酸性,但是它们本身并不给出质子,这是一个在质子理论的定义下无法给出合理解释的实例。美国化学家路易斯(G.N.Lewis)随后提出了酸碱电子理论可以较好地解决该问题,请同学们参看相关的书籍自学。

6.2.2　水的解离平衡与溶液的 pH

(一)水的解离平衡

$$H_2O(l) + H_2O(l) \rightleftharpoons OH^-(aq) + H_3O^+(aq)$$

其标准平衡常数的表达式为

$$K_T^\theta = \left(\frac{c(H_3O^+)}{c^\theta}\right)\left(\frac{c(OH^-)}{c^\theta}\right) = K_w^\theta \qquad (6-8)$$

式(6-8)中 K_w^θ 称为水的标准离子积常数,K_w^θ 与浓度无关,但与温度有关。通常随着温度的升高,水的离子积常数逐渐增大。在0℃时,水的离子积常数为 1.15×10^{-15},25℃时为 1.01×10^{-14},100℃时为 5.43×10^{-13}。从0℃到100℃,水的离子积常数有两个数量级的改变。我们通常使用的水的离子积常数 1.0×10^{-14} 只是常温条件下的数值。

(二)溶液的 pH

由水的电离可知,水溶液中同时存在着 OH^- 和 H^+,如果 OH^- 和 H^+ 的浓度发生变化,溶液的酸、碱性随之而变。当 $c(H^+) = c(OH^-) = 10^{-7}\ mol \cdot L^{-1}$ 时，溶液为中性；当 $c(H^+)$ 的浓度比 $c(OH^-)$ 浓度大时，溶液为酸性；反之，当 $c(H^+)$ 的浓度比 $c(OH^-)$ 浓度小时，溶液为碱性。由此可见，溶液呈现出的酸、碱性是相对的。

溶液的酸、碱性常常用 $c(H^+)$ 或 $c(OH^-)$ 的负对数来表示，即

$$pH = -\lg c(H^+) \text{或} pOH = -\lg c(OH^-) \tag{6-9}$$

根据水的离子积常数有

$$K_w^\theta = c_r(H_3O^+)c_r(OH^-)$$

两边同时取负对数后有

$$pK_w^\theta = pH + pOH = 14 \tag{6-10}$$

也就是，当 $c(H^+) = 10^{-7}$ 时，溶液的 pH=7，该溶液呈中性；当 $c(H^+) > 10^{-7}$ 时，溶液的 pH<7，该溶液呈酸性；当 $c(H^+) < 10^{-7}$ 时，溶液的 pH>7，该溶液呈碱性。表 6-5 中给出了一些常见液体的 pH。

表 6-5 常见液体的 pH

名称	pH	名称	pH
胃液	1.0～3.0	牛奶	6.5
食醋	3.0	蒸馏水	7.0
橙汁	3.5	血液	7.35～7.45
尿液	4.8～8.4	暴露在空气中的水	5.5～7.0

在实际的研究工作和生产过程中，溶液的 pH 是可以使用 pH 试纸，或由酸度计（pH 计）直接测得。酸度计的使用，使得工业过程的自动控制得以快速、准确地实现。

6.2.3 弱酸弱碱的解离平衡——单相解离平衡

(一)一元弱酸、弱碱的解离平衡

水溶液中，任意 AB 型弱电解质的解离平衡为

$$HX(aq) + H_2O(l) \rightleftharpoons H_3O^+(aq) + X^-(aq)$$

达平衡时，其标准平衡常数的表达式为

$$K_i^\theta = \frac{[c(H^+)/c^\theta][c(X^-)/c^\theta]}{[c(HX)/c^\theta]}$$

或将 c/c^θ 用 c_r 表示，有式：

$$K_i^\theta = \frac{c_r(H^+)c_r(X^-)}{c_r(HX)} \tag{6-11}$$

K_i^θ 称为该弱电解质的标准解离常数。K_i^θ 与浓度无关，通常情况下与温度有关，但在水溶液中的影响并不大，因为水以液态存在的温度区间较小，所以，在水溶液中进行的反应，可以忽略温度对 K_i^θ 的影响。K_i^θ 数值的大小可以用来表示任意弱电解质解离程度的大小，也可以表示任意弱电解质的相对强弱。当是弱酸时 K_i^θ 用 K_a^θ(Acid)表示，当是弱碱时用 K_b^θ(Base)表示，例如 CH_3COOH（简写为 HAc），在水溶液中存在着下列的解离平衡：

$$HAc \rightleftharpoons H^+ + Ac^-$$

达平衡时,可以表示为

$$K_a^\theta=\frac{[c(H^+)/c^\theta][c(Ac^-)/c^\theta]}{[c(HAc)/c^\theta]} \tag{6-12}$$

式(6-12)中 K_a^θ 叫作醋酸的标准解离常数。一些常见弱电解质的标准解离常数见附录三。对于共轭酸碱对,知道了某酸的 K_a^θ,其共轭碱的 K_b^θ 可以通过 K_w^θ 进行换算,因为

某酸的解离为　　$HX(aq) + H_2O(l) = H_3O^+(aq) + X^-(aq)$

其共轭碱的解离为　　$X^-(aq) + H_2O(l) = OH^-(aq) + HX(aq)$

从而有

$$K_a^\theta \cdot K_b^\theta = c_r(H_3O^+) \cdot c_r(OH^-) = K_w^\theta \tag{6-13}$$

也就是说,共轭酸碱对的 K_a^θ 和 K_b^θ 是可以相互换算的,但是,不是共轭酸碱关系的酸与碱的 K_a^θ 和 K_b^θ 是不能够从其一(K_a^θ 或 K_b^θ)得到另一的(K_b^θ 或 K_a^θ)。

任意弱电解质 AB 的初始浓度设为 c(AB),解离度为 α 时,则各物质间浓度的关系为

	AB	$\rightleftharpoons$	A^+	+	B^-
开始浓度/($mol \cdot L^{-1}$)	c		0		0
平衡浓度 /($mol \cdot L^{-1}$)	$c-c\alpha$		$c\alpha$		$c\alpha$

$$K_i^\theta(AB)=\frac{c_r(A^+)c_r(B^-)}{c_r(AB)}$$

$$K_i^\theta(AB)=\frac{(c\alpha)^2}{c(1-\alpha)}=\frac{c\alpha^2}{(1-\alpha)} \tag{6-14}$$

通常情况下,当 $K_i^\theta<10^{-4}$,而且 $c(AB)>0.1\ mol \cdot L^{-1}$ 时,解离度很小,常常可以忽略已解离部分而近似地认为 $1-\alpha\approx1$,于是有

$$K_i^\theta=\frac{c\alpha^2}{1-\alpha}\approx c\alpha^2 \text{或} \alpha=\sqrt{\frac{K_i^\theta}{c}} \tag{6-15}$$

根据式(6-15)可知,在一定的温度下,K_i^θ 是常数,当溶液浓度越稀,其弱电解质 AB 的解离度越大。这个关系式也称为稀释定律。由式(6-15)的推导可知,该式的应用是有条件的,只有那些满足近似计算要求的弱酸、弱碱的解离度才能应用此式进行相关计算。还要特别说明,式(6-15)只能用于一元弱酸、弱碱系统,对于多元的弱酸、弱碱系统并不适用;并且用于只存在一种组分的系统,对于存在多种组分的系统是不能够使用的。当然,K_i^θ 和 α 数值的大小都可以用来表示任意弱电解质解离程度的大小,但是,K_i^θ 是标准平衡常数,数值的大小与浓度无关;而 α 是解离度,其数值的大小与浓度有关。那么,要比较弱电解质解离程度的大小时,选择哪一个为好呢?请读者思考。

一元弱酸、弱碱系统中各物种浓度的计算如下:

设某一元弱酸的起始浓度为 c,达平衡时,解离生成的氢离子浓度为 x,该一元弱酸的解离平衡为

	HX	$\rightleftharpoons$	H^+	+	X^-
开始时	c		0		0
平衡时	$c-x$		x		x

达平衡时有

$$K_a^\theta = \frac{x^2}{c-x} \tag{6-16}$$

当 $K_i^\theta < 10^{-4}$，且 $c(AB) > 0.1\ mol \cdot L^{-1}$ 时，可以近似地认为 $1-\alpha \approx 1$，从而近似计算得

$$x = c(H^+) = \sqrt{K_a^\theta c} \tag{6-17}$$

此时溶液的 $pH = -\lg c(H^+)$，解离度为

$$\alpha = \frac{c(H^+)}{c} \tag{6-18}$$

同理可得一元弱碱的相关计算式为

$$K_b^\theta = \frac{x^2}{c-x} \tag{6-19}$$

近似计算得

$$x = c(OH^-) = \sqrt{K_b^\theta c} \tag{6-20}$$

此时溶液的 $pOH = -\lg c(OH^-)$，解离度为

$$\alpha = \frac{c(OH^-)}{c} \tag{6-21}$$

如果不能满足近似计算条件时，必须通过解一元二次方程来得到溶液中的氢离子浓度，进而得到溶液的 pH，以及该弱电解质的解离度。

(二)多元弱酸的解离平衡

多元弱酸的解离过程是分级解离的，每一级都有其标准解离常数，如 H_2S 的分级解离平衡如下：

$$H_2S \rightleftharpoons H^+ + HS^- \quad (1) \qquad K_{a1}^\theta = \frac{c_r(H^+)c_r(HS^-)}{c_r(H_2S)} = 8.91 \times 10^{-8}$$

$$HS^- \rightleftharpoons H^+ + S^2 \quad (2) \qquad K_{a2}^\theta = \frac{c_r(H^+)c_r(S^{2-})}{c_r(HS^-)} = 1.1 \times 10^{-19}$$

上两式可用于其中每一步解离平衡的计算，但对于下列总的解离平衡式则不适用。

$$H_2S \rightleftharpoons 2H^+ + S^{2-} \quad (3)$$

根据多重平衡规则，(1)+(2)=(3)式时得到下式：

$$K_a^\theta = K_{a1}^\theta K_{a2}^\theta = \frac{c_r^2(H^+)c_r(S^{2-})}{c_r(H_2S)}$$

一般来说，由带负电荷的酸式根(如 HS^-)再解离出带正电荷的 H^+ 离子比较困难，同时，一级解离产生的 H^+ 使二级解离平衡强烈地偏向左方，所以，多元弱酸的各级标准解离常数依次显著减小，常常是 $K_{a1}^\theta >> K_{a2}^\theta >> K_{a3}^\theta$。因此，比较多元弱酸的酸性强弱时，只要比较它们的一级解离常数值就可以初步确定。但是，如果 K_{a1}^θ 与 K_{a2}^θ 相差不大时，二级解离出的 H^+ 必须考虑。另外，水的解离平衡在必要时也是需要注意的。

还应注意，多元弱酸各级解离产生的 H^+ 在同一溶液之中，我们是分不清楚哪个 H^+ 来自哪一级解离，所以，各级解离常数式中的 H^+ 离子浓度是指溶液中总的 H^+ 离子浓度。在实际计算中，根据实际情况，往往可以近似地用一级解离的 H^+ 离子浓度代替。多元弱碱与上述情况类似。

例 6-5　计算 25℃时 0.10 mol・L^{-1}的 H_2S 溶液中的 H^+，OH^-，HS^- 和 S^{2-} 各离子的浓度和溶液的 pH。

解：首先根据一级解离平衡，计算溶液中的 $c(H^+)$，$c(HS^-)$。

设 $c(HS^-)=x(mol \cdot L^{-1})$，按一级解离有

$$H_2S \rightleftharpoons H^+ + HS^-$$

平衡浓度/(mol・L^{-1})　　$0.10-x$　　x　　x

$$K_{a1}^{\theta}=\frac{c_r(H^+)c_r(HS^-)}{c_r(H_2S)}=\frac{x^2}{0.10-x}=8.91\times10^{-8}$$

因 K_{a1}^{θ} 值很小，故可以近似计算得

$$0.10-x\approx0.10, x^2=8.91\times10^{-8}$$

$$x=c(H^+)=c(HS^-)=9.44\times10^{-5}\ mol \cdot L^{-1}$$

再根据二级解离平衡，计算溶液中的 $c(S^{2-})$，$c(OH^-)$和 pH。

设 $c(S^{2-})=y(mol \cdot L^{-1})$，按二级解离平衡有

$$HS^- \rightleftharpoons H^+ + S^{2-}$$

平衡浓度/(mol・L^{-1})　　$9.44\times10^{-5}-y$　　$9.44\times10^{-5}+y$　　y

$$K_{a2}^{\theta}=\frac{c_r(H^+)c_r(S^{2-})}{c_r(HS^-)}=1.0\times10^{-19}$$

因 K_{a2}^{θ} 值很小，故　　$9.44\times10^{-5}\pm y\approx9.44\times10^{-5}$

$$K_{a2}^{\theta}=\frac{(9.44\times10^{-5}+y)y}{9.44\times10^{-5}-y}=1.0\times10^{-19}$$

$y\approx K_{a2}^{\theta}$

所以　　$c(S^{2-})=y=1.0\times10^{-19}\ mol \cdot L^{-1}$

又　　$c_r(OH^-)=\frac{K_w^{\theta}}{c_r(H^+)}=\frac{1.0\times10^{-14}}{9.44\times10^{-5}}=1.1\times10^{-10}\ mol \cdot L^{-1}$

由计算可以看出，因为 $K_{a2}^{\theta}(1.0\times10^{-19})$值很小，$HS^-$离子的解离程度也就很小，那么，溶液中的 H^+ 和 HS^- 离子浓度不会因 HS^- 离子的继续解离而有明显的改变，因此，溶液的 pH 为

$$pH=-\lg c(H^+)=-\lg9.44\times10^{-5}=4.0$$

通过计算可以看出，在实际计算中，近似地用一级解离的 H^+ 离子浓度代替溶液的 H^+ 离子浓度是合理的近似处理。

6.2.4　缓冲溶液

(一)同离子效应

在介绍缓冲溶液之前，我们先看看什么是同离子效应。

对于弱电解质的解离平衡，稀释使得其解离度增大，就是因为浓度改变而使解离平衡移动的结果，见式 6-15 所示。如果在弱电解质的平衡体系中加入某种强电解质，使原来溶液中某种离子浓度发生变化，也会使解离平衡移动。例如：在醋酸溶液的平衡中

$$HAc \rightleftharpoons H^+ + Ac^- \tag{1}$$

加入含有与弱电解质相同离子的强电解质醋酸钠(NaAc)，则有

$$NaAc \rightleftharpoons Na^+ + Ac^- \tag{2}$$

原醋酸溶液中 $c(Ac^-)$浓度增大，平衡(1)将向左移动，其结果使得醋酸的解离度减小。这是因为弱电解质的 K_i^θ 是不变的，当 $c(Ac^-)$的浓度增大时，平衡向左移动后 $c(HAc)$的浓度增大、而 $c(H^+)$的浓度减小，其左移的结果使弱电解质的解离度减小。总之，在弱电解质溶液中，加入有相同离子的强电解质时，可使弱电解质的解离度降低的现象叫作同离子效应。对于HX～MX体系，当有同离子效应发生时，相关的计算有

$$HX \rightleftharpoons H^+ + X^-$$

加入含相同离子的强电解质有 $MX \rightleftharpoons M^+ + X^-$

设此溶液中某酸解离的 H^+ 浓度为 x，则有

$$HX \rightleftharpoons H^+ + X^-$$

达平衡时有 $c_{酸}-x \qquad x \qquad c_{盐}+x$

$$K_a^\theta=\frac{x(c_{盐}+x)}{(c_{酸}-x)}$$

若能满足近似计算条件时，有

$$K_a^\theta=\frac{xc_{盐}}{c_{酸}}$$

所以有

$$c(H^+)=K_a^\theta\frac{c_{酸}}{c_{盐}}$$

当两边同取对数有

$$pH=pK_a^\theta-\lg\frac{c_{酸}}{c_{盐}} \tag{6-22}$$

此时，弱电解质的解离度为

$$\alpha=\frac{c(H^+)}{c_{酸}}=\frac{K_a^\theta}{c_{盐}} \tag{6-23}$$

同样的原理，我们也可以以氨水为例进行推导，也得出相似的结果。

$$pOH=pK_b^\theta-\lg\frac{c_{碱}}{c_{盐}} \tag{6-24}$$

$$\alpha=\frac{c(OH^-)}{c_{碱}}=\frac{K_b^\theta}{c_{盐}} \tag{6-25}$$

我们通过一个例子来看一下，弱电解质的解离度在加入了含有相同离子的强电解质后，有了怎样的变化。

例6-6 试计算 $0.1\ mol\cdot L^{-1}$的HAc溶液中HAc的解离度是多少？如果往溶液中加入NaAc固体，使NaAc浓度为 $0.2\ mol\cdot L^{-1}$，HAc的解离度又是多少？(忽略体积的变化)

解：对于HAc溶液，HAc的解离度由式(6-15)计算，有

$$\alpha=\sqrt{\frac{K_a^\theta}{c}}=\sqrt{\frac{1.74\times10^{-5}}{0.1}}=1.32\%$$

当加入NaAc后，溶液中HAc的解离度需由式(6-23)计算，有

$$\alpha=\frac{K_a^\theta}{c_{盐}}=\frac{1.74\times10^{-5}}{0.2}=0.008\ 7\%$$

通过计算可以看出，无NaAc的HAc溶液的解离度为1.32%；而加入NaAc后，HAc的解离度为0.008 7%，相应地，溶液的pH依次为2.88和5.06。

利用弱电解质的解离平衡，可以获得在化学研究和化工生产中非常有用的一种溶液。

(二)缓冲溶液

缓冲溶液是指能够抵抗外加少量酸、碱和适度稀释，而使溶液的 pH 保持基本不变的溶液体系。这样的溶液一般由弱酸及其盐、弱碱及其盐、酸式盐及次级盐所组成，例如 HAc 和 NaAc，NH_3 和 NH_4Cl，$NaHCO_3$ 和 Na_2CO_3 等。这样的溶液是怎样起到缓冲作用的？缓冲能力的大小由什么因素所决定？我们以 HAc－NaAc 为例讨论之。在 HAc－NaAc 的体系中，当 HAc 的浓度为 1.0 mol・L^{-1}，NaAc 的浓度也为 1.0 mol・L^{-1}时，有如下关系：

$$\begin{array}{ccccc} HAc & \rightleftharpoons & H^+ & + & Ac^- \\ 1.0 & & 0 & & 1.0 \end{array}$$

在溶液中大量存在着 HAc 和 Ac^-，当外加少量的酸时，少量的 H^+ 将与少量的 Ac^- 反应，而生成少量的 HAc，体系中大量存在着的 HAc 和 Ac^-，不会因为 Ac^- 的少量减少和少量的 HAc 的增加发生较大的变化，所以，溶液的 H^+ 浓度变化有限，从而使溶液的 pH 保持基本不变，我们把加入少量酸时，保持溶液 pH 基本不变的组分 NaAc 称为抗酸成分；同样的道理，当外加少量的碱时，少量的 OH^- 将与少量的 H^+ 反应，而生成少量的 H_2O，并促使少量的 HAc 进行解离来补充消耗的 H^+，同时生成了少量的 Ac^-，体系中大量存在着的 HAc 和 Ac^-，不会因为 HAc 的少量减少和少量的 Ac^- 的增加发生较大的变化，所以，溶液的 H^+ 浓度变化有限，从而使溶液的 pH 保持基本不变，我们把加入少量碱时，保持溶液 pH 基本不变的组分 HAc 称为抗碱成分；当然，如果把 HAc－NaAc 体系进行适度稀释，也不会使溶液的 H^+ 浓度发生较大的变化，既溶液的 pH 基本不变。

反应 HAc $\rightleftharpoons$ H^+ + Ac^- 达平衡时，根据同离子效应的计算有式(6－22)、式(6－24)成立，从上述分析可见，外加少量 H^+ 时，溶液的 $c_{酸}$，$c_{盐}$ 变化又不大，故溶液的 pH 也就变化不大；如果不是在缓冲溶液中，$c_r(H^+)$就是外加酸的浓度，溶液的 pH 一定有较大的变化；同理，外加少量 OH^- 时，溶液的 $c_{碱}$，$c_{盐}$ 变化不大，故溶液的 pH 也就变化不大；如果不是在缓冲溶液中，$c_r(OH^-)$就是外加碱的浓度，溶液的 pH 一定有较大的变化；不加酸、碱或酸、碱浓度相同时，弱酸性缓冲溶液的

$$c(H^+) = K_i^\theta$$

$$pH = pK_a^\theta(HAc) = 4.76$$

缓冲溶液的缓冲能力可以根据式(6－22)或式(6－24)看出。

$$pH = pK_a^\theta - \lg\frac{c_{酸}}{c_{盐}}$$

$$pOH = pK_b^\theta - \lg\frac{c_{碱}}{c_{盐}}$$

如果 HAc－NaAc 体系中，$c_{酸} + c_{盐} = c_{总}$，当 $c_{总}$ 越大时，此缓冲溶液抵抗酸、碱的总能力越大，即该缓冲溶液的缓冲能力越强；当然，只是 $c_{总}$ 大并不能说明缓冲能力一定强，还必须有 $c_{酸}$ 与 $c_{盐}$ 的比值越接近于 1，缓冲能力才会最强，即抵抗酸、碱的能力不仅大，且均衡。例如，我们用浓度相同的 HAc 和 NaAc 来配制缓冲溶液时，取 100 mL HAc，1 mL NaAc 进行混合而成，此溶液中，抵抗酸的成分 NaAc 的浓度为(1/101)c，抵抗碱的成分 HAc 的浓度为(100/101)c，很显然，这样配比溶液的缓冲能力由浓度较小的 NaAc 成分所决定。所以，通常情况

下，抵抗酸、碱的组分的比值在1∶10或10∶1之间为好。超出这个范围，一般认为此溶液已经不具备缓冲能力了。那么，在选择缓冲溶液时，根据式(6－22)或式(6－24)首先由K_a^θ和K_b^θ选定大的范围，再根据酸或碱以及与盐的浓度比值进行调整即可。我们常常选用的缓冲对见表6－6。

表6－6　常见的缓冲溶液

弱酸	共轭碱	K_a^θ	pH范围
邻苯二甲酸	邻苯二甲酸氢钾	1.3×10^{-3}	1.9～3.9
醋酸	醋酸钠	1.8×10^{-5}	3.7～5.7
磷酸二氢钠	磷酸氢二钠	6.2×10^{-8}	6.2～8.2
氯化铵	氨水	5.6×10^{-10}	8.3～10.3
磷酸氢二钠	磷酸钠	4.5×10^{-13}	11.3～13.3

例6－7　现有0.2 $mol\cdot L^{-1}$的NaAc溶液和0.6 $mol\cdot L^{-1}$的HAc溶液，通过计算说明：

(1)欲制备1 000 mL pH为4.76的缓冲溶液，需要往500 mL NaAc溶液中加入HAc溶液多少毫升？

(2)往上述缓冲溶液中，加入50 mL 1.0 $mol\cdot L^{-1}$的HCl(即0.05 mol H^+)，计算溶液的pH。

(3)若将同样量的HCl加入1L盐酸溶液中(pH＝5)，pH变化多少？与(2)结果比较，说明什么问题？

$$pH=pK_a^\theta-\lg\frac{c_{酸}}{c_{盐}}$$

解：(1)

$$\frac{n_{酸}}{n_{盐}}=\frac{c_{酸}}{c_{盐}}=1.0$$

$$0.6V_{HAc}=0.2\times500\ mL$$

$$V_{HAc}=167\ mL$$

(2)上述HAc＋NaAc缓冲溶液含NaAc和HAc各0.1 mol。加入50 mL 1.0 $mol\cdot L^{-1}$的HCl后，由于有足够的Ac^-与H^+结合形成的HAc，几乎消耗了全部加入的H^+，因此

溶液中HAc的物质的量≈0.10＋0.05＝0.15 mol

溶液中Ac^-的物质的量≈0.10－0.05＝0.05 mol

$$\frac{c(HAc)}{c(Ac^-)}=\frac{0.15/1.05}{0.05/1.05}=\frac{0.15}{0.05}=3$$

根据HAc的标准解离常数知

$$c(H^+)=K_a^\theta\frac{c(HAc)}{c(Ac^-)}=3K_a^\theta\approx5.22\times10^{-5}$$

$$pH=-\lg(5.22\times10^{-5})=5-0.72=4.28$$

与原来pH＝4.76相比，只降低了0.48。

(3)在1 L pH＝5的盐酸溶液(非缓冲溶液)中，加入50 mL 1.0 $mol\cdot L^{-1}$的HCl后，有

1.05 L的 HCl 溶液，其中 H^+ 约为 0.05 mol，则

$$c(H^+)=\frac{0.05}{1.05}\approx 5\times 10^{-2}\ mol\cdot L^{-1}$$

$$pH = 2.0-0.7 = 1.3$$

与原来 pH=5 相比，变化了 3.7。

如果在上述各 1 L 的两溶液中，分别加入 50 mL 1.0 $mol\cdot L^{-1}$的 NaOH 溶液时，类似的计算表明，HCl 溶液的 pH 将增加到 12.7，变化 7.7 单位，而缓冲溶液的 pH 由 4.76 增加到 5.24，变化只是 0.48，缓冲溶液的缓冲作用是明显的。

缓冲溶液在工业、科研等方面有重要意义。例如，半导体器件硅片表面的氧化物（SiO_2），通常可用 HF 和 NH_4F 的混合液清洗，使 SiO_2 成为 SiF_4 气体而除去；金属器件电镀时，电镀液常用缓冲溶液来控制一定的 pH 范围。在动植物体内也都有复杂和特殊的缓冲体系维持体液的 pH，以保持生命的正常活动。如人体血液中有机血红蛋白和血浆蛋白缓冲体系，以及 HCO_3^- 和 H_2CO_3 是最重要的缓冲对，使血液 pH 始终保持在 7.35～7.45 之间，超出这个范围就会不同程度地导致“酸中毒”或“碱中毒”；若改变量超出 0.4 pH 单位，患者就会有生命危险。

6.3　难溶强电解质的沉淀溶解平衡

在一定的温度下，固态强电解质溶于一定量的溶剂形成饱和溶液时，未溶的固态强电解质和溶液中的离子之间存在着沉淀溶解平衡，该平衡是多相解离平衡。例如：

$$AgCl(s) \rightleftharpoons Ag^+(aq) + Cl^-(aq)$$

（未溶固体）　　　（溶液中）

6.3.1　溶度积与溶解度

（一）溶解度

当温度一定时，在一定量的溶剂中溶解的溶质的量，称为该溶质在此溶剂中的溶解度。很显然，溶解度与温度有着密切的关系。通常情况下，大多数物质的溶解度随着温度的升高而增大。溶解度也与溶质和溶剂的类别及性质相关，例如，溶剂的极性，电解质的强弱等。难溶强电解质一般是指溶解度较小的一类物质。

（二）溶度积

当温度一定时，难溶强电解质的结晶与溶解达平衡时，溶液中离子浓度有一定的关系，例如，在碳酸钙的饱和溶液中，存在下列平衡：

$$CaCO_3 \underset{结晶}{\overset{溶解}{\rightleftharpoons}} Ca^{2+} + CO_3^{2-}$$

（未溶固体）　　（溶液中）

在这个沉淀溶解平衡中，$CaCO_3$ 为固体，其标准平衡常数表达式为

$$K_{sp}^{\theta}=[c(Ca^{2+})/c^{\theta}][c(CO_3^{2-})/c^{\theta}]$$

即在一定温度下，难溶强电解质饱和溶液中，各离子浓度（系数次方）的乘积为一常数，称为标准溶度积常数，简称溶度积，通常用 K_{sp}^{θ}表示。$K_{sp}^{\theta}(CaCO_3)$就是 $CaCO_3$ 的溶度积。溶度

积的表达式应根据具体化合物的组成而定，特别注意以下几点：

(1)K_{sp}^{θ}是难溶强电解质达到沉淀溶解平衡时的特性常数，与各物种的浓度无关，只是温度的函数。

(2)K_{sp}^{θ}数值的大小，表明了难溶强电解质在该溶剂中溶解能力的大小。通常情况下，K_{sp}^{θ}的数值愈大，在该溶剂中溶解能力愈大；而当K_{sp}^{θ}愈小，则愈易生成沉淀。

(3)通过$\Delta_r G_m{}^{\theta} = -RT\ln K_{sp}^{\theta}$可以进行$\Delta_r G_m{}^{\theta}$与$K_{sp}^{\theta}$的相互换算。

例如，在25℃时，$CaCO_3$的饱和溶解度为$9.3 \times 10^{-5}\ mol \cdot L^{-1}$，根据上述解离方程式可知，在溶液中

$$c(Ca^{2+}) = c(CO_3^{2-}) = 9.3 \times 10^{-5}\ mol \cdot L^{-1}$$

根据溶度积的表达式有

$$K_{sp}^{\theta}(CaCO_3) = c_r(Ca^{2+}) \cdot c_r(CO_3^{2-})$$
$$= (9.3 \times 10^{-5}) \cdot (9.3 \times 10^{-5}) = 8.7 \times 10^{-9}$$

(三)溶度积与溶解度的关系

对于任意难溶强电解质A_xB_y，设该电解质的溶解度为$S\ mol \cdot L^{-1}$，其标准平衡常数表达式为

	$A_xB_y(s) \rightleftharpoons$	$xA^{y+}(aq)$	$+$	$yB^{x-}(aq)$
初始时		0		0
达平衡		$c(A^{y+}) = xS$		$c(B^{x-}) = yS$

$$K_{sp}^{\theta}(A_xB_y) = c_r^x(A^{y+}) \cdot c_r^y(B^{x-}) \quad (6-26)$$

那么，溶解度与溶度积的换算关系是

$$K_{sp}^{\theta}(A_xB_y) = x^x y^y S^{x+y} \quad (6-27)$$

根据式(6-27)，不同类型难溶强电解质，溶解度与溶度积的关系如下：

AB 型	AgCl	$BaSO_4$	$K_{sp}^{\theta} = S^2$
A_2B 或 AB_2 型	Ag_2CrO_4	$Mg(OH)_2$	$K_{sp}^{\theta} = 4S^3$
AB_3 或 A_3B 型	$Al(OH)_3$	$Fe(OH)_3$	$K_{sp}^{\theta} = 27S^4$
A_2B_3 或 A_3B_2 型	Al_2S_3	As_2S_3	$K_{sp}^{\theta} = 108S^5$

因为式(6-26)中离子浓度是饱和溶液中的浓度，所以，溶度积大小能反映溶解度的大小。对于同类型的难溶电解质(如AgCl，AgBr，$BaSO_4$，$BaCO_3$同为AB型；$Cu(OH)_2$，$PbCl_2$同为AB_2型)，在相同温度下，K_{sp}^{θ}值越大，溶解度越大。但是，不同类型的难溶电解质，不能直接根据K_{sp}^{θ}值的大小来确定溶解度的大小。

例6-8　25℃时，AgCl和Ag_2CrO_4的K_{sp}^{θ}值分别为$K_{sp}^{\theta}(AgCl) = 1.77 \times 10^{-10}$，$K_{sp}^{\theta}(Ag_2CrO_4) = 1.12 \times 10^{-12}$，即$K_{sp}^{\theta}(AgCl) > K_{sp}^{\theta}(Ag_2CrO_4)$，但是，计算得AgCl的溶解度小($1.33 \times 10^{-5}\ mol \cdot L^{-1}$)，而$Ag_2CrO_4$的溶解度大($6.54 \times 10^{-5}\ mol \cdot L^{-1}$)。这是因为AgCl为AB型，$K_{sp}^{\theta} = c_r(A^+) \cdot c_r(B^-)$，而$Ag_2CrO_4$为$A_2B$型，$K_{sp}^{\theta} = c_r^2(A^+) \cdot c_r(B^{2-})$，二者离子浓度指数不同的缘故。在这种情况下，应根据K_{sp}^{θ}值计算出溶解度，再进行比较。例如，上述Ag_2CrO_4的溶解度可计算如下：

	$Ag_2CrO_4 \rightleftharpoons$	$2Ag^+$	$+$	CrO_4^{2-}
平衡浓度/($mol \cdot L^{-1}$)		$2x$		x

$$K^{\theta}_{sp}(Ag_2CrO_4) = c_r^2(Ag^+) \cdot c_r(CrO_4^{2-}) = (2x)^2(x) = 4x^3 = 1.12 \times 10^{-12}$$

$$x = \sqrt[3]{\frac{1.12}{4} \times 10^{-12}} = \sqrt[3]{0.28 \times 10^{-12}} = 6.54 \times 10^{-5}$$

因为，1 mol Ag_2CrO_4 解离出 1 mol CrO_4^{2-}，所以，Ag_2CrO_4 的溶解度即为 6.54×10^{-5} mol · L^{-1}。

6.3.2　溶度积规则及应用

(一)溶度积规则

当难溶强电解质的结晶与溶解达平衡后，若改变条件，该多相解离平衡也会发生移动(即产生沉淀或沉淀溶解)，平衡移动的方向可以用溶度积进行判断。如改变离子浓度时有

$$A_xB_y(s) = xA^{y+}(aq) + yB^{x-}(aq)$$

如果任一状态时的离子积为 Q，则有

$Q = c_r^x(A^{y+}) \cdot c_r^y(B^{x-}) = K^{\theta}_{sp}$ 时，为该难溶强电解质的饱和溶液；

$Q = c_r^x(A^{y+}) \cdot c_r^y(B^{x-}) < K^{\theta}_{sp}$ 时，无沉淀析出或沉淀溶解；

$Q = c_r^x(A^{y+}) \cdot c_r^y(B^{x-}) > K^{\theta}_{sp}$ 时，析出沉淀(原则上)。

上述规则称为溶度积规则。

Q 与溶度积 K^{θ}_{sp} 之间的关系也可以根据等温方程

$$\Delta_r G_m = 2.303RT\lg\frac{Q}{K^{\theta}_{sp}}$$

判断沉淀的生成或溶解，即 $Q < K^{\theta}_{sp}$ 时，无沉淀析出或沉淀溶解，为非饱和溶液；

$Q = K^{\theta}_{sp}$ 时，达到沉淀溶解平衡，为饱和溶液；

$Q > K^{\theta}_{sp}$ 时，沉淀生成(原则上)。

这与利用标准平衡常数($K^{\theta} > Q$，$K^{\theta} < Q$ 或 $K^{\theta} = Q$)判断单相解离平衡移动方向的原则是相同的。

还可以用溶度积规则说明 $CaCO_3$ 溶于稀盐酸溶液。如 $CaCO_3$ 在水中存在如下平衡

$$CaCO_3(s) \rightleftharpoons Ca^{2+}(aq) + CO_3^{2-}(aq)$$

$$+$$

$$2HCl \quad = \quad 2Cl^- \quad + \quad 2H^+$$

$$\|$$

$$H_2CO_3 \rightleftharpoons CO_2\uparrow + H_2O$$

加入盐酸后，CO_3^{2-} 与 H^+ 结合生成 H_2CO_3，H_2CO_3 进一步分解为 CO_2 和 H_2O，使溶液中 $c(CO_3^{2-})$ 不断减小，因而，$c_r(Ca^{2+}) \cdot c_r(CO_3^{2-}) < K^{\theta}_{sp}(CaCO_3)$，$CaCO_3$ 的沉淀溶解平衡不断向右移动，促使 $CaCO_3(s)$ 不断溶解，如果盐酸足量，$CaCO_3$ 便可全部溶解。反之，如果 $CaCO_3$ 的饱和溶液中加入 Na_2CO_3 溶液，由于 $c(CO_3^{2-})$ 增大，使 $c(Ca^{2+}) \cdot c(CO_3^{2-}) > K^{\theta}_{sp}(CaCO_3)$，$CaCO_3$ 的沉淀溶解平衡向左移动，产生 $CaCO_3$ 沉淀，直到两种离子浓度的乘积等于 $K^{\theta}_{sp}(CaCO_3)$ 时，达到新的平衡。

(二)溶度积规则的应用

1. 沉淀的生成

根据溶度积规则，生成沉淀的条件是 $Q > K^{\theta}_{sp}$，实际应用中最常采用的实验手段有加入适

宜的沉淀剂，调整溶液的 pH。

例 6－9 某厂排放的废水中含有 96 mg・L^{-1} 的 Zn^{2+}，用化学沉淀法应控制 pH 为多少时才能达到排放标准(5.0 mg・L^{-1})？

解：Zn^{2+} 排放标准(5.0 mg・L^{-1})换算成物质的量浓度为 7.7×10^{-5} mol・L^{-1}，此时有

$$c(OH^-)\geqslant\sqrt{\frac{K_{sp}^{\theta}(Zn(OH)_2)}{c(Zn^{2+})}}=\sqrt{\frac{3.0\times10^{-17}}{7.7\times10^{-5}}}=6.2\times10^{-7}$$

pH≥7.79，才能达到排放标准。

例 6－10 现有含 Fe^{3+} 0.01 mol・L^{-1} 溶液，通过调整溶液 pH 而使 Fe^{3+} 开始沉淀到沉淀完全，试计算 Fe^{3+} 开始沉淀和 Fe^{3+} 沉淀完全时的 pH 是多少？

解：通过调整溶液 pH，可以使 Fe^{3+} 以 $Fe(OH)_3$ 沉淀析出，开始沉淀时即为达沉淀溶解平衡时，有

$$K_{sp}^{\theta}=c_r(Fe^{3+})\cdot c_r{}^3(OH^-)=2.64\times10^{-39}$$

$$c_r(OH^-)=(2.64\times10^{-39}/0.01)^{1/3}=6.41\times10^{-13}$$

$$pH=1.81$$

而沉淀完全时，即溶液中 Fe^{3+} 离子浓度小于 10^{-5} mol・L^{-1}，有

$$c_r(OH^-)=(2.64\times10^{-39}/10^{-5})^{1/3}=6.41\times10^{-12}$$

$$pH=2.81$$

所以，只需要控制溶液 pH 在 1.81~2.81 之间，即可使 Fe^{3+} 从开始沉淀到沉淀完全。

2. 分步沉淀

根据溶度积规则可以判断在含 Pb^{2+} 的溶液中，加入含 I^- 的沉淀剂后，是否会生成 PbI_2 沉淀。实际上，溶液中常常同时含有多种离子，当加入某种沉淀剂时，可能会产生多种沉淀，或者同时析出沉淀，或者先后析出沉淀。我们可以根据溶度积规则来控制沉淀发生的次序，这种先后沉淀的方法叫作分步沉淀法。

例 6－11 在工业废水中，通常含有较多的阴、阳离子，我们需要采取化学的方法加以处理。现有一种含 0.01 mol・L^{-1} Cl^- 和 0.000 5 mol・L^{-1} CrO_4^{2-} 的工业废水，试图通过加入 $AgNO_3$ 溶液的方法而除去。在开始时先生成白色的 AgCl 沉淀，然后出现砖红色的 Ag_2CrO_4 沉淀。请用溶度积规则说明此操作是否合理。

解：根据溶度积规则，要分别计算生成 AgCl 和 Ag_2CrO_4 沉淀所需的 Ag^+ 离子的最低浓度(忽略体积的变化)。

沉淀 Cl^- 需要的 Ag^+ 最低浓度为

$$c_r(Ag^+)=\frac{K_{sp}^{\theta}(AgCl)}{c_r(Cl^-)}=\frac{1.77\times10^{-10}}{0.01}=1.77\times10^{-8}\ mol\cdot L^{-1}$$

沉淀 CrO_4^{2-} 需要的 Ag^+ 最低浓度为

$$c_r(Ag^+)=\sqrt{\frac{K_{sp}^{\theta}(Ag_2CrO_4)}{c_r(CrO_4^{2-})}}=\sqrt{\frac{1.12\times10^{-12}}{5.0\times10^{-4}}}=4.73\times10^{-5}\ mol\cdot L^{-1}$$

由计算结果可知，沉淀 Cl^- 所需 Ag^+ 的浓度比沉淀 CrO_4^{2-} 所需 Ag^+ 的浓度小得多，所以 AgCl 先沉淀，而 Ag_2CrO_4 后沉淀。

当 Ag_2CrO_4 沉淀刚析出时，Cl^- 的浓度又如何呢？如果不考虑加入试剂所引起溶液量的变化，可以认为此时溶液中 Ag^+ 的浓度为 4.73×10^{-5} mol・L^{-1}，则 Cl^- 浓度为

$$c_r(Cl^-)=\frac{K_{sp}^{\theta}(AgCl)}{c_r(Ag^+)}=\frac{1.77\times10^{-10}}{4.73\times10^{-5}}=3.74\times10^{-6}$$

这就说明，当 Ag_2CrO_4 开始析出沉淀时，Cl^- 已沉淀完全了（一般认为，浓度小于 10^{-5} mol · L^{-1}，即沉淀完全），通过计算说明此操作是合理的。

由此例可以看出

(1) K_{sp}^{θ} 值相差的愈大，各离子的分离愈容易，分离的效果也愈好。

(2) 被分离离子浓度相差愈小，愈容易选择适宜的沉淀剂。

(3) 当沉淀类型相同时，可以直接用 K_{sp}^{θ} 值的大小进行判断；但是，如果沉淀类型不相同时，必须通过计算后再进行判断。

在分析化学上，用 K_2CrO_4 溶液作指示剂，用 $AgNO_3$ 溶液作沉淀剂来测定 Cl^- 的含量，就是根据分步沉淀的原理。随着 $AgNO_3$ 溶液从滴定管加到待测溶液中去，AgCl 沉淀不断生成，最后，当出现砖红色时，滴定就达到终点。

3. *沉淀的溶解*

在实际工作中，经常需要将难溶固体物质转化为溶液。例如，矿样的分析、锅炉锅垢的清除、物质的提纯、影像的定影（除去胶片上的 AgBr）等，都要将固体物质溶解。根据溶度积规则，只要使 $Q<K_{sp}^{\theta}$ 时，即在难溶电解质的多相平衡体系中，如果能除去某种离子，使离子浓度（适当方次）的乘积小于其溶度积，则沉淀会溶解。

通常，加入适当的离子，与溶液中某离子结合生成弱电解质，可使沉淀向溶解的方向移动。难溶金属氢氧化物的沉淀溶解平衡为

$$M(OH)_n(s) \rightleftharpoons M^{n+}(aq) + nOH^-(aq)$$

在上述平衡中加入 H^+ 后，由于生成了弱电解质 H_2O，而使平衡持续向右移动，进而使沉淀溶解。例如，氢氧化铜与盐酸作用，生成弱电解质水而使氢氧化铜溶解。

$$Cu(OH)_2(s) + 2H^+ = Cu^{2+} + 2H_2O$$

生成弱电解质 H_2O，使溶液中 OH^- 浓度减小，$c_r(Cu^{2+}) \cdot c_r^2(OH^-)<K_{sp}^{\theta}[Cu(OH)_2]$，结果是 $Cu(OH)_2$ 溶解。又如，$Mg(OH)_2$ 溶于铵盐中，反应如下：

$$Mg(OH)_2(s) + 2NH_4^+ = Mg^{2+} + 2NH_3 + 2H_2O$$

反应中 NH_4^+ 与 $Mg(OH)_2$ 解离出来的 OH^- 结合，生成弱电解质 H_2O 和 NH_3，且 NH_3 以气体逸出，使溶液中 OH^- 浓度减小，$c_r(Mg^{2+}) \cdot c_r^2(OH^-)<K_{sp}^{\theta}[Mg(OH)_2]$，结果是 $Mg(OH)_2$ 溶解。

金属硫化物的溶解也是因为生成弱电解质 H_2S 而使平衡右移，促使沉淀溶解的。当达到 H_2S 的饱和溶解度时，H_2S 会逸出。例如，FeS 溶解于盐酸，就是生成了 H_2S，而使 FeS 溶解的反应如下：

$$FeS(s) + 2H^+ = Fe^{2+} + H_2S\uparrow$$

加入氧化剂或还原剂，与溶液中某一离子发生氧化还原反应，降低了该离子的浓度，而使沉淀溶解平衡向右移动，即沉淀溶解的方向。例如，硫化铜与氧化性的硝酸作用，生成单质 S 而使硫化铜溶解，即

$$3CuS(s) + 8HNO_3 = 3Cu(NO_3)_2 + 3S\downarrow + 2NO\uparrow + 4H_2O$$

由于反应中的 HNO_3 使 CuS 解离出来的 S^{2-} 氧化成 S，而使溶液中 S^{2-} 浓度减少，$c_r(Cu^{2+}) \cdot c_r(S^{2-})<K_{sp}^{\theta}(CuS)$，导致 CuS 溶解。

对于像 HgS 等溶度积[$K^{\theta}_{sp}(HgS) = 6.44 \times 10^{-53}$(黑)]很小的物质，即使在浓 HNO_3 中也不能溶解，只有在王水中才能溶解。反应中 S^{2-} 被王水中的 HNO_3 氧化，Hg^{2+} 与王水中的 Cl^- 结合形成配离子$[HgCl_4]^{2-}$。这样，HgS 在氧化和配合的双重作用下，溶液中 S^{2-} 和 Hg^{2+} 浓度不断减小，$c_r(Hg^{2+}) \cdot c_r(S^{2-}) < K^{\theta}_{sp}(HgS)$，结果 HgS 溶解。其反应可以离子方程式表示：

$$3HgS(s) + 8H^+ + 2NO_3^- + 12Cl^- = 3[HgCl_4]^{2-} + 3S\downarrow + 2NO\uparrow + 4H_2O$$

总之，沉淀的溶解方法很多，根据需要进行选择。实际应用中常常采用两种及两种以上的方法同时进行，以求达到较好的效果。

4. 沉淀的转化

把一种沉淀转化为另一种沉淀的过程叫作沉淀的转化。沉淀总是向 K^{θ}_{sp} 更小的物质转化，也就是向更稳定的沉淀方向进行。

例如，工业上的锅炉用水，水中杂质常结成锅垢，如不及时清除，不仅消耗燃料，也易发生事故。锅垢中含有 $CaSO_4$，既难溶于水又难溶于酸，很难除去。但是，我们可以设法加入某种试剂，把 $CaSO_4$ 沉淀[$K^{\theta}_{sp}(CaSO_4) = 7.1 \times 10^{-5}$]转化为既疏松而又可溶于酸的 $CaCO_3$ 沉淀[$K^{\theta}_{sp}(CaCO_3) = 4.96 \times 10^{-6}$]，以利于锅垢的清除，其反应为

$$CaSO_4 + CO_3^{2-} \rightleftharpoons CaCO_3 + SO_4^{2-}$$

$$K\frac{c(SO_4^{2-})}{c(CO_3^{2-})} = \frac{c(SO_3^{2-})}{c(CO_3^{2-})} \cdot \frac{c(Ca^{2+})}{c(Ca^{2+})} = \frac{K^{\theta}_{sp}(CaSO_4)}{K^{\theta}_{sp}(CaCO_3)}$$

$$= \frac{4.93 \times 10^{-5}}{3.36 \times 10^{-6}} = 1.47 \times 10^4$$

例 6-12 工业上常用石灰苏打法软化硬水(Ca^{2+} 和 Mg^{2+} 较多)。试通过计算说明，要同时加入 Na_2CO_3 与 $Ca(OH)_2$ 两种物质，才能得到软化水，而不能只用 Na_2CO_3。已知有关几种物质的溶度积如下：

$$K^{\theta}_{sp}[Mg(OH)_2] = 5.61 \times 10^{-12}$$

$$K^{\theta}_{sp}(MgCO_3) = 6.82 \times 10^{-6}$$

$$K^{\theta}_{sp}(CaCO_3) = 4.96 \times 10^{-9}$$

解：若单独采用 Na_2CO_3，假设浓度为 0.001 $mol \cdot L^{-1}$，则平衡时

$$c_r(Ca^{2+}) = \frac{K^{\theta}_{sp}(CaCO_3)}{c_r(CO_3^{2-})} = \frac{4.96 \times 10^{-9}}{0.001} = 4.96 \times 10^{-6}$$

$$c_r(Mg^{2+}) = \frac{K^{\theta}_{sp}(MgCO_3)}{c_r(CO_3^{2-})} = \frac{6.82 \times 10^{-6}}{0.001} = 6.82 \times 10^{-3}$$

由 K^{θ}_{sp} 数据可以看出，如果只用 Na_2CO_3，则因 $K^{\theta}_{sp}(CaCO_3)$ 很小，Ca^{2+} 可以沉淀得比较完全，而 Mg^{2+} 离子则沉淀很不完全。因为 $K^{\theta}_{sp}(MgCO_3)$ 较大，反应后留在溶液中的 Mg^{2+} 离子浓度还较大，不符合软化水的要求。

同时加入 $Ca(OH)_2$，则生成 $Mg(OH)_2$，此时

$$c_r(Mg^{2+}) = \frac{K^{\theta}_{sp}(Mg(OH)_2)}{c_r^2(OH^-)} = \frac{5.61 \times 10^{-12}}{0.001^2} = 6.82 \times 10^{-6}$$

可将 Mg^{2+} 沉淀完全。

对于某些要求更高的锅炉用水，往往先采用 Na_2CO_3 处理，再用 Na_3PO_4 补充处理。读者

请查阅相关数据，通过计算说明 Na_3PO_4 处理效果好于 Na_2CO_3。

又如在海港建筑中，海水中的 Mg^{2+} 对水泥[含有 $Ca(OH)_2$]有侵蚀作用，是由于 $Ca(OH)_2$ 沉淀[$K^{\theta}_{sp}[Ca(OH)_2]=4.68\times10^{-6}$]转化为 $Mg(OH)_2$ 沉淀[$K^{\theta}_{sp}[Mg(OH)_2]=5.61\times10^{-12}$]，其反应为

$$Ca(OH)_2(s) + Mg^{2+} \xlongequal{} Mg(OH)_2(s) + Ca^{2+}$$

近年来，常利用沉淀转化的原理进行废水处理。例如，用 FeS 可处理含 Hg^{2+} 或 Cu^{2+} 的废水，收效甚佳。反应式可表示如下：

$$FeS(s) + Cu^{2+} = CuS(s) + Fe^{2+}$$

$$FeS(s) + Hg^{2+} = HgS(s) + Fe^{2+}$$

很显然，在反应中两种难溶电解质的 K^{θ}_{sp} 相差愈大，加入转化离子的浓度又较大，则沉淀转化得就愈完全。

6.4　配合物及配离子解离平衡

18 世纪初，德国的美术颜料制造家迪士巴赫（Diesbach）制备出一种组成为 $KCN\cdot Fe(CN)_2\cdot Fe(CN)_3$ 的蓝色颜料并将其定名为普鲁士蓝。经过了将近一个世纪，法国化学家塔索尔特(B. M. Tassaert)于 1798 年制备出三氯化钴的六氨合物 $CoCl_3\cdot 6NH_3$。正如当时的化学式所表示的那样，两个化合物都是由简单化合物形成的复杂化合物，而现在通常称之为配合物(coordination compounds)。这两个也许是最早制得的配合物，化学式分别书写为 $KFe[Fe(CN)_6]$ 和 $[Co(NH_3)_6]Cl_3$。同时，塔索尔特还敏锐地认识到，满足了价键要求的简单化合物之间形成稳定的复杂化合物这一事实，肯定具有当时化学家尚不了解的新含义。$CoCl_3\cdot 6NH_3$ 的制备成功激起了化学家对类似体系进行研究的极大兴趣，标志着配位化学的真正开始。

又过了将近一个世纪，人们才真正理解了塔索尔特意识到的那种新含义。我们现在对金属配合物本性的了解，建立在瑞士青年化学家维尔纳在 1893 年提出的配位学说上。他的该新见解获得了 1913 年诺贝尔化学奖。

当今，配位化学已经发展成为化学的一个专门的学科。现代生物化学和分子生物学的研究发现，配位化合物在生物的生命活动中起着重要的作用。它不仅是现代无机化学学科的中心课题，而且对分析化学、催化动力学、电化学、量子化学等方面的研究都有重要的意义。

科学家故事

阿尔弗雷德·维尔纳(Alfred Werner，1866－1919)，瑞士化学家，瑞士籍法国人。从小就酷爱化学的维尔纳，12 岁就在自家车库内建立了小小的化学实验室。中学毕业后考入瑞士苏黎世工业学院，1889 年获工业化学学士学位，并在化学家隆格的指导下从事有机氮立体化学的研究。1890 年以“氮分子中氮原子的立体排列”论文获博士学位。1892 年任苏黎世综合工业学院讲师。1893 年任苏黎世大学副教授，1895 年晋升为教授。1909 年兼任苏黎世化学研究所所长。

维尔纳的主要成就为创立了划时代的配位学说。他大胆地提出了新的化学键——配位键，并用于解释配合物的形成，从而结束了当时无机化学界对配合物的模糊认识，也为后来电

子理论在化学上的应用以及配位化学的形成开了先河。该学说对20世纪无机化学和化学键理论的发展,产生了深远的影响。维尔纳还和化学家汉奇共同建立了碳元素的立体化学,用于解释无机化学领域中立体效应引起的许多现象,为立体无机化学奠定了扎实的基础。

维尔纳一生共发表论文达170篇之多,重要著作有《立体化学教程》和《无机化学领域的新观点》。他曾获1913年的诺贝尔化学奖。

6.4.1 配位化合物的基本概念

(一)配位化合物的定义

由某一原子(或离子)提供电子对与另一原子(或离子)提供空轨道而形成的共价键叫作配位键。例如AgCl溶于过量氨水的反应

$$H_3N:+AgCl+:NH_3 = [H_3N:Ag:NH_3]^+ + Cl^-$$

反应中提供共用电子对的原子(或离子)成为电子对的给予体,它一般应有孤对电子。如NH_3分子的N原子。接受共用电子对的原子(或离子)叫作电子对的接受体,它必须有空轨道。如Ag^+。生成的$[Ag(NH_3)_2]^+$叫作配位离子(简称配离子),该配位正离子与Cl^-离子组成化合物$[Ag(NH_3)_2]Cl$。也可以是配位负离子与另一正离子组成化合物,如$K_3[Fe(CN)_6]$。像这类含有配离子的化合物叫作配盐。还有一些由中性分子与中性原子配合生成,不带电荷的分子称为配位分子,如$[Ni(CO)_4]$。配盐与配位分子统称为配位化合物,简称配合物。

(二)配合物的组成与类型

配合物的组成是可以通过实验测定的。例如在$CoCl_2$的氨溶液中加入H_2O_2可以得到一种橙黄色晶体$CoCl_3\cdot 6NH_3$。将此晶体溶于水后,加入$AgNO_3$溶液则立即析出AgCl沉淀,沉淀量相当于该化合物中氯的总量,反应为

$$CoCl_3\cdot 6NH_3+3AgNO_3 = 3AgCl\downarrow + Co(NO_3)_3\cdot 6NH_3$$

显然,该化合物中氯离子都是自由的,能独立地显示其化学性质。虽然在此化合物中氨的含量很高,但是它的水溶液却呈中性或弱酸性反应,在室温下加入强碱也不产生氨气,只有热至沸腾时,才有氨气放出并产生三氧化二钴沉淀,即

$$2(CoCl_3\cdot 6NH_3)+6KOH \xrightarrow{\text{沸腾}} Co_2O_3\downarrow + 12NH_3 + 6KCl + 3H_2O$$

此化合物的水溶液用碳酸盐或磷酸盐试验,也检验不出钴离子的存在,这些试验证明,化合物中的Co^{3+}和NH_3分子已经配合,形成配离子$[Co(NH_3)_6]^{3+}$,从而在一定程度上丧失了Co^{3+}和NH_3各自独立存在时的化学性质。

在上述配合物中,Co^{3+}称为中心离子(或中心原子central atom,在本书中不严格区分二者),它可以是金属离子或原子,也可以是非金属原子(如Si原子),但都是电子对接受体。6个配位的NH_3分子,叫作配位体(简称配体,ligand)。配位体中与中心离子直接键合的原子叫作配位原子,它是电子对给予体。

中心离子与配位体构成了配合物的内配位层(或称内界)(见图6-4)。内界之外的其余部分称为外配位层(或称外界)。内、外界之间通常是离子键,在水中全部解离。

就配合物整体而言,内界是配位个体的结构单元,是配合物的特征部分,在化学式中通常

用一个方括号把它括起来，方括号以内代表内界，方括号以外的是外界。对于中性的配位分子而言则无内界和外界之分，一般把整个分子看作内界，如$[Pt(NH_3)_2Cl_2]$。

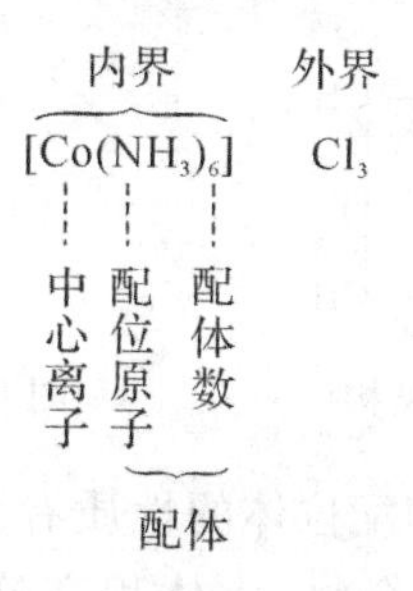

图 6 - 4　配位化合物的组成

只含 1 个配位原子的配位体叫作单齿配位体(monodentate ligand)，如 F^-，Cl^-，Br^-，I^-，OH^-(羟基)，H_2O，SCN^-，NH_3，CN^-，CO 等。含 2 个、3 个……配位原子的配位体叫双齿、三齿……配位体，总称为多齿配位体(polydentate ligand)。表 6 - 7 给出几种多齿配位体。

表 6 - 7　常见多齿配位体举例

符　号	名　　称	化 学 式	齿合原子数
en	乙二胺	$NH_2CH_2CH_2NH_2$	2
ox	草酸根离子	$\left[\begin{array}{l}:O-C=O\\ \quad\ \ \mid\\ :O-C=O\end{array}\right]^{2-}$	2
EDTA	乙二胺四乙酸根离子	$:OOCCH_2$ $CH_2COO:^-$ $\ddot{N}CH_2CH_2\ddot{N}$ $:OOCCH_2$ $CH_2COO:^-$	6
phen	1,10－菲咯啉		2

多齿配体以 2 个或 2 个以上配位原子配位于中心离子形成的配合物称为螯合物(chelate)，从这一角度考虑将能用做多齿配体的试剂叫作螯合剂(chelating agents)。螯合物的形成犹如螃蟹钳住中心离子，从而使配合物因具有环状结构而更加稳定。螯合物的结构举例如图 6 - 5 和图 6 - 6 所示。

中心离子周围配位原子的总数叫作该中心离子的配位数(coordination number)，常用符号 CN 表示。例如$[Cu(NH_3)_4]SO_4$，$Na_3[AlF_6]$，$H_2[SiF_6]$和$[Ni(CO)_4]$中，中心离子的 CN 分别为 4，6，6 和 4。需要注意的是，不要把配位体的数目当成多齿配体配合物中中心离子的配位数。图 6 - 5 和图 6 - 6 中 Cu^{2+} 和 Fe^{2+} 的配位数分别为 4 和 6，而不是 2 和 3。表 6 - 8 给出了一些常见金属离子的配位数。

CH_2 — NH_2 H_2N — CH_2

Cu^{2+}

CH_2 — NH_2 H_2N — CH_2

图 6-5 螯合物的环状结构(一)

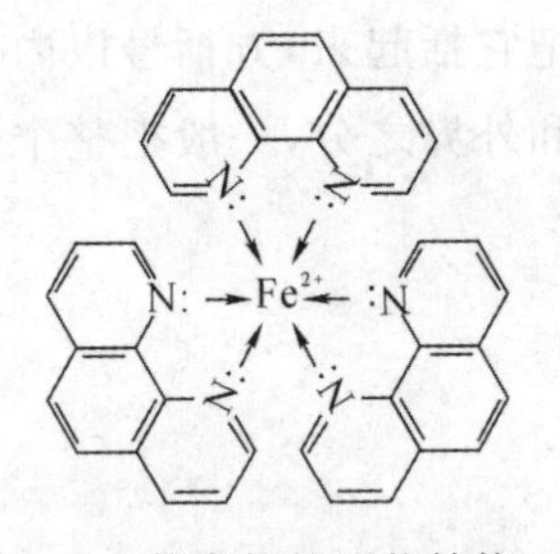

图 6-6 螯合物的环状结构(二)

配位数的大小不但与中心离子和配位体的性质有关,而且依赖于配合物的形成条件。大体积配位体有利于形成低配位数配合物,大体积高价阳离子有利于形成高配位数配合物。Ce^{4+} 和 Th^{4+} 的配位数可达 12,U^{4+} 甚至形成配位数为 14 的配合物。高配位数配合物为数很少,最常见的金属离子配位数为 4 和 6。

表 6-8 常见金属离子的配位数

1 价金属离子		2 价金属离子		3 价金属离子	
Cu^+	2,4	Ca^{2+}	6	Al^{3+}	4,6
Ag^+	2	Mg^{2+}	6	Cr^{3+}	6
Au^+	2,4	Fe^{2+}	6	Fe^{3+}	6
		Co^{2+}	4,6	Co^{3+}	6
		Cu^{2+}	4,6	Au^{3+}	4
		Zn^{2+}	4,6		

随着配位化学学科不断的发展,各种构型新颖的配合物被不断发现。例如:1965 年加拿大化学家阿仑(A. D. Allen)和塞诺夫(C. V. Senoff)制得的第一个分子氮配合物 $[Ru(NH_3)N_2]Cl_2$,启发了人们探索常温常压下固氮的研究,继而开始的固氮酶的结构和作用机理研究兴起了化学模拟生物固氮这门边缘学科。我国科学家卢嘉锡等在这方面取得了世界水平的成果。1927 年合成的第一个烯烃配合物 Zeise 盐 $K[PtCl_3(C_2H_4)]\cdot H_2O$(见图 6-7(a))和 1951 年制备成功的二茂铁$[Fe(C_5H_5)_2]$(见图 6-7(b))使人们意识到含有不饱和键及 π 轨道有离域电子的碳氢化合物(如乙烯、苯 C_6H_6、环戊二烯基 C_5H_5 等)也可以作为电子给予体而形成配合物。二茂铁著名的"夹心"结构很快由红外(IR)光谱推知,并接着由 X 射线衍射测得详尽的结构数据。二茂铁的稳定性、结构和成键状况大大激发了化学家的想象力,推动了一系列合成、表征和理论工作,从而导致 d 区金属有机化学的迅速发展。两位成果丰硕的化学家 E. Fischer(德国)和 G. Wilkinson(英国)由于在该领域的杰出贡献获得 1973 年诺贝尔奖。同样,在 20 世纪 70 年代后期成功制备了五甲基环戊二烯基(C_5Me_5)与 f 区元素形成的稳定化合物(见图 6-7(c)),很快迎来了 f 区金属有机化学发展的兴旺时期。

(三)配合物的化学式和命名

随着配位化学的不断发展,配合物的组成日趋复杂。中国化学会无机化学专业委员会制定了一套命名规则,这里通过表 6-9 的实例加以说明。

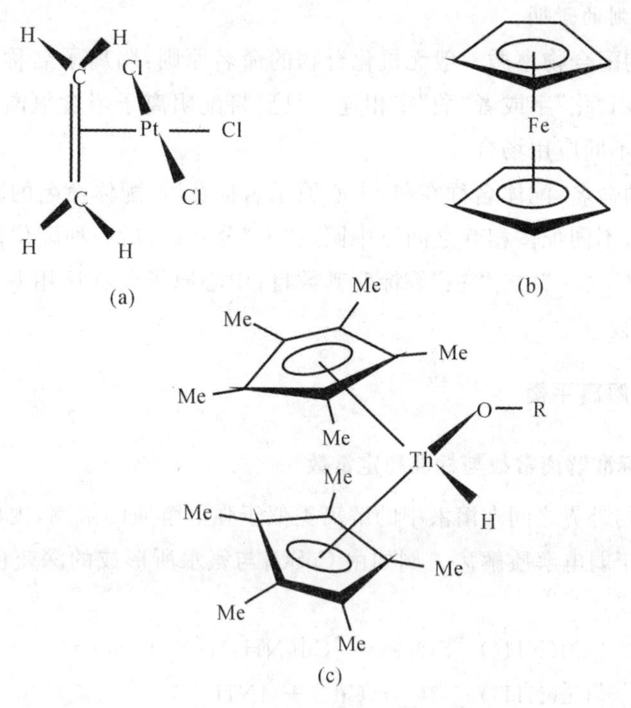

图 6-7 配合物结构的多样性

(a)$[PtCl_3(C_2H_4)]^-$；(b)$Fe(C_5H_5)_2$；(c)$H(C_5Me_5)_2OR$

表 6-9 一些配合物的化学式及系统命名

类别	化学式	系统命名	编序
配位酸	$H_2[SiF_6]$	六氟合硅(Ⅳ)酸	(a)
配位碱	$[Ag(NH_3)_2](OH)$	氢氧化二氨合银(Ⅰ)	(b)
	$[CrCl_2(H_2O)_4]Cl$	一氯化二氯·四水合铬(Ⅲ)	(c)
	$[Co(NH_3)_5(H_2O)]Cl_3$	三氯化五氨·一水合钴(Ⅲ)	(d)
	$Na_3[Ag(S_2O_3)_2]$	二(硫代硫酸根)合银(Ⅰ)酸钠	(e)
	$K[PtCl_5(NH_3)]$	五氯·一氨合铂(Ⅳ)酸钾	(f)
	$[Pt(NH_3)_6][PtCl_4]$	四氯合铂(Ⅱ)酸六氨合铂(Ⅱ)	(g)
非电解质配合物	$[Fe(CO)_5]$	五羰基合铁(0)	(h)
	$[PtCl_4(NH_3)_2]$	四氯·二氨合铂(Ⅳ)	(i)

1. 关于化学式书写原则的说明

(1)对含有配离子的配合物而言，阳离子放在阴离子之前，如表 6-9 中的(a)～(g)。

(2)对配体个体而言，先写中心原子的元素符号，再依次列出阴离子配位体和中性分子配位体，例见表 6-9 中的(c)，(f)和(i)；同类配位体(同为负离子或同为中性分子)以配位原子元素符号英文字母的先后排序，例如(d)中 NH_3 和 H_2O 两种中性分子配体的配位原子分别为 N 原子和 O 原子，因而 NH_3 写在 H_2O 之前。

2. 关于命名原则的说明

(1)含配离子的配合物遵循一般无机化合物的命名原则：阴离子名称在前，阳离子名称在后，阴、阳离子之间用“化”字或者“酸”字相连。只要将配阴离子当含氧酸根看待，就不难区分“化”字与“酸”字的不同应用场合。

(2)配位个体的命名：配体名称在前，中心原子名称在后；配体命名的顺序与中心离子后的配体书写顺序一致，不同配体相互之间以中圆点“·”分开；最后一种配位体名称之后缀以“合”字；配体名称前用汉字“一”“二”“三”等标明其数目；中心原子名称后用罗马数字Ⅰ，Ⅱ，Ⅲ等加括号表示其氧化数。

6.4.2　配离子解离平衡

(一)配合物的标准解离常数与标准稳定常数

配合物的内界与外界之间在溶液中的解离类似于强电解质的解离，内界的中心离子与配位体之间的解离类似于弱电解质解离。例如由 $CuSO_4$ 与氨水所形成的深蓝色 $[Cu(NH_3)_4]SO_4$ 溶液中有两种解离方式：

完全解离　$[Cu(NH_3)_4]SO_4 = [Cu(NH_3)_4]^{2+} + SO_4{}^{2-}$

部分解离　$[Cu(NH_3)_4]^{2+} \rightleftharpoons Cu^{2+} + 4NH_3$

标准解离常数表达式为　$$K_d^\theta = \frac{c_r(Cu^{2+})c_r^4(NH_3)}{c_r([Cu(NH_3)_4]^{2+})}$$

标准解离常数 K^θ 的数值越大，说明溶液中的中心离子和配体浓度越大，即配离子的解离趋势越大，配离子越不稳定。因此，通常把标准解离常数也叫作标准不稳定常数，以 K_d^θ 表示。配离子在溶液中的稳定性也可用配合平衡的常数来表示：

$$Cu^{2+} + 4NH_3 \rightleftharpoons [Cu(NH_3)_4]^{2+}$$

$$K_f^\theta = \frac{c_r([Cu(NH_3)_4]^{2+})}{c_r(Cu^{2+})c_r^4(NH_3)}$$

K_f^θ 叫作配离子的标准稳定常数。对同类型的配离子来说，K_f^θ 值越大配离子越稳定；反之则越不稳定。显然，K_f^θ 与 K_d^θ 互为倒数关系：

$$K_f^\theta = (K_d^\theta)^{-1} \tag{6-28}$$

一些配离子的标准稳定常数列于表 6-10 中。实际上，像 $[Cu(NH_3)_4]^{2+}$ 这类配位数大于 1 的配离子在溶液中的形成是分级进行的，存在着各级平衡。

在比较不同配离子的稳定性时应考虑以下几个问题：

(1)对于中心离子的配体数相同的配离子，如 $[HgI_4]^{2-}$ 和 $[Cu(NH_3)_4]^{2+}$，其稳定性可直接比较其标准稳定常数(或标准不稳定常数)。K_f^θ 越大(或 K_d^θ 越小)的配离子越稳定。例如：$[HgI_4]^{2-}$($K_f^\theta = 6.76 \times 10^{29}$)比 $[Cu(NH_3)_4]^{2+}$($K_f^\theta = 2.09 \times 10^{13}$)稳定。

(2)对于不同中心离子形成的各种类型的配离子(即配体数不同者)，不能根据 K_f^θ 的数值大小简单地比较其稳定性，需要通过计算才能确定它们的稳定性。

表 6-10 一些配离子的标准稳定常数

配离子	K_f^θ	$\lg K_f^\theta$
$[Ag(CN)_2]^-$	1.26×10^{21}	21.2
$[Ag(NH_3)_2]^+$	1.12×10^{7}	7.05
$[Ag(S_2O_3)_2]^{3-}$	2.89×10^{13}	13.46
$[AgCl_2]^-$	1.10×10^{5}	5.04
$[AgBr_2]^-$	2.14×10^{7}	7.33
$[AgI_2]^-$	5.50×10^{11}	11.74
$[Co(NH_3)_6]^{2+}$	1.29×10^{5}	5.11
$[Cu(CN)_2]^-$	1.00×10^{24}	24.0
$[Cu(SCN)_2]^-$	1.52×10^{5}	5.18
$[Cu(NH_3)_2]^+$	7.24×10^{10}	10.86
$[Cu(NH_3)_4]^{2+}$	2.09×10^{13}	13.32
$[FeF_6]^{3-}$	2.04×10^{14}	14.31
$[Fe(CN)_6]^{3-}$	1.00×10^{42}	42.0
$[Hg(CN)_4]^{2-}$	2.51×10^{41}	41.4
$[HgI_4]^{2-}$	6.76×10^{29}	29.83
$[HgBr_4]^{2-}$	1.00×10^{21}	21.00
$[HgCl_4]^{2-}$	1.17×10^{15}	15.07
$[Ni(NH_3)_6]^{2+}$	5.50×10^{8}	8.74
$[Ni(en)_3]^{2+}$	2.14×10^{18}	18.33
$[Zn(CN)_4]^{2-}$	5.00×10^{16}	16.7
$[Zn(NH_3)_4]^{2+}$	2.87×10^{9}	9.46
$[Zn(en)_2]^{2+}$	6.76×10^{10}	10.83

注：数据采自 J.A.Dean.Ianges Handbook of Chemistry.Tab.5～14.Tab.5～15.13th ed. 1985. 温度一般为 20～25℃。K_f^θ 由 $\lg K_f^\theta$ 换算所得。

例 6-13 在 1.0 L 6.0 mol·L^{-1}氨水中加入少量 0.10 mol·L^{-1}的 $CuSO_4$ 溶液，试计算溶液中各组分的浓度。

解：因氨水浓度远大于 Cu^{2+} 浓度，故可以认为 0.1 mol·L^{-1}的 Cu^{2+} 几乎全部被 NH_3 配合为配离子，则溶液中应含有 0.1 mol·L^{-1}的$[Cu(NH_3)_4]^{2+}$，自由氨的浓度为(6.0－4×0.1) mol·L^{-1}＝5.6 mol·L^{-1}，并设溶液中 Cu^{2+} 浓度为 x mol·L^{-1}，则有

$$Cu^{2+} + 4NH_3 \rightleftharpoons [Cu(NH_3)_4]^{2+}$$

平衡浓度/(mol·L^{-1})　　x　　$5.6+4x$　　$0.10-x$

由于 $K_f^\theta(2.1\times10^{13})$相当大，可以认为 $0.10-x\approx0.1$，$5.6+4x\approx5.6$，该平衡可以表达为

$$K_f^\theta=\frac{c_r([Cu(NH_3)_4]^{2+})}{c_r(Cu^{2+})c_r^4(NH_3)}=\frac{0.10}{x(5.6)^4}=2.09\times10^{13}$$

解之 $$x=\frac{0.10}{(5.6)^4\times 2.09\times 10^{13}}=4.8\times 10^{-18}\ \mathrm{mol\cdot L^{-1}}$$

因此，溶液中各组分的浓度为

$$c([Cu(NH_3)_4]^{2+})=0.10\ \mathrm{mol\cdot L^{-1}}$$

$$c(NH_3)=5.6\ \mathrm{mol\cdot L^{-1}}$$

$$c(SO_4^{2-})=0.10\ \mathrm{mol\cdot L^{-1}}$$

$$c(Cu^{2+})=4.8\times 10^{-18}\ \mathrm{mol\cdot L^{-1}}$$

按照此例计算浓度相同的不同配体数的配离子溶液的中心离子浓度，才能用于比较相应配离子的稳定性。

(二)配位平衡的移动

与其他平衡一样，改变平衡条件，配离子的解离平衡也会移动。如果减少配体或中心离子的浓度，则配离子的解离平衡向解离方向移动，直到重新建立平衡。

1. 生成更稳定的配离子

在含$[Ag(NH_3)_2]^+$配离子的溶液中加入足量的 NaCN，则$[Ag(NH_3)_2]^+$配离子几乎可全部解离而生成$[Ag(CN)_2]^-$配离子。该反应式为

$$[Ag(NH_3)_2]^+ + 2CN^- \longrightarrow [Ag(CN)_2]^- + 2NH_3\uparrow$$

上述反应能发生的原因是$[Ag(CN)_2]^-$配离子的稳定性（$K_f^\theta=1.26\times 10^{21}$）比$[Ag(NH_3)_2]^+$配离子的稳定性（$K_f^\theta=1.12\times 10^7$）大。

这类反应的实质是两种稳定性不同的配离子平衡移动的结果。上述反应过程为

$$[Ag(NH_3)_2]^+ \rightleftharpoons Ag^+ + 2NH_3$$

$$+$$

$$2NaCN \longrightarrow 2CN^- + 2Na^+$$

$$\|$$

$$[Ag(CN)_2]^-$$

通过这个例子可以知道，由同一中心离子形成的类型相同的两种配离子间的转化，总是K_f^θ小的配离子转化为K_f^θ大的配离子。当然，这种转化也与配合剂的浓度等有关，是否能够转化最终还是需要通过计算进行确定。

2. 生成难解离的物质

如果配离子解离产生的配位体能与其他物质反应生成更难解离的物质，可使配离子的解离平衡向解离方向移动。例如向含有$[Cu(NH_3)_4]^{2+}$配离子的溶液中加入酸（如 HCl），由于酸中的 H^+ 易与 NH_3 分子结合成更稳定的 NH_4^+，使溶液中 NH_3 浓度减少，因而$[Cu(NH_3)_4]^{2+}$配离子的解离平衡向解离方向移动：

$$[Cu(NH_3)_4]^{2+} \rightleftharpoons Cu^{2+} + 4NH_3$$

$$+$$

$$4HCl \longrightarrow 4Cl^- + 4H^+$$

$$\|$$

$$4NH_4^+$$

总反应方程式为　$[Cu(NH_3)_4]^{2+} + 4H^+ \longrightarrow 2Cu^{2+} + 4NH_4^+$

3. 发生氧化还原反应

当配离子解离产生的配体能与某种物质发生氧化还原反应时，配离子的解离平衡将向解离方向移动。例如往$[Cu(CN)_4]^{2-}$配离子溶液中加入 NaClO 溶液，由于 ClO^- 是氧化剂，可以把$[Cu(CN)_4]^{2-}$配离子解离产生的 CN^- 氧化，而使 CN^- 离子浓度减少，$[Cu(CN)_4]^{2-}$配离子的解离平衡向解离方向移动：

$$[Cu(CN)_4]^{2-} \rightleftharpoons Cu^{2+} + 4CN^-$$

$$+$$

$$4NaClO \longrightarrow 4Na^+ + 4ClO^-$$

$$\|$$

$$4CNO^- + 4Cl^-$$

总反应方程式为$[Cu(CN)_4]^{2-} + 4ClO^- \longrightarrow Cu^{2+} + 4CNO^- + 4Cl^-$

这个反应是环境保护工作中用碱性氯化法处理含氰废水的主要化学反应。

4. 配合物与难溶物质的相互转化

在$[Ag(S_2O_3)_2]^{3-}$溶液中加入 Na_2S 溶液后，由于生成溶解度很小的 Ag_2S 沉淀，使溶液中 Ag^+ 浓度减小，平衡向着配离子$[Ag(S_2O_3)_2]^{3-}$解离的方向移动。

$$2[Ag(S_2O_3)_2]^{3-} \rightleftharpoons 2Ag^+ + 4S_2O_3^{2-}$$

$$+$$

$$Na_2S \longrightarrow S^{2-} + 2Na^+$$

$$\|$$

$$Ag_2S\downarrow$$

离子方程式　$2[Ag(S_2O_3)_2]^{3-} + S^{2-} \longrightarrow Ag_2S\downarrow + 4S_2O_3{}^{2-}$

反之，在 AgBr(s)加入 $Na_2S_2O_3$ 溶液后

$$AgBr(s) \rightleftharpoons Ag^+ + Br^-$$

$$+$$

$$2S_2O_3{}^{2-}$$

$$\|$$

$$[Ag(S_2O_3)_2]^{3-}$$

由于生成稳定的$[Ag(S_2O_3)_2]^{3-}$，使溶液中 Ag^+ 浓度减小，$c_r(Ag^+)c_r(Br^-) < K_{sp}^{\theta}(AgBr)$，结果 AgBr(s)溶解。其离子方程式为

$$AgBr(s) + 2S_2O_3{}^{2-} \longrightarrow [Ag(S_2O_3)_2]^{3-} + Br^-$$

从上面两例可以看出，体系中同时存在着配位平衡和沉淀溶解平衡，沉淀剂(S^{2-}和 Br^-)与配合剂($S_2O_3{}^{2-}$)争夺金属离子。争夺能力的大小主要取决于配离子的稳定性和难溶物质的溶解性。如何判断难溶物和配合物转换反应的方向呢？

以 AgBr 沉淀中加入氨水为例。反应如下：

$$AgBr(s) + 2NH_3(aq) \longrightarrow [Ag(NH_3)_2]^+(aq) + Br^-(aq)$$

首先根据反应，书写标准平衡常数的表达式为

$$K^{\theta}=\frac{c_{\mathrm{r}}[\mathrm{Ag(NH_3)_2^+}]c_{\mathrm{r}}(\mathrm{Br^-})}{c_{\mathrm{r}}^2(\mathrm{NH_3})}$$

上下同乘 Ag^+ 浓度有

$$K^{\theta}=\frac{c_{\mathrm{r}}[\mathrm{Ag(NH_3)_2^+}]c_{\mathrm{r}}(\mathrm{Br^-})}{c_{\mathrm{r}}^2(\mathrm{NH_3})}\frac{c_{\mathrm{r}}(\mathrm{Ag^+})}{c_{\mathrm{r}}(\mathrm{Ag^+})}$$

整理得

$$K^{\theta}=K_{\mathrm{f}}^{\theta}K_{\mathrm{sp}}^{\theta} \tag{6-29}$$

带入数据计算得 $K^{\theta}=8.85\times10^{-6}$。

根据 K^{θ} 值的大小就可以判断难溶物和配合物转换反应的方向，或判断沉淀能否溶解。在 AgBr 沉淀中加入氨水，因反应的 $K^{\theta}=8.85\times10^{-6}<10^{-5}$，所以不能使 AgBr 溶解。上述我们推导了由沉淀到配合物的转化，有式(6－29)，同理可以得到由配合物到沉淀的转化反应，即

$$K^{\theta}=\frac{1}{K_{\mathrm{f}}^{\theta}K_{\mathrm{sp}}^{\theta}} \tag{6-30}$$

例 6－14　试通过式(6－29)、式(6－30)判断 AgCl，AgBr，AgI 沉淀与配合物 $[Ag(NH_3)_2]^+$，$[Ag(S_2O_3)_2]^{3-}$，$[Ag(CN)_2]^-$ 相互转化的可能性。

解：我们知道，沉淀→配合物，配合物→沉淀。

$$K^{\theta}=K_{\mathrm{f}}^{\theta}K_{\mathrm{sp}}^{\theta}$$

$$K^{\theta}=\frac{1}{K_{\mathrm{f}}^{\theta}K_{\mathrm{sp}}^{\theta}}$$

根据上两式计算，在沉淀 AgCl 中加入氨水，有何反应？再依次加入 KBr 溶液和 $Na_2S_2O_3$ 溶液、KI 溶液、KCN 溶液又有何反应发生？相关数据见下表。

物种	K_{sp}^{θ} 或 K_{f}^{θ}	沉淀→配合物的 K^{θ}	配合物→沉淀的 K^{θ}
AgCl	1.77×10^{-10}	$AgCl\to[Ag(NH_3)_2]^+$ 1.98×10^{-3}	
$[Ag(NH_3)_2]^+$	1.12×10^{7}		$[Ag(NH_3)_2]^+\to AgBr$ 1.13×10^{5}
AgBr	5.35×10^{-13}	$AgBr\to[Ag(S_2O_3)_2]^{3-}$ 15.46	
$[Ag(S_2O_3)_2]^{3-}$	2.89×10^{13}		$[Ag(S_2O_3)_2]^{3-}\to AgI$ 4.15×10^{2}
AgI	8.51×10^{-17}	$AgI\to[Ag(CN)_2]^-$ 1.07×10^{5}	
$[Ag(CN)_2]^-$	1.26×10^{21}		

根据计算的 K^{θ} 的大小，判断沉淀与配合物间转化的方向，进而选择试剂浓度。上例中卤化银(AgCl，AgBr，AgI)都是难溶于水的，酸、碱也不能使它们溶解，若借助于生成可溶性的配合物，则可溶解。根据计算的 K^{θ}，其中 AgCl 易溶于 $NH_3\cdot H_2O$ 中，生成$[Ag(NH_3)_2]^+$配离子，AgBr，AgI 则不溶于 $NH_3\cdot H_2O$ 中。但可以选用形成更稳定配合物的配合剂，如 AgBr 可选用海波（$Na_2S_2O_3\cdot5H_2O$），AgI 可选用 KCN，它们分别生成更稳定的配离子$[Ag(S_2O_3)_2]^{3-}$和$[Ag(CN)_2]^-$，而使 AgBr 和 AgI 溶解。具体反应如下：

$$AgCl(s)+2NH_3\cdot H_2O=\!=\!=[Ag(NH_3)_2]^++Cl^-+2H_2O$$

$$AgBr(s) + 2Na_2S_2O_3 \longrightarrow [Ag(S_2O_3)_2]^{3-} + Br^- + 4Na^+$$

$$AgI(s) + 2KCN \longrightarrow [Ag(CN)_2]^- + I^- + 2K^+$$

一般情况下，当配离子的 K_f^θ 较大而难溶物的 K_{sp}^θ 不很小时，则难溶物质易与配合剂配合而溶解；当配离子的 K_f^θ 和难溶物的 K_{sp}^θ 都较小时，则配离子易被沉淀剂沉淀而破坏。

扩展阅读

自然奇观

除工程应用外，实际上自然界中存在大量与溶液和离子平衡现象有关的自然现象和自然奇观。

(1)盐花的形成。

地处柴达木盆地的察尔汗盐湖是我国最大的钾肥生产基地；这里的生产盐田在骄阳的照射下，卤水结晶形成美丽的盐花，独特的地理环境造就了千姿百态的盐花，它被称为高原奇葩。青海的盐花在世界上分布最多、最广。盐花是盐湖中盐结晶时所形成的美丽形状的称谓，卤水在结晶过程中因浓度不同、时间长短、成分差异等诸多原因而形成了形态各异、大小不同、万千变化的盐花。有的形如珍珠状如雪花，有的似星座、象牙、宝石、山峦等，真是千奇百怪、无奇不有。形态各异的盐花组合犹如奇妙的“海底世界”，千姿百态、造型奇特，似珊瑚、似水晶、似塔林，奇观妙景令人赏心悦目(见图 6-8)。

(2)溶洞奇观。

溶洞主要是石灰岩地区地下水长期溶蚀后形成的，并且经过长时间的溶解逐渐分割成互不相依、千姿百态、陡峭秀丽的奇异景观，自然称之为溶洞奇观。我国著名的桂林山水所呈现的奇峰异洞就是这样形成的。地下溶洞也相当绚丽，比如国内著名的山东沂水地下大峡谷(见图 6-9)。

图 6-8　形态各异的盐花组合犹如奇妙的“海底世界”

图 6-9　山东沂水地下大峡谷照片

本章小结

通过本章的学习，读者掌握了非电解质稀溶液的依数性，以及 Raoult's Law。了解溶液的蒸气压下降、沸点升高、凝固点降低，以及渗透压的变化原因和实际应用。了解酸碱理论的发展概况，掌握酸碱质子理论的基本要点。掌握溶液酸度的概念和溶液 pH 的意义。学会用化学平衡原理分析弱酸、弱碱的解离平衡，掌握相关计算。了解同离子效应对酸碱解离平衡的影响，了解缓冲溶液的组成、缓冲作用原理、缓冲溶液配制和相关计算。掌握沉淀溶解平衡和平衡移动的一般规律，溶度积的意义及溶度积规则。掌握沉淀的生成、溶解和转化的条件。熟悉溶度积与溶解度之间的换算，掌握沉淀溶解平衡的相关计算。掌握配合物的定义、组成、命名、分类等。了解配位平衡的标准解离常数和标准稳定常数的意义，了解标准稳定常数与配合物稳定性的关系，掌握配位平衡的相关计算。了解配位平衡移动的规律，学会如何判断配合物之间的转换，沉淀和配合物间的转换，以及这类反应进行的方向和限度。

习题与思考题

1. 何谓蒸气压？它与哪些因素有关？试以水为例说明之。

2. 溶液蒸气压下降的原因何在？如何用蒸气压下降来解释溶液的沸点上升和凝固点下降？

3. 纯水的凝固点为什么是 0.009 9℃而不是 0℃？

4. 什么叫 Raoult's Law？什么叫沸点上升常数和凝固点下降常数？

5. 回答下列问题：

(1)为什么在高山上烧水，不到 100℃就沸腾了？

(2)为什么海水较河水难结冰？

(3)为什么在盐碱土地上栽种的植物难以生长？

(4)0.1 $mol \cdot kg^{-1}$葡萄糖(相对分子质量 180)水溶液的沸点与 0.1 $mol \cdot kg^{-1}$尿素(分子量 60)水溶液的沸点是否相等？

6. 难挥发物质的稀溶液蒸发时，蒸气分子是什么物质的分子？当不断沸腾时，其沸点是否恒定？当冷却时，开始是什么物质凝固？在继续冷却过程中，其凝固点是否恒定？为什么？何时溶质与溶剂才同时析出？

7. 比较 0.1 $mol \cdot kg^{-1}$蔗糖溶液，0.1 $mol \cdot kg^{-1}$食盐溶液和 0.1 $mol \cdot kg^{-1}$氯化钙溶液的凝固点高低，并解释之。

8. 什么叫渗透、渗透压和反渗透？有何实际意义？

9. 什么叫解离度、解离常数？浓度对它们有何影响？

10. 有人说：根据 $K_i^\theta = c\alpha^2$，弱电解质溶液的浓度愈小，则解离度愈大，因此，对弱酸来说，溶液愈稀，酸性愈强(即 pH 愈小)。你以为如何？

11. 下列说法是否正确：相同浓度的一元酸溶液中 H^+ 浓度都是相同的。理由是分别中和同体积、同浓度的醋酸溶液和盐酸溶液，所需的碱是等量的。

12. 什么叫同离子效应？缓冲溶液的作用原理是怎样的？试举一例说明之。

13. 向缓冲溶液中加入大量的酸或碱，或用大量的水稀释时，溶液的 pH 是否保持基本不变？为什么？

14. 什么叫溶度积？若要比较一些难溶电解质的溶解度大小，是否可以根据各难溶电解质的溶度积大小直接比较？即溶度积大的，溶解度也大，反之亦然。为什么？

15. 何为溶度积规则？试举一例说明溶度积规则的应用。

16. 如果 AgCl(s)与它的离子 Ag^+ 和 Cl^- 的饱和溶液处于平衡状态，在下列各种情况中对平衡产生什么影响？

(1)加入更多的 AgCl(s)；

(2)加入 $AgNO_3$ 溶液；

(3)加入 NaCl 溶液；

(4)加入 KI 溶液；

(5)加入氨水。

17. 什么叫配位化合物？它与简单化合物有哪些区别？举例说明。

18. 配离子是由哪两部分组成的？举例说明其各部分的名称。

19. 为什么过渡元素的离子易形成配离子？为什么 F,Cl,Br,I,C,N 等常作配位原子？

20. 什么叫配离子的标准稳定常数和标准不稳定常数？两者的关系如何？

21. 举例说明配离子平衡的移动。

22. 在 26.6 g 的氯仿($CHCl_3$)中溶有 0.402 g 萘($C_{10}H_8$)的溶液其沸点比纯氯仿的沸点高 0.455℃，求氯仿的沸点上升常数。

23. 某稀溶液在 25℃时蒸气压为 3.127 kPa，纯水在此温度的蒸气压为 3.168 kPa，求溶液的质量摩尔浓度。已知 K_b 的值为 0.51℃ · kg · mol^{-1}，求此溶液的沸点。

24. 在 1 000 g 水中加入多少克乙二醇($C_2H_6O_2$)，方可把溶液的凝固点降到－10℃？

25. 将下列两组水溶液，按照它们的蒸气压从小到大的顺序排列。

(1)浓度均为 0.1 mol · kg^{-1} 的 NaCl，H_2SO_4，$C_6H_{12}O_6$(葡萄糖)；

(2)浓度均为 0.1 mol · kg^{-1} 的 CH_3COOH，NaCl，$C_6H_{12}O_6$。

26. 某糖水溶液的凝固点为－0.186℃，求其沸点。

27. 将 5.0 g 溶质溶于 60 g 苯中，该溶液的凝固点为 1.38℃ ，求溶质的相对分子质量。

28. 0.1 mol · L^{-1} 的 HCl 与 1 mol · L^{-1} HAc 的氢离子浓度各为多少？哪个酸性强？

29. 麻黄素($C_{10}H_{15}ON$)是一种碱，被用于鼻喷雾剂，以减轻充血。$K_b^\theta(C_{10}H_{15}ON) = 1.4\times10^{-4}$。

(1)写出麻黄素与水反应的离子方程式，即麻黄素这种弱碱的解离反应方程式；

(2)写出麻黄素的共轭酸，并计算其 K_a^θ 的值。

30. 水杨酸(邻羟基苯甲酸)$C_7H_4O_3H_2$ 是二元弱酸。25℃以下，$K_{a1}^\theta = 1.06\times10^{-3}$，$K_{a2}^\theta = 3.6\times10^{-14}$。有时可用它作为止痛药代替阿司匹林，但它有较强的酸性，能引起胃出血。计算 0.065 mol · L^{-1} 的 $C_7H_4O_3H_2$ 溶液中平衡时各物种的浓度和 pH。

31. 将 0.2 mol · L^{-1} 的 HF 与 0.2 mol · L^{-1} 的 NH_4F 溶液等量混合，计算所得溶液的 pH 和 HF 的解离度。

32. 今有 2.00 L 的 0.500 mol · L^{-1} NH_3(aq)和 2.00 L 的 0.500 mol · L^{-1} HCl 溶液，若配制 pH＝9 的缓冲溶液，不允许再加水，最多能配制多少升缓冲溶液？其中 $c(NH_3)$，$c(NH_4^+)$ 各为多少？

33. 室温时 100 g 水中能溶解 0.003 3 g 的 Ag_2CrO_4，求其溶度积。

34. 某溶液含 0.1 mol·L^{-1}的 Cl^- 和 0.1 mol·L^{-1} 的 CrO_4^{2-}，如果向该溶液中慢慢加入 Ag^+，哪种沉淀先产生？当第二种离子沉淀时，第一种离子浓度是多少？

35. 在氯化铵溶液中有 0.01 mol·L^{-1}的 Fe^{2+}，若要使 Fe^{2+} 生成 $Fe(OH)_2$ 沉淀，需将 pH 调节到多少时才开始产生沉淀？

36. 在某混合溶液中 Fe^{3+} 和 Zn^{2+} 的浓度均为 0.010 mol·L^{-1}。加碱调节 pH，使 $Fe(OH)_3$沉淀出来，而 Zn^{2+} 保留在溶液中。通过计算确定分离 Fe^{3+} 和 Zn^{2+} 的 pH 的范围。

37. 某溶液中含有 0.10 mol·$L^{-1}$$Li^+$ 和 0.10 mol·L^{-1} Mg^{2+}，滴加 NaF 溶液（忽略体积变化），哪种离子最先被沉淀出来？当第二种沉淀析出时，第一种沉淀的离子是否被沉淀完全？两种离子有无可能分离开？

38. 在 25℃时，$c[Ni(NH_3)_6{}^{2+}]$为 0.1 mol·L^{-1}，$c(NH_3)=1.0$ mol·L^{-1}，加入乙二胺(en)后，使开始时 $c(en)=2.30$ mol·L^{-1}。计算平衡时溶液中$[Ni(NH_3)_6]^{2+}$，NH_3，$[Ni(en)_3]^{2+}$的浓度。

39. 命名下列配合物，并指出配离子和中心离子的价数。

(1)$[Co(NH_3)_6]Cl_2$； (2)$K_2[Co(SCN)_4]$； (3)$Na_2[SiF_6]$；

(4)$K[PtCl_5(NH_3)]$； (5)$[Fe(CO)_5]$； (6)$H_2[PtCl_6]$。

40. 无水 $CrCl_3$ 和 NH_3 化合时，能生成两种配位化合物，其组成为 $CrCl_3 \cdot 6NH_3$ 和 $CrCl_3 \cdot 5NH_3$。硝酸银能从第一种配合物的水溶液中将几乎全部 Cl^- 沉淀为 AgCl，而从第二种配合物的水溶液中只能沉淀出组成中所含 Cl^- 的 2/3，试写出这两种配合物的结构式及名称，并分别列出配离子的解离平衡式。

41. 在浓度为 0.1 mol·L^{-1}的$[Ag(NH_3)_2]^+$溶液中，已测得 $c(NH_3)=1.0$ mol·L^{-1}，求溶液中游离 Ag^+ 离子的浓度。

42. 判断下列反应方向，并作解释。

(1)$[Cu(CN)_2]^- + 2NH_3 \rightleftharpoons [Cu(NH_3)_2]^+ + 2CN^-$；

(2)$[FeF_6]^{3-} + 6CN^- \rightleftharpoons [Fe(CN)_6]^{3-} + 6F^-$。

43. 将浓度为 0.02 mol·L^{-1}的 $CuSO_4$ 与 1.08 mol·L^{-1}的氨水等量混合后，溶液中游离铜离子的浓度为多少？

44. 测定溶液中的 Fe^{3+} 离子用去 0.010 0 mol·L^{-1}的 EDTA 溶液 20.00 mL，求溶液中含铁量。注：定量分析中用 EDTA 离子（常以 Y^{4-} 表示）滴定 Fe^{3+}，其反应可表示为 $Fe^{3+} + Y^{4-} \rightleftharpoons [FeY]^-$。

45. 利用 K_f^θ 计算下列平衡体系的标准平衡常数：

$$[HgCl_4]^{2-} + 4I^- \rightleftharpoons [HgI_4]^{2-} + 4Cl^-$$

第七章　应用电化学

教学要点	学习要求
原电池组装及其符号	理解氧化还原反应基本概念； 掌握原电池符号的书写
电极电势	理解双电层理论； 掌握能斯特方程并能进行有关计算； 理解电极电势的应用
电解	理解超电势、超电压、分解电压等概念； 掌握判断电解产物的方法； 了解电镀、电抛光、电解加工等工艺

案例导入

传说有一位非常富有的格林太太，为了显耀其富有，在她掉了一颗牙齿之后镶了一颗纯金牙齿。后来，在一次小车祸中，又磕掉了另外一颗牙齿。这次，出于某种原因，医生给其镶了一颗铜合金牙齿。然而，自此以后，格林太太就经常头痛、失眠、心情烦躁。她找了很多著名大夫，用了一流的检测仪器，但依然没有解决她的问题。某一天，一位化学家来她家做客，在聊天过程中得知格林太太的烦恼，在了解到格林太太的两颗假牙中一颗是纯金，一颗是铜合金之后，化学家满怀信心地对格林太太说："困扰您这么久的问题我可以给您轻松解决。""是真的吗？那太好了！"格林太太高兴的跳了起来。接着化学家给格林太太做了一个小实验，他找了一条细长的金片，又找了一根铜丝，把他们连在一个灵敏检流计的两级上，而后，他把金片和铜丝的另一端含在嘴里。这时，令人惊奇的事情发生了！电流计的指针发生了偏转！接着化学家道出了格林太太头痛的原因：是因为两个材质不同的牙齿在以唾沫为电解质溶液时形成了原电池，产生了微弱的电流，刺激着格林太太的神经末梢，进而引起头痛等症状。那么，大家知道为什么这两颗牙齿在口中会形成原电池吗？要解决格林太太的头痛，该怎么做呢？学完本章内容后，大家就会找到合理的答案。

7.1　原电池组装及其符号

7.1.1　原电池的组装

原电池(primary cell)是借助自发进行的氧化还原反应，将化学能直接转变为电能的装置。当把锌片放入硫酸铜溶液中时，就会发生如下的氧化还原反应：

$$Zn + CuSO_4 \longrightarrow Cu + ZnSO_4$$

在这个反应过程中，由于锌和硫酸铜溶液直接接触，电子从锌原子直接转移到 Cu^{2+} 上。这时电子的流动是无序的，随着反应的进行，溶液的温度有所升高，即反应的化学能转变成为热能，上述反应的 $\Delta_r H_m^\theta = -211.4\ kJ \cdot mol^{-1}$。要利用氧化还原反应构成原电池，使化学能转化为电能，必须满足以下三个条件才能使电荷定向移动，产生电流：

(1)必须是一个可以自发进行的氧化还原反应；

(2)氧化反应与还原反应要分别在两个电极上自发进行；

(3)组装成的内外电路要构成通路。

根据以上条件，把上述反应装配成 Cu－Zn 原电池，如图 7－1 所示。在两个烧杯中分别盛装 $ZnSO_4$ 和 $CuSO_4$ 溶液，在盛有 $ZnSO_4$ 溶液的烧杯中放入锌片，在盛有 $CuSO_4$ 溶液的烧杯中放入铜片，将两个烧杯的溶液用盐桥连接起来(盐桥，其作用是接通内电路，中和两个半电池中的过剩电荷。使 Zn 溶解，Cu 析出的反应得以持续进行。一般用饱和 KCl 溶液和琼脂制成凝胶状，以使溶液不至流出，而离子却可以在其中自由移动)；将两个金属片用导线连接，并在导线中串联一个电流表。装配以后，电子不能直接转移，而是使还原剂失去的电子沿着金属导线转移到氧化剂。这样把氧化反应和还原反应分别在两处进行，电子不直接从还原剂转移到氧化剂，而是通过电路进行传递，按一定方向流动，从而产生电流，使化学能转化为电能。按这个原理组装的实用铜锌电池称为丹尼尔电池(Daniell cell)，它是 19 世纪普遍使用的化学电源。

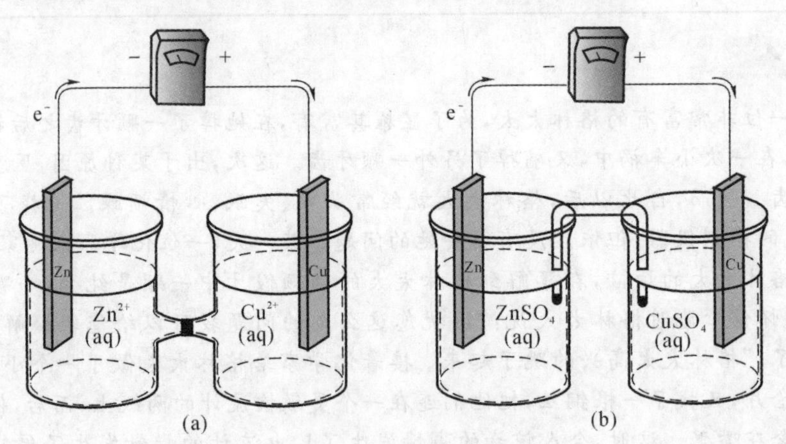

图 7－1 Daniell 电池

7.1.2 电极、电池反应及电池符号

任意一个自发进行的氧化还原反应，选择适当电极(electrode)便可组装成一个原电池(primary cell)，使电子沿一定方向流动产生电流。这里所说的电极绝非泛指一般电子导体，而是指与电解质溶液相接触的电子导体。它既是电子储存器，又是电化学反应发生的地点。电化学中的电极总是与电解质溶液联系在一起，而且电极的特性也与其上所进行的化学反应分不开。因此，电极是指电子导体与电解质溶液的整个体系。

原电池的两个电极之间存在着电势差。电势较高或电子流入的电极是正极。电势较低或电子流出的电极是负极。电化学中规定，无论是在原电池(自发电池)、电解池(非自发电池)还是腐蚀电池(自发电池)中，都将发生氧化反应的电极称为阳极，发生还原反应的电极称为阴极。但当原电池转变为电解池(例如蓄电池放电后的再充电)时，它们的正负极符号不变，原来的阴极变为阳极，而原来的阳极变为阴极。按此规定，在 Cu－Zn 原电池中电极名称、电极反应、电池反应如下：

电极反应：负极(锌与锌离子溶液)：$Zn - 2e \longrightarrow Zn^{2+}$　(氧化反应)

正极(铜与铜离子溶液)：$Cu^{2+} + 2e \longrightarrow Cu$　(还原反应)

电池反应：两个电极反应相加即可得到

$$Zn + Cu^{2+} \Longrightarrow Zn^{2+} + Cu \quad \text{(氧化还原反应)}$$

在上述两极反应进行的瞬间，Zn 片上的原子变成 Zn^{2+} 进入硫酸锌溶液，使硫酸锌溶液因 Zn^{2+} 增加而带正电荷；同时，由于 Cu^{2+} 变成 Cu 原子沉积在铜片上，使硫酸铜溶液中因 Cu^{2+} 减少而带负电荷。这两种电荷都会阻碍原电池反应中得失电子的继续进行，以致实际上不能产生电流。当有盐桥存在时，负离子可以向 $ZnSO_4$ 溶液扩散，正离子则向 $CuSO_4$ 溶液扩散，分别中和过剩的电荷，从而保持溶液的电中性，使得失电子的过程持续进行，不断产生电流。

为了方便地表述原电池，1953 年 IUPAC 协约用符号来表示原电池。原电池符号可按以下几条规则书写。

(1)以化学式表示电池中各种物质的组成，并需分别注明物态(固、液、气等)。气体需注明压力，溶液需注明浓度，固体需注明晶型等。

(2)以单竖线“|”表示不同物相之间的界面，包括电极与溶液界面，溶液与溶液界面等。用双竖线“‖”表示盐桥(消除液接电势)。

(3)电池的负极(阳极)写在左方，正极(阴极)写在右方，由左向右依次书写。在书写电池符号表示式时，各化学式及符号的排列顺序要真实反应电池中各物质的接触顺序。

(4)溶液中有多种离子时，负极按氧化态升高依次书写，正极按氧化态降低依次书写。

根据上述规则 Cu－Zn 原电池可用符号表示为

$$(-)Zn \mid ZnSO_4(c_1) \parallel CuSO_4(c_2) \mid Cu(+)$$

不仅两个金属和它“自己的”盐溶液构成的两个电极用盐桥连接能组成原电池，而且任何两种不同金属插入任何电解质溶液，都可组成原电池(同学们可以回答案例导入的问题了吗?)。其中较活泼的金属为负极，较不活泼的金属为正极。如伏特(volta)电池

$$(-)Zn \mid H_2SO_4 \mid Cu(+)$$

从原则上讲，任何一个可以自发进行的氧化还原反应，只要按原电池装置来进行，都可以组装成原电池，产生电流。例如，在一个烧杯中放入含 Fe^{2+} 和 Fe^{3+} 的溶液，另一烧杯中放入含 Sn^{2+} 和 Sn^{4+} 的溶液，分别插入铂片(或碳棒)作为电极，并用盐桥连接起来。再用导线连接两极后，就有电子从 Sn^{2+} 溶液中经过导线移向 Fe^{3+} 溶液而产生电流。电极反应分别为

电极反应：负极　$Sn^{2+}(aq) - 2e \Longrightarrow Sn^{4+}(aq)$　(氧化反应)

正极　$Fe^{3+}(aq) + e \Longrightarrow Fe^{2+}(aq)$　(还原反应)

电池反应：　$Sn^{2+}(aq) + 2Fe^{3+}(aq) \Longrightarrow Sn^{4+}(aq) + 2Fe^{2+}(aq)$

该电池的符号为

$$(-)Pt \mid Sn^{2+}(c_1), Sn^{4+}(c_2) \parallel Fe^{3+}(c_3), Fe^{2+}(c_4) \mid Pt(+)$$

(氧化反应)　　　　(还原反应)

在这种电池中，Pt 不参加氧化还原反应，仅起导体的作用。

在原电池的每个电极反应中都包含同一元素不同氧化数的两类物质，其中低氧化数的是可作还原剂的物质，叫作还原态物质。高氧化数的是可作氧化剂的物质，叫作氧化态物质。例如，在 Cu－Zn 电池的两个电极反应中：

$Zn - 2e \longrightarrow Zn^{2+}(aq)$　　　$Cu^{2+}(aq) + 2e \longrightarrow Cu$

还原态　　　氧化态　　　氧化态　　　还原态

每个电极的还原态和相应的氧化态构成氧化还原电对，简称电对。电对可用符号"氧化态/还原态"表示。例如，锌电极和铜电极的电对分别为 Zn^{2+}/Zn 和 Cu^{2+}/Cu。不仅金属和它的离子可以构成电对，而且同一种金属的不同氧化态的离子或非金属的单质及其相应的离子都可以构成电对，例如，Fe^{3+}/Fe^{2+}，Sn^{4+}/Sn^{2+}，H^+/H_2，O_2/OH^- 和 Cl_2/Cl^- 等。但在这些电对中，由于它们自身都不是金属导体，因此，必须外加一个能够导电而又不参加电极反应的惰性电极。通常以铂或石墨作惰性电极。这些电对所组成的电极可用符号表示为 $Pt|Fe^{3+},Fe^{2+}$；$Pt|Sn^{4+},Sn^{2+}$（氧化还原电极）；$Pt(H_2)|H^+$；$Pt(O_2)|OH^-$ 和 $Pt(Cl_2)|Cl^-$（非金属电极）。

不同类型电极的组成及电极反应和电极符号具体如下：

(1)金属-金属离子电极：由金属和含有该金属离子的溶液构成。

电极反应　$Zn^{2+} + 2e = Zn$

电极符号　$Zn \mid Zn^{2+}(c_1)$

(2)气体-离子电极：由氢、氧、卤素等气体及含有该气体组成元素的离子溶液构成。

电极反应　$2H^+ + 2e = H_2$

电极符号　$Pt(H_2, g, p_1) \mid H^+(c_1)$

(3)金属-金属难溶盐电极：由金属及该金属难溶盐电极构成。

电极反应　$AgCl(s) + e = Ag + Cl^-$

电极符号　$Ag-AgCl \mid Cl^-(c_1)$

(4)氧化还原电极或溶液电极：电对中的氧化态和还原态均为离子。

电极反应　$Fe^{3+} + e = Fe^{2+}$

电极符号　$Pt \mid Fe^{2+}(c_1), Fe^{3+}(c_2)$

例 7－1　试写出由下列氧化还原反应构成的原电池的电池符号、电极反应、电对及电极：

$$Cr_2O_7^{2-} + 6Br^- + 14H^+ = 2Cr^{3+} + 7H_2O + 3Br_2$$

解：先根据方程中各物质氧化数变化找出氧化剂电对为 $Cr_2O_7^{2-}/Cr^{3+}$，还原剂电对为 Br_2/Br^-。再写出该原电池的符号为

$(-)Pt(Br_2, l) \mid Br^-(c_1) \parallel Cr_2O_7^{2-}(c_4), Cr^{3+}(c_2), H^+(c_3) \mid Pt(+)$

两极反应分别为

负极　　$2Br^- - 2e = Br_2$

正极　　$Cr_2O_7^- + 14H^+ + 6e = 2Cr^{3+} + 7H_2O$

电对分别为　　$Br_2/Br, Cr_2O_7^{2-}/Cr^{3+}$

电极分别为　　$Pt(Br_2) \mid Br^-, Pt \mid Cr_2O_7^{2-}, Cr^{3+}$

例 7－2　利用电池符号写出相应的氧化还原反应。

(1)电池符号：$(-)Ag-AgI(s) \mid I^-(c_1) \parallel H^+(c_2) \mid H_2(g, p) \mid Pt(+)$

(2)电池符号:(—)Pt | $Fe^{2+}(c_1)$,$Fe^{3+}(c_2)$ ‖ $Ag^+(c_3)$ | Ag (+)

解:(1)氧化反应: $Ag + I^- - e = AgI$

还原反应: $2H^+ + 2e = H_2$

氧化还原反应: $2Ag + 2HI = 2AgI + H_2$

(2)氧化反应: $Fe^{2+} - e = Fe^{3+}$

还原反应: $Ag^+ + e = Ag$

氧化还原反应: $Fe^{2+} + Ag^+ = Fe^{3+} + Ag$

7.2 电极电势的产生、测定、影响因素及其应用

在原电池中用导线将两个电极连接起来,导线中就有电流通过,这说明两个电极间存在电势差。原电池两电极间有电势差,说明构成原电池的两个电极有着不同的电极电势。也就是说,原电池电流的产生,是由于两个电极的电极电势不同而引起的。那么,电极电势是怎样产生的呢?

7.2.1 电极电势的产生——双电层理论

在电极与溶液接触形成新的界面时,来自溶液中的游离电荷或偶极子,就在界面上重新排布,形成双电层,该双电层间存在着电势差,如图 7-2 所示。双电层的形成可以从 Gibbs 函数结合金属内部结构来说明。如果电极是某种金属,该金属由自由离子和"自由电子"组成。在一般情况下,金属相中金属离子的作用能和 Gibbs 函数与溶液相中同种离子的 Gibbs 函数,在它们未接触以前并不相等。因此,当金属与溶液两相接触时,会发生金属离子在两相间的转移。例如,某温度下将某金属电极插入含该种金属离子的溶液中,若将 Zn 电极插入 $ZnCl_2$ 溶液中,Zn^{2+} 离子在金属锌中的 Gibbs 函数比它在某一浓度的 $ZnCl_2$ 溶液中高,当两相接触时,金属锌上的 Zn^{2+} 将自发地转入溶液中,发生锌的氧化反应。金属上 Zn^{2+} 离子转入溶液中以后,电子留在金属上,金属表面带负电。它将以库仑(Coulomb)力吸引溶液中的正电荷(例如 Zn^{2+} 离子),使之留在电极表面附近处,因而在两相界面出现了电势差。这个电势差对 Zn^{2+} 离子继续进入溶液有阻滞作用,相反,却能促使溶液中 Zn^{2+} 离子返回金属。随着金属上 Zn^{2+} 离子进入溶液数量的增多,电势差变大,Zn^{2+} 离子进入溶液的速率逐渐变小,溶液中 Zn^{2+} 离子返回金属的速率不断增大。最后,在电势差的影响下建立起两个方向、速率相等的状态,即达到了溶解-沉积平衡。这时在两相界面间形成了锌上带负电荷,而溶液带正电的离子双电层,如图 7-2(a)所示,这就是自发形成的离子双电层,也就使金属表面产生了一定的电极电势。

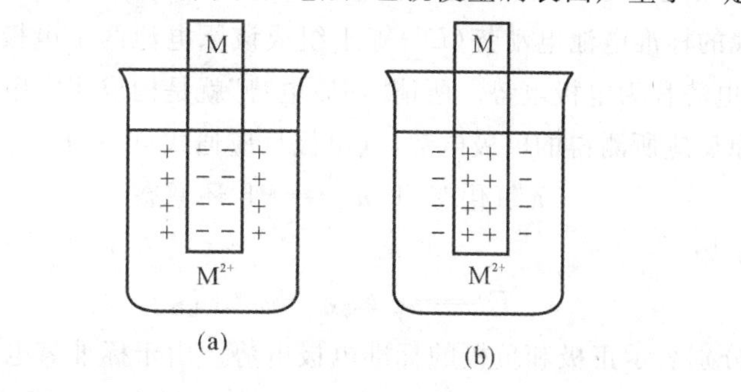

图 7-2 双电层示意图

如果金属上正离子(例如 Cu^{2+} 离子)的 Gibbs 函数比溶液中的低,则溶液中的正离子会自发地沉积在金属上,使金属表面带正电。正离子向金属的这种转移,也破坏了溶液的电中性,溶液中过剩的负离子被金属表面正电荷吸引在表面附近,形成了金属表面带正电,溶液带负电的离子双电层,如图 7-2(b)所示。

自发形成离子双电层的过程非常迅速,一般可以在百万分之一秒的瞬间完成。

在有些情况下,金属与溶液接触时并不能自发形成离子双电层。例如纯汞放入 KCl 溶液中,由于汞相对稳定,不易被氧化,同时 K^+ 离子也很难被还原,因此,不能自发地形成离子双电层。

7.2.2 标准电极电势的测定

金属电极电势的大小,反映出金属在其盐溶液中得失电子趋势的大小。如能定量地测出电极电势,将有助于我们判断氧化剂与还原剂的相对强弱。但是,到目前为止,金属在其盐溶液中电极电势的绝对值尚无法测出。通常是将某一电极的电极电势规定为零,并以此作为标准,将其他电极与此电极作比较,再测定出它们的电极电势。这种方法正如规定海平面为零作标准而得到海拔高度一样。目前采用的标准电极是氢电极,称为标准氢电极。

标准氢电极的组成是将镀有海绵状的蓬松铂黑的铂片插入 $c^{\theta}(H^+) = 1\ mol \cdot L^{-1}$ 的硫酸溶液中,在 298.15 K 下不断通入压力为 100 kPa 的纯氢气,氢气为铂黑所吸附,这样被氢气饱和的铂黑就成为一个由氢构成的电极。被铂黑吸附的氢气与溶液中氢离子组成电对 H^+/H_2,其电极反应为

$$1/2H_2(100\ kPa) - e \rightarrow H^+(aq)(1\ mol \cdot L^{-1})$$

在测定过程中,给物质的状态规定了一个参比的标准态。对气体,其标准态就是它的分压为 100 kPa;对溶液,其标准态就是处于标准压力下溶液的浓度为 $1\ mol \cdot L^{-1}$(用 c^{θ} 表示);对液体和固体,其标准态则是处于标准压力下的纯物质。

由于电极反应中各物质均处于标准态,故此装置就成了标准氢电极,如图 7-3 所示。它所具有的电势就称为标准氢电极的标准电极电势,其符号为 $\varphi^{\theta}(H^+/H_2)$。标准氢电极作为参比基准,人为规定,在 298.15 K 下的标准电极电势为零伏,即

$$\varphi^{\theta}(H^+/H_2) = 0.000\ 0\ V$$

要测定某电极的电极电势时,可将待测电极的标准电极与标准氢电极组成原电池,如图 7-4所示。原电池的标准电池电动势(E^{θ})等于组成该原电池两个电极间的电势差。1953 年 IUPAC 认定还原电势称为电极电势。所谓"还原电势"就是构成测定用的原电池时,待测电极作为正极发生还原反应所测得的电极电势,其电极反应通式可写为

$$a\ 氧化态 + ne \Longrightarrow b\ 还原态$$

标准电池电动势

$$E^{\theta} = \varphi^{\theta}_{+待测} - \varphi^{\theta}_{-氢电极} \tag{7-1}$$

式中,φ^{θ}_{+} 和 φ^{θ}_{-} 分别表示正极和负极的标准电极电势。由于标准氢电极的电极电势为零,所以测得原电池的电动势的数值,就可以定出待测电极的电极电势的数值。由于电极电势不仅决定于物质的本性,还与温度、浓度等有关,为了便于比较,所以采用在温度为 298.15 K 下,当

电极中的有关离子浓度为 1 mol·L^{-1}，有关气体的压力为 100 kPa 时，所测得电极电势为标准电极电势，以 φ^{θ} 表示之。

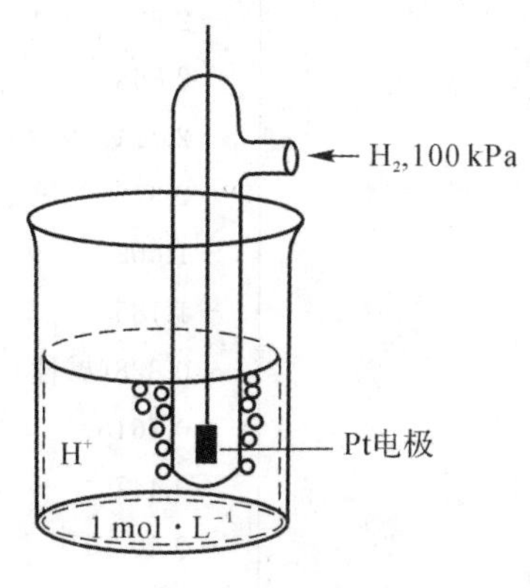

图 7-3 标准氢电极

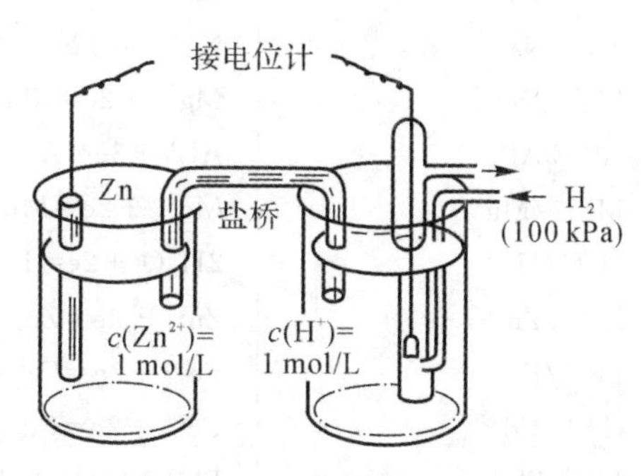

图 7-4 测定标准电极电势的装置

如果待测电极是锌电极，原电池装置如图 7-4 所示，电势差计测得此原电池的电动势为 −0.761 8 V，它等于待测电极电势与标准氢电极电势之差

电动势 $E^{\theta}=\varphi^{\theta}_{+}(Zn^{2+}/Zn)-\varphi^{\theta}_{-}(H^{+}/H_2)=-0.761\ 8\ V$

因为 $\varphi^{\theta}_{-}(H^{+}/H_2)=0.000\ 0\ V$

所以 $E^{\theta}=\varphi^{\theta}(Zn^{2+}/Zn)=-0.761\ 8\ V$

式中"−"表示该电极电势比标准氢电极电势低，Zn 比 H_2 易失电子，也表明该电极与标准氢电极组成原电池时，该电极实际应为负极。电极反应为

负极 $Zn-2e\longrightarrow Zn^{2+}$

正极 $2H^{+}+2e\longrightarrow H_2$

电池反应 $2H^{+}+Zn=\!=\!=H_2+Zn^{2+}$

如果将锌电极换成铜电极，测得原电池电动势为 0.347 V。

电动势 $E^{\theta}=\varphi^{\theta}(Cu^{2+}/Cu)-\varphi^{\theta}(H^{+}/H_2)=0.347\ V$

因为 $\varphi^{\theta}(H^{+}/H_2)=0.000\ 0\ V$

所以 $E^{\theta}=\varphi^{\theta}(Cu^{2+}/Cu)=0.347\ V$

"+"号表示该电极电势比标准氢电极电势高，H_2 比 Cu 易失电子，也表明该电极与标准氢电极组成原电池时，该电极实际应为正极。电极反应为

负极 $H_2-2e\longrightarrow 2H^{+}$

正极 $Cu^{2+}+2e\longrightarrow Cu$

电池反应 $H_2+Cu^{2+}=\!=\!=2H^{+}+Cu$

利用类似的方法，可以测出各种物质组成的电对的标准电极电势值，有些物质的标准电极电势目前尚不能测定，而可利用间接方法推算出来。将部分标准电极电势按顺序排列得表 7-1。

表 7－1　标准电极电势(298.15 K)

电对(氧化态/还原态)	电极反应(a 氧化态 ＋ ne ＝ b 还原态)	φ^{θ}/V
K^+/K	$K^+ + e = K$	－2.931
Ca^{2+}/Ca	$Ca^{2+} + 2e = Ca$	－2.868
Na^+/Na	$Na^+ + e = Na$	－2.714
Mg^{2+}/Mg	$Mg^{2+} + 2e = Mg$	－2.372
Al^{3+}/Al	$Al^{3+} + 3e = Al$	－1.662
Mn^{2+}/Mn	$Mn^{2+} + 2e = Mn$	－1.185
H_2O/H_2	$2H_2O + 2e = H_2 + 2OH^-$	－0.828(碱性)
Zn^{2+}/Zn	$Zn^{2+} + 2e = Zn$	－0.7618
Fe^{2+}/Fe	$Fe^{2+} + 2e = Fe$	－0.447
Cd^{2+}/Cd	$Cd^{2+} + 2e = Cd$	－0.403 0
PbI_2/Pb	$PbI_2 + 2e = Pb + 2I^-$	－0.365
$PbSO_4/Pb$	$PbSO_4 + 2e = Pb + SO_4^{2-}$	－0.358 8
$PbCl_2/Pb$	$PbCl_2 + 2e = Pb + 2Cl^-$	－0.267 5
Co^{2+}/Co	$Co^{2+} + 2e = Co$	－0.28
Ni^{2+}/Ni	$Ni^{2+} + 2e = Ni$	－0.257
Sn^{2+}/Sn	$Sn^{2+} + 2e = Sn$	－0.137 5
Pb^{2+}/Pb	$Pb^{2+} + 2e = Pb$	－0.126 2
Fe^{3+}/Fe	$Fe^{3+} + 3e = Fe$	－0.037
H^+/H_2	$H^+ + e = 1/2\,\frac{1}{2}H_2$	0.000 0
$S_4O_6^{2-}/S_2O_3^{2-}$	$S_4O_6^{2-} + 2e = 2S_2O_3^{2-}$	＋0.08
S/H_2S	$S + 2H^+ + 2e = H_2S$	＋0.142
Sn^{4+}/Sn^{2+}	$Sn^{4+} + 2e = Sn^{2+}$	＋0.151
SO_4^{2-}/H_2SO_3	$SO_4^{2-} + 4H^+ + 2e = H_2SO_3 + H_2O$	＋0.172
$AgCl/Ag$	$AgCl + e = Ag + Cl$	＋0.222 33
Hg_2Cl_2/Hg	$Hg_2Cl_2 + 2e = 2Hg + 2Cl^-$	＋0.268 08
Cu^{2+}/Cu	$Cu^{2+} + 2e = Cu$	＋0.347
O_2/OH^-	$1/2\,\frac{1}{2}O_2 + H_2O + 2e = 2OH^-$	＋0.401(碱性)
Cu^+/Cu	$Cu^+ + e = Cu$	＋0.521
I_2/I^-	$I_2 + 2e = 2I^-$	＋0.535 5
$I_3^-/3I^-$	$I_3^- + 2e = 3I^-$	＋0.536
O_2/H_2O_2	$O_2 + 2H^+ + 2e = H_2O_2$	＋0.695
Fe^{3+}/Fe^{2+}	$Fe^{3+} + e = Fe^{2+}$	＋0.771
$Hg_2{}^{2+}/Hg$	$1/2Hg_2^{2+} + e = Hg$	＋0.797 3
Ag^+/Ag	$Ag^+ + e = Ag$	＋0.799 6
Hg^{2+}/Hg	$Hg^{2+} + 2e = Hg$	＋0.851
NO_3^-/NO	$NO_3^- + 4H^+ + 3e = NO + 2H_2O$	＋0.957
HNO_2/NO	$HNO_2 + H^+ + e = NO + H_2O$	＋0.983

续表

电对(氧化态/还原态)	电极反应(a 氧化态 + ne = b 还原态)	φ^θ/V
Br_2/Br^-	$Br_2 + 2e = 2Br^-$	+1.087 3
MnO_2/Mn^{2+}	$MnO_2 + 4H^+ + 2e = Mn^{2+} + 2H_2O$	+1.224
O_2/H_2O	$O_2 + 4H^+ + 4e = 2H_2O$	+1.229
$Cr_2O_7^{2-}/Cr^{3+}$	$Cr_2O_7^{2-} + 14H^+ + 6e = 2Cr^{3+} + 7H_2O$	+1.33
Cl_2/Cl^-	$Cl_2 + 2e = 2Cl^-$	+1.358 27
PbO_2/Pb^{2+}	$PbO_2 + 4H^+ + 2e = Pb^{2+} + 2H_2O$	+1.455
MnO_4^-/Mn^{2+}	$MnO_4^- + 8H^+ + 5e = Mn^{2+} + 4H_2O$	+1.507
MnO_4^-/MnO_2	$MnO_4^- + 4H^+ + 3e = MnO_2 + 2H_2O$	+1.679
H_2O_2/H_2O	$H_2O_2 + 2H^+ + 2e = 2H_2O$	+1.776
$S_2O_8^{2-}/SO_4^{2-}$	$S_2O_8^{2-} + 2e = 2SO_4^{2-}$	+2.010
F_2/F^-	$F_2 + 2e = 2F^-$	+2.866

注：由于溶液的酸碱度影响许多电对的电极电势，所以一般标准电极电势表，分酸表(记为 φ^θ_A)和碱表(记为 φ^θ_B)。表中的标准电极电势除 O_2/OH^- 和 H_2O/H_2 电对的电极电势外，其他皆为酸性溶液中的氢标准电极电势。数据录自 David R. Lide, CRC Handbook of chemistry and physics, 77th Edition, CRC Press, 1996 — 1997。

由此可以看出，在实际工作中经常使用的电极电势并不是指单个电极上的电势差，而是指该电极与标准氢电极所组成的原电池，且该电极为正极，标准氢电极为负极时两个电极间的电势差，即电动势，通常称之为标准电极电势。

φ^θ代数值的大小可以说明金属的活泼性，即标准电极电势的代数值越小，表示电对中还原态物质失电子的能力越大，而氧化态物质得电子的能力越小；标准电极电势的代数值越大，表示电对中还原态物质失电子的能力越小，而氧化态物质得电子的能力越大。

使用标准电极电势应该注意以下几点：

(1)同一物质在不同的介质中，其标准电极电势不同，氧化还原能力也不同。如 $KMnO_4$：

在酸性介质中

$$MnO_4^- + 8H^+ + 5e = Mn^{2+} + 4H_2O, \quad \varphi^\theta(MnO_4^-/Mn^{2+}) = 1.507\ V$$

在中性介质中

$$MnO_4^- + 2H_2O + 3e = MnO_2 + 4OH^-, \quad \varphi^\theta(MnO_4^-/MnO_2) = 1.679\ V$$

在强碱性介质中

$$MnO_4^- + e \rightarrow MnO_4^{2-}, \quad \varphi^\theta(MnO_4^-/MnO_4^{2-}) = 0.558\ V$$

在有的参考书中标准电极电势表分为酸表和碱表，凡在酸性介质中进行的电极反应 E^θ 可查酸表；凡在碱性介质中进行的电极反应，E^θ 可查碱表。

(2)对于相同介质下的同一电对，其平衡方程式中的计量数，对标准电极电势的数值没有影响。例如：

$$Zn^{2+} + 2e \rightarrow Zn, \quad \varphi^\theta(Zn^{2+}/Zn) = -0.761\ 8\ V$$

$$2Zn^{2+} + 4e \rightarrow 2Zn, \quad \varphi^\theta(Zn^{2+}/Zn) = -0.761\ 8\ V$$

(3)标准电极电势没有加和性。例如：

$$\begin{array}{lllll} Fe^{2+} + 2e = Fe, & \varphi^{\theta}(Fe^{2+}/Fe) = -0.447\ V \\ +\ Fe^{3+} + e = Fe^{2+} & \varphi^{\theta}(Fe^{3+}/Fe^{2+}) = 0.771\ V \\ \hline Fe^{3+} + 3e = Fe, & \varphi^{\theta}(Fe^{3+}/Fe) \neq 0.324\ V \end{array}$$

而 $\varphi^{\theta}(Fe^{3+}/Fe) = -0.037\ V$

(4)标准电极电势数值大小与其电对作原电池的正负极无关。例如,铜的标准电极电势为

$$\varphi^{\theta}(Cu^{2+}/Cu) = 0.347\ V$$

它与锌标准电极组成原电池时作正极,电极反应为

$$Cu^{2+} + 2e \longrightarrow Cu$$

而与银标准电极组成原电池时,铜为负极,电极反应为

$$Cu - 2e \longrightarrow Cu^{2+}$$

无论作正极,还是作负极,它的标准电极电势都为

$$\varphi^{\theta}(Cu^{2+}/Cu) = 0.347\ V$$

实际工作中,由于标准氢电极的制作和使用都很不方便,平时人们更多地采用相对稳定的甘汞电极作参比电极。电极反应为 $Hg_2Cl_2 + 2e = 2Hg + 2Cl^-$,饱和甘汞电极的 $\varphi^{\theta} = 0.268\ 08\ V$。

今测得饱和甘汞电极和标准锌电极组成的电池 $E = 1.029\ 88\ V$,求 $\varphi_{\theta}(Zn^{2+}/Zn)$ 为多少?

解: $E = \varphi^{\theta}_{+} - \varphi^{\theta}_{-} = 0.268\ 08 - \varphi^{\theta}(Zn^{2+}/Zn) = 1.029\ 88\ V$

$$\varphi^{\theta}(Zn^{2+}/Zn) = -0.761\ 8\ V$$

7.2.3 能斯特(Nernst)方程——浓度对电极电势的影响

(一)能斯特方程

标准电极电势 φ^{θ} 是电极处于平衡状态(见图 7-2 $v_{溶} = v_{沉}$),并且是在热力学标准状态(纯物质,各气体分压为 100 kPa,离子浓度为 1 mol·L^{-1})下测得的电极电势,它反映了物质的本性——电对中氧化态和还原态物质得失电子的难易。

在实际应用中,并非总是在热力学标准状态,那么,非标准状态下,电极电势将发生怎样的变化?由双电层理论(见图 7-2(a))可以看出,如果正离子(氧化态物质)浓度大,它沉积到电极表面的速率增大。平衡时电极表面将有更多的正电荷,电极电势代数值就增大;如果溶液中的离子是还原态物质(如 Cl_2/Cl^- 电对中的 Cl^-),那么离子浓度越大,该电极的电势代数值越小。此外,电极电势也与温度有关(一般不说明条件时按 298.15 K 处理)。

本章主要讨论电极电势与浓度的关系,暂不涉及与温度的关系。电极电势与浓度的关系是由能斯特方程表示的。若电极反应为

$$a\ 氧化态 + ne = b\ 还原态$$

则该电极的电极电势 φ 为

$$\varphi = \varphi^{\theta} + \frac{RT}{nF}\ln\frac{c_r^a(氧化态)}{c_r^b(还原态)} \qquad (7-2)$$

式中 φ —— 任意浓度时的电极电势;

φ^{θ} —— 该电极的标准电极电势;

c_r^a(氧化态) —— 氧化态物质的相对浓度;

c_r^a(还原态) —— 还原态物质的相对浓度；

a, b —— 分别为它们在电极反应式中的计量数；

n —— 电极反应的电子数；

ln —— 自然对数(=2.303 lg)；

T —— 绝对温度，K；

R —— 气体常数，$R = 8.314\ 5\ \text{J} \cdot \text{mol}^{-1} \cdot \text{K}^{-1}$；

F —— 法拉第常数(Faraday comstant)，$F = 96\ 485\ \text{C} \cdot \text{mol}^{-1}$。

式(7-2)称为能斯特方程，在 $T = 298.15$ K 时，将上述各值代入式(7-2)，并变为常用对数，则

$$\varphi = \varphi^{\theta} + \frac{8.314 \times 298.15 \times 2.303}{n \times 96\ 485} \lg \frac{c_r^a(\text{氧化态})}{c_r^b(\text{还原态})}$$

即

$$\varphi = \varphi^{\theta} + \frac{0.059\ 2}{n} \lg \frac{c_r^a(\text{氧化态})}{c_r^b(\text{还原态})} \qquad (7-3)$$

该能斯特方程可用于计算和讨论常温($T = 298.15$ K)下，不同浓度时电极的电极电势。

能斯特方程必须对应相应的电极反应，不同类型电极的能斯特方程表示如下：

(1)金属-金属离子电极。

电对 Zn^{2+}/Zn 的电极反应：$Zn^{2+} + 2e = Zn$

$$\varphi_{Zn^{2+}/Zn} = \varphi^{\theta}_{Zn^{2+}/Zn} + \frac{0.059\ 2}{2} \lg \frac{c_r(Zn^{2+})}{1}$$

(2)气体电极。

电对 Cl_2/Cl^- 的电极反应：$0.5\ Cl_2 + e = Cl^-$

$$\varphi_{Cl_2/Cl^-} = \varphi^{\theta}_{Cl_2/Cl^-} + \frac{0.059\ 2}{1} \lg \frac{p_r^{0.5}(Cl_2)}{c_r(Cl^-)}$$

(3)金属-金属难溶盐电极。

电对 $AgCl/Ag$ 得电极反应：$AgCl(s) + e^- = Ag(s) + Cl^-$

$$\varphi_{AgCl/Ag} = \varphi^{\theta}_{AgCl/Ag} + \frac{0.059\ 2}{1} \lg \frac{1}{c_r(Cl^-)}$$

(4)氧化还原电极或溶液电极。

电对 MnO_4^-/Mn^{2+} 的电极反应 $MnO_4^- + 8H^+ + 5e = Mn^{2+} + 4H_2O$

$$\varphi_{MnO_4^-/Mn^{2+}} = \varphi^{\theta}_{MnO_4^-/Mn^{2+}} + \frac{0.059\ 2}{5} \lg \frac{c_r(MnO_4^-) \times c_r^{8}(H^+)}{c_r(Mn^{2+})}$$

(二)浓度对电极电势的影响

根据能斯特方程可以计算或讨论常温($T = 298.15$ K)下，浓度对电极电势的影响。应用能斯特方程时还应注意以下几点：

(1)若组成电极的某一物质是固体或纯液体(其浓度规定为 1)，则不列入能斯特方程式中，如果是气体，则代入该气体的相对分压(p_i/p^{θ})进行计算，如果是溶液，则代入相对浓度(c_i/c^{θ})进行计算。

(2)若电极反应式中氧化态和还原态物质前的计量数不等于1，则氧化态物质和还原态物质的浓度应以各自的计量数作为指数。

(3)若在电极反应中，有 H^+ 或 OH^- 参加反应，则这些离子的浓度也应该根据配平的电极反应式写在能斯特方程中(原因后面讲)，但 H_2O 不写入(它是纯液体，浓度为1)。

(4)应用范围：计算平衡时(即外路导线的电流趋于零)M^{n+}/M 的电极电势。

例7-3 计算下列条件下电极在298.15 K时的电极电势

(1) $Cu \mid Cu^{2+}(c_r=1)$；(2)$Cu \mid Cu^{2+}(c_r=0.001)$

解：电极反应 $Cu^{2+}+2e = Cu$

由能斯特方程得

$$\varphi_{Cu^{2+}/Cu}=\varphi^{\theta}_{Cu^{2+}/Cu}+\frac{0.059\ 2}{2}\lg\frac{c_r(Cu^{2+})}{1}$$

如果上述电极反应化学计量数乘以2，该电极反应变为

$$2Cu^{2+}+4e = 2Cu$$

$$\varphi_{Cu^{2+}/Cu}=\varphi^{\theta}_{Cu^{2+}/Cu}+\frac{0.059\ 2}{4}\lg\frac{c_r(Cu^{2+})^2}{}$$

$$=\varphi^{\theta}_{Cu^{2+}/Cu}+\frac{0.059\ 2}{2}\lg\frac{c_r(Cu^{2+})}{1}$$

由上述能斯特方程可以看出，电对的电极电势与书写方式和计量数无关。

$Cu \mid Cu^{2+}(c_r=1)$：

$$\varphi_{Cu^{2+}/Cu}=\varphi^{\theta}_{Cu^{2+}/Cu}+\frac{0.059\ 2}{2}\lg\frac{1}{1}=0.347\ V$$

$Cu \mid Cu^{2+}(c_r=0.001)$：

$$\varphi_{Cu^{2+}/Cu}=\varphi^{\theta}_{Cu^{2+}/Cu}+\frac{0.059\ 2}{2}\lg\frac{0.001}{1}$$

$$=0.347-0.088\ 8=0.258\ 2\ V$$

例7-4 计算298.15K，$p(O_2)=p^{\theta}$ 中性溶液时氧电极 O_2/OH^- 的电极电势。

解：从附表查得 $\varphi^{\theta}(O_2/OH^-)=+0.401\ V$，中性溶液中 $c(OH^-)=1.0\times10^{-7}\ mol\cdot L^{-1}$。

电极反应为

$$O_2(g)+2H_2O+4e^- \rightleftharpoons 4OH^-$$

$$\varphi_{(O_2/OH^-)}=\varphi^{\theta}_{(O_2/OH^-)}+\frac{0.059\ 2}{4}\lg\frac{p_r(O_2)}{c(OH^-)^4}$$

$$=0.401+\frac{0.059\ 2}{4}\lg\frac{1}{(1\times10^{-7})^4}$$

$$=+0.815\ 4\ V$$

从以上两例可以看出：

(1)离子浓度对电极电势有影响，但影响不大。如在例7-3中，当金属离子浓度由 $1\ mol\cdot L^{-1}$ 减小到 $0.001\ mol\cdot L^{-1}$ 时，电极电势改变只有0.088 8 V。

(2)当金属(或氢)离子(氧化态)浓度减小时，使相应的电极电势代数值减小，金属(或氢)将较容易失去电子成为离子而进入溶液，也就是使金属(或氢)的还原性增强。相反，则还原性

减弱。

(3)对于非金属负离子,当其离子(还原态)浓度减小时,使相应的电极电势代数值增大,也就是使非金属的氧化性增强。相反,则氧化性减弱。

如果一个电池反应为　　$aA + bB = gG + dD$

则电池电动势与各物质浓度的关系可根据热力学函数与电动势的关系,以及热力学等温方程式(5-10)得出。因为

$$\Delta_r G_m = -nFE$$

$$\Delta_r G_m^\theta = -nFE^\theta \tag{7-4}$$

$$\Delta_r G_m = \Delta_r G_m^\theta + RT \ln \frac{c_r^g(G)c_r^d(D)}{c_r^a(A)c_r^b(B)}$$

所以

$$-nFE = -nFE^\theta + RT \ln \frac{c_r^g(G)c_r^d(D)}{c_r^a(A)c_r^b(B)}$$

$$E = E^\theta - \frac{RT}{nF} \ln \frac{c_r^g(G)c_r^d(D)}{c_r^a(A)c_r^b(B)}$$

代入各常数后有

$$E = E^\theta - \frac{0.059\ 2}{n} \lg \frac{c_r^g(G)c_r^d(D)}{c_r^a(A)c_r^b(B)} \tag{7-5}$$

式中,n 为电池反应式配平后的得失电子数。

科学家故事

沃尔特·能斯特(W. Nernst)是德国卓越的物理学家、物理化学家和化学史家,热力学第三定律创始人,能斯特灯创造者。能斯特 1864 年 6 月 25 日生于西普鲁士的布里森,1887 年毕业于维尔茨堡大学,获博士学位。

1889 年,能斯特作为一个 25 岁的青年在物理化学上初露头角,将热力学原理应用到了电池上。这是自伏打在将近一个世纪以前发明电池以来,第一次有人能对电池产生电势作出合理解释。他推导出一个简单公式,通常称为能斯特方程,这个方程将电池的电势同电池的各个性质联系起来。鉴于在化学热力学方面的突出工作,1920 年他获得诺贝尔化学奖。

能斯特自 1890 年起成为格廷根大学的化学教授,1904 年任柏林大学物理化学教授,后来被任命为那里的实验物理研究所所长(1924—1933)。由于纳粹迫害,能斯特于 1933 年离职,1941 年 11 月 18 日在德逝世,终年 77 岁。1951 年,他的骨灰移葬格丁根大学。他一生的研究成果很多,主要有:发明了闻名于世的白炽灯(能斯特灯),建议用铂氢电极为零电位电报、能斯特方程、能斯特热定理(即热力学第三定律),低温下固体比热测定等。

他把成绩的取得归功于导师奥斯特瓦尔德的培养,因而自己也毫无保留地把知识传给学生,他的学生中先后有三位获得诺贝尔物理奖。

(三)pH 对电极电势的影响

例 7-5　已知电极反应 $MnO_4^- + 8H^+ + 5e = Mn^{2+} + 4H_2O$,$\varphi^\theta = 1.507$ V,用能斯特方程计算,当 $c(H^+) = 10$ mol·L^{-1}及 $c(H^+) = 1.0\times10^{-3}$ mol·L^{-1}时的 φ 值各是多少,其他各离子浓度均为标准浓度。根据计算结果比较酸度对 MnO_4^- 氧化还原性强弱的影响。

解 根据电极反应可以写出相应的能斯特方程：

$$\varphi_{MnO_4^-/Mn^{2+}}=\varphi^{\theta}_{MnO_4^-/Mn^{2+}}+\frac{0.059\ 2}{5}\lg\frac{c_r(MnO_4^-)c_r^8(H^+)}{c_r(Mn^{2+})}$$

如果 $c_r(MnO_4^-)=c_r(Mn^{2+})$

$$\varphi_{MnO_4^-/Mn^{2+}}=\varphi^{\theta}_{MnO_4^-/Mn^{2+}}+\frac{0.059\ 2}{5}\lg c_r^8(H^+)$$

当$c(H^+)=1\ mol\cdot L^{-1}$时 $\varphi=1.507\ V$

$c(H^+)=10\ mol\cdot L^{-1}$时(浓酸)$\varphi=1.601\ V$

$c(H^+)=10^{-7}\ mol\cdot L^{-1}$时(中性)$\varphi=0.846\ V$

可见 pH 对 φ 的影响很大——因为计量数大。

上述 $\varphi(MnO_4^-/Mn^{2+})$的计算结果：当 $c(H^+)=10\ mol\cdot L^{-1}$时，$\varphi=1.601\ V$；当$c(H^+)=1\ mol\cdot L^{-1}$时，$\varphi=1.507\ V$；当$c(H^+)=1.0\times10^{-7}\ mol\cdot L^{-1}$时，$\varphi=0.846\ V$。由上可以看出，$MnO_4^-$ 的氧化能力随酸度的降低而明显减弱。因此，凡有 H^+ 和 OH^- 参加的氧化还原反应，且 H^+ 和 OH^- 在反应式中计量数较大时，酸度对电极电势有较大的影响，因此，当计算任意浓度的电极电势时，必须先写出配平的电极反应式。

(四)加入沉淀剂和配位作用化合物的影响

加入沉淀剂和金属配位作用离子(如 S^{2-})会降低溶液中金属离子的浓度，从而影响电对的电极电势。

例 7-6 298.15 K 时，电极反应 $Ag^++e=Ag$，$\varphi^{\theta}(Ag^+/Ag)=0.80\ V$，若向系统中加入 NaCl，并使反应 $Ag^++Cl^-=AgCl(s)$达到沉淀平衡时，$c(Cl^-)=0.1\ mol\cdot L^{-1}$，求该条件下的 $\varphi(Ag^+/Ag)$。已知 $K_{sp}^{\theta}(AgCl)=1.77\times10^{-10}$。

解：在溶液中 $c_r(Ag^+)\times c_r(Cl^-)=K_{sp}{}^{\theta}$

其电极反应为

$$Ag^++e=Ag,\varphi^{\theta}(Ag^+/Ag)=0.80\ V$$

根据能斯特方程进行计算：

$$\varphi_{Ag^+/Ag}=\varphi^{\theta}_{Ag^+/Ag}+\frac{0.059\ 2}{1}\lg\frac{c_r(Ag^+)}{1}$$

$$=\varphi^{\theta}_{Ag^+/Ag}+\frac{0.059\ 2}{1}\lg\frac{K_{sp}{}^{\theta}}{c_r(Cl^-)}$$

$$=0.024\ V$$

7.2.4 电极电势及电动势的应用

1. 原电池的正负极判断与电动势的计算

在原电池中电极电势高的电对总是作为原电池的正极，电极电势低的电对作为原电池的负极，原电池的电动势 $E=\varphi_+-\varphi_->0$。

例 7-7 由 $Ag|Ag^+(c_r=0.01)$和 $Pb|Pb^{2+}(c_r=1.0)$电极组装成原电池，判断正、负极，计算电池电动势并写出电池符号。

解：对于 $Ag|Ag^+(c_r=0.01)$

电极反应：　$Ag^+ + e = Ag$

由 Nernst 方程得

$$\varphi_{Ag^+/Ag} = \varphi^{\theta}_{Ag^+/Ag} + 0.059\,2\ \lg c_r(Ag^+)$$
$$= 0.799\,6 - 0.118 = 0.681\,6\ \text{V}$$

对于　$Pb|Pb^{2+}(c_r = 1.0)$

电极反应：　$Pb^{2+} + 2e = Pb$

$$\varphi_{Pb^{2+}/Pb} = \varphi^{\theta}_{Pb^{2+}/Pb} = -0.126\,2\ \text{V}$$

因此，Ag^+/Ag 为正极，Pb^{2+}/Pb 为负极。

电动势：　$E = \varphi_{(+)} - \varphi_{(-)} = 0.681\,6 - (-0.126\,2) = 0.807\,8\ \text{V}$

电池反应：　$2Ag^+ + Pb = 2Ag + Pb^{2+}$

$$(-)Pb|\ Pb^{2+}(c_r = 1.0)\ ||\ Ag^+(c_r = 0.01)\ |\ Ag(+)$$

2. 氧化剂、还原剂的强弱及选择

(1)电极电势与氧化剂、还原剂的强弱。

已知锌电极的 $\varphi^{\theta}(Zn^{2+}/Zn) = -0.761\,8$ V，铜电极的 $\varphi^{\theta}(Cu^{2+}/Cu) = 0.347$ V，这两个电极构成的原电池一旦接通，负极金属锌失去电子，而正极溶液中铜离子得到电子，这说明标准电极电势代数值小的还原态 Zn，比标准电极电势大的还原态 Cu 失去电子的倾向大，而标准电极电势代数值大的氧化态 Cu^{2+} 比标准电极电势代数值小的氧化态 Zn^{2+} 得到电子的倾向大。因此，还原态物质失去电子倾向越大，其还原能力越强；氧化态物质得到电子倾向越大，其氧化能力越强。

应当注意，这里所说的还原能力(失去电子)或氧化能力(得到电子)是相对而言的，标准电极电势值的大小也是相对值。例如，Cu 失去电子的倾向虽比锌小，但如果把它与标准电极电势更大的 Ag 相比，Cu 失去电子倾向比 Ag 大，若由它们构成原电池，Cu 变成输出电子的负极。

由上可见，就一个电对而言，标准电极电势代数值越小，其还原态物质还原能力越强，而其相应的氧化态物质氧化能力越弱；相反地，一个电对的标准电极电势代数值越大，其氧化态物质氧化能力越强，其相应的还原态物质的还原能力越弱。因此，一个电对的标准电极电势代数值同时表示其氧化态物质的氧化能力和还原态物质的还原能力两种性质，其中一种性质若是强的，另一种性质就必然是弱的。因此，可以利用标准电极电势代数值的大小，判断氧化态物质的氧化能力，或还原态物质的还原能力的强弱。

在表 7－1 中，把一些常见的氧化还原电对的标准电极电势按其代数值递增的顺序排列起来，称为标准电极电势表。表中从上到下，标准电极电势代数值增大，相应电对中氧化态物质得到电子的倾向增大，其氧化能力增大，在表的左下角的氧化态物质 F_2 得到电子的倾向最大，其氧化能力最强，它是最强的氧化剂；另外，相应的还原态物质失去电子倾向减小，还原能力减小，在表的右上角的还原态物质 K 失去电子的倾向最大，其还原能力最强，它是最强的还原剂。当两电对 φ^{θ} 差值很小又是非标准态时，就要根据能斯特方程计算后，用 φ 代数值大小判断氧化态物质的氧化能力，或还原态物质的还原能力的强弱。

表 7－1 中，φ^{θ} 代数值较小的电对中的还原态是强的还原剂，φ^{θ} 代数值较大的电对中的氧化态是较强的氧化剂。氧化还原反应进行的方向是较强的氧化剂与较强的还原剂作用生成较

弱的氧化剂和较弱的还原剂，即

$$(\text{强氧化剂})_1 + (\text{强还原剂})_2 \longrightarrow (\text{弱还原剂})_1 + (\text{弱氧化剂})_2$$

例如 $Sn^{4+} + 2e = Sn^{2+}$，$\varphi^\theta(Sn^{4+}/Sn^{2+}) = 0.151\ V$

$Fe^{3+} + e = Fe^{2+}$，$\varphi^\theta(Fe^{3+}/Fe^{2+}) = 0.771\ V$

可得 $2Fe^{3+} + Sn^{2+} = 2Fe^{2+} + Sn^{4+}$

（强） （强） （弱） （弱）

可见，表 7-1 中右上方的还原态作还原剂，左下方的氧化态作氧化剂，反应可自发进行。这种对角线方向相互反应的规则通俗地称为“对角线规则”。

当然，当反应有关的两个电对 φ^θ 差值很小，且又在非标准条件下，用 φ^θ 判断反应方向是不准确的，需要通过能斯特方程计算 φ 后得到电动势 E 再来判断。

(2)氧化剂、还原剂的选择。

利用电极电势代数值大小判断出氧化剂还原剂强弱后，在实际中还可以将其用于特定反应中氧化剂还原剂的选择。比如在某一混合体系中，如果只希望某种组分被氧化或被还原，而另外的组分不发生变化。这种情况下就需要选择合适的氧化剂或还原剂，通过电极电势代数值的比较可以达到这一目的。

例 7-8 在含有 Br^-，I^- 的混合溶液中，标准状态下，欲使 I^- 氧化成 I_2，而不使 Br^- 氧化成 Br_2，问选择 $Fe_2(SO_4)_3$ 和 $KMnO_4$ 中的哪一种氧化剂能满足要求？

解：分析：欲使 I^- 氧化成 I_2，而不使 Br^- 氧化成 Br_2，那么选择的氧化剂其氧化性应该大于 I_2 而小于 Br_2。所以其对应电对的电极电势代数值应该大于 I_2/I^- 的而小于 Br_2/Br^- 的电极电势代数值。

查表，$\varphi^\theta(Br_2/Br^-) = 1.087\ 3\ V$，$\varphi^\theta(I_2/I^-) = 0.535\ 5\ V$

$\varphi^\theta(Fe^{3+}/Fe^{2+}) = 0.771\ V$，$\varphi^\theta(MnO_4^-/Mn^{2+}) = 1.507\ V$

很显然，应该选择电极电势代数值介于 0.535 5 V 与 1.087 3 V 之间的作为氧化剂，即应选择 $Fe_2(SO_4)_3$。

(3)反应方向的判断。

根据第五章可知，一个化学反应能否自动进行，可由 Gibbs 函数的变化来判断，即

$\Delta_r G_m > 0$，正向反应不能自发进行；

$\Delta_r G_m < 0$，正向反应能自发进行；

$\Delta_r G_m = 0$，反应处于平衡状态。

利用自发进行的氧化还原反应组装的原电池产生电流后，原电池就对环境（外路）做功，这种功叫电功 W，它等于由一极转移到另一极的电荷量(q)与电动势(E)的乘积，电池对环境做功为负号，即

$$W_{max} = -qE \tag{7-6}$$

如果电极发生了一定量的物质反应，有 1 mol 电子转移时，就会产生 96 485 C 的电量，即一个法拉第的电量(F)。如果反应中有 n mol 电子转移，即有 $n \times 96\ 485$ C 的电量，因此

$$W_{max} = -n \times 96\ 485 \times E = -nFE$$

电功和其他功相似，在恒温恒压可逆条件下的原电池反应，其 Gibbs 函数减小必然与体系对环境所做的电功相等，即

$$\Delta_r G_m = W_{max} = -nFE \tag{7-7}$$

式(7－7)中 n 和 F 都是正整数。通过式(7－7)，可把判断反应方向的 $\Delta_r G_m$ 判据成功转换为电动势判据。再根据 $E=\varphi_+ - \varphi_-$，则有：

$E>0$，　或 $\varphi_+ > \varphi_-$ 反应能正向自发进行；

$E<0$，　或 $\varphi_+ < \varphi_-$ 反应正向不能自发进行；

$E=0$，　或 $\varphi_+ = \varphi_-$ 反应处于平衡状态。

这里注意两点：

(1)电动势为什么会有负值？这是因为按给定的反应式正向来看的。为了判断反应方向，计算 E 值时，一般应在反应物中确定氧化剂和还原剂，再按式(7－7)计算(而不能认为总是 φ 值大的减去 φ 值小的)，所以 E 值可正、可负。

(2)E 为负值意味着什么？当 $E<0$ 时，$\Delta_r G_m > 0$，则逆反应 $\Delta_r G_m < 0$，也就是逆反应自动进行，所以，$E<0$ 并不是说该电池不存在，只是表明电池反应的方向与原来判断(或假设)的方向相反而已。

例 7－9　试判断下列氧化还原反应进行的方向：

$$2Fe^{2+} + I_2 = 2Fe^{3+} + 2I^-$$

设溶液中各种离子的浓度均为 $1\ mol \cdot L^{-1}$。

解：从反应式可以看出，若反应按正向进行，则电对 Fe^{3+}/Fe^{2+} 对应的电极应是负极，电对 I_2/I^- 对应的电极应是正极。此时

$$\varphi_+ = \varphi^\theta(I_2/I^-) = 0.535\ 5\ V$$

$$\varphi_- = \varphi^\theta(Fe^{3+}/Fe^{2+}) = 0.771\ V$$

即　　$$E = \varphi_+ - \varphi_- = 0.535\ 5 - 0.771 = -0.235\ 5\ V$$

因 $E<0$，所以，此反应不能自动向右进行，而其逆反应必然 $E>0$，可以自发进行。如果 E 为负值，表示要外加电压才能进行正反应。

例 7－10　试判断下列浓差电池反应进行的方向：

$$Cu + Cu^{2+}(1\ mol \cdot L^{-1}) = Cu^{2+}(1.0\times10^{-4}\ mol \cdot L^{-1}) + Cu$$

解：假设反应按照正反应方向进行，则 $Cu^{2+}(1.0\times10^{-4}\ mol \cdot L^{-1})|Cu$ 应为负极，$Cu^{2+}(1\ mol \cdot L^{-1})|Cu$ 应为正极。

$$\varphi_+ = \varphi^\theta(Cu^{2+}/Cu) = 0.347\ V$$

$$\varphi_- = \varphi^\theta(Cu^{2+}/Cu) + \frac{0.059\ 2}{2}\lg c_r(Cu^{2+})$$

$$= 0.347 + \frac{0.059\ 2}{2}\lg(10^{-4}) = 0.229\ V$$

电动势 $E = \varphi_+ - \varphi_- = 0.347 - 0.229 = 0.118\ V$

由于 $E>0$，所以该反应自发向右进行。

当判断氧化还原反应进行方向时，通常可用标准电动势做粗略的判断。这是由于在一般情况下，离子浓度对电极电势影响不大。但是，如果组成电池的两个电对的标准电极电势相差很小，E^θ 或 $\Delta_r G_m^\theta$ 接近于零时，则离子浓度的改变有可能会引起氧化还原反应向相反方向进行。

例 7-11　判断氧化还原反应 $Pb^{2+} + Sn = Pb + Sn^{2+}$ 在以下条件下的反应方向：

(1)$c(Pb^{2+}) = c(Sn^{2+}) = 1\ mol \cdot L^{-1}$；

(2)$c(Pb^{2+}) = 0.1\ mol \cdot L^{-1}, c(Sn^{2+}) = 1\ mol \cdot L^{-1}$

解：(1)$c(Pb^{2+}) = c(Sn^{2+}) = 1\ mol \cdot L^{-1}$时，先查表得到相关电对的标准电极电势，再判断正负极。

$$\varphi_+ = \varphi^\theta(Pb^{2+}/Pb) = -0.126\ 2\ V, \quad \varphi_- = \varphi^\theta(Sn^{2+}/Sn) = -0.137\ 5\ V$$

$$E = \varphi^\theta_+ - \varphi^\theta_- = -0.126\ 2 - (-0.137\ 5) = 0.011\ 3\ V$$

(2)当 $c(Pb^{2+}) = 0.1 mol \cdot L^{-1}, c(Sn^{2+}) = 1 mol \cdot L^{-1}$时，先采用能斯特方程计算相关电对的电极电势，再判断正负极。

$$\varphi(Pb^{2+}/Pb) = \varphi^\theta(Pb^{2+}/Pb) + \frac{0.059\ 2}{2} \lg c_r(Pb^{2+}) = -0.155\ 7\ V$$

$$\varphi(Sn^{2+}/Sn) = \varphi^\theta(Sn^{2+}/Sn) = -0.137\ 5\ V$$

因为　$\varphi(Pb^{2+}/Pb) < \varphi(Sn^{2+}/Sn)$

所以 $\varphi(Pb^{2+}/Pb)$为负极，$\varphi(Sn^{2+}/Sn)$为正极。

$$E = \varphi(Sn^{2+}/Sn) - \varphi(Pb^{2+}/Pb) = -0.0137\ 5 - (-0.155\ 7) = 0.018\ 2\ V$$

但此时 $E^\theta = \varphi^\theta_+(Sn^{2+}/Sn) - \varphi^\theta_-(Pb^{2+}/Pb) = -0.011\ 3\ V$。

该条件下反应方程式为 $Pb + Sn^{2+} = Pb^{2+} + Sn$。

所以，当应用电极电势讨论问题时，如果两电对的标准电极电势相差很小(一般小于0.3 V)，其离子浓度不是 $1\ mol \cdot L^{-1}$时，就要通过能斯特方程计算后才能得出正确结论。

另外，利用氧化剂、还原剂的强弱，可以不通过计算而定性地判断氧化还原反应的方向，这在许多情况下是方便的。

(4)氧化还原反应的限度。

氧化还原反应进行的程度，可由氧化还原反应的标准平衡常数 K^θ 的大小看出，而标准平衡常数可由氧化还原反应组成电池的标准电动势计算得出。因为

$$\Delta_r G^\theta_m = -2.303RT\lg K^\theta$$

$$\Delta_r G^\theta_m = -nFE^\theta$$

故

$$nFE^\theta = 2.303RT\lg K^\theta$$

如果将　$F = 96\ 485\ C \cdot mol^{-1}, R = 8.314\ J \cdot K^{-1} \cdot mol^{-1}, T = 298.15\ K$

代入，可得

$$E^\theta = \frac{2.303 \times 8.314 \times 298.15}{n \times 96\ 485} \lg K^\theta = \frac{0.059\ 2}{n} \lg K^\theta$$

$$\lg K^\theta = \frac{nE^\theta}{0.059\ 2} \tag{7-8}$$

因此，只要知道由氧化还原反应所组成原电池的标准电动势，就可以计算出氧化还原反应的标准平衡常数，从而可以判断其反应进行的程度。但应注意，式中的 n 是总反应配平后的电子转移数。

例 7-12　试计算下列氧化还原反应的标准平衡常数。

$$Cr_2O_7{}^{2-} + 6Fe^{2+} + 14H^+ = 6Fe^{3+} + 2Cr^{3+} + 7H_2O$$

解:反应中的电子转移计量数 $n=6$。

正极　$Cr_2O_7^{2-}+14H^+ +6e = 2Cr^{3+}+7H_2O$，　$\varphi^\theta(Cr_2O_7^{2-}/Cr^{3+}) = 1.33\ V$

负极　　$Fe^{3+} + e = Fe^{2+}$，　$\varphi^\theta(Fe^{3+}/Fe^{2+}) = 0.77\ V$

$$\lg K^\theta=\frac{nE^\theta}{0.059\ 2}=\frac{6\times(1.33-0.77)}{0.059\ 2}=56.77$$

$$K^\theta = 6.32\times10^{56}$$

标准平衡常数 6.32×10^{56} 是很大的，所以，此反应正向进行得很彻底。若上述反应式颠倒，E^θ 值及 K^θ 值如何计算？请读者自己考虑。

例 7-13　计算浓差电池(−)Zn | $Zn^{2+}(c_r=0.1)$ || $Zn^{2+}(c_r=1.0)$ | Zn(+)的电动势和标准平衡常数

解:(1) 计算电动势：

由 Nernst 方程　　$\varphi_{(+)}=\varphi^\theta(Zn^{2+}/Zn) = -0.761\ 8\ (V)$

$$\varphi_{(-)}=\varphi^\theta(Zn^{2+}/Zn) + (0.059\ 2/2)\times\lg 0.1$$

$$=-0.761\ 8 - 0.029\ 6 = -0.791\ 4\ V$$

故　　$E=\varphi_{(+)}-\varphi_{(-)}$

$$=-0.761\ 8-(-0.791\ 4) = 0.029\ 4\ V$$

(2)计算 K^θ：

因为 $\lg K^\theta = nE^\theta/0.059\ 2 = 0$，所以 $K^\theta=1$。

注意，任何浓差电池 K^θ 都为 1，$E^\theta=0$。

应当指出，根据电动势(电极电势)，虽然可以判断氧化还原反应进行的方向和程度，但是对反应速率的大小还要进行具体的分析。例如，电极电势表中可查得氢是较强的还原剂，氧是较强的氧化剂，氢与氧可以相互作用生成水。但是，在常温下，这一反应速率很小，几乎觉察不出。这说明一个氧化还原反应能否具体实现，与反应速率有很大关系，必须通过实验予以确定。

例 7-14　已知电极反应 $AsO_3^{3-} + H_2O - 2e = AsO_4^{3-} + 2H^+$，$\varphi^\theta(AsO_4^{3-}/AsO_3^{3-}) = 0.574\ 8\ V$；$I_3^- + 2e = 3I^-$，$\varphi^\theta(I_3^-/I^-) = 0.535\ 5\ V$。

(1)计算在热力学标态，下列反应的标准平衡常数。

反应：　　$AsO_4^{3-} + 2I^- + 2H^+ = AsO_3^{3-} + I_3^- + H_2O$

(2)判断上述反应的方向，写出正、负极反应和电池符号。

(3)若溶液的 pH =7，则反应方向如何？求出反应的电动势，标准电动势和平衡常数。

解:(1) 已知：$\varphi^\theta(I_3^-/I^-) = 0.535\ 5\ V$，$\varphi^\theta(AsO_4^{3-}/AsO_3^{3-}) = 0.574\ 8\ V$

$$E^\theta=\varphi^\theta(AsO_4^{3-}/AsO_3^{3-})-\varphi^\theta(I_3^-/I^-) = 0.574\ 8 - 0.535\ 5 = 0.039\ 3\ V$$

$$\lg K^\theta = nE^\theta/0.059\ 2$$

$$=2\times0.039\ 3/0.059\ 2 = 1.33,\qquad K^\theta=22.9$$

(2)由于此时处于标态条件 $E=E^\theta>0$，因此反应正向进行

正极反应：　$AsO_3^{3-} + H_2O - 2e = AsO_4^{3-} + 2H^+$

负极反应：　　$I_3^- + 2e = 3I^-$

电池符号：(−)Pt | $I^-(1.0\ mol\cdot L^{-1})$，$I_3^-(1.0\ mol\cdot L^{-1})$ ‖ $H_3AsO_3(1.0\ mol\cdot L^{-1})$，

$H_3AsO_4(1.0\ mol \cdot L^{-1})$，$H^+(1.0\ mol \cdot L^{-1})$ | Pt (+)

(3)当 pH = 7 时，$c(H^+) = 10^{-7}\ mol \cdot L^{-1}$，

$$\varphi(AsO_4^{3-}/AsO_3^{3-}) = \varphi^\theta(AsO_4^{3-}/AsO_3^{3-}) + \frac{0.059\ 2}{2} \lg \frac{c_r(AsO_4^{3-})c_r^2(H^+)}{c_r(AsO_3^{3-})}$$

$$\begin{aligned}\varphi(AsO_4^{3-}/AsO_3^{3-}) &= \varphi^\theta(AsO_4^{3-}/AsO_3^{3-}) + 0.059\ 2/2 \lg c^2(H^+) \\ &= 0.574\ 8 - 0.413 \\ &= 0.161\ 8\ V\end{aligned}$$

$$\begin{aligned}E &= \varphi^\theta(AsO_4^{3-}/AsO_3^{3-}) - \varphi^\theta(I_3^-/I^-) \\ &= 0.161\ 8 - 0.535\ 5 \\ &= -0.373\ 7 < 0\end{aligned}$$

因此，此时反应逆向自发进行。

由于设定反应方向未变，E^θ 和 K^θ 不变。

故 $E^\theta = 0.039\ 3\ V$；$K^\theta = 22.9$。

7.3 电 解 池

7.3.1 电解池的组成和电极反应

使电流通过电解池溶液(或熔盐)而发生氧化还原反应的过程叫作电解(electrolysis)，这种过程是非自发过程，是借助于外电源使某些 $\Delta_r G_m > 0$ 氧化还原反应得以进行的过程。为了完成这一过程，即将电能转化为化学能的装置叫作电解池(electrolytic cell)(非自发电池)。在电解池中，与电源正极相连接的电极称为阳极(anode)，与电源负极相连接的电极称为阴极(cathode)。电子从电源的负极沿导线流入电解池的阴极。另外，电子从电解池的阳极离开，沿导线流回电源的正极。因此，电解液中氧化态离子移向阴极，在阴极上得到电子进行还原反应；还原态离子移向阳极，在阳极上失去电子进行氧化反应，在电解池的两极反应中，氧化态离子得到电子，或还原态离子失去电子的过程都叫作放电(discharge)。

应该注意，在电解池中，电极名称、电极反应及电子流的方向与原电池均有区别，不可相互混淆。

7.3.2 影响电极反应的主要因素

当电解盐的水溶液时，电解质溶液中除了电解质的离子以外，还有由水解离出来的 H^+ 离子和 OH^- 离子。因此，可能在阴极放电的氧化态物质离子至少有两种，通常是金属离子和 H^+ 离子；可能在阳极上放电的还原态物质离子也至少有两种，即酸根离子和 OH^- 离子。究竟是哪一种物质先放电，物质放电顺序决定于哪些因素，这要从电极电势及超电势来分析。

1. 电极电势

因为在电解池中，阳极进行的是氧化反应，阴极进行的是还原反应。在阳极是阴离子移向，为还原型离子，必定是容易失去电子的物质，即 φ 代数值较小的还原态物质先放电；在阴极是阳离子移向，为氧化型离子，必定是容易得到电子的物质，即 φ 代数值较大的氧化态物质先放电。

在7.2节中已知道，φ与物质的本性(φ^{θ})、离子浓度等有关，它可以用Nernst方程计算得到，我们称它为理论析出电势$\varphi_{理论}$(Nernst电势)，从理论上讲，只要计算出在两极可能放电的各物质的$\varphi_{理论}$值，根据上述原则便可确定在两极是何种物质首先放电。

例如，电解1 mol·L^{-1} $CuCl_2$水溶液(产生的气体均为100 kPa)，H^+与Cu^{2+}离子趋向阴极，电极反应为$Cu^{2+}+2e=Cu$，$2H^++2e=H_2$，H^+离子的$\varphi^{\theta}=0$ V，浓度10^{-7} mol·L^{-1}，而Cu^{2+}离子的$\varphi^{\theta}=0.347$ V，浓度是1 mol·L^{-1}，据此计算可知

$$\varphi(Cu^{2+}/Cu)=\varphi^{\theta}(Cu^{2+}/Cu)=0.347\ \text{V}$$

$$\varphi(H^+/H_2)=\varphi^{\theta}(H^+/H_2)+\frac{0.059\,2}{2}\lg\frac{(10^{-7}/1)^2}{(100/100)}=-0.413\ \text{V}$$

Cu^{2+}的理论析出电势大于H^+的理论析出电势，即

$$\varphi(Cu^{2+}/Cu)_{理论}>\varphi(H^+/H_2)_{理论}$$

所以，在阴极是Cu^{2+}离子首先放电。

在阳极可能放电的是OH^-和Cl^-，电极反应为$2Cl^--2e=Cl_2$，$4OH^--4e=O_2+2H_2O$。按OH^-离子浓度为10^{-7} mol·L^{-1}计算时

$$\varphi(O_2/OH^-)=\varphi^{\theta}(O_2/OH^-)+\frac{0.059\,2}{4}\lg\frac{(100/100)}{(10^{-7}/1)^4}=0.401+0.413=0.814\ \text{V}$$

$$\varphi(Cl_2/Cl^-)=\varphi^{\theta}(Cl_2/Cl^-)+\frac{0.059\,2}{2}\lg\frac{(100/100)}{(2/1)^2}=1.358-0.017\,7=1.341\,7\ \text{V}$$

OH^-的理论析出电势为0.814 V远小于$\varphi(Cl_2/Cl^-)$(1.341 7 V)，按照前述原则，阳极应是φ代数值较小的还原态物质首先放电，即OH^-放电，可是，实际上却是Cl^-离子首先放电。为什么？一定还有其他影响因素！

2. 电极的极化

电解时，必须外加直流电源，通以电流。在氧化态、还原态物质分别向阴、阳极移动并放电的过程中，并非经过一步的简单反应，就能得到氧化还原产物，而要受若干因素的影响，使离子在电极实际析出的电势$\varphi_{实际}$常要偏离$\varphi_{理论}$的数值。这种当电流通过电极时，电极电势偏离其平衡值$\varphi_{理论}$的现象叫做电极的极化。根据产生极化现象的原因不同，最常发生的极化有浓差极化、电化学极化及电池的IR降等。

(1) 浓差极化。

当电极处于平衡状态时，溶液中电解质的分布是均匀的。电流流通之后，情况就变了，随着电极反应的进行，电极表面及其附近的反应物一直在消耗，而产物又不断生成。为了维持电流稳定，最理想的情况是电极表面的反应物能够及时得到溶液深处反应物的补充，而生成物又能立即离去。然而，实际情况往往是反应物和生成物各自的扩散迁移速率赶不上反应的速率，以至造成电极附近电解质浓度发生变化，从而在溶液中形成浓度梯度。对阴极来说，电极表面溶液中的氧化态物质浓度变小了，而还原态物质的浓度相对变大，假若仍以能斯特公式计算，显然此时的实际电极电势将减小，而对阳极则相反，实时电势将增大。这种由于电极表面附近离子浓度与平衡时离子浓度的差别所引起的极化现象称为浓差极化。可见，浓差极化时，电流受离子移动的速度所控制。

(2) 电化学极化。

电极反应是在电极表面处进行的非均相化学反应。反应进行时自然要受到动力学因素的

约束，因此，我们不得不考虑反应速率的问题。通常，每个电极反应都是由多个连续的基本步骤所组成（如离子放电、原子结合成分子、气泡的形成和逸出等）。而它们中又可能有一个是活化能最高的，因而是速率最慢的一步，从而成为电极过程的控制步骤。为了使电极反应能够持续不断地进行，外电源需要额外增加一定的电压去克服反应的活化能。这种由于电极反应速率的迟缓所引起的极化作用称为电化学极化（又称动力学极化或活化能极化）。在电化学极化的情况下，流过电极的电流受电极反应速率所控制。

(3) 电池的 IR 降。

对于电化学体系的电池来说，无论是电解池还是原电池，存在着除浓差极化和电化学极化之外的另一种极化因素，这就是电池的 IR 降（R 又称为欧姆内阻）。这是由于当电流流过电解质溶液时，氧化态、还原态离子各向两极迁移，由于电池本身存在一定的内阻 R，离子的运动受到一定的"阻力"。为了克服内阻就必须额外加一定的电压去"推动"离子的前进。此种克服电池内阻所需的电压等于电流 I 与电池内阻 R 的乘积，即 IR 降。它通常以热的形式转化给环境了。这个额外损耗的电能为 I^2R。

3. 超电势

上面讨论了电极的极化现象。为了衡量电极极化的程度需要引入一个新的概念 —— 超电势。

电极上由于极化现象的存在，使电极的实际电势与平衡电势间产生了偏离值。这一偏离值称为超电势（或过电势），用符号 η 表示。应当指出，当极化出现时，阳极电势 $\varphi_{阳}$ 升高，而阴极电势 $\varphi_{阴}$ 降低。但习惯上 η 均取正值，以 $\eta_{阴}$ 和 $\eta_{阳}$ 分别代表阴、阳两极的超电势；$\varphi_{阴(理)}$ 和 $\varphi_{阳(理)}$ 分别代表阴、阳两极的平衡电势（也称理论电势）；$\varphi_{阴(实)}$ 和 $\varphi_{阳(实)}$ 分别代表阴、阳两极的实际析出电势。则

$$\varphi_{阴(实)} = \varphi_{阴(理)} - \eta_{阴}, \qquad \eta_{阴} = \varphi_{阴(理)} - \varphi_{阴(实)} \tag{7-9}$$

$$\varphi_{阳(实)} = \varphi_{阳(理)} + \eta_{阳}, \qquad \eta_{阳} = \varphi_{阳(实)} - \varphi_{阳(理)} \tag{7-10}$$

这与前面所说的极化使阴极电势减小，使阳极电势增大是一致的。

根据产生极化的几种原因，对于单个电极总的超电势 η 应是浓差超电势 $\eta_{浓差}$（Concentration overpotential）、电化学超电势 $\eta_{电化}$、欧姆电压降 $\eta_{欧姆}$ 等之和，即

$$\eta = \eta_{浓差} + \eta_{电化} + \eta_{欧姆} \tag{7-11}$$

目前超电势的数值还无法从理论上加以计算，困难在于影响因素中包含一些无法预计和控制的因素，但可以通过实验来测定超电势，由实验可知，对同一物质来说，超电势不是一个常数，它与下列因素有关。

(1) 电解产物不同，超电势数值不同。金属的超电势一般较小，但铁、钴、镍的超电势较大。对气体产物，尤其是氢气和氧气的超电势较大，而卤素的超电势较小，详见表 7-2、表 7-3。

(2) 电极材料和表面状态不同，即使电解产物为同一物质，其超电势也不同，在锡、铅、锌、银、汞等"软金属"电极上，η 很显著，尤其是汞电极，见表 7-2。

(3) 电流密度越大，超电势越大，见表 7-3 和表 7-4。

(4) 升高温度，或通过搅拌，超电势将减小。

表 7－2　在不同金属上氢和氧的超电势*(室温)

电极材料	超电势 /V	
	氢	氧
Pt(镀铂黑的)	0.00	0.25
Pd	0.00	0.43
Au	0.02	0.53
Fe	0.08	0.25
Pt(平滑的)	0.09	0.45
Ag	0.15	0.41
Ni	0.21	0.06
Cu	0.23	—
Cd	0.48	0.43
Sn	0.53	—
Pb	0.64	0.31
Zn	0.70	—
Hg	0.78	—
石墨	0.90	1.09

* 在刚开始有显著气泡出现时的电流密度条件下测定的。

表 7－3　25℃ 时饱和 NaCl 溶液中氯在石墨电极上析出的超电势

电流密度 /($A\cdot m^{-2}$)	400	700	1 000	2 000	5 000	10 000
超电势 /V	0.186	0.193	0.251	0.298	0.417	0.495

表 7－4　25℃ 时 1 mol·L⁻¹KOH 溶液中氧在石墨电极上析出的超电势

电流密度 /($A\cdot m^{-2}$)	100	200	500	1 000	2 000	5 000
超电势 /V	0.869	0.963	—	1.091	1.142	1.186

7.3.3　分解电压与超电压

电解时，在电解池的两极上必须外加一定的电压，才能使电极上的反应顺利进行。究竟应加多大电压呢？这与超电势有关。现在以铂作电极，电解 $c(NaOH)=0.1\ mol\cdot L^{-1}$ 水溶液为例说明之(产生的气体均为 100 kPa)。

电解 NaOH 水溶液时，在阴极析出氢，在阳极析出氧，而部分的氢气和氧气分别吸附在铂片的表面，这样就组成了如下的原电池：

$$(-)Pt(H_2)\mid NaOH(c=0.1\ mol\cdot L^{-1})\mid(O_2)Pt(+)$$

它的电动势是正极（氧极）的电极电势与负极（氢极）的电极电势之差，其值可计算如下：

在 $c(NaOH)=0.1\ mol\cdot L^{-1}$ 的水溶液中，$c(OH^-)=0.1\ mol\cdot L^{-1}$，则

$$c(H^+)=\frac{10^{-14}}{10^{-1}}=10^{-13}mol\cdot L^{-1}$$

正极反应 $O_2+4H_2O+4e=4OH^-$，$\varphi^\theta(O_2/OH^-)=0.401\ V$

正极电势 $\varphi=\varphi^\theta+\frac{0.059\ 2}{4}\lg\frac{(\frac{p_{O_2}}{p^\theta})}{c_r^4(OH^-)}=0.401+\frac{0.059\ 2}{4}\lg(0.1)^{-4}=0.459\ V$

负极反应 $2OH^-+H_2-2e=2H_2O$，$\varphi^\theta(H_2O/H_2)=-0.828\ V$

负极电势 $\varphi=\varphi^\theta+\frac{0.059\ 2}{2}\lg\frac{1}{(\frac{p_{H_2}}{p^\theta})c_r^2(OH^-)}=-0.828+\frac{0.059\ 2}{2}\lg(0.1)^{-2}=-0.769\ V$

此氢氧原电池的电动势为

$$E=\varphi_{正}-\varphi_{负}=0.459-(-0.769)=1.228\ V$$

电池中电流的方向与外加直流电源的方向正好相反。据此，从理论上讲，当外加电压等于该氢氧原电池的电动势时，电极反应处于平衡状态。而只要当外加电压略微超过该电动势（1.228 V）时，电解似乎应当能够进行，但实验结果与理论计算却有较大的差别，即电压并非为1.228 V而是1.769 V（图7-5中A和C两点差值）。也就是说，当外加电压达1.769 V时，两极上才有明显的气泡产生（此时电流应为B点指示值），电流才迅速增大，电解才能顺利进行，这种能使电解顺利进行的最低电压即为实际分解电压。各种物质的实际分解电压是通过实验测定的，如 $c(HCl)=1\ mol\cdot L^{-1}$ 的分解电压为1.31 V，$c(HBr)=1\ mol\cdot L^{-1}$ 的分解电压是0.94 V，$c(HI)=1\ mol\cdot L^{-1}$ 的分解电压为0.54 V，电解食盐水（隔膜法）的分解电压为3.4 V。

电解质的分解电压与电极反应有关，如表7-5中NaOH，KOH，KNO_3 溶液的分解电压很相近，这是因为这些溶液的电极反应产物都是 H_2 和 O_2。

表7-5　几种电解质溶液（$c=1\ mol\cdot L^{-1}$）的分解电压（室温，铂电极）

电解质	HCl	KNO_3	KOH	NaOH
分解电压/V	1.31	1.69	1.67	1.69

为什么实际分解电压与理论分解电压会有差值呢？原因之一是溶液与导线都有电阻，通电时会有电压降（IR）。但一般电解中，若电流 I 和电阻 R 都不大，IR 的数值不大。

另一主要原因是由于电极的极化而产生超电势，由超电势引起超电压，所以，实际分解电压（$V_{分解}$）常大于理论分解电压（$V_{理}$）。

实际分解电压就是两极产物的析出电势之差，它与理论分解电压、超电压的关系如下：

$$V_{分解}=\varphi_{阳(实)}-\varphi_{阴(实)}=(\varphi_{阳(理)}+\eta_{阳})-(\varphi_{阴(理)}-\eta_{阴})=$$
$$(\varphi_{阳(理)}-\varphi_{阴(理)})+(\eta_{阴}+\eta_{阴})$$
$$理论分解电压\quad+超电压 \qquad (7-12)$$

由式（7-12）可知，两极超电势之和即为电解池的超电压，而实际分解电压主要是理论分解电压与超电压之和。如上述实验的分解电压（1.769 V）即为

$$\underset{\varphi_{O_2(理论)}\varphi_{H_2(理论)}}{0.459-(-0.769)}+\underset{(\eta_{O_2})}{0.45}+\underset{(\eta_{H_2})}{0.09}=1.769\ V$$

$$V_{理} \quad + \quad V_{超} \quad = V_{分解}$$

上述关系可用图 7－5 表示。

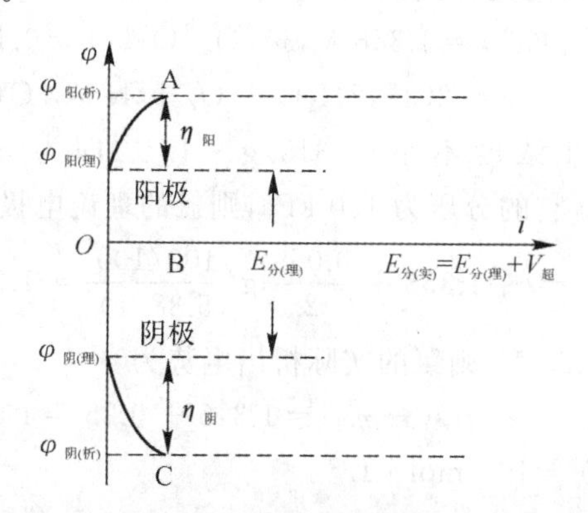

图 7－5　电解时阴、阳极电势示意图

超电势的存在使电解时多消耗一些电能，这是不利的。一般电解时总希望减小超电势，以节省电能，提高生产率。如工业上电解水(NaOH 溶液)时，以镍作阳极，铁作阴极，这是由于氧在镍上的超电势较小，而氢在铁上的超电势也小。但是，超电势在生产上又有重要意义。例如，由于 H_2 有很大的超电势，当电解较活泼的金属盐溶液时，较活泼的金属如锌等，才有在阴极析出的可能。从锌盐溶液用电解法炼锌，在弱酸性($pH=5$)锌盐溶液中电镀锌，就是利用了这个原理。在某些工艺过程，电镀和电解加工中，合理地利用极化作用，可以改善产品质量。

7.3.4　电解产物的一般规律

在了解影响电极反应的因素和分解电压、超电压概念之后，便可以进一步讨论电解产物的一般规律。下面以电解食盐水制备烧碱为例，从电极电势、浓度和超电压等因素判断电极的产物和所需要的分解电压。

电解饱和食盐水所用 NaCl 的浓度一般不小于 $315\ g\cdot kg^{-1}$，溶液的 pH 控制在 8 左右，用石墨作阳极，用铁作阴极，产生的气体均为 100 kPa。NaCl 溶液通电后，Na^+ 和 H^+ 离子移向阴极，Cl^- 和 OH^- 离子移向阳极，在电极上哪种离子先放电，决定于各种物质的实际析出电势。

在阴极　　　$\varphi^\theta(H^+/H_2)=0.000\ V$　　　$\varphi^\theta(Na^+/Na)=-2.714\ V$

电极反应：　　　　$2H^++2e=H_2$　　　　　$Na^++e=Na$

因为溶液 $pH=8$，则通电时，$c(H^+)=10^{-8}\ mol\cdot L^{-1}$，则算出 H_2 的理论电极电势为

$$\varphi_{H_2(理)}=\varphi^\theta(H^+/H_2)+\frac{0.059\ 2}{2}\lg c_r^2(H^+)=0+0.059\ 2\lg 10^{-8}=-0.472\ V$$

查表知 H_2 在铁上的超电势是 0.08 V，因此，H_2 的实际析出电势为

$$\varphi_{H_2(析)}=\varphi_{H_2(理)}-\eta_{H_2}=-0.472-0.08=-0.552\ V$$

这个数值远大于钠的标准电极电势(－2.714 V)，即使在 NaCl 的饱和溶液中 Na^+ 离子浓度较大，会使其电极电势增大一些，也不可能大到－0.552 V。因此，在阴极是 H^+ 离子放电，即

$$2H^+ + 2e = H_2$$

随着 H^+ 离子的放电，阴极区溶液碱性逐渐增强，最后 NaOH 浓度为 10%（2.7 $mol \cdot L^{-1}$）左右。此时，可以计算出 $\varphi_{H_2(理)} = -0.85$ V，$\varphi_{H_2(析)} = -0.93$ V，仍然远大于钠的电极电势，所以，电解 NaCl 的溶液时，阴极总是得到氢气。

在阳极　　　　$\varphi^\theta(Cl_2/Cl^-) = 1.358$ V，$\varphi^\theta(O_2/OH^-) = 0.401$ V

电极反应　　　$Cl_2 + 2e = 2Cl^-$，$2H_2O + O_2 + 4e = 4OH^-$

在电解食盐水中，NaCl 浓度不小于 315 $g \cdot L^{-1}$，即为 5.38 $mol \cdot L^{-1}$，$c(Cl^-) = 5.38$ $mol \cdot L^{-1}$，氯气析出时，它的分压为 100 kPa，则氯的理论电极电势为

$$\varphi_{Cl_2(理)} = +1.358 + \frac{0.059}{2}\lg\frac{100/100}{(5.38/1)^2} = 1.315 \text{ V}$$

而氯在石墨上的超电势为 0.25 V，则氯的实际析出电势为

$$\varphi_{Cl_2(析)} = \varphi_{Cl_2(理)} + \eta_{Cl_2} = 1.315 + 0.25 = 1.57 \text{ V}$$

当 pH = 8 时，$c(OH^-) = 10^{-6}$ $mol \cdot L^{-1}$，

$$\varphi_{O_2(理)} = 0.401 + \frac{0.059\ 2}{4}\lg\frac{1}{(10^{-6})^4} = 0.754 \text{ V}$$

而氧气在石墨上的超电势为 1.09 V。则氧气的实际析出电势为

$$\varphi_{O_2(析)} = \varphi_{O_2(理)} + \eta_{O_2} = 0.754 + 1.09 = 1.844 \text{ V}$$

所以，阳极应是实际析出电极电势代数值小的还原态物质，即 Cl^- 离子放电而析出氯气：

$$2Cl^- - 2e = Cl_2$$

$$理论分解电压 = \varphi_正 - \varphi_负 = 1.315 - (-0.472) = 1.787 \text{ V}$$

$$实际分解电压 = \varphi_{阳(理)} - \varphi_{阴(理)} + \eta_阳 + \eta_阴 = 1.787 + 0.33 = 2.117 \text{ V}$$

即外加电压必须大于 2.5 V 时，电解才可能顺利进行。在实际生产中所采用的电压还要更大些，用以克服电解液和隔膜的电压损失等。

一般情况下，水溶液中的电解质不外乎是卤化物、硫化物、含氧酸盐和氢氧化物等。对这些物质的电解产物的研究，前人做了不少的工作，已经得到一般的规律，这里根据电极和超电势的概念举例说明之。

(1) 用石墨作电极，电解 $CuCl_2$ 水溶液：溶液中有 Cu^{2+} 离子、H^+ 离子、Cl^- 离子和 OH^- 离子，通电后 Cu^{2+} 离子和 H^+ 离子移向阴极，Cl^- 离子和 OH^- 离子则移向阳极。

在阴极，本节开始时已经述及，由于 $\varphi^\theta(Cu^{2+}/Cu) > \varphi^\theta(H^+/H_2)$，$c(Cu^{2+}) \gg c(H^+)$，所以 $\varphi_{(Cu^{2+}/Cu)(析)} > \varphi_{(H^+/H_2)(析)}$，而且铜的超电势很小，而氢在石墨上的超电势相当大(0.9 V)，那么，$\varphi_{(Cu^{2+}/Cu)(析)}$ 要比 $\varphi_{(H^+/H_2)(析)}$ 大得多，因此，Cu^{2+} 离子放电。

在阳极，根据与上例类似的分析，可以知道，$\varphi_{Cl_2(析)} < \varphi_{O_2(析)}$，所以是 Cl^- 离子放电，析出氯气。

两极反应及总反应如下：

阴极反应(还原)　　　　$Cu^{2+} + 2e = Cu$

阳极反应(氧化)　　　　$2Cl^- - 2e = Cl_2$

总反应式　　　　$Cu^{2+} + 2Cl^- = Cu + Cl_2$

与此类似，当电解溴化物、碘化物或硫化物溶液时，在阳极上通常得到溴、碘或硫；当电解电极电势序中位于氢后面的其他金属的盐溶液时，在阴极上通常得到相应的金属。

(2) 用石墨作电极，电解 Na_2SO_4 水溶液：溶液中有 Na^+，H^+，$SO_4{}^{2-}$ 和 OH^- 离子，通电后 Na^+ 和 H^+ 离子移向阴极，$SO_4{}^{2-}$ 和 OH^- 离子移向阳极。

由于 $\varphi^\theta(Na^+/Na) = -2.714\ V$，$\varphi^\theta(H^+/H_2) = 0.000\ V$，虽然 Na^+ 离子浓度大大超过 H^+ 离子浓度，且氢的超电势较大，但氢的实际析出电势远远大于钠的电势，所以，在阴极是 H^+ 离子放电而析出氢气(计算见上例)。

在阳极，由于 $\varphi^\theta(S_2O_8^{2-}/SO_4^{2-}) = +2.01\ V$，$\varphi^\theta(O_2/OH^-) = +0.401\ V$，虽然 OH^- 离子的浓度远小于 SO_4^{2-} 离子浓度，且氧的超电势数值也较大，但二者的标准电极电势相差甚大，所以，氧的实际析出电势仍小于 SO_4^{2-} 离子电势，在阳极还是 OH^- 离子放电而析出氧气。反应式如下：

阴极反应(还原)　　$4H^+ + 4e = 2H_2\uparrow$

阳极反应(氧化)　　$4OH^- - 4e = 2H_2O + O_2\uparrow$

总反应式　　$2H_2O = 2H_2\uparrow + O_2\uparrow$

同样，当电解其他含氧酸盐的溶液时，在阳极上通常得到氧气；当电解活泼金属(电极电势在 Al 以前)的盐溶液时，在阴极上通常得到氢气。含氧酸盐的作用在于增加溶液中离子浓度，从而增加溶液的导电能力。

(3) 用金属镍作阳极，电解硫酸镍水溶液：当使用金属作阳极时，必须考虑金属是否参加反应。

在阳极：$\varphi^\theta(Ni^{2+}/Ni) = -0.257\ V$，$\varphi^\theta(O_2/OH^-) = +0.401\ V$，$\varphi^\theta(S_2O_8{}^{2-}/SO_4^{2-}) = +2.01\ V$，由于镍的电极电势远远小于其他二者的电极电势，因此，在阳极是金属 Ni 失去电子，被氧化为 Ni^{2+} 离子。

在阴极，镍的电极电势与氢的电极电势相差不很大，同时 Ni^{2+} 离子浓度大于 H^+ 离子浓度。且氢的超电势较大，结果使 Ni^{2+} 离子的析出电势大于 H^+ 的析出电势，所以，在阴极是 Ni^{2+} 离子放电析出 Ni，而不是 H^+ 离子放电析出氢气，反应式如下：

阴极反应(还原)　　$Ni^{2+} + 2e = Ni$

阳极反应(氧化)　　$Ni^{2+} - 2e = Ni^{2+}$

总反应式　　$Ni + Ni^{2+} = Ni^{2+} + Ni$

此时的电能消耗于将镍从阳极移到阴极。

同样，电解在电极电势序中位于氢前面的而离氢不太远的其他金属(如锌、铁)的盐溶液时，在阴极通常得到相应的金属，而用一般金属(除很不活泼的金属如铂，以及在电解时易钝化的金属如铬、铅等外)做阳极进行电解时，通常是阳极溶解。

应当指出，电解时用不活泼金属作阳极，常称为惰性电极，这是指一般情况而言。如果外加电压大到使阳极电势达到或超过电极材料本身的析出电势时，电极也就要溶解了。因此，所谓惰性电极是有条件的。

电解熔融盐时，电解液中无 H^+ 和 OH^-，两极都是盐的离子放电。

电解过程中，当有多种阴、阳离子时，原则上应该通过计算实际析出电极电势后，才能准确地判断出阴、阳极是哪一种离子放电，以及放电的顺序。

7.3.5　电解的应用

电解的应用很广，在机械工业和电子工业中广泛应用电解方法进行机械加工和表面处理，如电镀、电抛光、电解加工和阳极氧化等。

(一) 电镀

电镀是应用电解的方法将一种金属(或非金属)镀到另一种金属(或非金属)零件表面上的过程。

以镀锌为例。镀锌时把被镀零件作阴极,用金属锌作阳极。电镀液通常不能直接用简单锌离子的盐溶液。若用硫酸锌做电镀液,由于锌离子浓度较大,结果使镀层粗糙,厚薄不均匀,与基体金属结合力差。如采用碱性锌酸盐镀锌,则镀层细致光滑,这种电镀液是由氧化锌、氢氧化钠和添加剂等配制而成的。氧化锌在氢氧化钠溶液中主要形成 $Na_2[Zn(OH)_4]$(习惯上写为锌酸钠 Na_2ZnO_2):

$$ZnO + 2NaOH + H_2O = Na_2[Zn(OH)_4]$$

$[Zn(OH)_4]^{2-}$ 离子在溶液中又存在如下的平衡:

$$[Zn(OH)_4]^{2-} = Zn^{2+} + 4OH^-$$

由于$[Zn(OH)_4]^{2-}$ 离子的生成,降低了 Zn^{2+} 的离子浓度,使金属晶体在镀件上析出的过程中晶核生成速度减小,从而有利于新晶核的形成,可得到结晶细致的光滑镀层。随着电镀的进行,Zn^{2+} 离子不断放电,同时上式平衡不断向右移动,从而保证电镀液中 Zn^{2+} 离子的浓度基本稳定。两极主要反应为

阴极 $$Zn^{2+} + 2e = Zn$$

阳极 $$Zn - 2e = Zn^{2+}$$

电镀后将镀件放在铬酸溶液中进行钝化,以增加镀层的美观和耐腐蚀性。

(二) 电抛光

电抛光是金属表面精加工方法之一,用电抛光可获得平滑和光泽的表面。

电抛光的原理:在电解过程中,利用金属表面上凸出部分的溶解速率大于金属表面上凹入部分的溶解速度,从而使表面平滑光亮。

电抛光时,把工件(钢铁)作阳极,用铅板作阴极,用含有磷酸、硫酸和铬酐(CrO_3)的电解液进行电解,此时工件阳极铁被氧化而溶解。

阳极反应 $$Fe - 2e = Fe^{2+}$$

然后Fe^{2+} 离子与溶液中的$Cr_2O_7{}^{2-}$ 离子(铬酐在酸性介质中形成$Cr_2O_7{}^{2-}$ 离子)发生氧化还原反应,即

$$6Fe^{2+} + Cr_2O_7{}^{2-} + 14H^+ = 6Fe^{3+} + 2Cr^{3+} + 7H_2O$$

Fe^{3+} 进一步与溶液中的磷酸氢根形成磷酸氢盐$[Fe_2(HPO_4)_3]$ 等和硫酸盐$[Fe_2(SO_4)_3]$。

阴极主要是 H^+ 离子和 $Cr_2O_7{}^{2-}$ 离子的还原反应:

$$2H^+ + 2e = H_2\uparrow$$

$$Cr_2O_7^{2-} + 14H^+ + 6e = 2Cr^{3+} + 7H_2O$$

(三) 电解加工

电解加工是利用金属在电解液中可以发生阳极溶解的原理,将工件加工成型,其原理和电抛光相同。电解加工过程中,电解液的选择和被加工材料有密切的关系。常用的电解液是 $2.7 \sim 3.7\ mol \cdot L^{-1}$ 的氯化钠的溶液,适用于大多数黑色金属或合金的电解加工,下面以钢件加工为例,说明电解过程的电极反应:

阳极反应　　$Fe - 2e = Fe^{2+}$

阴极反应　　$2H^+ + 2e = H_2\uparrow$

反应产物 Fe^{2+} 离子与溶液中 OH^- 离子结合生成 $Fe(OH)_2$，并可再被溶解在电解液中的氧气氧化而生产 $Fe(OH)_3$。

电解加工的范围广，能加工高硬度金属或合金，以及复杂型面的工件，且加工质量好，节省工具。但这种方法只能加工能电解的金属材料，精密度只能满足一般要求。

(四) 阳极氧化

有些金属在空气中就能生成氧化物保护膜，而使内部金属在一般情况下免遭腐蚀。例如，金属铝与空气接触后即形成一层均匀而致密的氧化膜(Al_2O_3)起到保护作用。但是，这种自然形成的氧化膜(仅 0.02 ~1 μm)，而不能达到保护工件的要求。阳极氧化就是把金属在电解过程中作为阳极，氧化而得到厚度为 3 ~250 μm 的氧化膜。现以铝及铝合金的阳极氧化为例说明之。

铝及铝合金工件在经过表面除油等处理后，用铅板作为阴极，铝制件作为阳极，用稀硫酸(或铬酸)溶液作为电解液，通电后，适当控制电流和电压条件，阳极的铝制件上就能生成一层氧化铝膜。但因氧化铝能溶解于硫酸溶液，所以电解时，要控制硫酸浓度、电压、电流密度等，使铝阳极氧化所生成氧化铝的速度比硫酸溶解它的速度快，反应如下：

阳极　　$2Al + 3H_2O - 6e = Al_2O_3 + 6H^+$

$$H_2O - 2e = \frac{1}{2}O_2 + 2H^+$$

阴极　　$2H^+ + 2e = H_2\uparrow$

阳极氧化所得氧化膜与金属结合得非常牢固，因而大大提高铝及合金耐腐蚀性能。除此以外，氧化铝保护膜还富有多孔性，具有很好的吸附能力，能吸附各种颜料，平日看到各种颜色的铝制品就是用染料填充氧化膜孔隙而制得的，如光学仪器和仪表中有些需要降低反光性能的铝制件，常常用黑色颜料填封而得。

最后需要指出的是，在电解应用中，所采用的溶液或其产物，有可能造成环境污染，这是应当加以妥善解决的问题。

*7.4　化学电源

电能作为现代人类使用最多的能源之一，在人类发展史上扮演着举足轻重的角色。而作为储存电能载体的电池，在现代人类生活中更是无处不在。各种五花八门的电子产品都离不开化学电源。可以说人类离开化学电源就无法适应现代的生活。化学电源种类繁多，新型电源不断出现，本节只介绍常用的需要量较大的几种。

7.4.1　化学电源分类及其电压

化学电源的分类：化学电源的分类方法方法较多，按电池的工作性质可分为一次电池、二次电池；按电解质的性质可分为酸性电池、碱性电池、中性电池；近年来随着化学电源的不断发展，常把电池分为以下几类 ：原电池、蓄电池、储备电池、燃料电池。然而，不管哪一种分类，都不是绝对的，也不是全面的 ，是随着科技的发展动态变化的。描述电池性能的主要参数有电池电压、内阻、比容量、比能量、输出功率、使用寿命等。

化学电源的电动势、开路电压和工作电压：根据热力学知识，体系Gibbs函数的减少等于体系在等温、等压下可逆过程所做的最大有用功。用公式表示为

$$\Delta_r G_m = -nFE$$

其中 E 代表可逆电池电动势。可逆电池必须是两电极上反应，可以正、逆两方向进行，放电过程按可逆的方式进行，即无论充电还是放电的电流要十分微小，电池在接近平衡状态下工作。E 值可根据电池反应中的热力学数据计算。

电池的开路电压是指电池全充电的"新"电池的端电压。只有可逆电池的开路电压才是它的电动势。一般电池的开路电压只是接近它的电动势。化学电源中的一次电池均为不可逆电池，一次电池的开路电压小于它的电动势。而二次电池和燃料电池的开路电压才等于它的电动势。

电池的工作电压是指电池接通负载时的放电电压，也就是电池没有电流通过时的端电压。它随输出电流的大小、放电深度和温度而变。电池有电流通过时，同样存在三种极化（电化学极化、浓差极化和欧姆极化），使电池的放电电压低于开路电压。如电池为可逆电池（蓄电池），电池放电时它的端电压低于电动势，充电时它的端电压高于电动势。工作电压 V_i 为

放电时工作电压 $V_i = E - \eta_{阳} - \eta_{阴} - IR$

充电时工作电压 $V_i = E + \eta_{阳} + \eta_{阴} + IR$

式中，$\eta_{阳}$ 为阳极的超电势；$\eta_{阴}$ 为阴极的超电势；IR 为充、放电时电池的欧姆电压降。

下面简要介绍几类常用的电池。

7.4.2　一次电池

一次电池是一种放电后不宜再充电只得抛弃的电池，如锌锰干电池、锌汞电池等，是一种为了携带和使用方便，将电解液吸在凝胶或浆糊中而不自由流动的干电池。下面介绍这类电池的性能和工作原理。

(一) 酸性锌锰干电池

此种电池以锌筒作负极，MnO_2 和活性碳粉混合物作正极，用 NH_4Cl 和 $ZnCl_2$ 水溶液作电解质，加淀粉糊使电解液凝结而不流动。上部口用一些密封材料封闭，以保护电池内部潮气。电池符号为

$$(-)Zn|NH_4Cl(3.37mol \cdot L^{-1}), ZnCl_2(1mol \cdot L^{-1})|MnO_2|C(+)$$

电池放电时，Zn 被氧化，MnO_2 被还原，开路电压为 1.55 ～ 1.70 V。

由于电解液是酸性的，电池两极的反应分别如下：

正极(+)　$2MnO_{2(固)} + 2H_2O + 2e \rightarrow 2MnOOH_{(固)} + 2OH^-$

负极(−)　$Zn - 2e \rightarrow Zn^{2+}$

$Zn^{2+} + 4NH_4Cl \rightarrow (NH_4)ZnCl_4 + 2NH_4^+$

电池反应为

$$Zn + 2MnO_2 + H_2O + 4NH_4Cl \rightarrow (NH_4)_2ZnCl_4 + Mn_2O_3 + 2NH_4OH$$

由于电池中的电解液是酸性的(pH=5)，电池反应产物中没有 Zn^{2+} 离子与 NH_3 形成的锌氨配位离子，而 Cl^- 离子与 Zn^{2+} 形成 $(ZnCl_4)^{2-}$ 配位离子。

因 3.37 mol·L^{-1} NH_4Cl 溶液在 −20℃ 时也会结冰，析出 NH_4Cl 晶体。因此，电池的最适宜使用温度为 15 ～ 35℃，当温度低于 −20℃ 时，此电池不能工作。高寒地区可使用碱性锌锰干电池。

(二) 碱性锌锰干电池

碱性锌锰电池有时也称碱性锰电池。它与酸性锌锰电池的主要区别是电解液为 KOH 的水溶液，负极是汞齐化的 Zn 粉(不是 Zn 筒)，正极是 MnO_2 粉和炭粉混合物装在一个钢壳内。它可以连续地大电流放电，高速率放电时的电池容量是酸性锌锰电池的 3 ～ 4 倍。这种电池低温放电性能好，−40℃ 时仍可放电。放电时的反应为

正极(+)　$2MnO_2 + 2H_2O + 2e \rightarrow 2MnOOH + 2OH^-$

MnOOH 在碱性溶液中有一定的溶解度

$$2MnOOH + 6OH^- + 2H_2O \rightarrow 2Mn(OH)_6^{3-}$$

负极(−)

$$Zn + 2OH^- \rightarrow Zn(OH)_2 + 2e$$

$$Zn(_O + 2OH^- \rightarrow [Zn(OH)_4]^{2-}$$

电池反应

$$2MnO_2 + Zn + 4H_2O + 8KOH \rightarrow 2K_3[Mn(OH)_6] + K_2[Zn(OH)_4]$$

电池的正极反应不全是固相反应，负极的产物是可溶性的$[Zn(OH)_4]^{2-}$，因此可以大电流放电，也可供高寒地区使用。缺点是存在“爬碱”问题未能解决。

锌锰电池是不可逆电池，它的开路电压在 1.5 V 附近，工作电压很不稳定；它的另一缺点是自放电严重，所以储存性能差，一般只能存放 6 个月。

7.4.3　二次电池

这类电池是一种能的存储器，电池反应可以沿着正向和逆向进行。蓄电池放电时为自发电池，充电时为一个电解池(非自发电池)。蓄电池充电后电池的容量得到恢复，充电、放电次数可达千百次。下面仅介绍几种常用蓄电池的原理、特点和维护方法。

(一) 铅酸蓄电池

负极为海绵铅，正极为 PbO_2(附在铅板上)，电解液为密度 1.25 ～ 1.28 g·cm^{-3} 的硫酸溶液。放电时的反应为

正极(+)　$PbO_2 + H_2SO_4 + 2H^+ + 2e \rightarrow PbSO_4 + 2H_2O$

负极(−)　$Pb + H_2SO_4 - 2e \rightarrow PbSO_4 + 2H^+$

电池反应　$Pb + PbO_2 + 2H_2SO_4 \underset{充}{\overset{放}{\leftrightarrow}} 2PbSO_4 + 2H_2O$

放电时两极活性物质都逐渐与硫酸作用转化为 $PbSO_4$，电解液中的 H_2SO_4 逐渐减少，密度逐渐下降。当两极上的活性物质的表面被不导电的 $PbSO_4$ 所覆盖时，放电电压下降很快。电池的开路电压可用能斯特公式计算：

$$\varphi_- = \varphi^\theta_{Pb^{2+}/Pb} + \frac{RT}{2F}\ln\frac{c_r^2(H^+)}{c_r^2(H^+)c_r(SO_4^{\ 2-})} = -0.385 + \frac{RT}{2F}\ln\frac{1}{c_r(SO_4^{\ 2-})}$$

$$\varphi_+ = \varphi^\theta_{PbO_2/Pb^{2+}} + \frac{RT}{2F}\ln c_r^4(H^+)c_r(SO_4^{\ 2-}) = 1.455 + \frac{RT}{2F}\ln c_r^4(H^+)c_r(SO_4^{\ 2-})$$

$$E=\varphi_{+}-\varphi_{-}=1.79+\frac{RT}{2F}\ln c_r^4(H^+)c_r^2(SO_4{}^{2-})=1.79+\frac{RT}{F}\ln c_r^2(H^+)c_r(SO_4{}^{2-})$$

此电池的开路电压(即电池的电动势)随温度和 H_2SO_4 的浓度不同而略有差别,一般为 2.05 ~ 2.1 V。蓄电池的端电压随放电速率不同而变化,放电速率大,极化程度大,端电压下降快。反之,电池放电速率小,极化程度也小,端电压下降缓慢。因此,电池放电的截止电压也随放电速率不同而不同。放电截止后须立即充电。

(二) 镉镍蓄电池

此种电池根据板的制作方法不同,分为烧结式和有极板盒的两种。正极的活性物质为羟基氧化镍,为增加导电性在羟基氧化镍中添加石墨。负极物质为海绵状金属镉,装在带孔的镀镍极板盒中或烧结在基体上。电解质选用密度为 1.16 ~ 1.19 $g \cdot cm^{-3}$ 的 KOH 溶液。放电时反应为

正极(+) $2NiO(OH)+2H_2O+2e \rightarrow 2Ni(OH)_2+2OH^-$

负极(-) $Cd+2OH^- -2e \rightarrow Cd(OH)_2$

电池反应

$$2NiO(OH)+Cd+2H_2O \underset{充}{\overset{放}{\leftrightarrow}} 2Ni(OH)_2+Cd(OH)_2$$

此电池的开路电压为 1.38 V,充电到 1.40 ~ 1.45 V 截止。此种干蓄电池不需维护,携带使用方便,目前主要用在计算器、微型电子仪器、卫星、宇宙探测器上。使用寿命长是这种电池的优点之一。

7.4.4 燃料电池

(一) 燃料电池的原理及意义

燃料在电池中直接氧化而发电的装置叫燃料电池。这种化学电源与一般的电池不同,一般的电池是将活性物质全部储存在电池体内,而燃料电池是燃料不断输入负极作活性物质,把氧或空气输送到正极作氧化剂,产物不断排出。正,负极不包含活性物质,只是个催化转换元件。因此,燃料电池是名副其实的把化学能转化为电能的"能量转换机器"。一般燃料的利用须先经燃料把化学能转换为热能,然后再经热机把热能转换为电能,因此受到"热机效率"的限制。经热转换最高的能量利用率(柴油机)不超过 40%,蒸汽机火车头的能量利用率不到 10%,大部分能量都散发到环境中去了,造成环境污染,能源浪费。燃料电池将燃料直接氧化,可看做是恒温的能量转换装置,不受热机效率的限制,能量利用率可以高达 80% 以上,且无废气排出,不污染环境,另外,在开辟新的能源方面,燃料电池也起着重要的作用。未来的能源将主要是原子能和太阳能。利用原子能发电,电解水产生大量的氢气,用管道将氢气送给用户(工厂和家庭),或将氢液化运往边远地区,通过氢-氧燃料电池产生电能供人们使用,也可利用太阳能电池电解水产生氢气储存起来,当没有太阳能时,将氢气通过氢-氧燃料电池产生电能。这样就克服了利用太阳能受时间、气候变化的影响。

现以酸性氢-氧燃料电池为例来说明燃料电池的原理。氢气流经电极解离为原子,因氢原子在电极上放出电子形成氢离子、电子流经外电路推动负载而流到通氧气的电极,氧与溶液中来自另一电极的 H^+ 离子结合,在氧极上生成水。反应式为

负极(-) $H_2-2e \rightarrow 2H^+$

正极(+)　　$\frac{1}{2}O_2 + 2H^+ + 2e \rightarrow H_2O$

电池反应　　$H_2 + \frac{1}{2}O_2 \rightarrow H_2O$

(二) 燃料电池的种类

燃料电池种类繁多,主要可分为以下几类。

1.氢-氧燃料电池

氢-氧燃料电池是目前最重要的燃料电池。根据电解质性质的不同,它又可分为酸性、碱性和熔融盐等类型的燃料电池。以下以碱性燃料电池为例进行介绍。

碱性燃料电池(AFC)是以氢氧化钾溶液为电解质的燃料电池。氢氧化钾的质量分数一般为30% ～ 45%,最高可达85%。在碱性电解质中氧化还原反应比在酸性电解质中容易。AFC是20世纪60年代大力研究开发并在载人航天飞行中获得成功应用的一种燃料电池,可为航天飞行提供动力和水,并且具有高的比功率和比能量。

阳极上的氢的氧化反应为

$$H_2 + 2OH^- \rightarrow 2H_2O + 2e (\varphi_1 = -0.828\ V)$$

阴极上的氧的还原反应为

$$\frac{1}{2}O_2 + H_2O + 2e \rightarrow 2OH^- \ (\varphi_2 = 0.401V)$$

电池反应为

$$H_2 + \frac{1}{2}O_2 \rightarrow H_2O + 电能 + 热量 (\varphi_0 = \varphi_2 - \varphi_1 = 1.229V)$$

提到碱性电池,就不能不提美国的Apollo登月计划。20世纪60—70年代,航天探索是几个发达国家竞争的焦点。由于载人航天飞行对高功率密度、高能量密度的迫切需求,国际上出现了AFC的研究热潮。与一般民用项目不同的是,在电源的选择上不需要过多地考虑成本,只需严格地考察性能。通过与各种化学电池、太阳能电池甚至核能的对比,结果认定燃料电池最适合宇宙飞船使用。

Apollo系统使用纯氢作燃料,纯氧作氧化剂。阳极为双孔结构的镍电极,阴极为双孔结构的氧化镍,并添加了铂,以提高电极的催化反应活性。

在NASA的资助下,航天飞机用石棉膜型碱性燃料电池系统开发成功。该电池组由96个单电池组成,尺寸为35.6 cm×38.1 cm×114.3 cm,重118 kg,输出电压为28 V,平均输出功率为12 kW,最高可达16 kW,系统效率为70%,于1981年4月首次用于航天飞行,至今累计飞行113次,运行时间约为90 264 h。电池系统每13次飞行(运行时间约为2 600 h)检修一次,后来检修间隔时间延长至5 000 小时。AFC在航天飞行中的成功应用,不但证明了碱性燃料电池具有较高的质量/体积功率密度和能量转化效率(50% ～ 70%),而且充分证明这种电源有很高的稳定性与可靠性。

磷酸燃料电池(PAFC)是以磷酸为电解质的燃料电池,阳极通以富含氢并含有二氧化碳的重整气体,阴极通以空气,工作温度在200℃左右。PAFC适于安装在居民区或用户密集区,其主要特点是高效、紧凑、无污染,而且磷酸易得,反应温和,是目前最成熟和商业化程度最高的燃料电池。

熔融碳酸盐燃料电池(MCFC)的概念最早出现于20世纪40年代,20世纪50年代Broes等人演示了世界上第一台熔融碳酸盐燃料电池,20世纪80年代加压工作的熔融碳酸盐燃料电池开始运行。预计它将继第一代磷酸盐燃料电池之后进入商业化阶段,所以通常称其为第二代燃料电池。熔融碳酸盐燃料电池是一种高温电池,可使用的燃料很多,如氢气、煤气、天然气和生物燃料等,电池构造材料价廉,电极催化材料为非贵金属,电池堆易于组装,同时还具有高效率(40%以上)、噪声低、无污染、余热利用价值高等优点,是可以广泛使用的绿色电站。

固体氧化物燃料电池(SOFC)是一种理想的燃料电池,适于大型发电厂及工业应用。SOFC具有与其他燃料电池类似的高效、环境友好的优点。SOFC近年来发展迅速,2003年以来SOFC俨然成为高温燃料电池的代表。若将余热发电计算在内,SOFC的燃料至电能的转化率高达60%。最近,科学家发现SOFC可以在相对低的温度(600℃)下工作,这在很大程度上拓宽了电池材料的选择范围,简化了电池堆和材料的制造工艺,降低了电池系统的成本。

质子交换膜燃料电池(PEMFC)又称聚合物电解质膜燃料电池,最早由通用电气公司为美国宇航局开发。质子交换膜燃料电池除具有燃料电池的一般优点外,还具有可在室温下快速启动、无电解质流失及腐蚀问题、水易排出、寿命长、比功率和比能量高等突出特点。因此,质子交换膜燃料电池不仅可用于建设分散电站,也特别适于用作可移动式动力源。

质子交换膜燃料电池的研究与开发已取得实质性的进展。继加拿大Ballard电力公司1993年成功演示了PEMFC电动巴士以来,国际上著名的汽车公司对PEMFC均给予了高度重视,先后推出了各自的概念车并相继投入了示范性运行。2004年11月16日,日本本田公司宣布将2辆2005型本田FCX汽车租给纽约州作整年示范运行,2005FCX型电动轿车以高压氢气为燃料,电池组功率为86 kW,发动机功率为80 kW,可在低于0℃下启动,该车最高时速达150 km/h,一次加氢可行驶306 km。

PEMFC另一个巨大的市场是潜艇动力源。核动力潜艇造价高,退役时和材料处理难;以柴油机为动力的潜艇工作时噪声大,发热高,潜艇的隐蔽性差。因此,德国西门子公司先后建造了4艘以300 kW PEMFC为动力的混合驱动型潜艇,计划用做海军新型212潜艇的动力能源。随着PEMFC技术的日趋完善和成本的不断降低,新的应用市场必将不断显露出来。

2.有机化合物-氧燃料电池

直接甲醇燃料电池(DMFC):这是一种低温有机燃料电池。正、负极都可用多孔的铂制成,也可以用其他材料来做电极。如负极用少量贵金属作催化剂的镍电极,正极用银或载有催化剂的活性碳电极。电解液可用H_2SO_4溶液,也可以用KOH水溶液。燃料为甲醇,甲醇溶解于电解液中,通过电解液的循环流动把它带到电极上进行反应。氧或空气为氧化剂,具体反应如下:

负极(—) $CH_3OH + H_2O - 6e \rightarrow CO_2 + 6H^+$

正极(+) $\frac{3}{2}O_2 + 6H^+ + 6e \rightarrow 3H_2O$

电池反应 $CH_3OH + \frac{3}{2}O_2 \rightarrow CO_2 + 2H_2O$

电池的电动势为1.20 V,而开始电压都为0.8～0.9 V,工作电压为0.4～0.7 V,工作温度为60℃。甲醇是液体燃料,在储存和运输上都十分方便。它在电解液中易于溶解,与气体燃料相比十分优越，在电化学反应上也是一种较活泼的有机燃料。但甲醇除了在电极上发生电化学氧化外，还发生化学氧化，所以，电池的开路电压仅为电动势的65%。

直接甲醇燃料电池(DMFC)尽管起步较晚，但近年来发展迅速。由于结构简单，体积小，方便灵活，燃料来源丰富，价格便宜，便于携带和存储，现已成为国际上燃料电池研究与开发的热点之一。直接甲醇燃料电池的理论能量密度约为锂离子电池的10倍，在比能量密度方面与各种常规电池相比具有明显的优势。在军用移动电源(如国防通讯电源、单兵作战武器电源、车载武器电源、微型飞行器电源等)和电子设备电源(如移动电话、笔记本电脑)等方面有着广泛的应用。

3.金属-氧燃料电池

各种金属-氧燃料电池，例如，镁-氧、铅-氧、锌-氧等燃料电池是目前正在研究的几种电池。金属燃料电池的优点是十分安全和便于使用。缺点是易发生金属的自溶解作用而放出氢气，并且金属作燃料价格较高。燃料电池还有多种，如肼-氧燃料电池，再生式燃料电池等等，这里就不再一一介绍了。

7.4.5　化学电源对环境的污染及处理措施

随着我国经济的高速发展及电子工业技术的不断更新，我国居民对各种化学电池的使用量急剧上升，主要用于各类数码产品、电动摩托车、各种小型电子器件等领域。据统计，全世界的电池年产量约为250亿只，其中我国占总量的1/2左右，并且以每年20%的速度增长。化学电池的使用给人们的生活带来了很大的便利，然而，由于目前人们对废旧电池的回收处理意识比较淡薄，因而对环境造成了很大的污染。

电池中的有害物质主要有汞、镉、铅等重金属物质，这些物质如果经过丢弃的电池慢慢渗入土壤或水体当中，会对土壤及水体造成极大的污染。有关资料表明，一节一号电池在土壤中慢慢腐蚀变烂，会使1 m^2 的土壤永久失去使用价值。一粒纽扣电池中的重金属可使600 t水受到污染，这相当于一个人一生的饮水量。如果渗入土壤或水体的重金属再通过食物链转移入人体内，则会对人体健康造成极大的危害。如果汞进入人体的中枢神经系统，会引起神经衰弱综合征、神经功能紊乱、智力减退等症状。如果镉通过灌溉水进入大米中，人长期使用这种含镉的大米就会引起“痛痛病”，病症表现为腰、手、脚等关节疼痛。病症持续几年后，患者全身各部位会发生神经痛、骨痛现象，行动困难，甚至呼吸都会带来难以忍受的痛苦。到了患病后期，患者骨骼软化、萎缩，四肢弯曲，脊柱变形，骨质松脆，就连咳嗽都能引起骨折。铅可对人的胸、肾脏、生殖、心血管等器官和系统产生不良影响，表现为智力下降、肾损伤、不育及高血压等。由上可知，废旧电池如果不加以有效回收利用或处理而直接丢弃，不但会造成资源的大量浪费，更会对环境及人体健康造成巨大危害，甚至会贻害子孙后代。因此，今年来电池的回收和利用也成了人们越来越关注的课题。

电池的回收不仅能够缓解环境污染问题，同时也能生成可再生利用的二次资源。如100 kg废铅蓄电池可回收50～60 kg铅，100 kg含镉废电池可回收20 kg左右的金属镉。国际上通行的废旧电池处理方式大致有3种：① 固化深埋；② 存放于矿井中；③ 回收利用。废旧干电池的回收利用技术主要有湿法和火法两种冶金处理方法。目前，发达国家在废旧电池的回收处理方面积累了较多成功的经验。如丹麦是欧洲最早对废旧电池进行循环利用的国家。德国最先从法律上确定了回收废电池的义务主体。由一个非盈利性机构GRS严格操作整个系统，在废电池收集、运输完成后，进行严格分类、处置和回收。日本二次电池的回收率也已达84%。目前美国是在废电池污染管理方面立法最多、最细的国家，不仅建立了完善的废电池回收体系，而且建立了多家废电池处理厂。比较而言，我国对废旧电池的防治起步较晚。为规范废电池的管理，加强废电池污染的防治，国家环境保护总局于2003年发布了《废电池污染防治技术政策》，这是目前我国废电池管理方面唯一的专门性规定。但该政策也没有对电池回收制定详尽的细则，回收与不回收没有奖励、处罚，缺乏操作性。

由此可见，我国在废电池回收利用方面较发达国家还有较大差距，这就要求我们能够从自身做起，增强环保意识，大力宣传废弃电池对环境及人体健康造成的危害，并尽量减少电池的使用量。同时，政府部门也应该从立法方面高度重视，并建立相应的废旧电池回收处理机构。促进废旧电池的回收和循环利用形成产业化，实现废旧电池的减量化、资源化和无害化。

本章小结

本章需重点掌握以下一些知识点：

(1) 原电池的电极反应及原电池符号书写。

(2) 电极电势的计算(能斯特方程)及电极电势的应用。判断氧化性或还原性的强弱以及原电池的反应方向。

(3) 电池电动势与吉布斯函数变、标准平衡常数的关系。

(4) 电解池的放电顺序的判断：是否考虑超电势。

习题与思考题

1.标准电极电势有哪些应用？

2.由标准锌半电池和标准铜半电池组成一原电池

$$(-)Zn|ZnSO_4(c=1\ mol\cdot L^{-1})\parallel CuSO_4(c=1\ mol\cdot L^{-1})|Cu(+)$$

(1) 下列条件改变对电池电动势有何影响？

1) 增加$ZnSO_4$溶液的浓度(或加入足量的$NH_3.H_2O$)；

2) 增加$CuSO_4$溶液的浓度(或加入足量的$NH_3.H_2O$)；

3) 在$CuSO_4$溶液中通入H_2S。

(2) 当电池工作半个小时以后，电池的电动势是否发生改变？为什么？

(3) 在电池工作过程中锌的溶解和铜的析出有什么关系？

3.同种金属及其盐溶液能否组成原电池？若能组成，必须具有什么条件？

4.当用标准银半电池和标准锡半电池组成原电池时，电池的反应式为

$$Sn+2Ag^{+}=Sn^{2+}+2Ag$$

有人认为，由于2个银离子还原所得到的电子数等于1个锡原子氧化所失去的电子数，所以，当计算银的电极电势时应该是$\varphi_{Ag^{+}/Ag}$值的2倍，你认为对吗？

5.判断氧化还原反应能否自动进行的标准有哪些依据？

6.在标准状态和非标准状态下判断氧化还原反应进行的程度依据是否相同？为什么？

7.原电池和电解池在构造上、原理上各有何特点？各举一例说明(从电极名称、电子流方向、两极反应等方面进行比较)、

8.实际分解电压为什么高于理论分解电压？怎样用电极电势来确定电解产物？

9.何谓电极极化？产生极化的主要原因是什么？

10.说明下列现象发生的原因。

(1) 硝酸能氧化铜而盐酸却不能；

(2)Sn^{2+} 与 Fe^{3+} 不能在同一溶液中共存；

(3) 锡盐溶液中加入锡粒能防止 Sn^{2+} 的氧化；

(4) 在 $KMnO_4$ 溶液中加入 H_2SO_4 能增加氧化性。

11.如果把下列氧化还原反应装配成原电池，试以符号表示原电池：

(1)$Zn + CdSO_4 = ZnSO_4 + Cd$；

(2)$Fe^{2+} + Ag^+ = Fe^{3+} + Ag$。

12.现有三种氧化剂：H_2O_2，$Cr_2O_7^{2-}$，Fe^{3+}，试从标准电极电势分析，要使含有 I^-，Br^-，Cl^- 的混合溶液中的 I^- 氧化成 I_2，而 Br^- 和 Cl^- 却不发生变化，选哪种氧化剂合适。

13.已知反应：

$$MnO_4^- + 8H^+ + 5e = Mn^{2+} + 4H_2O$$

$$\Delta_f G_m^\theta/(kJ \cdot mol^{-1}) \quad -447.2 \quad 0 \quad -228.1 \quad -237.1$$

试求出此反应的标准电极电势 $\varphi_{MnO_4^-/Mn^{2+}}$ 是多少。

14.将锡和铅的金属片分别插入含有该金属离子的盐溶液中组成原电池。

(1)$c(Sn^{2+}) = 1\ mol \cdot L^{-1}$，$c(Pb^{2+}) = 1\ mol \cdot L^{-1}$；

(2)$c(Sn^{2+}) = 1\ mol \cdot L^{-1}$，$c(Pb^{2+}) = 0.01\ mol \cdot L^{-1}$。

计算它们的电动势，分别写出电池的符号表示式、两极反应和总反应方程式。

15.由标准氢电极和镍电极组成的原电池，如当 $c(Ni^{2+}) = 1\ mol \cdot L^{-1}$ 时，电池的电动势为 0.316 V，其中 Ni 为负极，计算镍电极的标准电极电势。

16.已知 $\varphi_{Ag^+/Ag} = 0.799\ 1\ V$，试计算当 $c(Ag^+) = 0.1\ mol \cdot L^{-1}$，$0.001\ mol \cdot L^{-1}$ 时，Ag 的电极电势。

17.用标准电极电势判断并解释：

(1) 将铁片投入 $CuSO_4$ 溶液时，Fe 被氧化成 Fe^{2+} 还是 Fe^{3+}？

(2) 金属铁和过量氯发生反应，产物是什么？

(3) 下列物质中哪个是最强的氧化剂？哪个是最强的还原剂？

$$MnO_4^-, Cr_2O_7^{2-}, I^- \ Cl^-, Na^+, HNO_3$$

18.由标准钴电极和标准氢电极组成原电池，测得其电动势为 1.636 5 V，此时钴电极作负极，现已知氯的标准电极电势为 +1.359 5 V，问：

(1) 此电池反应的方向如何？

(2) 钴标准电极的电极电势是多少？

(3) 当氯气的压力增大或减小时，电池的电动势将发生怎样的变化？说明理由。

(4) 当 Co^{2+} 离子浓度减低到 0.01 mol · L^{-1} 时，电池的电动势将如何变化？变化值是

多少？

19.在铜锌原电池中，当 $c(Zn^{2+})=c(Cu^{2+})=1\ mol\cdot L^{-1}$ 时，电池的电动势为 1.099 8V，

(1) 计算此反应的 $\Delta_r G_m^\theta$ 的值。

(2) 从 E^θ 和 $\Delta_r G_m^\theta$，计算反应的标准平衡常数。

20.(1) 应用半电池反应的标准电极电势，计算下面反应的标准平衡常数和所组成电池的电动势。

$$Fe^{3+}+I^- = Fe^{2+}\ \frac{1}{2}I_2$$

(2) 等量 2 $mol\cdot L^{-1}$ 的 Fe^{3+} 和 2 $mol\cdot L^{-1}$ 得 I^- 溶液混合后，电动势和标准平衡常数是否变化？为什么？(借助 Nernst 方程来说明，不必计算。注意溶液中，$c(Fe^{2+})\neq 1$，但其浓度很小)。

21.某 $ZnSO_4$ 溶液中含有 $c(Mn^{2+})=0.1\ mol\cdot L^{-1}$ 的 Mn^{2+}，在酸性条件下(pH=5)，可加入 $KMnO_4$，使 Mn^{2+} 氧化为 MnO_2 沉淀被除去，同时，$KMnO_4$ 本身也被还原为 MnO_2 沉淀，最后过量的 MnO_4^- 的 $c(MnO_4^-)=0.001\ mol\cdot L^{-1}$。通过计算回答：到达平衡时溶液中剩余的 $m(Mn^{2+})$ 为多少？

22.将 Ag 电极插入 $AgNO_3$ 溶液，铜电极插入 $c(Cu(NO_3)_2)=0.1\ mol\cdot L^{-1}$ 的 $Cu(NO_3)_2$ 溶液，两个半电池相连，在 Ag 半电池中加入过量 HBr 以产生 AgBr 沉淀，并使 AgBr 饱和溶液中 $c(Br^-)=0.1\ mol\cdot L^{-1}$，这时测得电池电动势为 0.21 V，Ag 电极为负极，试计算 AgBr 的溶度积常数。

23.已知 $\varphi^\theta_{Fe^{3+}/Fe^{2+}}=0.771$ V，$\varphi^\theta_{Ag^+/Ag}=0.799\ 1$ V，用其组成原电池，若向 Ag 半电池中加入氨水至其中 $c(NH_3)=c(Ag(NH_3)_2)=1\ mol\cdot L^{-1}$ 时，电动势比 E^θ 大还是小？为什么？此时 $\varphi_{Ag^+/Ag}$ 为多少？(已知 $Ag(NH_3)_2^+$ 的 $\lg K^\theta_{稳}=7$)

24.某溶液中含 $c(CdSO_4)=0.01\ mol\cdot L^{-1}$ 的 $CdSO_4$，$c(ZnSO_4)=0.01\ mol\cdot L^{-1}$ 的 $ZnSO_4$，把该溶液放在两个铂电极之间电解，试问：

(1) 哪一种金属首先沉积在阴极上？

(2) 当另一种金属开始沉积时，溶液中先析出的那种金属离子所剩余的浓度为多少？

25.在 25℃，溶液 pH=7，H_2 在 Pt 上超电势为 0.09 V，O_2 和 Cl_2 在石墨上超电势分别为 1.09 V 和 0.25 V，$p_{Cl_2}=p_{O_2}=p_{H_2}=100$ kPa 时，外加电压使下述电解池发生电解作用：阴极 Pt$\begin{cases}c(CdCl_2)=1\ mol\cdot L^{-1}\ 的\ CdCl_2\\ c(NiSO_4)=1mol\cdot L^{-1}\ 的\ NiSO_4\end{cases}$|(石墨) 阳极。

当外加电压逐渐增加时，电极上首先发生什么反应？此时外加电压至少为多少(考虑超电势)？

26.在 $c(CuSO_4)=0.05\ mol\cdot L^{-1}$ 的 $CuSO_4$ 及 $c(H_2SO_4)=0.01\ mol\cdot L^{-1}$ 的 H_2SO_4 混合溶液中，使 Cu 镀在铂极上，若 H_2 在 Cu 上的超电势为 0.23V，问当外加电压增加到有 H_2 在电极上析出时，溶液中所剩余的 Cu^{2+} 的浓度为多少？

27.当 25℃ 和 $p_{Cl_2}=p_{O_2}=p_{H_2}=100$ kPa，pH=7 时，以 Pt 为阴极，石墨为阳极，电解含有 $FeCl_2$[$c(FeCl_2)=0.01\ mol\cdot L^{-1}$] 和 $c(CuCl_2)=0.02\ mol\cdot L^{-1}$ 的混合水溶液，若 Cl_2 和 O_2 在石墨上的超电势分别为 0.25 V 和 1.09 V，试问：

(1) 何种金属先析出?

(2) 第二种金属析出时至少须加多少电压?

(3) 当第二种金属析出时,第一种金属离子浓度为多少?

28.某溶液中含有三种阳离子，浓度分别为 $c(Fe^{2+})=0.01\ mol \cdot L^{-1}$，$c(Ni^{2+})=0.1\ mol \cdot L^{-1}$，$c(H^{+})=0.001\ mol \cdot L^{-1}$，$p(H_2)=100kPa$，已知 H_2 在 Ni 上的超电势是 0.21 V,试通过计算说明,当用 Ni 作阴极,电解上述溶液时,三种离子的放电次序。

第八章　腐蚀与材料保护

教学要点	学习要求
金属腐蚀原理及速率	理解电化学腐蚀的原理及影响腐蚀速率的因素
金属腐蚀的防护	了解防止金属腐蚀的几种常用方法
高分子材料的保护	了解光氧老化、热氧老化、化学试剂作用老化等概念； 了解光稳定剂、抗氧剂、阻燃剂等的概念及其对高分子材料的保护原理

案例导入

某工厂采用盐酸溶解回收的废锌，经化学试剂处理后，再在浓缩槽中加热蒸发的方法生产氯化锌。开始一段时间浓缩槽加热管使用的是镍基材料，然而该材料容易发生孔蚀，寿命很短。因而厂里将加热管材料换成了具有优良耐蚀性的锆，锆由于其表面易生成一层致密的氧化膜因而对一般的酸碱具有较强的抗蚀性。使用了几个月，没有发现腐蚀问题。本以为解决了腐蚀问题，然而，某一次处理完从某工厂回收的废锌之后，锆加热管发生了腐蚀破坏。那么是什么原因导致耐蚀性能优异的锆也被腐蚀呢？经过调查，发现这次回收的废锌中含有氟化物，氟离子能使锆形成配合物而使其溶解，因此导致这次腐蚀事件。像这种由于环境或待处理物料中存在的不明杂质而对生产设备造成腐蚀的案例不胜枚举。这就要求生产人员能够准确了解并分析物料成分，并熟悉影响生产设备腐蚀的一些常见杂质或其他因素。学完本章内容，大家会对腐蚀原因、影响腐蚀速率的因素以及防止腐蚀的方法有一个概括的理解。

8.1　金属腐蚀原理及速率

当金属和周围介质（空气，CO_2，H_2O，酸，碱，盐等）相接触时，会发生不同程度的破坏。产生这种现象之后，金属本身的外形、色泽、机械性能都起了变化。这种金属受周围介质的作用而引起破坏的现象，称为金属的腐蚀（corrosion of metal）。

金属由于腐蚀而受到的损失是严重的，不仅给国民经济造成很大的危害，而且金属结构（如机器、设备和仪器等）的损失，所引起的产品质量降低、环境污染、飞机失事、轮船漏水、停电、停水以及爆炸等后果，更不是用损失的金属量所能计算的。因此，工程技术人员应当了解腐蚀的基本原理，在施工和设计中，尽量减小或避免腐蚀因素，或采取有效的防护措施，这对于增产节约、安全生产有着十分重大的意义。

根据金属腐蚀的机理，可将腐蚀分成化学腐蚀(chemical corrosion)和电化学腐蚀(electro-chemical corrosion)两大类。化学腐蚀是金属表面和干燥气体或非电解质发生化学作用而引起的腐蚀。它在常温、常压下不易发生，同时，这类腐蚀往往只发生在金属表面，危害性一般比电化学腐蚀小。电化学腐蚀是指金属表面与电解质溶液形成原电池，发生电化学反应时，金属作为阳极溶解而引起的腐蚀。它在常温、常压下就能发生，并可渗透到金属内部。与化学腐蚀相比，它的危害性更严重，发生更普遍，因而，下面着重讨论金属的电化学腐蚀。

8.1.1　电化学腐蚀的原理

金属的电化学腐蚀，是金属与介质由于发生电化学作用而引起的破坏，这里所说的电化学作用，其实质是由于金属表面电极电势不同而形成原电池的结果，所形成的原电池称为腐蚀电池(腐蚀微电池)。在腐蚀电池中，负极上进行氧化反应，常叫作阳极，发生阳极溶解而被腐蚀；正极上进行还原反应，常叫作阴极，一般阴极只起传递电子的作用，不被腐蚀。

为了说明金属的电化学腐蚀原因，现以两种金属相接触时，在常温下发生的大气腐蚀为例进行分析，如图 8-1 所示。由于空气中含有水蒸气、CO_2和 SO_2等气体，水蒸气被金属表面吸附，在金属表面覆盖着一层很薄的水膜，铁和铜就好像浸在含有 H^+，OH^-，HSO_3^-，HCO_3^- 等离子的溶液中一样，形成了 Cu-Fe 腐蚀电池，从而发生电化学腐蚀。因铁比铜的电极电势低，所以铁为阳极，铜为阴极。其两极反应为

阳极(铁)　　$Fe - 2e^- = Fe^{2+}$ (氧化反应)

$$Fe^{2+} + 2OH^- = Fe(OH)_2 \downarrow$$

阴极(铜)　　$2H^+ + 2e^- = H_2 \uparrow$ (还原反应)

$$O_2 + 4e^- + 2H_2O = 4OH^-$$

腐蚀电池反应　　$Fe + 2H_2O = Fe(OH)_2 \downarrow + H_2 \uparrow$

$$2Fe + O_2 + 2H_2O = 2Fe(OH)_2 \downarrow$$

然后 $Fe(OH)_2$被空气中的氧气所氧化为 $Fe(OH)_3$(或 $Fe_2O_3 \cdot nH_2O$)，并部分脱水成为铁锈。

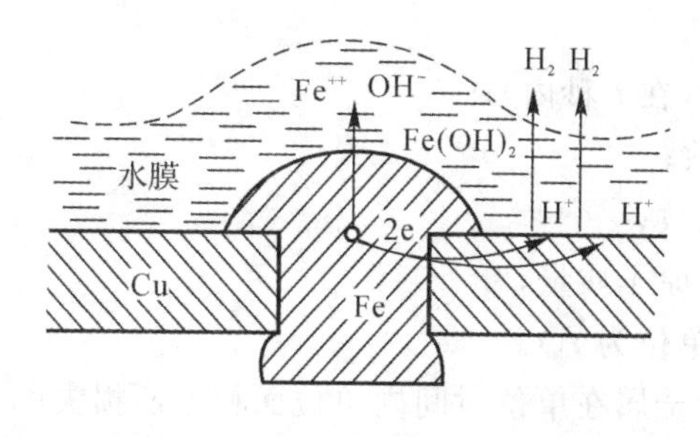

图 8-1　铜与铁接触的腐蚀情况

从上例中可以看出，这是两种不同金属与电解质溶液相接触的电化学腐蚀，是肉眼可以看到的，故称为宏电池腐蚀。

若一种金属不与其他金属接触，放在电解质溶液中，也能发生电化学腐蚀。因为，一般工

业纯的金属常常含有杂质。例如，工业锌中的铁杂质 FeZn，钢中的 Fe_3C，铸铁的石墨等，由于这些成分的电势较高，当它们与电解质溶液相接触时，在金属的表面上，就能形成许多微阴极，电势较低的金属作为阳极，构成无数个微电池（micro cell），而引起金属的腐蚀。我们称这样的腐蚀为微电池腐蚀，如图 8－2 所示。

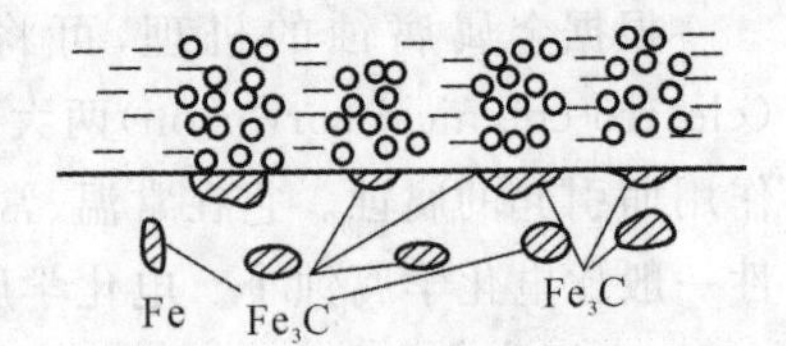

图 8－2　钢铁的腐蚀情况

综上所述，不难看出，引起金属电化学腐蚀的必备条件是

(1)金属表面有不同电极电势的区域；

(2)有电解质溶液存在。

其腐蚀过程可看做由三个环节组成：

(1)在阳极上，金属溶解变成离子转入溶液中，发生氧化反应，即 $M - ne \rightarrow M^{n+}$。

(2)电子从阳极流到阴极。

(3)在阴极上，电子被溶液中能与电子结合的物质所接受，发生还原反应。在大多数的情况下，是溶液中的 H^+ 或 O_2，即

$2H^+ + 2e^- = H_2\uparrow$　析氢腐蚀（hydrogen　corrosion）

$O_2 + 4e^- + 2H_2O = 4OH^-$　吸氧腐蚀（Oxygen　corrosion）

前者往往在酸性溶液中发生，后者在中性或碱性溶液中发生。这三个环节是相互联系的，缺一不可，否则整个腐蚀过程也就停止。

了解了产生电化学腐蚀的原因与条件，便可以判别在某些条件下，金属发生腐蚀的可能性。但要了解腐蚀进行的现实性，还有必要知道腐蚀的速度问题，那么，有哪些主要因素会影响腐蚀速度呢？

8.1.2　腐蚀电池的极化与影响腐蚀速率的因素

在腐蚀电池中，阳极的金属失去电子而溶解，被腐蚀。显然，金属失去电子越多，从阳极流出的电子越多，金属溶解腐蚀的量也就越多。金属溶解腐蚀的量与电量之间的关系可用 Faraday定律表示：

$$W = \frac{QA}{nF} = \frac{ItA}{nF} \tag{8-1}$$

式中　W —— 金属腐蚀量；

Q —— 流过的电量（在 t 秒内）；

F ——Faraday 常数；

n —— 金属的氧化数；

A —— 金属的相对原子质量；

I —— 电流强度（单位为 A）。

因为腐蚀速率（v）是指金属在单位时间内单位面积上所损失的质量（$g/(m^2 \cdot h)$），可用下式表示：

$$v = QA/nF = 3\,600\ IA/SnF \tag{8-2}$$

从式（8－2）中可以看出，腐蚀电池的电流强度（I）越大，金属腐蚀速率越大。因此，通过电流强度的数值即可衡量腐蚀速率的大小。

根据欧姆定律，I 与两极电势差以及电池的电阻关系为

$$I_{腐}=\frac{\varphi_{起阴}-\varphi_{起阳}}{R_{起}}=\frac{E_{起}}{R_{起}} \tag{8-3}$$

式中，$\varphi_{起阴}$ 和 $\varphi_{起阳}$ 分别为阴、阳极在腐蚀开始时的电势；$R_{起}$ 为开始时的电池电阻。

从式(8-3)明显看出，影响 $I_{腐}$ 的有两个因素：一是两极间的电势差，二是电池电阻。

腐蚀电池也会发生电极极化，其结果使阳极电势升高，阴极电势降低，从而引起两极间的电势差减小，如图 8-3 所示。

$$E_{实}=(\varphi_{起阴}-\eta_{阴})-(\varphi_{起阳}+\eta_{阳})=\varphi_{阴}-\varphi_{阳} \tag{8-4}$$

$$I_{实腐}=\frac{\varphi_{阴}-\varphi_{阳}}{R_{实}}=\frac{E_{实}}{R_{实}} \tag{8-5}$$

从 $E_{起}\rightarrow E_{实}$，是由于腐蚀电池电极的极化而引起的。

$R_{实}$ 是腐蚀电池的实际电阻，它实际上不是单一不变的数值。例如，阴、阳极界面附近两极距离很近，$R_{实}$ 很小，离界面较远处 $R_{实}$ 较大；随着阳极被腐蚀，原来包在内部的杂质(阴极)又会显露出来，同时阳极面积也就不断变化，这些都使 $R_{实}$ 随之变化。目前还没有好的办法计算出腐蚀电流的分布状况。

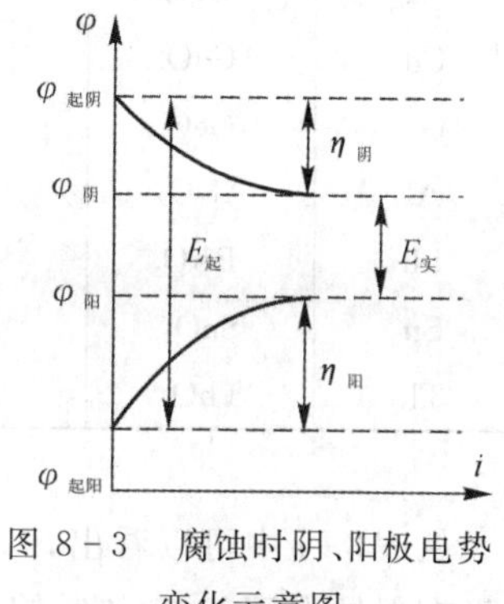

图 8-3　腐蚀时阴、阳极电势变化示意图

金属的腐蚀速率决定于腐蚀电池的电流强度大小。因而凡是影响 $I_{腐}$ 的因素都会影响腐蚀速率。影响腐蚀速率的主要因素有以下几点：

(1) 金属的电极电势：从式(8-3)看出，起始电势越大，$I_{腐}$ 越大。因此，金属构件在潮湿空气或在水溶液中，与所接触的不同金属或杂质间的起始电势差越大，构成两极的金属腐蚀越快。金属构件中存在应力与形变的部分，以及晶界处电势差越大也易被腐蚀。

(2) 电极的极化与介质的性质：从式(8-5)看出，一般情况下，若其他条件相同，电极极化程度越小，$I_{腐}$ 越大。不同金属的极化程度不同，腐蚀速率就会不同。

此外，超电势与电流密度有关，因此，在腐蚀电池中，阴极的电极面积大小，对腐蚀速率也有影响。阴极面积越小，电流密度越大，氢的超电势越大，腐蚀速率越小。反之，腐蚀速率加快，因而，从防止腐蚀的观点出发，就应避免用非常大的阴极连接到很小的阳极上。

由此可知，溶液中的离子或一些添加剂，能加强极化作用或提高电池电阻值的就能减慢腐蚀。反之，将使腐蚀加速。例如，能和阳极金属溶解的离子形成配离子的配合剂，如 NH_3 及 CN^-，Cl^-，Br^-，I^- 等活性离子，能加速钢铁的腐蚀，因而在金属制件进行熔盐淬火处理或电镀后，必须清洗干净，以免 Cl^- 加速腐蚀。

当溶液中溶解的氧或氧化剂能使金属表面生成致密的氧化膜时，就提高了电阻值，引起了电极电势的变化，而使腐蚀减慢。如 Al，Cr，Ni 等电极电势都较负，在含有氧化剂的介质中却不易腐蚀，就是因为这些金属表面生成一层氧化膜，紧密而牢固地覆盖在金属表面，使金属不再受到腐蚀，这种现象称为金属钝化(passivation)。

要使氧化膜能起保护作用，形成的氧化膜必须是连续的，也就是生成氧化物的体积必须大于所消耗的单质的体积。若以 $V_{氧化物}$ 表示单质氧化后生成的氧化物的体积，以 $V_{单质}$ 表示被氧化而消耗的单质的体积，则当 $V_{氧化物}/V_{单质}>1$ 时，氧化物才能形成连续的表面膜，遮盖住金属表面，具有保护作用。若 $V_{氧化物}/V_{单质}<1$，由于氧化膜不可能是连续的，无法遮盖住金属，因而

不具有保护作用。表 8-1 列出了一些氧化物与单质的体积比。

表 8-1　一些氧化物质与单质的体积比

单质	氧化物	$V_{氧化物}/V_{单质}$	单质	氧化物	$V_{氧化物}/V_{单质}$
K	K_2O	0.45	Zr	ZrO_2	1.35
Na	Na_2O	0.55	Zn	ZnO	1.57
Ca	CaO	0.64	Ni	NiO	1.60
Ba	BaO	0.67	Be	BeO	1.70
Mg	MgO	0.81	Cu	Cu_2O	1.70
Cd	CdO	1.21	Si	SiO_2	1.88
Ge	GeO	1.23	U	UO_2	1.94
Al	Al_2O_3	1.28	Cr	Cr_2O_3	2.07
Pb	PbO	1.29	Fe	Fe_2O_3	2.14
Sn	SnO_2	1.31	W	WO_3	3.35
Th	ThO_2	1.32	Mo	MoO_3	3.45

从表 8-1 中可以看出，s 区金属（除 Be 外）的氧化膜是不可能连续的，对金属在空气中的氧化没有保护作用。铝、铬、镍、铜、硅等的氧化膜是可能连续的，有可能形成保护膜。但是，$V_{氧化物}/V_{单质}>1$，是表面膜具有保护性的必要条件，而不是唯一的条件。如果氧化物的稳定性较差，或者膜与单质的热膨胀系数相差较大；或者 $V_{氧化物}/V_{单质}>1$，但膜比较脆，容易破裂而变成不连续的结构，失去了保护作用。例如，钼的氧化物 MoO_3，当温度超过 520℃ 时就开始挥发，当然就失去保护作用。又如 $V_{WO_3}/V_W=3.35(>1)$。然而 WO_3 膜比较脆，容易破裂，这种膜的保护作用就差。铝、铬、硅等之所以在空气中相当稳定并能用做高温耐热（抗氧化）合金元素，不仅与氧化膜的连续性结构有关，而且与氧化物（Al_2O_3，Cr_2O_3，SiO_2 等）具有高度热稳定性有关。铁在一定条件下能形成一层致密的氧化物保护膜（如发黑生成的 Fe_3O_4），但通常生成的氧化皮或铁锈，其组成随温度而变化，结构较疏松，保护性能差，在电化学腐蚀中反而起了加速腐蚀的作用。

(3) 温度和湿度：升高温度可使多数的化学反应加速，而使电池电阻值降低，电极极化减小，因此也能使腐蚀速率加快。但事物往往具有两面性，对吸氧腐蚀，由于温度升高，溶解氧减少，因而有时腐蚀速率反而减慢。当大气腐蚀时，大气中的相对湿度对腐蚀速率影响较大。因湿度大，金属表面水膜厚，溶液电阻小，腐蚀就快。

以上分析影响金属腐蚀速率的主要因素，其目的是为了掌握控制腐蚀速率和防止电化学腐蚀的手段和方法。

8.2　防止金属腐蚀的主要方法

从式（8-5）不难看出，凡能减少 $I_{腐}$，或使 $I_{腐}=0$ 的一切措施，都能有效地防止电化学腐蚀。首先，可以通过各种措施尽量减小 $\varphi_{起阴}$ 与 $\varphi_{起阳}$ 的电势差，来减小腐蚀发生的可能性。其次，可以增大腐蚀电池电阻以及电池电极极化。在生产实际中，要防止金属腐蚀往往需要综合考虑上述各种因素进行分析，选择最佳方案。

（一）改善金属防腐性能

尽量地除去或减少金属中的有害杂质，减少形成腐蚀电池的可能性，或增加一些能加大电池电阻及电极极化的成分以减小腐蚀速率，这些都能改善金属的防腐性能，如在铁中加入18%的Cr和8%的Ni及少量的钛可制成不锈钢。另外，降低金属表面的粗糙度也能提高其防腐性能。利用退火消除金属构件的内应力也可减少应力腐蚀的可能性。

（二）采用各种保护层

这种方法的实质就是使金属与周围介质隔绝，以防止金属表面腐蚀电池的形成。其要求就是保护层应具有很好的连续性和致密性，同时本身在使用介质中保持高度的稳定性和牢固性。生产实际中可以根据金属制件的使用情况，合理地选择各种保护层。常用的保护层有金属层和非金属层两大类。金属保护层保持了金属的光泽、导电、导热等特性。非金属保护层成本低，工艺比较简单，但埋没了金属的特性。有色金属铝的阳极氧化，黑色金属及合金的发黑、发蓝及磷化，都有防止金属产生电化学腐蚀的作用，但易受摩擦的机器零件，不宜采用这些方法。总之，采用什么保护层比较合适，要考虑金属制件使用的条件和对防护的要求。

常用的保护层具体分类如下：

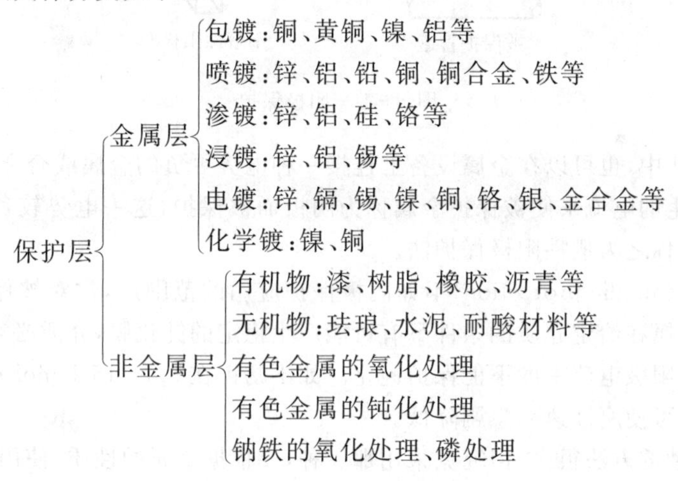

（三）缓蚀剂法

在介质中，加入少量能阻滞或使电极过程减慢的物质来防止金属的腐蚀，这种方法称为缓蚀剂法，所加的物质称为缓蚀剂或阻化剂。缓蚀剂的实质是增加电阻及电极极化，使 $I_{腐}$ 减小。能增大阳极钝化及极化使 $I_{腐}$ 减小的物质称为阳极缓蚀剂。常用的阳极缓蚀剂有氧化性物质，如铬酸盐、重铬酸盐、硝酸盐、亚硝酸盐等，使在阳极形成钝化膜阻止金属腐蚀。能增大阴极电阻及极化使 $I_{腐}$ 减小的物质称为阴极缓蚀剂。常用的阴极缓蚀剂，如锌盐、碳酸氢钙、重金属盐类及有机胺类、琼脂、糊精、动物胶等，这些物质有些能与阴极附近的 OH^- 生成难溶的氢氧化物或碳酸盐，覆盖在阴极表面，使阴极电阻增大及阴极极化，减小 $I_{腐}$（吸氧腐蚀）。有机胺类的缓蚀作用，一般认为：

$$R_3N + H^+ = (R_3NH)^+$$

生成的 $(R_3NH)^+$ 吸附在金属表面，阻止 H^+ 放电，从而减小阳极的腐蚀。

近年来，由于一些设备和仪器结构日趋复杂，要求在所有的孔隙及缝隙都充入缓蚀剂一般是困难的。因此，开始对挥发性化合物进行研究，将它们放入包装材料中，或放入储藏被保护制品的封闭空间中，就能避免大气腐蚀。这种化合物通常称为气相缓蚀剂。如苯骈三氮唑为一种固体化合物，因为它具有较大的蒸气压，其蒸气能非常快地使空间饱和并为金属表面所吸附，因此，即使有电解质溶液聚集在金属表面，也能阻碍腐蚀过程的进行。

(四) 电化学防护

电化学防护的实质就是外加直流电源(或加保护屏)使金属为阴极，进行阴极极化使其被保护(称为阴极保护)；或是将金属与直流电流的正极相连进行阳极极化，使金属发生钝化，从而使金属腐蚀的速率急剧减小(称为阳极保护)。

(1)阴极保护(cathodic protection)是防止金属腐蚀的有效方法之一，多用在地下管道、冷却器、船舰、水上飞机、海底金属设备等的防腐保护上，如图 8-4 所示。

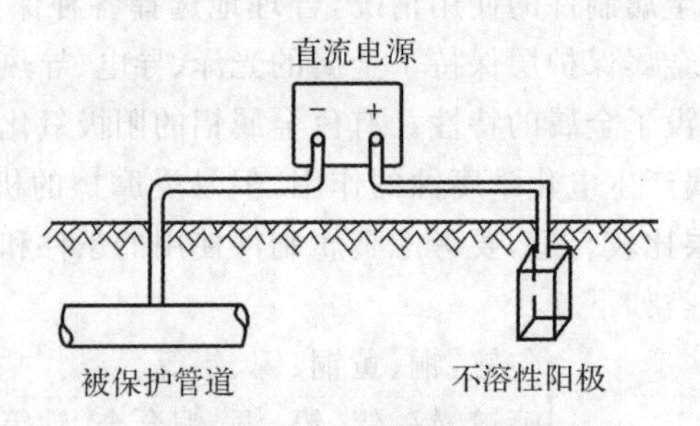

图 8-4　阴极保护

在阴极保护法中，也可以在金属设备上连接一种电势更负的金属或合金，依靠二者存在较大的电势差所产生的电流来使被保护金属称为阴极而被保护，这一电势较负的金属或合金作为阳极被腐蚀，故称之为牺牲阳极保护法。

(2)阳极保护(anodic protection)不如阴极保护应用的范围广，常对被保护金属有一定的条件要求，即该金属在给定介质的条件下有可能产生稳定的钝化膜，介质必须有一定的钝化能力，并且在不大的阳极电流密度下能保护钝化。如不锈钢在 9.3～15.1 $mol \cdot L^{-1}$ H_2SO_4 中，于 18～50℃温度下，可使腐蚀速率急剧降低。

防止金属腐蚀的方法很多，但究竟采用那一种，要根据金属的性质、使用条件、对防护的要求、经济核算等方面来考虑，也可以几种方法同时采用，取长补短。因此，学会正确选用耐蚀金属来制造金属构件，结合使用条件合理地进行金属构件设计，针对电化学腐蚀的原因选择保护金属的方法，是工程技术人员必须掌握的知识。

金属的腐蚀虽然对生产带来很大的危害，但是，也可以利用腐蚀原理为生产服务。例如，化学切削和在印刷电路制版工艺中，就是利用腐蚀进行加工。下面简单介绍印刷电路制版法的原理。

印刷电路的一种制法是在敷铜板(在一个面上敷有铜箔的玻璃钢绝缘板)上，先用照相复印的方法将线路印在铜箔上，然后将图形以外不受感光胶保护的铜用三氯化铁溶液腐蚀，这就可以得到线路清晰的印刷电路板。三氯化铁之所以能腐蚀铜，可以从电极电势的代数值看出：

$\varphi^{\theta}(Fe^{3+}/Fe^{2+})=+0.77\ V$，$\varphi^{\theta}(Cu^{2+}/Cu)=+0.34\ V$，$\varphi^{\theta}(Cu^{+}/Cu)=+0.521\ V$

由于铜的电极电势比 Fe^{3+}/Fe^{2+} 电对的电极电势代数值小，因此，铜在三氯化铁溶液中能作还原剂，而 $FeCl_3$ 作氧化剂。反应如下：

$$2FeCl_3 + Cu = 2FeCl_2 + CuCl_2$$

$$FeCl_3 + Cu = FeCl_2 + CuCl \downarrow$$

*8.3　高分子材料的保护

高分子材料是一种以高分子化合物为主体，添加各种助剂得到的材料。根据来源，可以分为天然高分子材料和人工合成高分子材料。目前，随着人们对自然资源的过度开采，天然高分子材料越来越匮乏。取而代之的是人工合成高分子材料。由于人工合成高分子材料具有许多优异的性能，因此具有很高的市场占有率。据不完全统计，全世界的高分子合成工业的规模已经达到年产 1.5 亿吨左右，超过了钢铁工业的年总产量，发达国家的年人均产量达 80～120 公斤，我国现有年产量人均仅有 12 公斤左右，有待发展。

合成高分子材料的应用领域十分广泛，如汽车、电子、涂料、防腐，甚至包括环境和文物保护等领域。从最普通的日常生活用品到最尖端的高科技产品都离不开高分子材料，合成高分子材料是材料领域中发展最为迅速的一类。

然而，高分子材料在其加工、贮存和使用过程中，由于受到热、氧、水、辐射、生物侵蚀、化学介质等多种内外因素的综合影响，高分子材料的化学组成和结构会发生一系列变化，物理性能相应被变坏，这些变化和现象称为老化。高分子材料老化的本质是其物理结构或化学结构的改变。高分子材料出现老化现象后会失去使用价值或被迫缩短使用年限，更为严重的会造成人员的伤亡。下面将简要介绍相关因素对高分子材料老化的影响机理及防老化措施。

8.3.1　高分子材料内在影响因素

由于高分子材料所表现出来的优越性能是其化学键的构成所决定的，所以高分子材料的内部结构对高分子材料老化的影响是巨大的。

(1) 高分子材料化学结构。

高分子材料中一些分子间的弱键十分容易受到外界因素的影响，造成弱键的断裂而形成自由基。自由基正是自由基反应的起点，也就是高分子材料老化的开端。高分子材料中分子键排列有些是有序排列，有些是无序的。有序排列的分子键可形成结晶区，无序排列的分子键为非晶区。还有一些高分子材料分子键的排列既有结晶区也有非结晶区。一般来说，高分子材料的老化首先从非晶区开始，然后，老化反应慢慢延伸到结晶区。

(2) 高分子材料的相对分子质量及其分布。

据研究表明，高分子的相对分子质量对高分子材料的老化影响较小，而其相对分子质量分布对老化性能影响较大。这是因为相对分子质量分布越宽，这样端基就越多，越容易引起老化反应。

(3)金属杂质和其他杂质。

通常情况下，在高分子材料的成型和加工过程中，都需要和金属模具接触，或者需要配合一些其他含金属材料的助剂。这样就有一些微量金属物质渗透到高分子材料之中，这些金属(特别是一些变价金属)材料就会引发高分子材料发生自动氧化，从而催化老化反应，加速高分子材料的老化。

8.3.2 高分子材料外在影响因素

高分子材料产生老化现象的外在影响因素一般是环境因素。这是因为环境因素会导致分子间作用力的改变,甚至是链的断裂或某些基团的脱落,最终会破坏材料的聚集态结构,使材料的物理性能发生改变。外在的环境因素包括温度、湿度、氧气含量、光、化学介质和微生物等的影响。下面将分别介绍。

(1)环境温度对高分子材料老化的影响。

环境温度的高低对高分子材料的老化速度影响较大。环境温度升高,高分子材料中分子链的运动随之加剧,一旦超过化学键的离解能,高分子材料中高分子链就会热降解造成基团脱落而出现老化破坏现象;环境温度降低,往往会影响高分子材料的力学性能,与其力学性能密切相关的临界温度点包括玻璃化温度 T_g、黏流温度 T_f 和熔点 T_m,对应的高分子材料的物理状态可划分为玻璃态、高弹态、黏流态,在临界温度两侧,高分子材料的聚集态结构或高分子长链会产生明显的变化,从而使材料的物理性能发生显著的改变引起高分子材料的老化现象。

基于此,我们不难判断出一些常见高分子材料的使用温度,例如高度交联、无定形的橡胶高分子材料的使用环境温度应处于高弹态,低于黏流温度及分解温度;而高度结晶的纤维高分子材料的使用温度应远低于熔点 T_m,以便于后续加工。同时,在极寒地区,温度对塑料和橡胶制品的性能影响极大;寒冷环境对于无定型塑料的影响不大。寒冷环境对于纤维材料的物理性能没有影响。

(2)环境湿度的影响。

环境湿度对高分子材料的影响可归结于环境中的水分对材料的溶胀作用,导致维持高分子材料聚集态结构的分子间作用力发生了改变,进而破坏了材料的聚集状态,尤其对于非交联的非晶高分子材料,环境湿度的影响更加显著,会出现溶胀后高分子聚集态解体现象,高分子材料的性能受到极大的损坏而发生老化;但是,对于存在水分渗透限制的结晶形态塑料或纤维,水分的溶胀作用不是很明显,因此,环境湿度对其老化破坏的影响不是特别明显。

(3)环境中氧气的影响。

环境中的氧气也对高分子材料的老化造成了比较显著的影响。这是因为氧气具有较强的渗透性,氧气会进攻高分子主链上的活性较高的键和基团,如双键、羟基、叔碳原子上的氢等基团或原子,从而形成高分子过氧自由基或过氧化物,造成分子链的断裂而老化破坏。据调查,结晶型聚合物较无定型聚合物更耐氧气的侵蚀。

(4)环境的光老化。

环境的光辐射与环境温度对高分子材料造成的影响相似。高分子材料在光的照射下,一旦环境的光辐射光能达到高分子材料的离解能,就会引起高分子链化学键的断裂,从而发生老化现象。据调查,由于地球表面臭氧层及大气层的存在,到达地面的太阳光线波长范围在290～4 300 nm之间,在这个光波范围内,只有紫外区域的光波能达到化学键的理解能从而引起高分子化学键的断裂。

表8-2中列出了部分化学键键能及具有相近能量的紫外线波长,紫外波长300～400 nm,能被含有羰基及双键的聚合物吸收,而使大分子链断裂,化学结构改变,而使材料性能变差;聚对苯二甲酸乙二醇酯(PET)对280 nm的紫外线具有强烈吸收作用。

表 8-2　化学键键能及具有相近能量的紫外线波长

化学键	键能 /(kJ · mol^{-1})	波长/ nm	光波能量(/kJ · mol^{-1})
C—H	413.6	290	418
C—F	441.2	272	446
C=O	351.6	340	356
C=C	347.9	342	354
C—N	290.9	400～410	303～297
C—Cl	328.6	350～364	346～333
N—H	389.3	300～306	404～397
O—H	463.0	259	468

(5) 环境化学介质的影响。

与环境水分和氧气的作用类似,只有当环境化学介质进入到高分子材料的内部才能发挥作用,包括共价键的作用与次价键的作用两类。共价键的作用主要会造成高分子链的断链、交联、加成等一系列不可逆的化学过程;次价键的作用虽然没有引起化学结构的改变,但会改变材料的聚集态,导致其相应的物理机械性能会发生改变。

在化学介质的作用下,高分子材料的典型表现在环境应力开裂、溶裂、增塑等物理性能变化。其中,环境应力是当高分子材料表面存在少量非溶剂的液体介质时,出现的微小裂纹或银纹,这是因为高分子材料局部地方的表面应力超过其屈服应力的结果。在实际应用中,可以借助改变高分子材料的结晶类型和结晶度来预防或者防止环境应力开裂。因此,可以通过提高相对分子质量和链支化度来减少聚合物的结晶性,从而提高高分子材料耐环境应力开裂性。高分子材料的溶裂是受应力的高分子材料与少量溶剂接触后表现出来的老化破坏现象,溶裂在无定型和结晶型聚合物中都能发生,研究表明:溶裂实际上是聚合物在应力方向上重新定向的结果。消除材料的内应力是消除溶裂的基础,而在高分子成型加工过程中,可以对材料进行退火处理来消除材料的内应力。高分子材料增塑老化是在液体介质与高分子材料持续接触的条件下,高分子与小分子液体介质间的相互作用部分代替了高分子之间的相互作用,使高分子链段较易运动,从而使其物理机械性能发生改变。

(6)环境生物因素。

一些高分子材料在加工过程中经常会加入一些添加剂,这就容易引入一些霉菌,这些霉菌吸附在塑料表面和内部成长为菌丝体,菌丝体是具有导电性的导体,因此会导致塑料的绝缘性下降、质量发生变化,高分子材料发黏、变色、变脆等。

8.3.3　高分子材料防老化措施

(1)温度老化防御措施。

对于结晶型塑料及橡胶,在低温环境下,特别是在材料的使用温度低于玻璃化温度时,可以在高分子材料生产加工过程中降低材料的结晶度、提高大分子链的柔性和适当降低交联度,从而降低高分子材料的玻璃化温度;或者通过加入增塑剂来降低玻璃化温度从而提高材料的耐寒性。

（2）湿度老化防御措施。

对于一些聚酯、聚缩醛、聚酰胺和多糖类高聚物在酸或碱催化下，遇水能够发生水解，在空气污染严重，频繁产生酸雨的地域，这类高分子材料的使用会受到限制。可以在这类材料的表面覆盖一层防水薄膜，就可降低甚至避免水解老化现象的发生。

（3）氧气老化防御措施。

对于环境氧气引起的高分子材料老化的现象，可以在高分子材料加工过程中，加入胺类抗氧化物、酚类抗氧化物、含硫有机化合物和含磷化合物中的一种或多种，它们能够与过氧自由基发生反应，而使氧老化反应终止。一般情况下，抗氧剂分为自由基受体型和自由基分解型，自由基受体型抗氧剂（如某些胺类和酚类抗氧剂）能够与高分子自由基或过氧自由基迅速反应，使其活性降低，从而延缓氧气老化速度；自由基分解型抗氧剂（如含硫有机化合物和含磷化合物）能够使高分子过氧自由基转变成稳定的羟基化合物，从而降低高分子材料的老化速度。据研究报道，如果自由基受体型抗氧剂与自由基分解型抗氧剂协同使用，往往会产生较好的延缓老化效果。对于某些过渡金属元素的存在会加剧高分子材料的氧化老化，可以在成型加工过程中加入金属螯合剂，使其形成络合物而使其失去催化作用。

（4）光老化防御措施。

预防光老化最有效的措施是在高分子材料的加工过程中通过加入光稳定剂避免材料的光老化降解。目前研究得比较多的包括光屏蔽剂、紫外吸收剂、淬灭剂和自由基捕捉剂。光屏蔽剂能反射紫外光，避免透入聚合物内部，减少光激发反应，起光屏蔽作用的稳定剂包括炭黑、钛白粉等；紫外吸收剂能吸收紫外光，自身处于激发态，然后放出荧光、磷光或热而回到基态；淬灭剂的作用机理是，高聚物吸收紫外光而处于激发态，然后将能量转移给淬灭剂，回到基态，淬灭剂最后将所获得能量以光或热的形式释放出去，而恢复到基态；自由基捕捉剂能够有效地捕捉高分子自由基而使链反应终止。

随着高分子材料的普遍应用，高分子材料的老化成为制约高分子应用的一个重要因素，根据材料应用环境的不同，材料的老化与防老研究应该同步于材料的生产加工，但目前对于材料的生产、加工方法研究得比较透彻，由于环境因素的复杂性，老化与防老化研究相对有些滞后，加强这方面的基础研究与应用研究，研究成果指导材料的生产、加工，将能使高分子材料的应用获得更大的发展。

*8.4 电子封装材料

电子封装材料是一种用于承载电子元器件及其相互联线，用于机械支持、密封环境保护、散失电子元件的热量等作用，并具有良好电绝缘性的基体材料。电子封装材料主要包括基板、布线、框架、层间介质和密封材料，最早用于封装的材料是陶瓷和金属，随着电路密度和功能的不断提高，对封装材料提出了更多更高的要求，同时也促进了封装材料的发展。

目前，电子封装技术正朝着小型、轻便、低成本和高性能、高可靠性发展。由于电子封装趋于小型化而使芯片集成度迅速增加，必然导致发热量提高，电路工作温度不断上升，通常情况下，温度每升高 18℃，失效的概率就为原来的 3 倍。其原因是在微电子集成电路以及大功率整流器件中，材料之间散热性能不佳而导致的热疲劳以及热膨胀系数不匹配而引起的热应力造成的。解决该问题的关键需要选用合理的封装材料。

8.4.1　电子封装材料的主要性能要求

一种理想的电子封装材料必须满足以下几个基本要求：

1)低热膨胀系数；

2)较高的热导率；

3)好的致密度，良好的电磁屏蔽性；

4)高的强度和刚度，以便对芯片起到支撑和保护的作用；

5)电子封装材料的密度要求尽可能小，以减轻器件的质量；

6)造价低廉，便于大规模生产。

从材料组成分，封装材料包括金属封装材料、塑料封装材料、陶瓷封装材料、玻壳封装材料、玻璃实体封装材料、金属基复合封装材料等。这些封装各具特点，并受到了广泛的关注。

8.4.2　常用电子封装材料

(一)塑料封装材料

塑料封装具有成本低、绝缘性好和工艺简单等优点。相比其他封装材料，塑料封装材料是最能实现电子产品小型化、轻量化和低成本的一类重要封装材料。塑料封装所使用的材料主要是热固性塑料，主要包括酚醛类、聚酯类、环氧类和有机硅类，其中以环氧树脂、硅橡胶和聚酰亚胺应用最为广泛。

环氧树脂塑料(EMC)具有高强度、良好耐热性、优异电绝缘性、耐腐蚀性好等特点。据调查，EMC 塑料封装占所有封装行业的 90%以上。

有机硅封装材料有着比较好的耐热和光老化性能，物理和化学性质比较稳定。与环氧类封装材料相比，有机硅材料与内封装材料有着良好的界面相容性和耐老化性能。目前，该类封装材料主要应用在半导体和 LED 封装胶上，透光率达到 98%，可用于大功率白光 LED 上，透光率达到 98%，取得了较好的应用效果。

聚酰亚胺由于其本身的结构特点，聚酰亚胺可耐 350～450℃的高温，具有良好的绝缘性和介电性能，因此，在半导体及微电子工业上得到了广泛的应用。聚酰亚胺主要用于芯片的钝化层、应力缓冲和保护涂层、层间介电材料、液晶取向膜等。目前，在芯片布线光刻领域应用的光敏聚酰亚胺，国内只处于研发阶段，市场上的产品主要来源于日本。

虽然塑料封装材料有着很多的优点，但是，塑料封装材料还是存在着气密性不好，大多对湿度敏感，塑封料吸收的水受热易膨胀，环氧树脂的热力学性能受水气的影响很大，严重影响了封装性能的可靠性，因而对于可靠性要求特别高的军用以及民用产品不能很好地满足要求。因此应该开发一种内部应力低、成型收缩率小、热膨胀系数小、导热高、黏附性强和阻燃性好的塑料封装材料。

(二)陶瓷封装材料

陶瓷封装属于气密性封装，陶瓷封装材料主要包括 Al_2O_3，BeO 和 AlN 等。陶瓷封装的优点是耐湿性好、机械强度高、热膨胀系数小和热导率高。Al_2O_3 陶瓷是目前应用最成熟的陶瓷封装材料，以其价格低廉、耐热冲击性和电绝缘性较好、制作和加工技术成熟而被广泛应用。但是由于 Al_2O_3 陶瓷的热导率相对较低，因而不可能在大功率集成电路中大量使用。BeO 陶瓷具有较高的热导率，但是其毒性和高生产成本限制了它的生产和应用。AlN 陶瓷具有良好的热导率和与芯片材料更匹配的热膨胀系数，被认为是最具发展前途的封装材料。但是 AlN 陶瓷的制备工艺复杂、成本高，故至今未能进行大规模的生产和应用。

(三)金属封装材料

金属基封装材料是最早应用到电子封装材料中的，金属封装材料具有较高的机械强度、散热性能优良、强度高、加工性能好等优点。常用的金属封装材料有 Cu，A1，Mo，W，Kovar(柯瓦)，Invar(因瓦)以及 W/Cu 和 Mo/Cu 合金。其中 Al 具有密度低，热导率高，易加工，成本低等优点，应用最为广泛，但是其热膨胀系数(CTE)较高，约是 $20\times10^{-6}K^{-1}$；而 Cu 除了密度大外，它的 CTE 值也很大。而 Kovar (柯瓦合金，一种 Fe－Co－Ni 合金)和 Invar(因瓦合金，一种 Fe－Ni 合金)合金的 CTE 虽较低，电阻很大，作为航空电子封装材料是不适宜的。Mo(钼)，W(钨)虽然有较为理想的 CTE 值，但是导热性能却不如 Al 和 Cu，密度也较大，且与 Si 的浸润性不好。Mo，W 以及随之发展的钨铜、钼铜、铜因瓦铜、铜钼铜合金在热传导方面优于柯瓦合金，但其质量却比柯瓦合金大。

(四)金属基复合封装材料

从上面的表述可以看出单一的塑料封装材料，陶瓷封装材料，还有金属封装材料不能完全满足封装材料的性能要求，工作者们开始研究和开发出来了低膨胀、高导热的金属基复合新封装材料。金属基复合封装材料可以通过基体和增强体的不同组合而获得不同性能的封装材料。

与其他电子封装材料相比，金属基复合材料可以通过改变增强体的种类、体积分数、排列方式、基体的合金成分或热处理工艺实现材料的热物理性能设计。常用于封装基片的金属基复合材料主要为 Cu 基、Mg 基复合材料和 Al 基复合材料。这是因为这些纯金属或者合金具备良好的导热导电性能，良好的可加工性能及焊接性能，同时它们的密度也很低(如铝和镁)。增强体应具有较低的 CTE、高的导热系数、良好的化学稳定性、较低的成本，同时增强体应该与金属基体有较好的润湿性。

1. 铝基复合封装材料

铝基复合材料比强度、比刚度高，导热性能好、线膨胀系数可调控、密度较低，作为电子封装元器件的选材，具有很大的开发应用潜力。

铝基复合材料比重小，对于航空航天电子设备和移动设备来说，具有非常强的吸引力。目前，研究最多、应用最广泛的就是 SiC/Al 复合材料，其基体可以是纯铝，但大多数为各种铝合金。美国的 Alcoa 公司和 Lanxide 公司分别采用真空压铸法和无压渗透法制备了 SiC/Al 复合材料，可在具体应用中获得精确的热匹配，使得与芯片或基片材料结合处应力最小，同时可以保证高的导热系数(大约是 Kovar 合金的 10 倍)，物理性能也很好。SiC/Al 复合材料的制备工艺较成熟，同时可以在其上镀覆 Al，Ni 等，很容易实现封装材料的焊接。

在 20 世纪 90 年代国外某些公司成功了研制高硅铝合金电子封 装材料，作为轻质电子封装材料，其优点突出为可实现材料物理性能设计、质量轻、综合性能好、成本低。它的主要制备方法有以下几种：①加压浸渗法；②无压浸渗法；③粉末冶金法；④真空热压法；⑤喷射沉积法。1998 年美国 M. Jacobson 及 P. S. Sangha 研究小组制备的铝硅合金含 Si 量已达 50％。日本研发的 CMSHA40 (Al－40%Si)合金能批量生产。2000 年英国 OspreyMetal 公司采用喷射沉积技术制备了一系列合金成分分别为(27%,40%,50%,60%,70%)Si 的高硅铝合金封装材料。

目前,国内报道的最高硅铝合金复合材料中 Si 含量仅为 17%～30%,研究工作主要集中在低密度、低膨胀和高耐磨性三个方面。电子封装用高硅铝合金材料的研究目前仍处于起步阶段。

2. 铜基复合材料

利用 C 纤维、B 纤维、SiC 颗粒、AlN 颗粒等材料做增强体,得到纤维增强的低膨胀、高热导率的 Cu 复合材料具有较好的综合性能。但是,若不采用一些特殊的制备工艺,纤维具有极大的各向异性,复合材料各向异性将很突出。因此,工作者往往采用纤维网状排列、螺旋排列、倾斜网状排列等方法解决这一问题。此外,研究者们发现在 Cu 中还可以加入 W,Mo 和低膨胀合金(FeNi 合金)等粉末。制作 W/Cu 或 Mo/Cu 复合材料时,将 Cu 渗入多孔的 W,Mo 烧结块中,以保持各相的连续性。

8.4.3　金属基复合电子封装材料的制备方法

从上面两节表述可以看出,相比单一材料制备的电子封装材料,金属基封装材料具有一定的优势,综合性能较好。它的制备方法有液压法、固态法和喷射沉积法,下面将分别介绍。

(1)液态法。

液压法包括气体压力渗透铸造法、挤压铸造法和无压渗透铸造法等。气体压力渗透铸造法是利用气压将熔化后的金属压渗预制件中而得到复合材料。该方法是非常有效的生产电子封装材料的方法之一,但该方法生产周期较长、施加压力较小。

挤压铸造法首先要将增强体做成预制件,然后放入模子中,最后通过液压将已经熔化的金属压渗到增强体预制件中。该方法生产周期短,可以批量生产,产品质量稳定。但是得到的电子封装材料会存在一定的残留气体,成本较高,对操作要求较高,使其应用范围受到极大的限制。

无压渗透铸造法是先把基体合金铸锭放入到预制件上,通入含有 N_2 的可控气氛,然后通过加热直到合金熔化自发渗入到预制件中。该方法优点是生产成本较低,可以生产各种形状复杂的网格状电子封装材料。缺点是必须在 N_2 可控气氛中进行,生产周期较长,产品中有一定量的气孔。

(2)固态法。

固态法包括固态扩散法和粉末冶金法固态扩散法。固态扩散法是制造连续纤维增强金属基复合材料的方法之一,这种方法工艺复杂、成本较高、难度大。粉末冶金法是将所有粉末按一定比例混合和压制,在真空或者惰性气体保护下烧结,然后进行热等静压或等静压轧制。粉末冶金法的优点是材料的颗粒分布均匀,力学性能比较好、基体和增强体的范围可选。但是该方法需要的原材料和设备成本高,得到的复合材料微观形貌均一性较差,孔洞率较大,因此必须对复合材料进行二次塑性加工,以提高其综合力学性能。

(3)喷射沉积法。

喷射沉积成形技术制备颗粒增强金属基复合材料是该技术近年来发展的一个重要方向。目前,现行的国内外的该制备技术大多是在喷射沉积成形过程中将一定量的增强相颗粒喷入雾化锥中,与金属熔滴强制混合后在沉积器上共沉积以获得复合材料坯件。这类方法的最大缺点是增强颗粒利用率低，材料制备成本高。

现在的集成电路向小型化、高密度组装化、低成本、高性能和高可靠性发展，这就对基板、布线材料、密封材料、层间介质材料提出了更高的要求，需要性能好，低成本的电子封装材料的出现。这对金属基电子封装符合材料的发展提供了巨大的空间。通过改变金属基复合材料中增强体的形状、大小、体积分数，寻找一种不仅与基板的热性能相匹配，又具有良好力学性能，而且制造方法还经济适用的电子封装材料，是研究金属基电子封装复合材料的发展方向。

本章小结

本章主要学习了电化学腐蚀的原因、影响腐蚀速率的因素以及如何防止或减缓腐蚀的措施，并对高分子材料的保护及电子封装材料的主要功能及分类等进行了初步学习。重点需要掌握以下内容：

(1)电化学腐蚀：金属材料(合金或不纯的金属)与电解质溶液接触 ，通过电极反应产生的腐蚀。

(2)电化学腐蚀反应：①阳极。金属失电子的氧化反应。②阴极。根据腐蚀介质不同可分析氢腐蚀和吸氧腐蚀。

(3)影响腐蚀速率的因素：两极间电势差、腐蚀电池电阻、电极极化。

(4)金属防腐的主要方法：表面阳极氧化处理、改善金属本身性能、增加防护层、牺牲阳极法、缓蚀剂法等。

习题与思考题

1. 金属腐蚀分为哪几种主要类型？它们各有什么特点？

2. 什么是腐蚀电池？腐蚀电池有几种类型？

3. 金属腐蚀的防护的方法有哪几种？各自有什么特点？

4. 在铁被腐蚀的电池中，若铁块上两点的差别仅是氧气的浓度不同，其中一点氧的分压为 100 kPa，另一点为 0.1×100 kPa，则这两点之间氧的电势差是多少？

5. 铜制水龙头与铁制水管接头处，哪个部位易遭受腐蚀？这种腐蚀现象与曲别针夹纸所发生的腐蚀，在机理上有何不同？试简要说明。

附　　录

附录一　一些物理和化学的基本常数

量	符号	数值	单位	相对不确定度 (1×10^6)
光速	c	299 792 458	$m\cdot s^{-1}$	定义值
真空磁导率	μ_0	4π	$10^{-7}N\cdot A^{-2}$	定义值
真空电容率，$1/(\mu_0C^2)$	ε_0	8.854 187 817	$10^{-12}F\cdot m^{-1}$	定义值
牛顿引力常数	G	6.672 59(85)	$10^{-11}m^3\cdot kg^{-1}\cdot s^{-2}$	128
普郎克常数	h	6.626 075 5(40)	$10^{-34}J\cdot s$	0.60
$h/2\pi$	$\hbar$	1.054 572 66(63)	$10^{-34}J\cdot s$	0.60
基本电荷	e	1.602 177 33(49)	$10^{-19}C$	0.30
电子质量	m_e	0.910 938 97(54)	$10^{-30}kg$	0.59
质子质量	m_p	1.672 623 1(10)	$10^{-27}kg$	0.59
质子-电子质量比	m_p/m_e	1 836.152 701(37)		0.020
精细结构常数	α	7.297 353 08(33)	10^{-3}	0.045
精细结构常数的倒数	α^{-1}	137.035 989 5(61)		0.045
里德伯常数	R_∞	10 973 731.534(13)	m^{-1}	0.001 2
阿伏加德罗常数	L, N_A	6.022 136 7(36)	$10^{23}mol^{-1}$	0.59
法拉第常数	F	96 485.309(29)	$C\cdot mol^{-1}$	0.30
摩尔气体常数	R	8.314 510(70)	$J\cdot mol^{-1}\cdot K^{-1}$	8.4
玻尔兹曼常数，R/L_A	k	1.380 658(12)	$10^{-23}J\cdot K^{-1}$	8.5
斯式藩-玻尔兹曼常数 $\pi^2k^4/60h^3c^2$	σ	5.670 51(12)	$10^{-8}W\cdot m^{-2}\cdot K^{-4}$	34
电子伏，$(e/C)\ J=\{e\}J$ (统一)原子质量单位	eV	1.602 177 33(49)	$10^{-19}J$	0.30
原子质量常数，$1/12m(^{12}C)$	u	1.660 540 2(10)	$10^{-27}kg$	0.59

附录二　物质的标准摩尔生成焓、标准摩尔生成吉布斯函数、标准摩尔熵

1. 单质和无机物

物质	$\frac{\Delta_f H_m^\theta(298.15\ K)}{kJ \cdot mol^{-1}}$	$\frac{\Delta_f G_m^\theta(298.15\ K)}{kJ \cdot mol^{-1}}$	$\frac{S_m^\theta(298.15\ K)}{J \cdot K^{-1} \cdot mol^{-1}}$
Ag(s)	0	0	42.712
Ag_2CO_3(s)	−506.14	−437.09	167.36
Ag_2O(s)	−30.56	−10.82	121.71
Al(s)	0	0	28.315
Al(g)	313.80	273.2	164.553
α-Al_2O_3	−1 669.8	−2 213.16	0.986
$Al_2(SO_4)_3$(s)	−3 434.98	−3 728.53	239.3
Br_2(g)	111.884	82.396	175.021
Br_2(g)	30.71	3.109	245.455
Br_2(l)	0	0	152.3
C(g)	718.384	672.942	158.101
C(金刚石)	1.896	2.866	2.439
C(石墨)	0	0	5.694
CO(g)	−110.525	−137.285	198.016
CO_2(g)	−393.511	−394.38	213.76
Ca(s)	0	0	41.63
CaC_2(s)	−62.8	−67.8	70.2
$CaCO_3$(方解石)	−1 206.87	−1 128.70	92.8
$CaCl_2$(s)	−795.0	−750.2	113.8
CaO(s)	−635.6	−604.2	39.7
$Ca(OH)_2$(s)	−986.5	−896.89	76.1
$CaSO_4$(硬石膏)	−1 432.68	−1 320.24	106.7
Cl^-(aq)	−167.456	−131.168	55.10
Cl_2(g)	0	0	222.948
Cu(s)	0	0	33.32
CuO(s)	−155.2	−127.1	43.51
α-Cu_2O	−166.69	−146.33	100.8

续表

物质	$\frac{\Delta_f H_m^\theta(298.15\ K)}{kJ \cdot mol^{-1}}$	$\frac{\Delta_f G_m^\theta(298.15\ K)}{kJ \cdot mol^{-1}}$	$\frac{S_m^\theta(298.15\ K)}{J \cdot K^{-1} \cdot mol^{-1}}$
F_2(g)	0	0	203.5
α－Fe	0	0	27.15
$FeCO_3$(s)	－747.68	－673.84	92.8
FeO(s)	－266.52	－244.3	54.0
Fe_2O_3(s)	－822.1	－741.0	90.0
Fe_3O_4(s)	－117.1	－1014.1	146.4
H(g)	217.94	203.122	114.724
H_2(g)	0	0	130.695
D_2(g)	0	0	144.884
HBr(g)	－36.24	－53.22	198.60
HBr(aq)	－120.92	－102.80	80.71
HCl(g)	－92.311	－95.265	186.786
HCl(aq)	－167.44	－131.17	55.10
H_2CO_3(aq)	－698.7	－623.37	191.2
Hl(g)	－25.94	－1.32	206.42
H_2O(g)	－241.825	－228.577	188.823
H_2O(l)	－285.838	－237.142	69.940
H_2O(s)	－291.850	－234.03	39.4
H_2O_2(l)	－187.61	－118.04	102.26
H_2S(g)	－20.146	－33.040	205.75
H_2SO_4(l)	－811.35	－866.4	156.85
H_2SO_4(aq)	－811.32		
HSO_4(aq)	－885.75	－752.99	126.86
l_2(g)	0	0	116.7
I_2(g)	62.242	19.34	260.60
N_2(g)	0	0	191.598
NH_3(g)	－46.19	－16.603	192.61
NO(g)	89.860	90.37	210.309
NO_2(g)	33.85	51.86	240.57
N_2O(g)	81.55	103.62	220.10
N_2O_4(g)	9.660	98.39	304.42

续 表

物质	$\frac{\Delta_f H_m^\theta(298.15\ K)}{kJ \cdot mol^{-1}}$	$\frac{\Delta_f G_m^\theta(298.15\ K)}{kJ \cdot mol^{-1}}$	$\frac{S_m^\theta(298.15\ K)}{J \cdot K^{-1} \cdot mol^{-1}}$
N_2O_5(g)	2.51	110.5	342.4
O(g)	247.521	230.095	161.063
O_2(g)	0	0	205.138
O_3(g)	142.3	163.45	237.7
OH^-(aq)	−229.940	−157.297	−10.539
S(单斜)	0.29	0.096	32.55
S(斜方)	0	0	31.9
(g)	124.94	76.08	227.76
S(g)	222.80	182.27	167.825
SO_2(g)	−296.90	−300.37	248.64
SO_3(g)	−395.18	−370.40	256.34
SO_4^{2-}(aq)	−907.51	−741.90	17.2

2. 有机化合物

名称	分子式	状态	$\frac{\Delta_f H_m^\theta}{kJ \cdot mol^{-1}}$	$\frac{\Delta_f G_m^\theta}{kJ \cdot mol^{-1}}$	$\frac{S_m^\theta}{J \cdot mol^{-1} \cdot K^{-1}}$
溴氯二氟甲烷	$CBrClF_2$	(g)	—	—	318.5
二溴二氯甲烷	CBr_2Cl_2	(g)	—	—	347.8
二溴二氟甲烷	CBr_2F_2	(g)	—	—	325.3
四氯化碳	CCl_4	(l)	−128.2	—	—
		(g)	−95.8	—	—
二硫化碳	CS_2	(l)	89.0	64.6	151.3
		(g)	116.6	67.1	237.8
三氯甲烷	$CHCl_3$	(l)	−134.5	−73.7	201.7
		(g)	−103.1	6.0	295.7
三氟甲烷	CHF_3	(g)	−695.4	—	259.7
三溴甲烷	$CHBr_3$	(l)	−28.5	−5.0	220.9
		(g)	17.0	8.0	330.9
三碘甲烷	CHI_3	(cr)	141.0	—	—
		(g)	—	—	356.2
二氯甲烷	CH_2Cl_2	(l)	−124.1	—	177.8
		(g)	−95.6	—	270.2

续表

名称	分子式	状态	$\frac{\Delta_f H_m^\theta}{kJ \cdot mol^{-1}}$	$\frac{\Delta_f G_m^\theta}{kJ \cdot mol^{-1}}$	$\frac{S_m^\theta}{J \cdot mol^{-1} \cdot K^{-1}}$
氨基氰	CH_2N_2	(cr)	58.8	—	—
重氮甲烷	CH_2N_2	(g)	—	—	242.9
甲醛	CH_2O	(g)	−108.6	−102.5	218.8
甲酸	CH_2O_2	(l)	−424.7	−361.4	129.0
		(g)	−378.6	—	—
溴甲烷	CH_3Br	(l)	−59.4	—	—
		(g)	−35.5	−26.3	246.4
氯甲烷	CH_3Cl	(g)	−81.9	—	234.6
氟甲烷	CH_3F	(g)	—	—	222.9
碘甲烷	CH_3I	(l)	−12.3	—	163.2
		(g)	14.7	—	254.1
甲烷	CH_4	(g)	−74.4	−50.3	186.3
甲酰胺	CH_3NO	(l)	−254.0	—	—
硝基甲烷	CH_3NO_2	(l)	−113.1	−14.4	171.8
		(g)	−74.7	−6.8	275.0
硝酸甲酯	CH_3NO_3	(l)	−159.0	−43.4	217.1
脲	CH_4N_2O	(cr)	−333.6	—	—
甲醇	CH_3OH	(l)	−239.1	−166.6	126.8
		(g)	−201.5	−162.6	239.8
甲硫醇	CH_3SH	(l)	−46.4	−7.7	169.2
		(g)	−22.3	−9.3	255.2
甲胺	CH_5N	(l)	−47.3	35.7	150.2
		(g)	−22.5	32.7	242.9
甲肼	CH_6N_2	(l)	54.0	180.0	165.9
		(g)	94.3	187.0	278.8
三氯乙腈	C_2Cl_3N	(g)	—	—	336.6
四氯乙烯	C_2Cl_4	(l)	−50.6	3.0	266.9
三氯乙酰氯	C_2Cl_4O	(l)	−280.8	—	—
六氯乙烷	C_2Cl_6	(cr)	−202.8	—	237.3
三氟乙腈	C_2F_3N	(g)	−497.9	—	298.1
四氟乙烯	C_2F_4	(cr)	−820.5	—	—
		(g)	−658.9	—	300.1

续 表

名称	分子式	状态	$\frac{\Delta_f H_m^\theta}{kJ \cdot mol^{-1}}$	$\frac{\Delta_f G_m^\theta}{kJ \cdot mol^{-1}}$	$\frac{S_m^\theta}{J \cdot mol^{-1} \cdot K^{-1}}$
氯乙炔	C_2HCl	(g)	—	—	242.0
三氯乙烯	C_2HCl_3	(l)	−43.6	—	228.4
		g	−8.1	—	324.8
三氯乙醛	C_2HCl_3O	(l)	−236.2	—	—
		(g)	−196.6	—	—
三氯乙酸	$C_2HCl_3O_2$	(cr)	−503.3	—	—
乙炔	C_2H_2	(g)	228.2	210.7	200.9
乙烯酮	C_2H_2O	(l)	−67.9	—	—
		(g)	−47.5	−48.3	247.6
乙二醛	$C_2H_2O_2$	(g)	−212.0	—	—
草酸	$C_2H_2O_4$	cr	−821.7	—	109.8
		(g)	−723.7	—	—
溴乙烯	C_2H_3Br	(g)	79.2	81.8	275.8
氯乙烯	C_2H_3Cl	(cr)	−94.1	—	—
		(l)	14.6	—	—
		(g)	37.3	53.6	264.0
乙酰碘	C_2H_3IO	(l)	−162.5	—	—
氯乙酸	$C_2H_3ClO_2$	(cr)	−510.5	—	—
乙腈	C_2H_3N	(l)	31.4	77.2	149.6
		(g)	64.3	81.7	245.1
乙烯	C_2H_4	(g)	52.5	68.4	219.6
乙醛	C_2H_4O	(l)	−191.8	−127.6	160.2
		(g)	−166.2	−132.8	263.7
环氧乙烷	C_2H_4O	(l)	−77.8	−11.8	153.9
		(g)	−52.6	−13.0	242.5
乙酸	C_2H_4O	(l)	−484.5	−389.9	159.8
		(g)	−432.8	−374.5	282.5

附录三 常见弱酸、弱碱标准解离常数

弱酸	分子式	K_a^θ	pK_a
砷酸	H_3AsO_4	$6.3\times10^{-3}(K_{a1})$ $1.0\times10^{-7}(K_{a2})$ $3.2\times10^{-12}(K_{a3})$	2.20 7.00 11.50
亚砷酸	$HAsO_2$	6.0×10^{-10}	9.22
硼酸	H_3BO_3	5.8×10^{-10}	9.24
焦硼酸	$H_2B_4O_7$	$1.0\times10^{-4}(K_{a1})$ $1.0\times10^{-9}(K_{a2})$	4 9
碳酸	$H_2CO_3(CO_2+H_2O)$	$4.2\times10^{-7}(K_{a1})$ $5.6\times10^{-11}(K_{a2})$	6.38 10.25
氢氰酸	HCN	6.2×10^{-10}	9.21
铬酸	H_2CrO_4	$1.8\times10^{-1}(K_{a1})$ $3.2\times10^{-7}(K_{a2})$	0.74 6.50
氢氟酸	HF	6.6×10^{-4}	3.18
亚硝酸	HNO_2	5.1×10^{-4}	3.29
过氧化氢	H_2O_2	1.8×10^{-12}	11.75
磷酸	H_3PO_4	$7.6\times10^{-3}(K_{a1})$ $6.3\times10^{-8}(K_{a2})$ $4.4\times10^{-13}(K_{a3})$	2.12 7.2 12.36
焦磷酸	$H_4P_2O_7$	$3.0\times10^{-2}(K_{a1})$ $4.4\times10^{-3}(K_{a2})$ $2.5\times10^{-7}(K_{a3})$ $5.6\times10^{-10}(K_{a4})$	1.52 2.36 6.60 9.25
亚磷酸	H_3PO_3	$5.0\times10^{-2}(K_{a1})$ $2.5\times10^{-7}(K_{a2})$	1.30 6.60
氢硫酸	H_2S	$1.3\times10^{-7}(K_{a1})$ $7.1\times10^{-15}(K_{a2})$	6.88 14.15
硫酸	HSO_4^-	$1.0\times10^{-2}(K_{a2})$	1.99
亚硫酸	$H_3SO_3(SO_2+H_2O)$	$1.3\times10^{-2}(K_{a1})$ $6.3\times10^{-8}(K_{a2})$	1.90 7.20
偏硅酸	H_2SiO_3	$1.7\times10^{-10}(K_{a1})$ $1.6\times10^{-12}(K_{a2})$	9.77 11.8
甲酸	$HCOOH$	1.8×10^{-4}	3.74

续表

弱酸	分子式	K_a^θ	pK_a
乙酸	CH_3COOH	1.8×10^{-5}	4.74
一氯乙酸	$CH_2ClCOOH$	1.4×10^{-3}	2.86
二氯乙酸	$CHCl_2COOH$	5.0×10^{-2}	1.30
三氯乙酸	CCl_3COOH	0.23	0.64
氨基乙酸盐	$^+NH_3CH_2COOH^-$ $^+NH_3CH_2COO^-$	$4.5\times10^{-3}(K_{a1})$ $2.5\times10^{-10}(K_{a2})$	2.35 9.60
抗坏血酸	O CH_2 — CH — CH　　C = O │　　│ OH　OH　C = C OH　　OH	$5.0\times10^{-5}(K_{a1})$ $1.5\times10^{-10}(K_{a2})$	4.30 9.82
乳酸	$CH_3CHOHCOOH$	1.4×10^{-4}	3.86
苯甲酸	C_6H_5COOH	6.2×10^{-5}	4.21
草酸	$H_2C_2O_4$	$5.9\times10^{-2}(K_{a1})$ $6.4\times10^{-5}(K_{a2})$	1.22 4.19
d-酒石酸	CH(OH)COOH CH(OH)COOH	$9.1\times10^{-4}(K_{a1})$ $4.3\times10^{-5}(K_{a2})$	3.04 4.37
邻-苯二甲酸	$C_6H_4(COOH)_2$	$1.1\times10^{-3}(K_{a1})$ $3.9\times10^{-6}(K_{a2})$	2.95 5.41
柠檬酸	CH_2COOH CH(OH)COOH CH_2COOH	$7.4\times10^{-4}(K_{a1})$ $1.7\times10^{-5}(K_{a2})$ $4.0\times10^{-7}(K_{a3})$	3.13 4.76 6.40
苯酚	C_6H_5OH	1.1×10^{-10}	9.95
乙二胺四乙酸	H_6-EDTA^{2+} H_5-EDTA^+ H_4-EDTA H_3-EDTA^- H_2-EDTA^{2-} $H-EDTA^{3-}$	$0.1(K_{a1})$ $3\times10^{-2}(K_{a2})$ $1\times10^{-2}(K_{a3})$ $2.1\times10^{-3}(K_{a4})$ $6.9\times10^{-7}(K_{a5})$ $5.5\times10^{-11}(K_{a6})$	0.9 1.6 2.0 2.67 6.17 10.26
氨水	NH_3	1.8×10^{-5}	4.74
联氨	H_2NNH_2	$3.0\times10^{-6}(K_{b1})$ $1.7\times10^{-5}(K_{b2})$	5.52 14.12
羟胺	NH_2OH	9.1×10^{-6}	8.04
甲胺	CH_3NH_2	4.2×10^{-4}	3.38
乙胺	$C_2H_5NH_2$	5.6×10^{-4}	3.25

续表

弱酸	分子式	K_a^θ	pK_a
二甲胺	$(CH_3)_2NH$	1.2×10^{-4}	3.93
二乙胺	$(C_2H_5)_2NH$	1.3×10^{-3}	2.89
乙醇胺	$HOCH_2CH_2NH_2$	3.2×10^{-5}	4.50
三乙醇胺	$(HOCH_2CH_2)_3N$	5.8×10^{-7}	6.24
六次甲基四胺	$(CH_2)_6N_4$	1.4×10^{-9}	8.85
乙二胺	$H_2NHC_2CH_2NH_2$	$8.5 \times 10^{-5}(K_{b1})$ $7.1 \times 10^{-8}(K_{b2})$	4.07 7.15
吡啶	N	1.7×10^{-5}	8.77

附录四　常见难溶电解质的标准溶度积常数

难溶电解质	K_{sp}^θ	难溶电解质	K_{sp}^θ
AgAc	1.94×10^{-3}	$BaSO_4$	1.08×10^{-10}
AgBr	5.35×10^{-13}	BaS_2O_3	1.6×10^{-5}
AgCl	1.77×10^{-10}	$Bi(OH)_3$	4.0×10^{-31}
Ag_2CO_3	8.46×10^{-12}	BiOCl	1.8×10^{-97}
$Ag_2C_2O_4$	5.40×10^{-12}	Bi_2S_3	1×10^{-9}
Ag_2CrO_4	1.12×10^{-12}	$CaCO_3$	3.36×10^{-9}
$Ag_2Cr_2O_7$	2.0×10^{-7}	$CaC_2O_4 \cdot H_2O$	2.32×10^{-4}
AgI	8.52×10^{-17}	CaC_rO_4	7.1×10^{-4}
$AgIO_3$	3.17×10^{-8}	CaF_2	3.45×10^{-11}
$AgNO_2$	6.0×10^{-4}	$CaHPO_4$	1.0×10^{-6}
AgOH	2.0×10^{-8}	$Ca(OH)_2$	5.02×10^{-33}
Ag_3PO_4	8.89×10^{-17}	$Ca_3(PO_4)_2$	2.07×10^{-5}
Ag_2SO_4	1.20×10^{-5}	$CaSO_4$	4.93×10^{-7}
$Ag_2S(\alpha)$	6.3×10^{-50}	$CaSO_3 \cdot 0.5H_2O$	3.1×10^{-12}
$Ag_2S(\beta)$	1.09×10^{-49}	$CdCO_3$	1.0×10^{-8}
$Al(OH)_3$	1.3×10^{-33}	$CdC_2O_4 \cdot 3H_2O$	1.42×10^{-14}
AuCl	2.0×10^{-13}	$Cd(OH)_2$(新析出)	2.5×10^{-27}

续表

难溶电解质	K_{sp}^{θ}	难溶电解质	K_{sp}^{θ}
$AuCl_3$	3.2×10^{-25}	CdS	8.0×10^{-13}
$Au(OH)_3$	5.5×10^{-46}	$CoCO_3$	1.4×10^{-15}
$BaCO_3$	2.58×10^{-9}	$Co(OH)_2$(桃红)	1.6×10^{-15}
BaC_2O_4	1.6×10^{-7}	$Co(OH)_2$(蓝)	5.92×10^{-44}
BaC_rO_4	1.17×10^{-10}	$Co(OH)_3$	1.6×10^{-21}
BaF_2	1.84×10^{-7}	CoS(α)(新析出)	4.0×10^{-25}
$Ba_3(PO_4)_2$	3.4×10^{-23}	CoS(β)(陈化)	2.0×10^{-21}
$BaSO_3$	5.0×10^{-10}	$Cr(OH)_3$	6.3×10^{-25}
CuBr	6.27×10^{-9}	$Mn(OH)_2$	1.9×10^{-13}
CuCN	3.47×10^{-20}	MnS(无定形)	2.5×10^{-10}
$CuCO_3$	1.4×10^{-10}	MnS(结晶)	2.5×10^{-13}
CuCl	1.72×10^{-7}	Na_3AlF_6	4.0×10^{-10}
$CuCrO_4$	3.6×10^{-6}	$NiCO_3$	1.42×10^{-7}
CuI	1.27×10^{-12}	$Ni(OH)_2$(新析出)	2×10^{-15}
CuOH	1.0×10^{-14}	α-NiS	3.2×10^{-19}
$Cu(OH)_2$	2.2×10^{-20}	β-NiS	1.0×10^{-24}
$Cu_3(PO_4)_2$	1.40×10^{-37}	γ-NiS	2.0×10^{-26}
$Cu_2P_2O_7$	8.3×10^{-16}	$PbBr_2$	6.60×10^{-6}
CuS	6.3×10^{-36}	$PbCl_2$	1.7×10^{-5}
Cu_2S	2.5×10^{-48}	$PbCO_3$	7.4×10^{-14}
$FeCO_3$	3.2×10^{-11}	PbC_2O_4	4.8×10^{-10}
$FeC_2O_4\cdot2H_2O$	3.2×10^{-7}	$PbCrO_4$	2.8×10^{-13}
$Fe(OH)_2$	4.87×10^{-17}	PbF_2	7.12×10^{-7}
$Fe(OH)_3$	2.79×10^{-39}	PbI_2	9.8×10^{-9}
FeS	6.3×10^{-18}	$Pb(OH)_2$	1.43×10^{-20}
Hg_2Cl_2	1.43×10^{-18}	$Pb(OH)_4$	3.2×10^{-44}
Hg_2I_2	5.2×10^{-29}	$Pb(PO_4)_2$	8.0×10^{-40}
$Hg(OH)_2$	3.0×10^{-26}	$PbMoO_4$	1.0×10^{-13}
Hg_2S	1.0×10^{-47}	PbS	8×10^{-28}
HgS(红)	4.0×10^{-53}	$PbSO_4$	2.53×10^{-8}
HgS(黑)	1.6×10^{-52}	$Sn(OH)_2$	5.45×10^{-27}

续 表

难溶电解质	K_{sp}^{θ}	难溶电解质	K_{sp}^{θ}
Hg_2SO_4	6.5×10^{-7}	$Sn(OH)_4$	1×10^{-56}
KIO_4	3.71×10^{-4}	SnS	1.0×10^{-25}
$K_2[PtCl_6]$	7.48×10^{-6}	$SrCO_3$	5.60×10^{-10}
$K_2[SiF_6]$	8.7×10^{-7}	$SrC_2O_4 \cdot H_2O$	1.6×10^{-7}
Li_2CO_3	8.15×10^{-4}	$SrCrO_4$	2.2×10^{-5}
LiF	1.84×10^{-3}	$SrSO_4$	3.44×10^{-7}
$MgNH_4PO_4$	2.5×10^{-13}	$ZnCO_3$	1.46×10^{-10}
$MgCO_3$	6.82×10^{-6}	$ZnC_2O_4 \cdot 2H_2O$	1.38×10^{-9}
MgF_2	5.16×10^{-11}	$Zn(OH)_2$	3.0×10^{-17}
$Mg(OH)_2$	5.61×10^{-12}	α - ZnS	1.6×10^{-24}
$MnCO_3$	2.24×10^{-11}	β - ZnS	2.5×10^{-22}

附录五　常见氧化还原电对的标准电极电势

1.在酸性溶液中

电极反应	φ^{θ}/V	电极反应	φ^{θ}/V
$Ag^{+} + e^{-} = Ag$	0.799 6	$Cd^{2+} + 2e^{-} = Cd(Hg)$	−0.352 1
$Ag^{2+} + e^{-} = Ag^{+}$	1.980	$Ce^{3+} + 3e^{-} = Ce$	−2.483
$AgAc + e^{-} = Ag + Ac^{-}$	0.643	$Cl_2(g) + 2e^{-} = 2Cl^{-}$	1.358 27
$AgBr + e^{-} = Ag + Br^{-}$	0.071 33	$HClO + H^{+} + e^{-} = 1/2Cl_2 + H_2O$	1.611
$Ag_2BrO_3 + e^{-} = 2Ag + BrO_3^{-}$	0.546	$HClO + H^{+} + 2e^{-} = Cl^{-} + H_2O$	1.482
$Ag_2C_2O_4 + 2e^{-} = 2Ag + C_2O_4^{2-}$	0.464 7	$ClO_2 + H^{+} + e^{-} = HClO_2$	1.277
$AgCl + e^{-} = Ag + Cl^{-}$	0.222 33	$HClO_2 + 2H^{+} + 2e^{-} = HClO + H_2O$	1.645
$Ag_2CO_3 + 2e^{-} = 2Ag + CO_3^{2-}$	0.47	$HClO_2 + 3H^{+} + 3e^{-} = 1/2Cl_2 + 2H_2O$	1.628
$Ag_2CrO_4 + 2e^{-} = 2Ag + CrO_4^{2-}$	0.447 0	$HClO_2 + 3H^{+} + 4e^{-} = Cl^{-} + 2H_2O$	1.570
$AgF + e^{-} = Ag + F^{-}$	0.779	$ClO_3^{-} + 2H^{+} + e^{-} = ClO_2 + H_2O$	1.152
$AgI + e^{-} = Ag + I^{-}$	−0.152 24	$ClO_3^{-} + 3H^{+} + 2e^{-} = HClO_2 + H_2O$	1.214
$Ag_2S + 2H + 2e^{-} = 2Ag + H_2S$	−0.036 6	$ClO_3^{-} + 6H^{+} + 5e^{-} = 1/2Cl_2 + 3H_2O$	1.47
$AgSCN + e^{-} = Ag + SCN^{-}$	0.089 51	$ClO_3^{-} + 6H^{+} + 6e^{-} = Cl^{-} + 3H_2O$	1.451
$Ag_2SO_4 + 2e^{-} = 2Ag + SO_4^{2-}$	0.654	$ClO_4^{-} + 2H^{+} + 2e^{-} = ClO_3^{-} + H_2O$	1.189
$Al^{3+} + 3e^{-} = Al$	−1.662		
$AlF_6^{3-} + 3e^{-} = Al + 6F^{-}$	−2.069	$ClO_4^{-} + 8H^{+} + 7e^{-} = 1/2Cl_2 + 4H_2O$	1.39

续表

电极反应	φ^θ/V	电极反应	φ^θ/V
$As_2O_3 + 6H^+ + 6e^- = 2As + 3H_2O$	0.234		
$HAsO_2 + 3H^+ + 3e^- = As + 2H_2O$	0.248	$ClO_4^- + 8H^+ + 8e^- = Cl^- + 4H_2O$	1.389
$H_3AsO_4 + 2H^+ + 2e^- = HAsO_2 + 2H_2O$	0.560	$Co^{2+} + 2e^- = Co$	−0.28
$Au^+ + e^- = Au$	1.692	$Co^{3+} + e^- = Co^{2+}(2mol \cdot L^{-1} H_2SO_4)$	1.83
$Au^{3+} + 3e^- = Au$	1.498	$CO_2 + 2H^+ + 2e^- = HCOOH$	−0.199
$AuCl_4^- + 3e^- = Au + 4Cl^-$	1.002	$Cr^{2+} + 2e^- = Cr$	−0.913
$Au^{3+} + 2e^- = Au^+$	1.401	$Cr^{3+} + e^- = Cr^{2+}$	−0.407
$H_3BO_3 + 3H^+ + 3e^- = B + 3H_2O$	−0.869 8	$Cr^{3+} + 3e^- = Cr$	−0.744
$Ba^{2+} + 2e^- = Ba$	−2.912	$Cr_2O_7^{2-} + 14H^+ + 6e^- = 2Cr^{3+} + 7H_2O$	1.232
$Ba^{2+} + 2e^- = Ba(Hg)$	−1.570	$HCrO_4^- + 7H^+ + 3e^- = Cr^{3+} + 4H_2O$	1.350
$Be^{2+} + 2e^- = Be$	−1.847	$Cu^+ + e^- = Cu$	0.521
$BiCl_4^- + 3e^- = Bi + 4Cl^-$	0.16	$Cu^{2+} + e^- = Cu^+$	0.153
$Bi_2O_4 + 4H^+ + 2e^- = 2BiO^+ + 2H_2O$	1.593	$Cu^{2+} + 2e^- = Cu$	0.341 9
$BiO^+ + 2H^+ + 3e^- = Bi + H_2O$	0.320	$CuCl + e^- = Cu + Cl^-$	0.124
$BiOCl + 2H^+ + 3e^- = Bi + Cl^- + H_2O$	0.158 3	$F_2 + 2H^+ + 2e^- = 2HF$	3.053
$Br_2(aq) + 2e^- = 2Br^-$	1.087 3	$F_2 + 2e^- = 2F^-$	2.866
$Br_2(l) + 2e^- = 2Br^-$	1.066	$Fe^{2+} + 2e^- = Fe$	−0.447
$HBrO + H^+ + 2e^- = Br^- + H_2O$	1.331	$Fe^{3+} + 3e^- = Fe$	−0.037
$HBrO + H^+ + e^- = 1/2Br_2(aq) + H_2O$	1.574	$Fe^{3+} + e^- = Fe^{2+}$	0.771
$HBrO + H^+ + e^- = 1/2Br_2(l) + H_2O$	1.596	$[Fe(CN)_6]^{3-} + e^- = [Fe(CN)_6]^{4-}$	0.358
$BrO_3^- + 6H^+ + 5e^- = 1/2Br_2 + 3H_2O$	1.482	$FeO_4^{2-} + 8H^+ + 3e^- = Fe^{3+} + 4H_2O$	2.20
$BrO_3^- + 6H^+ + 6e^- = Br^- + 3H_2O$	1.423	$Ga^{3+} + 3e^- = Ga$	−0.560
$Ca^{2+} + 2e^- = Ca$	−2.868	$2H^+ + 2e^- = H_2$	0.000 00
$Cd^{2+} + 2e^- = Cd$	−0.403 0	$H_2(g) + 2e^- = 2H^-$	−2.23
$CdSO_4 + 2e^- = Cd + SO_4^{2-}$	−0.246	$HO_2 + H^+ + e^- = H_2O_2$	1.495
$H_2O_2 + 2H^+ + 2e^- = 2H_2O$	1.776	$O_2 + 4H^+ + 4e^- = 2H_2O$	1.229
$Hg^{2+} + 2e^- = Hg$	0.851	$O(g) + 2H^+ + 2e^- = H_2O$	2.421
$2Hg^{2+} + 2e^- = Hg_2^{2+}$	0.920	$O_3 + 2H^+ + 2e^- = O_2 + H_2O$	2.076
$Hg_2^{2+} + 2e^- = 2Hg$	0.797 3	$P(red) + 3H^+ + 3e^- = PH_3(g)$	−0.111
$Hg_2Br_2 + 2e^- = 2Hg + 2Br^-$	0.139 23	$P(white) + 3H^+ + 3e^- = PH_3(g)$	−0.063
$Hg_2Cl_2 + 2e^- = 2Hg + 2Cl^-$	0.268 08	$H_3PO_2 + H^+ + e^- = P + 2H_2O$	−0.508
$Hg_2I_2 + 2e^- = 2Hg + 2I^-$	−0.040 5	$H_3PO_3 + 2H^+ + 2e^- = H_3PO_2 + H_2O$	−0.499
$Hg_2SO_4 + 2e^- = 2Hg + SO_4^{2-}$	0.612 5	$H_3PO_3 + 3H^+ + 3e^- = P + 3H_2O$	−0.454
$I_2 + 2e^- = 2I^-$	0.535 5	$H_3PO_4 + 2H^+ + 2e^- = H_3PO_3 + H_2O$	−0.276

续表

电极反应	φ^θ/V	电极反应	φ^θ/V
$I_3^- + 2e^- = 3I^-$	0.536	$Pb^{2+} + 2e^- = Pb$	−0.126
$H_5IO_6 + H^+ + 2e^- = IO_3^- + 3H_2O$	1.601	$PbBr_2 + 2e^- = Pb + 2Br^-$	−0.284
$2HIO + 2H^+ + 2e^- = I_2 + 2H_2O$	1.439	$PbCl_2 + 2e^- = Pb + 2Cl^-$	−0.267
$HIO + H^+ + 2e^- = I^- + H_2O$	0.987	$PbF_2 + 2e^- = Pb + 2F^-$	−0.344
$2IO_3^- + 12H^+ + 10e^- = I_2 + 6H_2O$	1.195	$PbI_2 + 2e^- = Pb + 2I^-$	−0.365
$IO_3^- + 6H^+ + 6e^- = I^- + 3H_2O$	1.085	$PbO_2 + 4H^+ + 2e^- = Pb^{2+} + 2H_2O$	1.455
$In^{3+} + 2e^- = In^+$	−0.443	$PbO_2 + SO_4^{2-} + 4H^+ + 2e^- = PbSO_4 + 2H_2O$	1.691 3
$In^{3+} + 3e^- = In$	−0.338 2	$PbSO_4 + 2e^- = Pb + SO_4^{2-}$	−0.358
$Ir^{3+} + 3e^- = Ir$	1.159	$Pd^{2+} + 2e^- = Pd$	0.951
$K^+ + e^- = K$	−2.931	$PdCl_4^{2-} + 2e^- = Pd + 4Cl^-$	0.591
$La^{3+} + 3e^- = La$	−2.522	$Pt^{2+} + 2e^- = Pt$	1.118
$Li^+ + e^- = Li$	−3.040 1	$Rb^+ + e^- = Rb$	−2.98
$Mg^{2+} + 2e^- = Mg$	−2.372	$Re^{3+} + 3e^- = Re$	0.300
$Mn^{2+} + 2e^- = Mn$	−1.185	$S + 2H^+ + 2e^- = H_2S(aq)$	0.142
$Mn^{3+} + e^- = Mn^{2+}$	1.5415	$S_2O_6^{2-} + 4H^+ + 2e^- = 2H_2SO_3$	0.564
$MnO_2 + 4H^+ + 2e^- = Mn^{2+} + 2H_2O$	1.224	$S_2O_8^{2-} + 2e^- = 2SO_4^{2-}$	2.010
$MnO_4^- + e^- = MnO_4^{2-}$	0.558	$S_2O_8^{2-} + 2H^+ + 2e^- = 2HSO_4^-$	2.123
$MnO_4^- + 4H^+ + 3e^- = MnO_2 + 2H_2O$	1.679	$2H_2SO_3 + H^+ + 2e^- = H_2SO_4^- + 2H_2O$	−0.056
$MnO_4^- + 8H^+ + 5e^- = Mn^{2+} + 4H_2O$	1.507	$H_2SO_3 + 4H^+ + 4e^- = S + 3H_2O$	0.449
$MO^{3+} + 3e^- = MO$	−0.200	$SO_4^{2-} + 4H^+ + 2e^- = H_2SO_3 + H_2O$	0.172
$N_2 + 2H_2O + 6H^+ + 6e^- = 2NH_4OH$	0.092	$2SO_4^{2-} + 4H^+ + 2e^- = S_2O_6^{2-} + 2H_2O$	−0.22
$3N_2 + 2H^+ + 2e^- = 2NH_3(aq)$	−3.09	$Sb + 3H^+ + 3e^- = 2SbH_3$	−0.510
$N_2O + 2H^+ + 2e^- = N_2 + H_2O$	1.766	$Sb_2O_3 + 6H^+ + 6e^- = 2Sb + 3H_2O$	0.152
$N_2O_4 + 2e^- = 2NO_2^-$	0.867	$Sb_2O_5 + 6H^+ + 4e^- = 2SbO^+ + 3H_2O$	0.581
$N_2O_4 + 2H^+ + 2e^- = 2HNO_2$	1.065	$SbO^+ + 2H^+ + 3e^- = Sb + H_2O$	0.212
$N_2O_4 + 4H^+ + 4e^- = 2NO + 2H_2O$	1.035	$Sc^{3+} + 3e^- = Sc$	−2.077
$2NO + 2H^+ + 2e^- = N_2O + H_2O$	1.591	$Se + 2H^+ + 2e^- = H_2Se(aq)$	−0.399
$HNO_2 + H^+ + e^- = NO + H_2O$	0.983	$H_2SeO_3 + 4H^+ + 4e^- = Se + 3H_2O$	0.74
$2HNO_2 + 4H^+ + 4e^- = N_2O + 3H_2O$	1.297	$SeO_4^{2-} + 4H^+ + 2e^- = H_2SeO_3 + H_2O$	1.151
$NO_3^- + 3H^+ + 2e^- = HNO_2 + H_2O$	0.934	$SiF_6^{2-} + 4e^- = Si + 6F^-$	−1.24
$NO_3^- + 4H^+ + 3e^- = NO + 2H_2O$	0.957	(quartz)$SiO_2 + 4H^+ + 4e^- = Si + 2H_2O$	0.857
$2NO_3^- + 4H^+ + 2e^- = N_2O_4 + 2H_2O$	0.803	$Sn^{2+} + 2e^- = Sn$	−0.137 5
$Na^+ + e^- = Na$	−2.71	$Sn^{4+} + 2e^- = Sn^{2+}$	0.151
$Nb^{3+} + 3e^- = Nb$	−1.1	$Sr^+ + e^- = Sr$	−4.10

续 表

电极反应	φ^θ/V	电极反应	φ^θ/V
$Ni^{2+}+2e^-=Ni$	-0.257	$Sr^{2+}+2e^-=Sr$	-2.89
$NiO_2+4H^++2e^-=Ni^{2+}+2H_2O$	1.678	$Sr^{2+}+2e^-=Sr(Hg)$	-1.793
$O_2+2H^++2e^-=H_2O_2$	0.695	$Te+2H^++2e^-=H_2Te$	-0.793
$Te^{4+}+4e^-=Te$	0.568	$V^{3+}+e^-=V^{2+}$	-0.255
$TeO_2+4H^++4e^-=Te+2H_2O$	0.593	$VO^{2+}+2H^++e^-=V^{3+}+H_2O$	0.337
$TeO_4^-+8H^++7e^-=Te+4H_2O$	0.472	$VO_2^++2H^++e^-=VO^{2+}+H_2O$	0.991
$H_6TeO_6+2H^++2e^-=TeO_2+4H_2O$	1.02	$V(OH)_4^++2H^++e^-=VO^{2+}+3H_2O$	1.00
$Th^{4+}+4e^-=Th$	-1.899	$V(OH)_4^++4H^++5e^-=V+4H_2O$	-0.254
$Ti^{2+}+2e^-=Ti$	-1.630	$W_2O_5+2H^++2e^-=2WO_2+H_2O$	-0.031
$Ti^{3+}+e^-=Ti^{2+}$	-0.368	$WO_2+4H^++4e^-=W+2H_2O$	-0.119
$TiO^{2+}+2H^++e^-=Ti^{3+}+H_2O$	0.099	$WO_3+6H^++6e^-=W+3H_2O$	-0.090
$TiO_2+4H^++2e^-=Ti^{2+}+2H_2O$	-0.502	$2WO_3+2H^++2e^-=W_2O_5+H_2O$	-0.029
$Tl^++e^-=Tl$	-0.336	$Y^{3+}+3e^-=Y$	-2.37
$V^{2+}+2e^-=V$	-1.175	$Zn^{2+}+2e^-=Zn$	-0.761 8

2.在碱性溶液中

电极反应	φ^θ/V	电极反应	φ^θ/V
$AgCN+e^-=Ag+CN^-$	-0.017	$Cu(OH)_2+2e^-=Cu+2OH^-$	-0.222
$[Ag(CN)_2]^-+e^-=Ag+2CN^-$	-0.31	$2Cu(OH)_2+2e^-=Cu_2O+2OH^-+H_2O$	-0.080
$Ag_2O+H_2O+2e^-=2Ag+2OH^-$	0.342	$[Fe(CN)_6]^{3-}+e^-=[Fe(CN)_6]^{4-}$	0.358
$2AgO+H_2O+2e^-=Ag_2O+2OH^-$	0.607	$Fe(OH)_3+e^-=Fe(OH)_2+OH^-$	-0.56
$Ag_2S+2e^-=2Ag+S^{2-}$	-0.691	$H_2GaO_3^-+H_2O+3e^-=Ga+4OH^-$	-1.219
$H_2AlO_3^-+H_2O+3e^-=Al+4OH^-$	-2.33	$2H_2O+2e^-=H_2+2OH^-$	-0.827 7
$AsO_2^-+2H_2O+3e^-=As+4OH^-$	-0.68	$Hg_2O+H_2O+2e^-=2Hg+2OH^-$	0.123
$AsO_4^{3-}+2H_2O+2e^-=AsO_2^-+4OH^-$	-0.71	$HgO+H_2O+2e^-=Hg+2OH^-$	0.097 7
$H_2BO_3^-+5H_2O+8e^-=BH_4^-+8OH^-$	-1.24	$H_3IO_6^{2-}+2e^-=IO_3^-+3OH^-$	0.7
$H_2BO_3^-+H_2O+3e^-=B+4OH^-$	-1.79	$IO^-+H_2O+2e^-=I^-+2OH^-$	0.485
$Ba(OH)_2+2e^-=Ba+2OH^-$	-2.99	$IO_3^-+2H_2O+4e^-=IO^-+4OH^-$	0.15
$Be_2O_3^{2-}+3H_2O+4e^-=2Be+6OH^-$	-2.63	$IO_3^-+3H_2O+6e^-=I^-+6OH^-$	0.26
$Bi_2O_3+3H_2O+6e^-=2Bi+6OH^-$	-0.46	$Ir_2O_3+3H_2O+6e^-=2Ir+6OH^-$	0.098
$BrO^-+H_2O+2e^-=Br^-+2OH^-$	0.761	$La(OH)_3+3e^-=La+3OH^-$	-2.90
$BrO_3^-+3H_2O+6e^-=Br^-+6OH^-$	0.61	$Mg(OH)_2+2e^-=Mg+2OH^-$	-2.690
$Ca(OH)_2+2e^-=Ca+2OH^-$	-3.02	$MnO_4^-+2H_2O+3e^-=MnO_2+4OH^-$	0.595
$Ca(OH)_2+2e^-=Ca(Hg)+2OH^-$	-0.809	$MnO_4^{2-}+2H_2O+2e^-=MnO_2+4OH^-$	0.60

续表

电极反应	φ^θ/V	电极反应	φ^θ/V
$ClO^- + H_2O + 2e^- = Cl^- + 2OH^-$	0.81	$Mn(OH)_2 + 2e^- = Mn + 2OH^-$	−1.56
$ClO_2^- + H_2O + 2e^- = ClO^- + 2OH^-$	0.66	$Mn(OH)_3 + e^- = Mn(OH)_2 + OH^-$	0.15
$ClO_2^- + 2H_2O + 4e^- = Cl^- + 4OH^-$	0.76	$2NO + H_2O + 2e^- = N_2O + 2OH^-$	0.76
$ClO_3^- + H_2O + 2e^- = ClO_2^- + 2OH^-$	0.33	$NO + H_2O + e^- = NO + 2OH^-$	−0.46
$ClO_3^- + 3H_2O + 6e^- = Cl^- + 6OH^-$	0.62	$2NO_2^- + 2H_2O + 4e^- = N_2^{2-} + 4OH^-$	−0.18
$ClO_4^- + H_2O + 2e^- = ClO_3^- + 2OH^-$	0.36	$2NO_2^- + 3H_2O + 4e^- = N_2O + 6OH^-$	0.15
$[CO(NH_3)_6]^{3+} + e^- = [CO(NH_3)_6]^{2+}$	0.108	$NO_3^- + H_2O + 2e^- = NO_2^- + 2OH^-$	0.01
$CO(OH)_2 + 2e^- = CO + 2OH^-$	−0.73	$2NO_3^- + 2H_2O + 2e^- = N_2O_4 + 4OH^-$	−0.85
$CO(OH)_3 + e^- = CO(OH)_2 + OH^-$	0.17	$Ni(OH)_2 + 2e^- = Ni + 2OH^-$	−0.72
$CrO_2^- + 2H_2O + 3e^- = Cr + 4OH^-$	−1.2	$NiO_2 + 2H_2O + 2e^- = Ni(OH)_2 + 2OH^-$	−0.490
$CrO_4^{2-} + 4H_2O + 3e^- = Cr(OH)_3 + 5OH^-$	−0.13	$O_2 + H_2O + 2e^- = HO_2^- + OH^-$	−0.076
$Cr(OH)_3 + 3e^- = Cr + 3OH^-$	−1.48	$O_2 + 2H_2O + 2e^- = H_2O_2 + 2OH^-$	−0.146
$Cu^2 + 2CN^- + e^- = [Cu(CN)_2]^-$	1.103	$O_2 + 2H_2O + 4e^- = 4OH^-$	0.401
$[Cu(CN)_2]^- + e^- = Cu + 2CN^-$	−0.429	$O_3 + H_2O + 2e^- = O_2 + 2OH^-$	1.24
$Cu_2O + H_2O + 2e^- = 2Cu + 2OH^-$	−0.360	$HO_2^- + H_2O + 2e^- = 3OH^-$	0.878
$P + 3H_2O + 3e^- = PH_3(g) + 3OH^-$	−0.87	$2SO_3^{2-} + 3H_2O + 4e^- = S_2O_3^{2-} + 6OH^-$	−0.571
$H_2PO_2^- + e^- = P + 2OH^-$	−1.82	$SO_4^{2-} + H_2O + 2e^- = SO_3^{2-} + 2OH^-$	−0.93
$HPO_3^{2-} + 2H_2O + 2e^- = H_2PO_2^- + 3OH^-$	−1.65	$SbO_2^- + 2H_2O + 3e^- = Sb + 4OH^-$	−0.66
$HPO_3^{2-} + 2H_2O + 3e^- = P + 5OH^-$	−1.71	$SbO_3^- + H_2O + 2e^- = SbO_2^- + 2OH^-$	−0.59
$PO_4^{3-} + 2H_2O + 2e^- = HPO_3^{2-} + 3OH^-$	−1.05	$SeO_3^{2-} + 3H_2O + 4e^- = Se + 6OH^-$	−0.366
$PbO + H_2O + 2e^- = Pb + 2OH^-$	−0.580	$SeO_4^{2-} + H_2O + 2e^- = SeO_3^{2-} + 2OH^-$	0.05
$HPbO_2^- + H_2O + 2e^- = Pb + 3OH^-$	−0.537	$SiO_3^{2-} + 3H_2O + 4e^- = Si + 6OH^-$	−1.697
$PbO_2 + H_2O + 2e^- = PbO + 2OH^-$	0.247	$HSnO_2^- + H_2O + 2e^- = Sn + 3OH^-$	−0.909
$Pd(OH)_2 + 2e^- = Pd + 2OH^-$	0.07	$Sn(OH)_3^{2-} + 2e^- = HSnO_2^- + 3OH^- + H_2O$	−0.93
$Pt(OH)_2 + 2e^- = Pt + 2OH^-$	0.14	$Sr(OH) + 2e^- = Sr + 2OH^-$	−2.88
$ReO_4^- + 4H_2O + 7e^- = Re + 8OH^-$	−0.584	$Te + 2e^- = Te^{2-}$	−1.143
$S + 2e^- = S^{2-}$	−0.476 27	$TeO_3^{2-} + 3H_2O + 4e^- = Te + 6OH^-$	−0.57
$S + H_2O + 2e^- = HS^- + OH^-$	−0.478	$Th(OH)_4 + 4e^- = Th + 4OH^-$	−2.48
$2S + 2e^- = S_2^{2-}$	−0.428 36	$Tl_2O_3 + 3H_2O + 3e^- = 2Tl^+ + 6OH^-$	0.02
$S_4O_6^{2-} + 2e^- = 2S_2O_3^{2-}$	0.08	$ZnO_2^{2-} + 2H_2O + 2e^- = Zn + 4OH^-$	−1.215
$2SO_3^{2-} + 2H_2O + 2e^- = S_2O_4^{2-} + 4OH^-$	−1.12		

附录六　不同温度下水的饱和蒸气压

温度 t/℃	饱和蒸气压 /(×10^3 Pa)	温度 t/℃	饱和蒸气压 /(×10^3 Pa)	温度 t/℃	饱和蒸气压 /(×10^3 Pa)
0	0.611 29	125	232.01	250	3 973.6
1	0.657 16	126	239.24	251	4 041.2
2	0.706 05	127	246.66	252	4 109.6
3	0.758 13	128	254.25	253	4 178.9
4	0.813 59	129	262.04	254	4 249.1
5	0.872 6	130	270.02	255	4 320.2
6	0.935 37	131	278.2	256	4 392.2
7	1.002 1	132	286.57	257	4 465.1
8	1.073	133	295.15	258	4 539
9	1.148 2	134	303.93	259	4 613.7
10	1.228 1	135	312.93	260	4 689.4
11	1.312 9	136	322.14	261	4 766.1
12	1.402 7	137	331.57	262	4 843.7
13	1.497 9	138	341.22	263	4 922.3
14	1.598 8	139	351.09	264	5 001.8
15	1.705 6	140	361.19	265	5 082.3
16	1.818 5	141	371.53	266	5 163.8
17	1.938	142	382.11	267	5 246.3
18	2.064 4	143	392.92	268	5 329.8
19	2.197 8	144	403.98	269	5 414.3
20	2.338 8	145	415.29	270	5 499.9
21	2.487 7	146	426.85	271	5 586.4
22	2.644 7	147	438.67	272	5 674
23	2.810 4	148	450.75	273	5 762.7
24	2.985	149	463.1	274	5 852.4
25	3.169	150	475.72	275	5 943.1
26	3.362 9	151	488.61	276	6 035
27	3.567	152	501.78	277	6 127.9
28	3.781 8	153	515.23	278	6 221.9

续表

温度 t/℃	饱和蒸气压 /(×10^3 Pa)	温度 t/℃	饱和蒸气压 /(×10^3 Pa)	温度 t/℃	饱和蒸气压 /(×10^3 Pa)
29	4.007 8	154	528.96	279	6 317.2
30	4.245 5	155	542.99	280	6 413.2
31	4.495 3	156	557.32	281	6 510.5
32	4.757 8	157	571.94	282	6 608.9
33	5.033 5	158	586.87	283	6 708.5
34	5.322 9	159	602.11	284	6 809.2
35	5.626 7	160	617.66	285	6 911.1
36	5.945 3	161	633.53	286	7 014.1
37	6.279 5	162	649.73	287	7 118.3
38	6.629 8	163	666.25	288	7 223.7
39	6.996 9	164	683.1	289	7 330.2
40	7.381 4	165	700.29	290	7 438
41	7.784	166	717.83	291	7 547
42	8.205 4	167	735.7	292	7 657.2
43	8.646 3	168	753.94	293	7 768.6
44	9.107 5	169	772.52	294	7 881.3
45	9.589 8	170	791.47	295	7 995.2
46	10.094	171	810.78	296	8 110.3
47	10.62	172	830.47	297	8 226.8
48	11.171	173	850.53	298	8 344.5
49	11.745	174	870.98	299	8 463.5
50	12.344	175	891.8	300	8 583.8
51	12.97	176	913.03	301	8 705.4
52	13.623	177	934.64	302	8 828.3
53	14.303	178	956.66	303	8 952.6
54	15.012	179	979.09	304	9 078.2
55	15.752	180	1 001.9	305	9 205.1
56	16.522	181	1 025.2	306	9 333.4
57	17.324	182	1 048.9	307	9 463.1
58	18.159	183	1 073	308	9 594.2
59	19.028	184	1 097.5	309	9 726.7

续 表

温度 t/℃	饱和蒸气压 /(×10^3 Pa)	温度 t/℃	饱和蒸气压 /(×10^3 Pa)	温度 t/℃	饱和蒸气压 /(×10^3 Pa)
60	19.932	185	1 122.5	310	9 860.5
61	20.873	186	1 147.9	311	9 995.8
62	21.851	187	1 173.8	312	10 133
63	22.868	188	1 200.1	313	10 271
64	23.925	189	1 226.1	314	10 410
65	25.022	190	1 254.2	315	10 551
66	26.163	191	1 281.9	316	10 694
67	27.347	192	1 310.1	317	10 838
68	28.576	193	1 338.8	318	10 984
69	29.852	194	1 368	319	11 131
70	31.176	195	1 397.6	320	11 279
71	32.549	196	1 427.8	321	11 429
72	33.972	197	1 458.5	322	11 581
73	35.448	198	1 489.7	323	11 734
74	36.978	199	1 521.4	324	11 889
75	38.563	200	1 553.6	325	12 046
76	40.205	201	1 568.4	326	12 204
77	41.905	202	1 619.7	327	12 364
78	43.665	203	1 653.6	328	12 525
79	45.487	204	1 688	329	12 688
80	47.373	205	1 722.9	330	12 852
81	49.324	206	1 758.4	331	13 019
82	51.342	207	1 794.5	332	13 187
83	53.428	208	1 831.1	333	13 357
84	55.585	209	1 868.4	334	13 528
85	57.815	210	1 906.2	335	13 701
86	60.119	211	1 944.6	336	13 876
87	62.499	212	1 983.6	337	14 053
88	64.958	213	2 023.2	338	14 232
89	67.496	214	2 063.4	339	14 412
90	70.117	215	2 104.2	340	14 594

续表

温度 t/℃	饱和蒸气压 /(×10^3 Pa)	温度 t/℃	饱和蒸气压 /(×10^3 Pa)	温度 t/℃	饱和蒸气压 /(×10^3 Pa)
91	72.823	216	2 145.7	341	14 778
92	75.614	217	2 187.8	342	14 964
93	78.494	218	2 230.5	343	15 152
94	81.465	219	2 273.8	344	15 342
95	84.529	220	2 317.8	345	15 533
96	87.688	221	2 362.5	346	15 727
97	90.945	222	2 407.8	347	15 922
98	94.301	223	2 453.8	348	16 120
99	97.759	224	2 500.5	349	16 320
100	101.32	225	2 547.9	350	16 521
101	104.99	226	2 595.9	351	16 825
102	108.77	227	2 644.6	352	16 932
103	112.66	228	2 694.1	353	17 138
104	116.67	229	2 744.2	354	17 348
105	120.79	230	2 795.1	355	17 561
106	125.03	231	2 846.7	356	17 775
107	129.39	232	2 899	357	17 992
108	133.88	233	2 952.1	358	18 211
109	138.5	234	3 005.9	359	18 432
110	143.24	235	3 060.4	360	18 655
111	148.12	236	3 115.7	361	18 881
112	153.13	237	3 171.8	362	19 110
113	158.29	238	3 288.6	363	19 340
114	163.58	239	3 286.3	364	19 574
115	169.02	240	3 344.7	365	19 809
116	174.61	241	3 403.9	366	20 048
117	180.34	242	3 463.9	367	20 289
118	186.23	243	3 524.7	368	20 533
119	192.28	244	3 586.3	369	20 780
120	198.48	245	3 648.8	370	21 030
121	204.85	246	3 712.1	371	21 286

续表

温度 t/℃	饱和蒸气压 /(×10³ Pa)	温度 t/℃	饱和蒸气压 /(×10³ Pa)	温度 t/℃	饱和蒸气压 /(×10³ Pa)
122	211.38	247	3 776.2	372	21 539
123	218.09	248	3 841.2	373	21 803
124	224.96	249	3 907	—	—

参考文献

[1] 廖正衡,周广东．论化学对象的历史演化[J].化学通报,1994(9):29－34.

[2] 汪朝阳,肖信．化学史人文教程[M]. 北京:科学出版社,2015.

[3] 李淑芬,王成扬,张毅民．现代化工导论[M].北京:化学工业出版社,2011.

[4] 唐见茂．航空航天复合材料发展现状及前景[J].航天器环境工程,2013,30(4):352－359.

[5] 庞爱民,黎小平．固体推进剂技术的创新与发展规律[J].含能材料,2015,23(1):3－6.

[6] Stephen R Forrest. The path to ubiquitous and low-cost organic electronic appliances on plastic[J].Nature, 2004, 428:911－918.

[7] David Z, Eugene C, Jeffrey C G. Solid-state solar thermal fuels for heat release applications[J]. Adv. Energy Mater, 2016(6):1502006.

[8] Du X M, Chiu S H M, Ong D H C, et al. Metal ion-responsive photonic colloidal crystalline micro-beads with electrochemically tunable photonic diffraction colours[J]. Sensors and Actuators B , 2016,223:318－323.

[9] 王桂卿. 门捷列夫与创造性科学方法[J]. 化学教学, 2005,Z1:124－125.

[10] 韩锋. 门捷列夫发现元素周期律的启示[J]. 河池学院学报, 2009,29(5):114－120.

[11] 梶雅範, 杨舰. 门捷列夫的元素周期律发现——其前提条件、历史脉络及其与同时代人的比较研究[J]. 科学学研究, 2003,21(4):353－357.

[12] Hernandez R,Tseng H R, Wong J W, et al. An operational supramolecular nanovalve [J]. J.Am.Chem.Soc.,2004,126(11): 3370－3371.

[13] Xu P S, Van Kirk E A, Zhan Y H, et al. Targeted charge-reversal nanoparticles for nuclear drug delivery[J]. Angewandte Chemie International Edition,2007,46(26):4999－5002.

[14] 郭保章．化学史简明教程[M].北京:北京师范大学出版社,1985.

[15] 化学思想史编写组．化学思想史[M].长沙:湖南教育出版社,1988.

[16] 廖正衡. 中外著名化学家传略[M]. 长春: 吉林教育出版社, 1994.

[17] 国家自然科学基金委员会,中国科学院．未来 10 年中国学科发展战略——化学[M].北京:科学出版社,2012.

[18] 国家自然科学基金委员会,中国科学院．未来 10 年中国学科发展战略——材料[M].北京:科学出版社,2012.

[19] 国家自然科学基金委员会，中国科学院．未来 10 年中国学科发展战略——能源[M]．北京：科学出版社，2012.

[20] 陈明蓉，衷明华. 关于“盖斯定律”[J]. 江西化工，2015(3)：194 - 195.

[21] 曹楚南. 腐蚀电化学原理[M]. 2 版. 北京：化学工业出版社，2004.

[22] 张宝宏，从文博，杨萍. 金属电化学腐蚀与防护[M]. 北京：化学工业出版社，2005.

[23] 王博，黄剑锋，夏常奎. 电化学沉积法制备薄膜、涂层材料研究进展[J].陶瓷，2001(1)：57 - 60.

[24] 张立，吴恩熙，黄伯云.金属的高温氧化原理及其在硬质合金材料设计中的应用[J]. 稀有金属与硬质合金，2000，143：19 - 22.

[25] 刘龙. 铁与铁的腐蚀产物在环境污染治理中的应用研究[D].沈阳：沈阳理工大学，2012.

[26] 吴荫顺，郑家燊. 电化学保护和缓蚀剂应用技术[M]. 北京：化学工业出版社，2005.

[27] 张大全，高立新，周国定. 国内外缓蚀剂研究开发与展望[J]. 腐蚀与防护，2009，30(9)：603 - 610.

[28] 史继诚. 高分子材料的老化及防老化研究. 合成材料老化与应用[J]. 2006，35(1)：27 - 30.

[29] 方明，王爱琴，谢敬佩，等. 电子封装材料的研究现状及发展[J]. 材料热处理技术，2011，40(4)：84 - 87.

[30] 童志平．工程化学基础[M]. 北京：高等教育出版社，2008.

[31] 陈林根．工程化学基础[M]. 北京：高等教育出版社，2005.

[32] 宿辉，白云起．工程化学[M]. 北京：北京大学出版社，2012.

[33] 徐甲强．工程化学[M]. 北京：科学出版社，2010.

[34] Brown，Holme，Mary Finch. Chemistry for engineering students [M]. 2nd ed，2011.

[35] 浙江大学普通化学教研组．普通化学[M]. 6 版．北京：高等教育出版社，2011.

[36] 大连理工大学普通化学教研组，孟长功．大学普通化学[M].6 版．大连：大连理工大学出版社，2014.

[37] 大连理工大学无机化学教研室，孟长功．化学概论[M].北京：高等教育出版社，2016.

[38] 康立娟，朴凤玉．普通化学[M].2 版．北京：高等教育出版社，2009.

[39] 周旭光．普通化学[M]. 北京：清华大学出版社，2011.

[40] 彼德勒．普通化学原理与应用[M]. 北京：高等教育出版社，2004.

[41] 西北工业大学普通化学教学组．普通化学[M]. 西安：西北工业大学出版社，2013.

[42] 武汉大学化学系．仪器分析[M]. 北京：高等教育出版社，2001.

[43] 姜月顺，杨文胜．化学中的电子过程[M]. 北京：科学出版社，2004.